(社) 日本熱處理技術協會 編著

# 熱處理 가이드 북

## 基礎編

韓國熱處理工學會 譯

普 文 堂

# 熱處理 가이드 북(기초편)의 번역판을 내면서

본인은 1977년과 1978년에 日本熱處理技術協會의 大和久重雄박사의 “鐵鋼材料の選擇ポイント”와 “JISによる 熱處理 加工”을 번역하여 우리 나라 열처리 기술 강습에 교재로 사용한 일이 있다.

그로부터 10년 후인 1988년에는 한국 열처리공학회가 발족되어 일본 熱處理技術協會와 자매관계를 가지고 한국의 열처리 기술 향상을 위하여 음으로 양으로 협조를 받고 있다.

그러나 우리 나라의 열처리 기술 향상을 위해서는 보다 좋은 가이드 북이 필요하다. 그럼에도 불구하고 국내에서 볼 수 있는 책자는 모두 외국(주로 일어판) 문헌으로서 특별히 외국어에 능한 사람이 아니면 이해하기가 어렵다.

따라서 日本熱處理技術協會가 창립 25주년의 기념사업으로 출판한 “熱處理 ガイドブック” 기초편의 번역판을 협회와 大河出版社의 양해 아래 출판하게 되었음을 기쁘게 생각하는 바이다.

서문에서 설명된 바와 같이 본 책자의 내용은 간단한 열처리 이론에서부터 시작하여 여러 면을 열처리 중심으로 다룬 것인 만큼 우리 나라 기술자는 물론이고 학생들에게도 크게 도움이 될 것으로 확신하는 바이다.

번역에 있어서는 본문에서 가능한 한 한자를 배제하였으나 그림과 도표에서는 명확성을 주기 위하여 한자를 많이 사용하였음을 이해해 주길 바란다.

또한 번역에 있어서 표현의 잘못이라던가 기호의 오기가 있으리라 생각되나 독자 여러분의 지도편달을 기대하는 바이다.

끝으로 우리 나라 열처리 기술 향상을 위해 협조와 노력을 아끼지 않은 大和久重雄 博士와 大河出版社長 三澤三郎氏에게 이 자리를 빌어 감사의 말씀을 드리는 바이다.

(社) 韓國熱處理技術協會

會長 金 文 一

# 열처리 기술을 보다 깊이 이해하기 위하여

일본 열처리기술협회가 산학 일체가 되어 일본의 열처리 기술에 관한 발전과 향상을 목적으로 설립한 이래 벌써 4반세기를 맞이하게 되었다.

그간 협회에서는 위의 목적 달성을 위하여 학회지 "熱處理"를 격월로 발행하여 왔으나 이 이외의 교육과 계몽활동의 하나로서 부정기 간행물 출판위원회를 만들어 도서류의 간행에도 노력을 기울여 이미 「熱處理技術 시리즈」 전 10권, 「熱處理 콘사이스」, 「熱處理技術 入門」 등 많은 도서를 출판하였다.

이들 도서는 기술자, 기능자는 물론 금속공학 또는 기계공학을 전공하는 학생들의 지적 향상에도 크게 이바지하였다고 자부하고 있다.

이번에 출판하는 「熱處理 가이드 북」은 일본 열처리기술협회 창립 25주년 기념사업의 일환으로서 부정기 간행물 출판위원회가 계획한 것이다. 본 책자는 상하 2권으로서 상권을 기초편, 하권은 응용편으로 하였다. 즉 상권의 내용은 철강재료와 그 선택방법, 열처리의 원리, 열처리 프로세스, 열처리 결함과 대책, 강의 기계적 시험으로 구성되어 있다. 또한 하권은 기계적 강도와 열처리, 내피로성과 열처리, 내마모성과 열처리, 내식성과 열처리, 지연파괴와 열처리 등으로 구성되어 있다.

이들 내용으로 이해할 수 있듯이 열처리를 전문으로 하는 분은 물론이고 열처리를 이용하는 입장에 있는 기계 기술자를 위시한 많은 분들도 이용하리라고 생각된다.

또한 본 책자의 특징은 열처리 기술에 대한 학술적 이론은 물론이고 현장기술에서도 정통한 분들을 회원 중에서 선정하여 집필을 부탁하면서 위에서와 같이 열처리를 이용하는 입장에 있는 분들의 고뇌를 염두에 두고 집필하도록 부탁하였다.

특히 본 책자와 같은 공동집필에서 발생하기 쉬운 내용의 중복이라든지 빠짐이 없도록 하기 위하여 대부분의 집필자분들을 부정기 간행물 출판위원회 위원으로 위촉하고 자주 위원회를 개최하여 연락을 자주 가짐으로서 유감없도록 노력하였다. 본서의 활용을 기대하는 바이다.

끝으로 본서 편집에 심혈을 기울여 주신 阿部吉彦(三菱製鋼), 歌川 寬(日本 熱處理技術協會), 大友清光(東京都立工業 技術센터), 塚原和俊(東武冶金), 富永敏文(東京都立工業 技術센터), 深川宗光(石川島播磨重工・技硏), 本宿太市(日野自動車工業), 本山盛太郎(前 日產自動車), 吉永 仁(關東冶金工業), 渡邊 敏(法政大學), 三澤三郎(大河出版)의 여러 위원 및 실제 집필한 분들에게 깊이 감사를 올리는 바입니다.

昭和 58年 4月 15日

社團法人 日本熱處理技術協會

不定期 刊行物 出版委員會

委員長　　竹內榮一

# 차　　례

## 제 1 장　강재의 제조와 강종의 선택방법

## 제 2 장 강재의 제특성과 열처리

## 제 3 장 열처리 원자차원에서 생각한다.

## 제 4 장　열처리장치와 온도제어

## 제5장　일반 열처리 공정

## 제6장 표면열처리 작업

## 제7장 열처리 결함과 대책

## 제 8 장　공구강의 열처리

## 제 9 장　강재의 기계적 시험

# 제 1 장
# 강재의 제조와 강종의 선택방법

## 1-1 강재의 제조방법

강철의 주원료는 고로에서 만들어지는 선철이나 회수되는 고철, 스크랩(scrap)으로서 이것들은 보통 다음과 같은 공정으로 제강된다.

용해 → 산화정련 → 환원정련 → 화학성분 조정 → 조괴(造塊)

용해로는 원료를 용해, 정련하여 강철을 만들기 위하여 사용하는 것으로서 전기로와 전로가 있다. 현재는 정련법 및 조괴법에 여러 가지 신기술이 개발되어 고품질의 강재가 공급되고 있다.

### 1. 특수강 메이커는 전기로, 고로 메이커는 전로

(1) 전기로

냉재인 scrap을 주원료로 사용하여 소규모 용해에는 고주파 유도로를 쓰지만 대규모 생산에는 에루식 3상 arc로를 널리 사용한다. 에루식 3상 arc로는 2, 3개의 전극을 천장에서 삽입하여 원료와의 사이에 arc를 발생시켜 arc열과 저항열 등에 의해 용해하는 것으로 모든 강종의 제강이 가능하며, 특히 비교적 합금원소량이 많은 특수강은 거의 이 방법으로 제강하고 있다.

(2) 전 로

고로에서 얻은 선철에 순도가 높은 산소를 불어넣어 산화반응력을 이용하여 정련하는 용해로이며, 별도의 열원을 필요로 하지않는 이점이 있어 평로 대신에 사용되는 용해로로서 널리 채용되고 있다. 특히 **LD 轉爐**라 불리며, 산소를 윗쪽에서 불어넣는 상취전로가 그 주류이고 제강시간이 짧을 뿐만 아니라 비교적 저합금계의 강종을 양산하는 제강에 적합하다.

## 2. 열처리할 강재는 킬드강으로 만든다.

전로에 산소를 불어넣어 산화정련한 용강 속에는 과잉(過剩)의 산소가 남게 된다. 이것을 Si, Mn 혹은 Al 등에 의해 탈산하는 것이 환원정련이다. 이렇게 생긴 용강을 주형에 주입해서 강괴로 만들지만 탈산의 정도에 따라서 림드강, 세미킬드강 및 킬드강으로 나눈다. 잔류 Si가 많으면 탈산이 잘되며 0.03% 이하가 림드강, 0.10% 이상이 킬드강, 그 중간이 세미킬드강이라 생각해도 좋다. 보통 열처리를 실시하여 각종의 유용한 특성을 발휘시키는 데에는 충분히 탈산된 킬드강이 소재로 이용된다.

또한 스테인리스강의 정련에 사용되고 있는 산화정련법으로는 **AOD** 법(argon 산소 탈탄법)이 있다. 전로와 유사한 장치를 이용하여 대기압하에서 산소와 함께 불활성 gas(Ar, $N_2$ 등)를 노저부근에서 동시에 불어넣어 CO 가스의 분압을 저하시키는 것으로 Cr의 산화손실을 억제하면서 탈탄한 것으로 CO 가스의 분압이 저하하는만큼 평형 Cr %가 높아지는 것을 이용한 방법이다.

또한 최근에는 전기로에서 단지 강의 용해와 산화정련만 하고, 그 후의 처리공정은 그림 1-1에 나타낸 것과 같이 래들에서 하는 래들정련법이 특히 구조용강을 중심으로 성행하고 있다. 이 방법에서는 특수한 용재(슬래그)가 사용가능하고 또 용강을 Ar

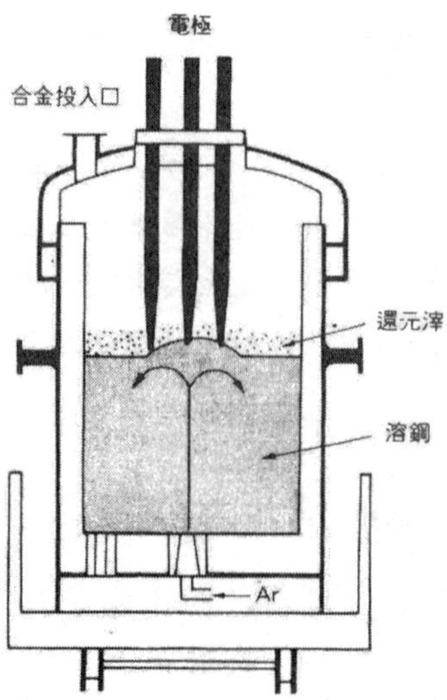


그림 1-1　래들정련법의 예[1]

가스로 교반하면서 환원정련 및 화학성분을 조정할 수 있으므로 비금속 개재물이 적은 화학성분이 균일한 용강을 얻을 수 있다.

### 3. 조괴 분야에서 에너지절감을 위한 연구기술의 개선 및 확대

#### (1) 일반 조괴법

제강로에서 정련된 용강은 주형에 주입되면 응고하여 강괴로 되는데 이 경우의 조괴법에는 상주법(上注法)과 하주법(下注法) 등이 있다. 이 방법에는 각각 장단점이 있으며 목적에 따라서 사용법이 분류되지만 킬드강의 경우에는 하주법이 널리 사용되고 있다. 이 방법으로 얻어진 킬드 강괴의 단면 상태를 그림 1-2에 표시한다. 용강의 탈산정도, 주입온도 및 속도, 또한 내외부에서의 응고속도의 차 등에 따라서 크고 작은 수축공과 성분, 편석이 강괴 내에 생긴다. 편석에는 2가지가 있으며, 평균조성에서의 편차가 ⊕의 경우를 정편석, ⊖의 경우를 부편석이라 한다. 그림에서 나타내는 V편석이나 역V편석은 정편석이고, 침전정(沈澱晶)이나 주상정(柱狀晶)은 부편석이다.

#### (2) 연속주조법

이 방법은 용강에 따라서 강괴를 만들지 않고 직접 강편을 제조하는 것으로 조괴 후의 분괴공정이 불필요하므로 현저한 원가절감을 꾀할 수 있다. 단, 이 방법에 의하면 강괴의 경우와 응고조건이 다르고 단련비도 작아져 최종 제품에서의 내부결함의 유무, 특성면 등에서 문제가 발생될 경우도 있다. 따라서 최종 제품의 치수·형상 및 사용목적에 따라 제약을 받지만 기술적인 개선에 의해 점차 그 적용범위를 확대해 가고 있다.

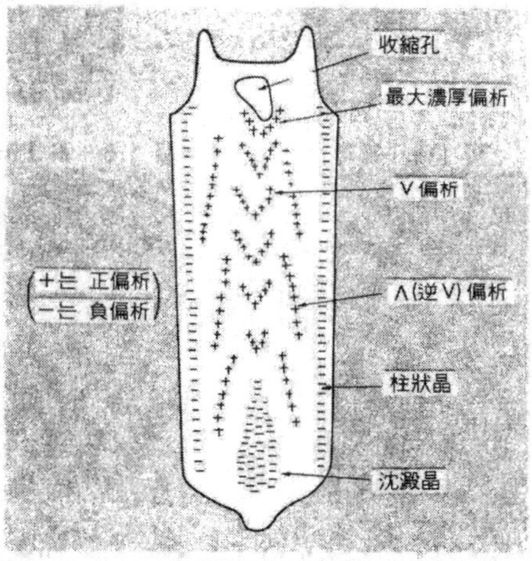


그림 1-2 킬드鋼塊의 결함·偏析상황

### 4. 진공탈가스에 의한 품질향상

킬드강의 경우, 용강은 충분하게 탈산정련되지만 이 용강 중의 산소, 수소, 질소 등의 가스량을 더욱더 감소시키기 위하여 조괴시에 진공탈가스가 행해지고 있다.

**(1) 유적탈가스법**

그림 1-3과 같이 주형 또는 래들을 진공용기 내에 넣어 중간 래들에 받은 용강을 주입한다. 이 때 용강은 유적이 되어 용기 내를 낙하하며 이 단계에서 탈가스된다.

**(2) 래들탈가스법**

그림 1-4와 같이 용강을 받은 래들을 그대로 진공용기 내에 넣어 탈가스한다. 이 경우 표층부의 용강만이 탈가스되므로 래들 중의 용강을 끊임없이 Ar 가스 또는 전자유도로 교반하여 주어야 한다.

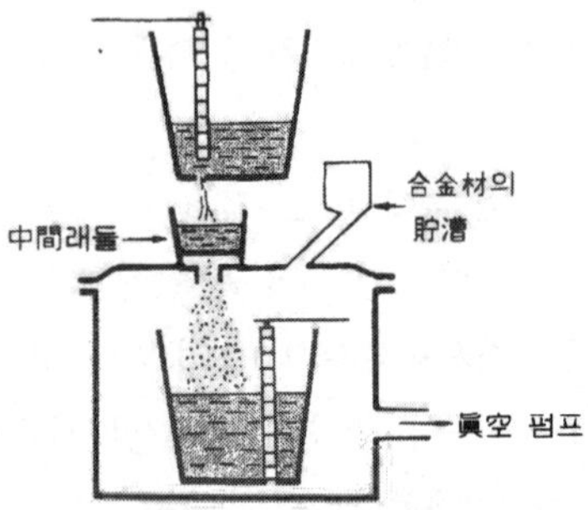


그림 1-3 流滴탈가스법

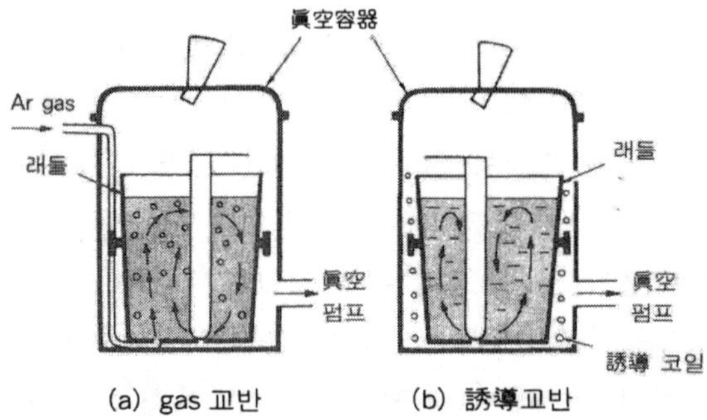


그림 1-4 래들탈가스법

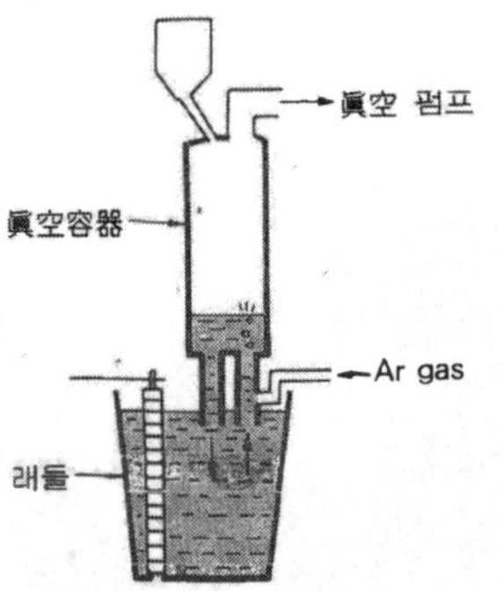


그림 1-5 순환탈가스법 (RH 법)

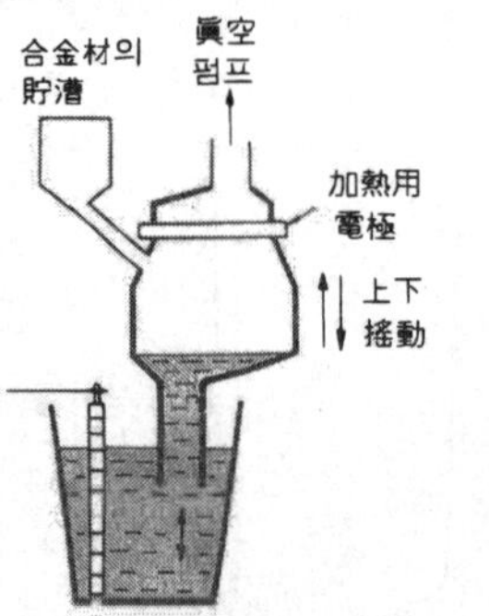


그림 1-6 진공흡상(吸上)법(DH 법)

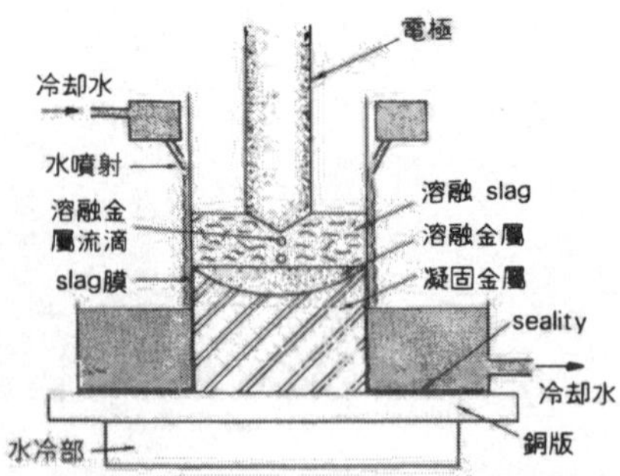


그림 1-7 ESR 爐의 개념도

(3) 순환탈가스법(RH 법)

그림 1-5와 같이 용강을 받은 래들과 진공용기를 2개의 파이프관으로 연결하여 래들 중의 용강에 Ar 가스를 불어넣어 진공용기와의 사이에서 순환시켜 탈가스한다.

(4) 진공흡상법(DH 법)

그림 1-6과 같이 래들 중의 용강을 진공용기 내로 흡상하여 진공용기를 상하로 움직이면 용강은 흡상과 토출을 반복하면서 탈가스된다.

### 5. 더욱 고품질을 얻기 위한 특수용해법

(1) 일렉트로 슬래그 재용해법(ESR 법)

화학성분을 조절한 것을 미리 전극으로 용제하고 그림 1-7에 나타낸 바와 같이 이것을 특수한 슬래그를 사용하여 재용해하고 수냉 주형 내에서 응고시키는 방법으로, 공구강의 제강에 널리 이용되고 있다. 또한 이 방법은 일반제강법에 비하여 순도가 높고 비금속 개재물이나 1차 탄화물이 미세하게 분산하여 치밀한 응고조직을 가진 강괴가 얻어진다.

(2) 진공 **arc** 재용해법(VAR 법)

ESR 법과 똑같이 소정의 화학성분의 한 전극재를 진공 속에서 재용해하여 수냉 주형 내에 조괴하는 방법으로, 표 1-1에 나타낸 바와 같이 특히 산화물계 개재물이 적

표 1-1 대기용해법과 비교한 **VAR** 法에 의한 불순물의 제강 例

| 鋼 種 | 용해법 | gas 함유량 [ppm] | | 비금속 개재물의 양 [%] | |
|---|---|---|---|---|---|
| | | O | N | *d*A* | *d*B+C* |
| SNCM 431 | 대 기 | 32 | 110 | 0.05 | 0.01 |
| | VAR | 10 | 100 | 0.03 | 0.004 |
| SNCM 420 | 대 기 | 58 | 100 | 0.02 | 0.02 |
| | VAR | 18 | 95 | 0.02 | 0.01 |
| STB 2 | 대 기 | 14 | 80 | 0.032 | 0.042 |
| | VAR | 13 | 80 | 0.02 | 0.02 |
| STS 410 | 대 기 | 92 | 90 | 0.04 | 0.04 |
| | VAR | 16 | 70 | 0.01 | 0.01 |
| STS 403 | 대 기 | 79 | 190 | 0.11 | 0.01 |
| | VAR | 17 | 164 | 0.06 | 0.02 |

[주] * *d*A는 A계, *d*B+C는 B계 및 C계 비금속 개재물의 청정도[%]를 나타낸다. 청정도는 현미경시험에 있어서 전측정 시야의 총 격자점 수이며, 비금속 개재물에 의해 점차지한 격자점 수의 백분비이다.

은 청정강으로 치밀하고 편석이 적은 강괴가 얻어진다.

(3) 진공유도용해법(VIM 법)

진공 중에서 원재료를 유도 가열하여 용해, 주조하는 방법으로, 전기로 등에서 대기 용해한 용강의 진공정련에도 이용되고 더욱이 VAR 법과 조합해서 극청정강의 제조에도 이용되고 있다.

(4) 플라즈마 **arc** 용해법

플라즈마 arc 를 용해 에너지로 하는 용해방법이며, 그 용해 · 주조하는 방식에 따라 PAM 법, PIM 법 및 PAR 법 등이 있다.

(5) 전자 **beam** 재용해법(EBR 법)

전자 beam 을 에너지로 하여 수직으로 장치한 피용해봉재를 하단에서 전기 beam 으로 충격 용융시켜 이 용융물을 연속적으로 적하시켜 수냉 주형 내에 주입하는 방법으로, 이 경우에는 증발현상을 이용한 불순물 제거도 가능하다.

### 6. 성형법은 압연이 대부분이다.

일반적으로 조괴에 의해 얻어진 강괴는 분괴공정을 거쳐 압연에 의해 소정치수로 성형하지만 연속주조강편이나 소형 강괴는 분괴공정을 거치지 않고 직접 압연성형된다. 특히 대형 제품, 압연으로 성형할 수 없는 이형제품이나 압연공정으로는 취급하지 않는 소형 제품은 압연 대신에 단조법으로 성형하는 것이 예이다. 또한 성형된 강재는 그 재질 특성을 시험함과 동시에 치수 정밀도, 표면 및 내부의 결함유무 등을 검사하여 합격한 제품을 출하한다.

## 1-2 강재에 주로 발생하는 흠과 결함

강은 조괴의 단계에서 용강 속에 함유되어 있던 불순물이나 조괴조건에 따라서 여러 가지 결함이 발생되고, 이런 결함은 압연 · 단조 후에 각종 흠을 발생시키거나 그 상태로 재료결함이 되어 남는다. 더욱이 압연 · 단조조건이 부적절하다면 새로운 각종 흠이나 결함이 압연 · 단조과정에서도 생긴다. 따라서 흠이나 결함이 전혀없는 강재를 얻는 것은 현재의 제조기술로는 거의 불가능하다고 할 수 있다. 따라서 어느 정도 문제는 항상 있으므로 사용목적에 따라 흠이나 결함의 허용범위를 정하는 것도 재료를 선택하는 것 이상으로 중요한 사항이다. 그러므로 여기서는 열처리면에서 유의해야 할 흠이나 결함을 들어 그 생성원인 및 열처리의 영향에 대해 설명한다.

**1. 주 과**

주괴 속에 생긴 수축공이나 기포가 압연·단조시에 완전히 압착되지 않고 남은 것으로 단조비의 부족, 생성과의 크기 등이 관계있다. 그 생성기구에서 보면 이런 종류의 결함은 특히 강괴의 윗부분과 아랫부분에 집중해 있고 열처리시 퀜칭균열의 원인이 되는데 분괴 성형시 양단부를 충분히 잘라버리고 더욱 더 충분한 단련비를 주면 거의 방지할 수 있다.

**2. 비금속 개재물**

제강 및 조괴시에 용강 속에 생성한 산화물, 유화물 및 질화물 등이 그대로 강 중에 남는다. 이 비금속 개재물은 그 종류, 양, 형상 및 분포상태에 따라 재질에 미치는 영향도 다르다. 일반적으로 그림 1-8에 나타낸 것과 같이 분류된다.

| | | |
|---|---|---|
| A계 개재물 |  | 가공에 의해 점성 변형한 것<br>$A_1$계 개재물 … 유화물<br>$A_2$계 개재물 … 규산염 |
| B계 개재물 |  | 가공방향으로 집단을 이루고 연속적으로 입상의 개재물이 늘어선 것<br>$B_1$계 개재물 … Alumina 등의 산화물계<br>$B_2$계 계재물 … Nb, Ti, Zr의 탄질화물계 |
| C계 개재물 | 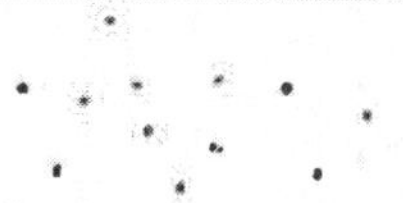 | 점성변형을 하지않고 불규칙으로 분산한 것<br>$C_1$계 개재물 … 입상 산화물계<br>$C_2$계 개재물 … Nb, Ti, Zr의 탄질화물계 |

그림 1-8 비금속 개재물의 종류와 분포상황

**(1) A계 개재물**

가공에 따라서 점성이 변형한 것(유화물, 규산염 등).

**(2) B계 개재물**

가공방향으로 집단을 이루어 불연속적으로 입상으로 늘어서 있는 것(주로 Alumina계의 것).

**(3) C계 개재물**

소성변형하지 않고 불규칙적으로 분산해 있는 것(입상 산화물, 질화물 등)으로 열처리시에는 어느 것이나 퀜칭균열의 기점이 되며, 특히 대형의 것이나 집단을 이루고 있는 것은 그 영향이 심하다.

### 3. 흠

비금속 개재물, 내화물 따위의 이물질이나 핀홀, 로홀(기공) 등이 원인이 되어 압연·단조시에 강재 내부에 생성되는 결함으로, 이 흠이 절삭가공 등에 의해 표면에 나오면 이것이 기점이 되어 열처리시에 균열의 위험이 있다.

### 4. 마크로 편석(띠상조직, Banded Structure)

조괴시에 용강의 냉각·응고상태는 결코 균일하지 않으므로 강괴 중에 화학성분의 편석이 생기며, 그 편석은 강괴의 크기, 성분원소, 종류와 양에 따라 차이가 있지만, 어떻든 화학성분이 다르면 변태온도나 경화능에도 차가 생기므로 퀜칭상태에서의 퀜칭얼룩이나 이상변형의 원인이 된다. 통상 이 성분 편석에 수반하는 퀜칭얼룩에서 무엇보다도 문제가 되는 것은 그림 1-9에 나타낸 **줄무늬 띠상조직**으로 이 조직이 현저하게 나타나면 기계가공시에 잡아뜯김이 생길뿐만 아니라 열처리 경도가 불균일하며, 더욱 퀜칭 후에 페라이트가 잔류하여 원하는 강도를 얻을 수 없게 된다.

### 5. 균열흠

압연·단조조건에 부적절하기 때문에 생기는 **미세균열**(표층부), **내부균열**(shatter cracks), **퀜칭균열**, 수소 함유량이 많은 경우에 발생하는 **미세균열**(hairline cracks)

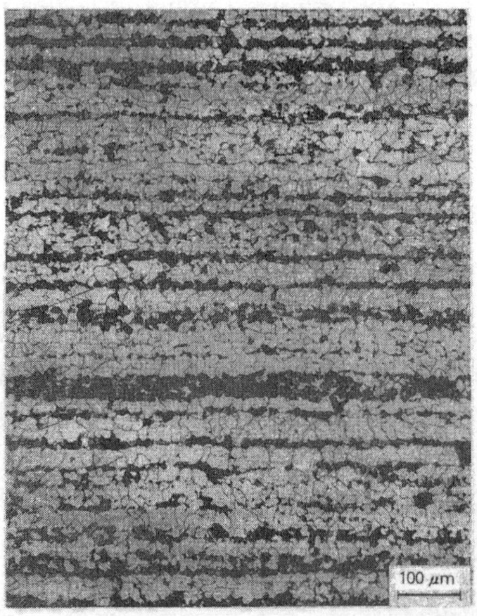


그림 1-9 줄무늬 띠상조직(Banded Structure)
(SCM 415, 어닐링)

등이 이에 해당한다. 이러한 균열(흠)이 있는 것을 열처리하면 균열은 더욱더 성장한다.

### 6. 표면흠

압연·단조 후의 강재 표면에 나타나는 흠으로, 그 흠의 형상과 나타나는 방향에 따라서

선상 흠 : 강괴의 핀홀, 블로홀(기공)에 의한 것
스케일 흠 : 조괴시의 내화물, 슬래그의 물림에 의한 것
롤 흠 : 롤의 조정불량에 따른 것

등으로 분류할 수 있다. 어느 것이나 열처리시 균열의 기점이 되므로 그라인더 등에 의해 제거할 필요가 있다. 그러나 절삭재에 있어서 미리 완전하게 흠을 제거하면 사상 치수에서 부적당한 경우가 발생하는 수도 있으므로 절삭가공에서 제거할 수 있을 정도의 흠은 제강 메이커에서는 제거하지 않는 것이 보통이다. 따라서 이런 종류의 흠을 가진 것은 절삭가공시에 완전히 제거한 후 열처리해야 한다. 기계구조용강 등에서는 KS에 흠의 제거 기준이 자세하게 규정되어 있다.

### 7. Burning(과열소착, 연소)

압연·단조시에 고온에서 장시간 가열하여 강의 입계에 있는 저융점 성분이 용융되어 생기는 결함으로, 표면은 surface folding(악어껍질상)이 되어 조대한 입상 결정면이 나타난다. 물론 그 후의 가공은 불가능하게 되며, 결정입자의 조대화에 따라 열처리 결함도 생긴다.

### 8. 결정입자의 조대화

일반적으로 강은 많은 결정립이 모여 형성되어 있으며, 그 결정립의 크기가 품질에 크게 영향을 미친다. 이 결정입자는 통상 Al, Ti, Nb 등의 소량 첨가로서 조정하지만 이 조정이 불충분하거나 압연·단조시의 온도가 너무 높으면 결정은 조대화된다. 일반적으로 열처리를 실시할 강재에 있어서는 이 결정립의 크기를 오스테나이트 결정립도로 판정하지만 그림 1-10에 나타낸 입도번호 5 이하가 소위 조립역이며, 품질면에서는 충격치 등을 저하시키지만 열처리면에서는 경화능을 크게 하는 이점이 있는 반면, 열처리 변형을 크게 하여 퀜칭균열이 발생하기 쉽다.

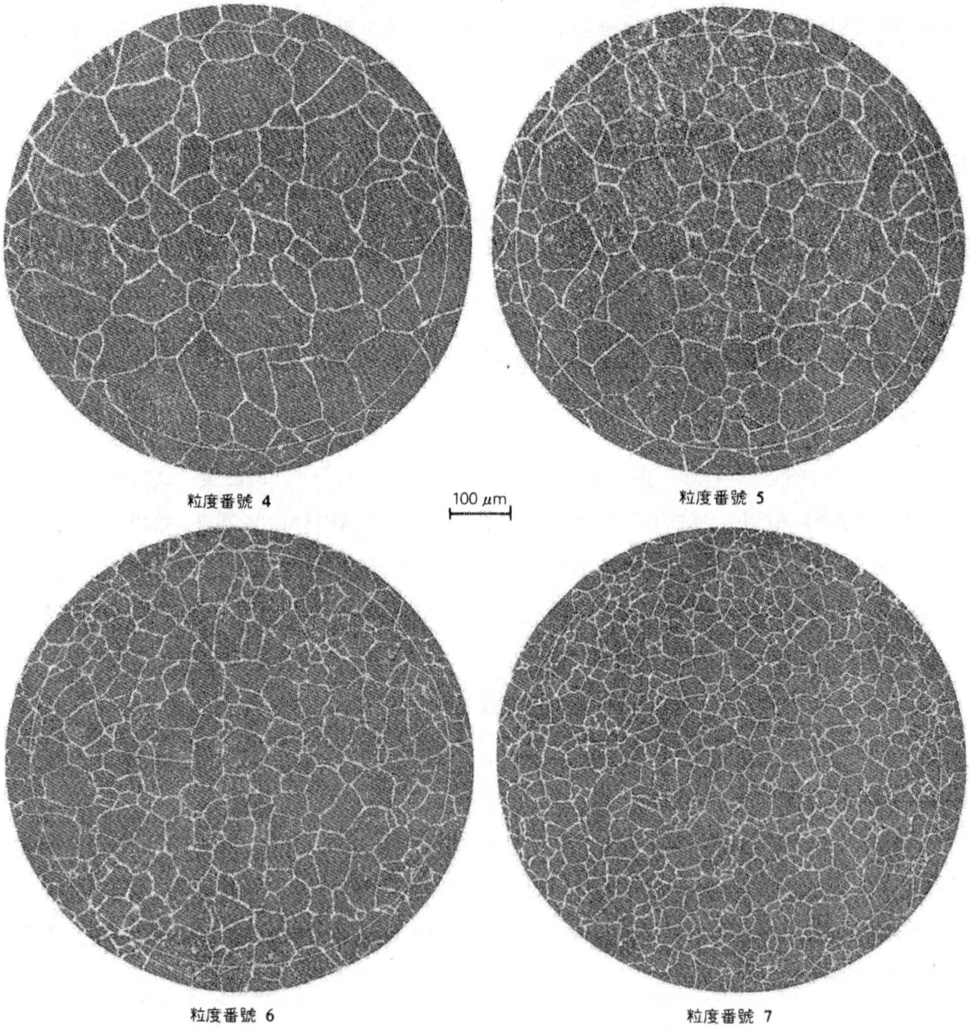


그림 1-10　오스테나이트 結晶粒度 표준도(배율 100 인 원그림을 71 % 로 축소한 것)

### 9. 산화와 탈탄

강은 산화성 분위기 중에서 고온가열을 받으면 스케일(산화피막)이 생긴다. 이것이 산화이며, 이 현상은 온도가 높을수록 또 가열시간이 길수록 생성 scale 은 두꺼워지며 scalle 이 부착된 상태에서는 퀜칭균열이나 퀜칭얼룩이 생기기 쉽다. 또 강이 산화되는 경우에는 강 중의 탄소가 제일 먼저 산화되어 탈탄현상을 일으키므로 표층부의 C 량이 감소된다. 구체적으로는 그림 1-11 에서와 같이 탈탄의 정도에 따라 최표층부

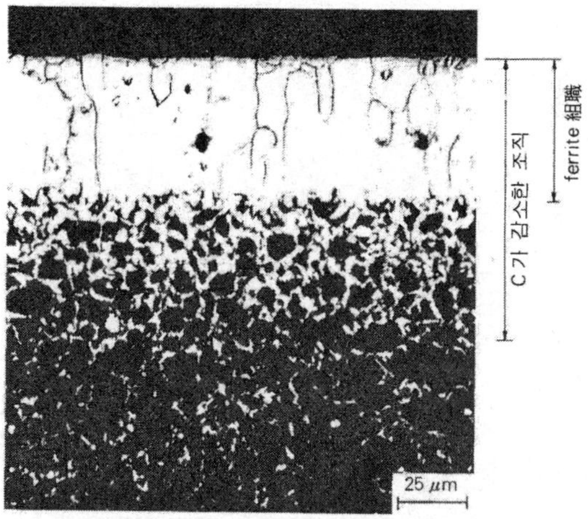


그림 1 - 11 탈탄층의 조직

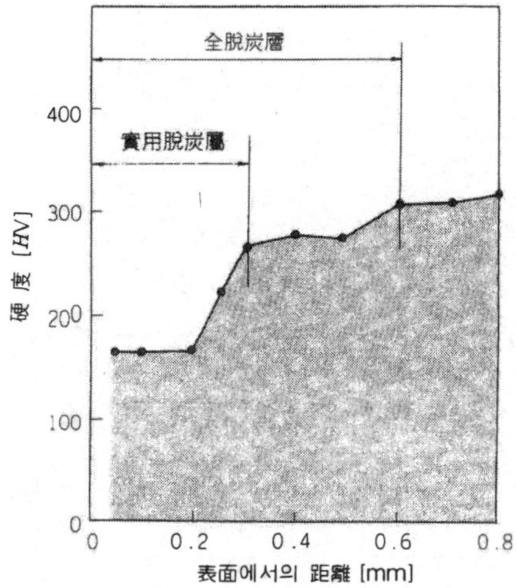


그림 1 - 12 앞 그림에 나타낸 탈탄층의 퀜칭경도 분포

는 C가 현저히 감소한 페라이트이며, 그 내부는 C가 어느 정도 감소된 조직으로 된다. 열처리 후에는 그림 1 - 12에 나타낸 것과 같은 경도분포로 되어 표층부의 퀜칭경도가 감소된다.

## 1 - 3 기계구조용강은 특수용도강의 기초

강의 성질에 가장 중요한 영향을 미치는 것은 탄소로서 탄소량에 따라 강의 현미경조직이 결정되며 기본적인 성질이 정해진다. 탄소 이외의 합금원소를 첨가하는 것은 각각의 조직을 강화하기 위한 것과 조직만으로는 만족시킬 수 없는 각종의 특성을 부여하기 위한 것이다.

### 1. 페라이트 – 시멘타이트계의 강종

강의 기본조직은 페라이트, 펄라이트 및 시멘타이트의 3가지이지만 이 가운데에서 펄라이트는 페라이트와 시멘타이트가 층상으로 형성된 조직으로 실질적으로는 페라이트와 시멘타이트의 2가지로 볼 수 있다. 이 두 조직의 생성량은 강 중의 탄소량에 의해 정해진다. 한편, 퀜칭·템퍼링처리에 의해 마르텐사이트, 트루스타이트, 베이나이트, 소르바이트 등의 조직이 얻어지며, 강에 경도와 인성을 부여한다.

열처리에 의한 금속조직은 강의 경화능과 관계가 있다. 경화능이 좋다는 것은 강의

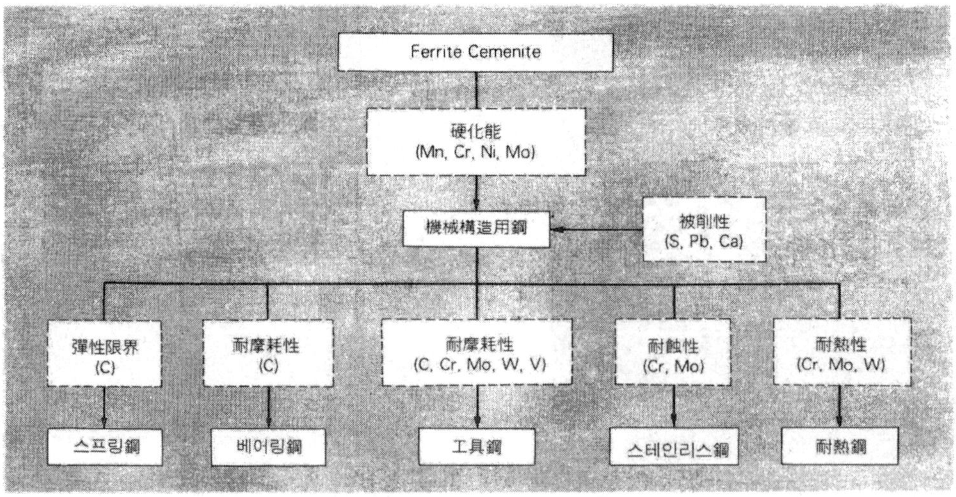


그림 1-13 페라이트·시멘타이트계 鋼의 용도별 계통도

내부 깊숙히까지 경화된다는 것을 의미한다. 이러한 점에서 탄소강은 표층부만 경화가 되므로 경화능이 좋다고 할 수 없지만 탄소 이외의 Mn, Cr, Ni, Mo과 같은 합금성분을 첨가함으로써 경화능이 개선된다. 특히 기계구조용강은 0.6% 정도까지 탄소함량을 함유하고 있으며 경화능을 고려하여 다른 합금성분을 첨가한 것이다. 그 외의 강종은 그림 1-13에 나타나듯이 기계구조용강을 기초로 하여 제각기 용도에 적합하도록 필요한 합금성분을 첨가한 것이라 해도 좋다.

즉, 탄성한계를 향상시키기 위해 특히 C 함량을 높인 것이 스프링강이고, 내마모성 향상을 목적으로 더욱더 C 함량을 높인 것이 베어링강이다. 한편 Cr, Mo, W, V와 같은 원소를 강 중에 합금시키면 경화능 이외에 강의 내식성, 내열성도 향상되며 여기에 Cr을 주체로 Mo, W, V 등을 필요량 첨가한 것이 스테인리스강과 내열강이다.

그런데 이상 나타낸 대부분의 합금원소는 페라이트 중에 용해하여 페라이트 강화에 관여하지만, 동시에 이들 원소는 강의 공석조성과 공석온도에도 영향을 미치므로 페라이트와 시멘타이트의 분포상태에도 관계가 있다. 한편 시멘타이트 중에 고용되는 합금원소 중에서 Fe보다 탄화물생성 경향이 큰 Cr, Mo, W, V와 같은 원소는 특수탄화물을 생성하여 강의 내고온마모성의 향상에 기여한다. 이러한 목적에서 탄소함량과 탄화물 생성원소를 동시에 조정하여 높인 것이 공구강이다.

### 2. 오스테나이트계의 강종

강의 조직으로서 이 이외에 오스테나이트가 있다. 이 조직은 보통 강이 변태점 이상으로 가열된 경우에 얻어지는 것이지만 C량과 냉각속도에 따라 상온(常溫)에서도 잔류시킬 수 있다. 이러한 오스테나이트 조직을 Cr과 Ni을 주체로 하여 Mn, W, V 등을 첨가한 합금으로 만들면 이 조직만으로 뛰어난 내식성, 내열성이 얻어진다. 이것이 오스테나이트계 스테인리스강 및 내열강이며, 이 경우에는 페라이트-시멘타이트계에 비해 다른 물리적 성질이 얻어진다.

### 3. 개재물을 이용한 강종

상기 각 조직에 고용하지 않은 합금원소 및 불순물원소는 제각기 단독 또는 화학적으로 결합한 형태로 강 중에 존재한다. 이런 개재물은 개재상태에 따라 대부분 강의 특성에 악영향을 미치지만 이 개재물의 화합형태를 조정하면 강의 특성 개선에 도움이 된다. 앞서 설명한 특수탄화물의 생성도 이것에 속하지만 그 이외에도 Pb, S, Ca 등을 이용한 쾌삭강도 실용화된 예의 하나이다.

## 1-4 기계구조용강과 그 선택방법

### 1. 화학성분계로 본 강재의 종류

기계구조용강은 일반적으로 열처리에 의해 강도와 인성을 알맞게 조절하여 각종 기계부품에 사용되는 강이다. 구조용강에서 기본이 되는 C량은 0.10~0.60%이며 더욱이 기계부품으로서 필요한 특성을 열처리에 의해 얻을 수 있도록 각종 원소를 합금한 것이 사용되고 있다. 현재 이런 종류의 강으로서 KS에 규정되어 있는 것을 그 화학성분계별로 분류해서 AISI 규격(SAE 규격과 거의 동일)과 비교하면 표 1-2와 같다.

#### (1) C계

상술한 것처럼 C량은 열처리 후의 특성(특히 강도와 인성)을 결정하는 주성분으로서 그 농도범위를 0.05% 폭으로 세분해 두고 목적에 따라 강종을 세밀하게 선택할 수 있도록 되어 있다.

#### (2) Mn, Mn-Cr계

Mn계는 C계 강에 Mn량을 증가시켜 경화능을 개선한 것으로서 경화능면에서 보면 대단히 경제성이 있기 때문에 일본에서도 종래 AISI(SAE)규격 그대로 사용되어

표 1-2 기계구조용鋼의 화학성분에 의한 분류

| 성분계 | 표 준 성 분 [%] | KS | AISI*, SAE** |
|---|---|---|---|
| C | 0.10~0.60 C | SM××C, SM××CK | 10×× |
| Mn<br>Mn-Cr | 1.35 Mn or 1.50 Mn<br>1.35 or 1.50 Mn-0.50 Cr | SMn ×××<br>SMnC ××× | 15 ××<br>— |
| Cr<br>Cr-Mo | 1.0 Cr<br>1.0 Cr-0.20 Mo | SCr ×××<br>SCM ××× | 51 ××<br>41 ×× |
| Mo | 0.25, 0.40 Mo | — | 40 ××, 44 ×× |
| Ni-Mo | 1.8 Ni-0.25 Mo<br>3.5 Ni-0.25 Mo | —<br>— | 46 ××<br>48 ×× |
| Ni-Cr | 1.25~3.15 Ni-0.35~0.85 Mo | SNC ××× | — |
| Ni-Cr-Mo | 0.55 Ni-0.50 Cr-0.20~0.25 Mo<br>1.8 Ni-0.50 Cr-0.20 Mo<br>3. 0 Ni-1.25~3.0 Cr-0.15~0.6 Mo<br>4.2 Ni-0.85 Cr-0.2 Mo | SNCM 2 ××<br>SNCM 4 ××<br>SNCM 6 ××<br>SNCM 815 | 86 ××, 87 ××<br>43 ××<br>(9310)<br>— |

[주] * American Iron and Steel Institute
** Society of Automotive Engineers

왔으며 JIS화 된 것은 비교적 최근의 일이다. Mn-Cr계는 더욱 Cr을 첨가하여 Mn계의 결점을 보완한 것이지만 일본 특유의 것으로 사용목적에 따라 매우 유효한 강종이다. 이런 화학성분계는 고가인 원소를 함유하지 않아 후술할 보론강의 기본 성분계로서도 널리 이용되고 있다.

(3) **Cr, Cr-Mn계**

합금원소로서 Cr의 효과를 이용한 것이지만 Cr 단독 첨가는 열처리에 민감하므로 소량의 Mo를 첨가한 Cr-Mo계의 것이 가장 널리 이용되고 있으며 열처리의 용이성, 강도와 인성을 갖는 구조용 합금강이 주류가 되고 있다. 또한 AISI에서는 이 Mo의 안정된 효과에 주목해서 C계에 소량의 Mo만을 가한 강종도 규정되어 있다.

(4) 含 **Ni계**

경화능의 향상 및 취성을 개선할 목적으로 상기 성분계에 Ni을 첨가한 것으로 KS에는 Ni-Cr계와 Ni-Cr-Mo계가 있다. 특히 Ni-Cr-Mo계는 2성분의 농도를 조합시켜 여러 가지 용도에 알맞은 고품질의 강을 얻을 수 있으므로 KS, AISI 등에도 많은 강종이 규정되어 있으나 이 중에서도 SNCM 220(8620), SNCM 420(4320) 및

SNCM 439(4340)는 성분조절이 쉽고 경제성 및 특성면에서 가장 널리 이용할 수 있는 강종이다. 또 이 계에서 Ni을 3.0% 이상 합금시킨 것이 KS에는 Ni-Cr, Ni-Cr-Mo계로 규정하고 있으나 AISI에서는 Ni-Mo계가 주체로 되어 양자간에 고 Ni강에 대한 차이가 있다.

**(5) EX강**

각종 기계부품에 사용되고 있는 이 강종에 대해 요구되는 특성은 더욱더 엄격하고 또한 여러 가지이지만 SAE에서는 이런 상황에 대처하기 위하여 현재의 규격강종만으로는 불충분하다고 보고 표 1-3에 나타낸 EX강(Experimental Steel)을 정하고 있다. 이 중 EX 10~24는 자동차 부품을 위시하여 경하중 부품에 그리고 석유굴착 관계 등의 중하중 부품용으로서 EX 30~32 및 55 등이 검토되고 있다.

## 2. 경화능에 근거한 강재의 선택방법

### (1) 질량효과

**표 1-3 SAE EX강의 종류와 화학성분** (단위 %)

| EX NO | C | Si | Mn | P | S | Ni | Cr | Mo | B |
|---|---|---|---|---|---|---|---|---|---|
| EX 10 | 0.19~0.24 | 0.20~0.35 | 0.95~1.25 | 0.036 이하 | 0.040 이하 | 0.20~0.40 | 0.25~0.40 | 0.05~0.10 | — |
| EX 15 | 0.18~0.23 | 〃 | 0.90~1.20 | 〃 | 〃 | — | 0.40~0.60 | 0.13~0.20 | — |
| EX 16 | 0.20~0.25 | 〃 | 〃 | 〃 | 〃 | — | 〃 | 〃 | — |
| EX 17 | 0.23~0.28 | 〃 | 〃 | 〃 | 〃 | — | 〃 | 〃 | — |
| EX 18 | 0.25~0.30 | 〃 | 〃 | 〃 | 〃 | — | 〃 | 〃 | — |
| EX 19 | 0.18~0.23 | 〃 | 〃 | 〃 | 〃 | — | 〃 | 0.08~0.15 | 0.0005 이상 |
| EX 20 | 0.13~0.18 | 〃 | 〃 | 〃 | 〃 | — | 〃 | 0.13~0.20 | — |
| EX 21 | 0.15~0.20 | 〃 | 〃 | 〃 | 〃 | — | 〃 | 〃 | — |
| EX 24 | 0.18~0.23 | 〃 | 0.75~1.00 | 〃 | 〃 | — | 0.45~0.65 | 0.20~0.30 | — |
| EX 30 | 0.13~0.18 | 〃 | 0.70~0.90 | 〃 | 〃 | 0.70~1.00 | 〃 | 0.45~0.60 | — |
| EX 31 | 0.15~0.20 | 〃 | 〃 | 〃 | 〃 | 〃 | 〃 | 〃 | — |
| EX 32 | 0.18~0.23 | 〃 | 〃 | 〃 | 〃 | 〃 | 〃 | 〃 | — |
| EX 33 | 0.19~0.24 | 〃 | 0.85~1.25 | 〃 | 〃 | 0.20 이상 | 0.20 이상 | 0.05 이상 | — |
| EX 34 | 0.28~0.33 | 〃 | 0.90~1.20 | — | — | — | 0.40~0.60 | 0.13~0.20 | — |
| EX 36 | 0.38~0.43 | 〃 | 〃 | — | — | — | 0.45~0.65 | 〃 | — |
| EX 38 | 0.43~0.48 | 〃 | 〃 | — | — | — | 〃 | 〃 | — |
| EX 39 | 0.48~0.53 | 〃 | 〃 | — | — | — | 〃 | 〃 | — |
| EX 40 | 0.54~0.59 | 〃 | 〃 | — | — | — | 〃 | 〃 | — |
| EX 54 | 0.20~0.25 | 0.35 이하 | 0.70~1.05 | 0.035 이하 | 0.040 이하 | — | 0.40~0.70 | 0.05 이상 | — |
| EX 55 | 0.15~0.20 | 0.20~0.35 | 0.70~1.00 | 〃 | 〃 | 1.65~2.00 | 0.45~0.65 | 0.65~0.80 | — |
| EX 56 | 0.080~0.13 | 〃 | 〃 | 〃 | 〃 | 〃 | 〃 | 〃 | — |

강이 우수한 강도와 인성을 얻기 위해서는 완전한 퀜칭처리를 한 후에 적절한 온도에서 템퍼링하는 것이 필요하다. 따라서 구조용강을 선택하는 경우에 우선 생각해야 할 것은 퀜칭시 요구하는 깊이까지 적어도 50 % 이상의 마르텐사이트를 함유한 조직이 얻어질 수 있는가 하는 것이다. 일반적으로 같은 강종이라도 그 크기에 따라 퀜칭효과(마르텐사이트 조직이 얻어지는 비율)에 차이가 있는 것은 냉각속도의 차이에 의한 것으로서 이것을 질량효과라고 한다. 기계구조용강은 강종에 따라서 경화능에 상당한 차가 있으며 이것에 질량효과를 함께 고려하면 각각의 강종은 표 1-4 속에 나타난 치수이하의 부품에 사용하는 것이 바람직하다. 즉 어떤 부품을 대상으로 구조용강을 선택할 경우에는 우선 질량효과를 고려하여 퀜칭시에 희망하는 깊이에서 50 % 이상의 마르텐사이트 조직이 얻어지는 경화능을 가진 강종을 선택한 후 그 부품에 필요한 그 외의 특성을 가지는 화학성분의 것을 선택하는 일이 중요하다.

표 1-4 주된 기계구조용강의 질량효과

| | 鋼 種 | 유효 최대직경 [mm] 油 冷 | 水 冷 | | 鋼 種 | 유효 최대직경 [mm] 油 冷 | 冷 |
|---|---|---|---|---|---|---|---|
| 강인계 | SM 30 C | — | 30 | 표면경화계 | SMnC 420 | 30 | — |
| | SM 40 C | — | 35 | | SCr 420 | 35 | — |
| | SM 50 C | — | 40 | | SCM 420 | 45 | — |
| | SMn 433 | 30 | 45 | | SCM 822 | 55 | — |
| | SCr 435 | 40 | 55 | | SNC 815 | 60 | — |
| | SCM 435 | 60 | 80 | | SNCM 420 | 40 | — |
| | SCM 445 | 70 | — | | SNCM 616 | 130 | — |
| | SNC 836 | 80 | — | | SNCM 815 | 90 | — |
| | SNCM 439 | 70 | — | | | | |
| | SNCM 630 | 150 | — | | | | |

### (2) H 강의 이용

퀜칭처리한 강은 이것을 템퍼링처리하여 적절한 강도와 인성을 가지게 할 필요가 있으나 같은 온도에서 템퍼링처리를 하여도 반드시 필요한 경도범위에 들어간다고 할 수 없다. 따라서 종래는 퀜칭경도를 측정하여 템퍼링처리를 조절하였으나 이것은 너무 번잡하여 대량생산에는 적합하지 않다. 혹 퀜칭경도가 각각의 강종에 따라서 결정된 좁은 범위 내에 들어가는 강재, 즉 경화능을 보증하는 구조용강이 제공되게 되면 문제는 해결된다. 이 생각을 실현한 것이 H 강이다. 예를 들면 SCM 435 H, SAE 1041 등으

표 1-5 경화능을 보증한 구조용강 강재(JIS G 4052) (단위 %)

| 강종기호 | C | Si | Mn | P | S | Ni | Cr | Mo |
|---|---|---|---|---|---|---|---|---|
| SMn 420 H | 0.16~0.23 | 0.15~0.35 | 1.15~1.55 | 0.030 이하 | 0.030 이하 | 0.25 이하 | 0.35 이하 | — |
| SMn 433 H | 0.29~0.36 | 〃 | 〃 | 〃 | 〃 | 〃 | 〃 | — |
| SMn 438 H | 0.34~0.41 | 〃 | 1.30~1.70 | 〃 | 〃 | 〃 | 〃 | — |
| SMn 443 H | 0.39~0.46 | 〃 | 〃 | 〃 | 〃 | 〃 | 〃 | — |
| SMnC 420 H | 0.16~0.23 | 〃 | 1.15~1.55 | 〃 | 〃 | 〃 | 0.35~0.70 | — |
| SMnC 443 H | 0.39~0.46 | 〃 | 1.30~1.70 | 〃 | 〃 | 〃 | 〃 | — |
| SCr 415 H | 0.12~0.18 | 0.15~0.35 | 0.55~0.90 | 0.030 이하 | 0.030 이하 | 0.25 이하 | 0.85~1.25 | — |
| SCr 420 H | 0.17~0.23 | 〃 | 〃 | 〃 | 〃 | 〃 | 〃 | — |
| SCr 430 H | 0.27~0.34 | 〃 | 〃 | 〃 | 〃 | 〃 | 〃 | — |
| SCr 435 H | 0.32~0.39 | 〃 | 〃 | 〃 | 〃 | 〃 | 〃 | — |
| SCrC 440 H | 0.37~0.44 | 〃 | 〃 | 〃 | 〃 | 〃 | 〃 | — |
| SCM 415 H | 0.12~0.18 | 0.15~0.35 | 0.55~0.90 | 0.030 이하 | 0.030 이하 | 0.25 이하 | 0.85~1.25 | 0.15~0.35 |
| SCM 418 H | 0.15~0.21 | 〃 | 〃 | 〃 | 〃 | 〃 | 〃 | 〃 |
| SCM 420 H | 0.17~0.23 | 〃 | 〃 | 〃 | 〃 | 〃 | 〃 | 〃 |
| SCM 435 H | 0.32~0.39 | 〃 | 〃 | 〃 | 〃 | 〃 | 〃 | 〃 |
| SCM 440 H | 0.37~0.44 | 〃 | 〃 | 〃 | 〃 | 〃 | 〃 | 〃 |
| SCM 445 H | 0.42~0.49 | 〃 | 〃 | 〃 | 〃 | 〃 | 〃 | 〃 |
| SCM 822 H | 0.19~0.25 | 〃 | 〃 | 〃 | 〃 | 〃 | 〃 | 0.35~0.45 |
| SNC 415 H | 0.11~0.18 | 0.15~0.35 | 0.30~0.70 | 0.030 이하 | 0.030 이하 | 1.95~2.50 | 0.20~0.55 | — |
| SNC 631 H | 0.26~0.35 | 〃 | 〃 | 〃 | 〃 | 2.45~3.00 | 0.55~1.05 | — |
| SNC 815 H | 0.11~0.18 | 〃 | 〃 | 〃 | 〃 | 2.92~3.50 | 0.65~1.05 | — |
| SNCM 220 H | 0.17~0.23 | 0.15~0.35 | 0.60~0.95 | 0.030 이하 | 0.030 이하 | 0.35~0.75 | 0.35~0.65 | 0.15~0.30 |
| SNCM 420 H | 〃 | 〃 | 0.40~0.70 | 〃 | 〃 | 1.55~2.00 | 〃 | 〃 |

로 구별하고 있다.

참고로 KS에 규정되어 있는 H강에 대하여 표 1-5에 나타내었다. 이렇게 경화능이 다른 각종 화학성분계에 대해 각각 H강이 정해져 있으므로 안정한 품질을 가진 부품을 원한다면 안심하고 열처리할 수 있는 H강을 이용하는 것이 현명하다.

### (3) 보론강의 이용

경화능에 의해 강종을 선택할 경우 매우 경제적인 것이 보론강이다. 여기서 말하는 보론강이란 0.0005~0.0030%의 미량의 B를 강재에 첨가하여 1.2~2.2배로 경화능을 증가시킨 것으로 경화능이 향상된 부분만큼 고가인 Ni이나 Mo 등을 절약할 수 있게 된다. 그러나 보론강의 경화능 곡선의 모양은 그림 1-14에 나타낸 것처럼 비보론강과는 다르므로 사용할 부품의 크기에 따라 보다 엄밀하게 강종 선택을 해야 한다.

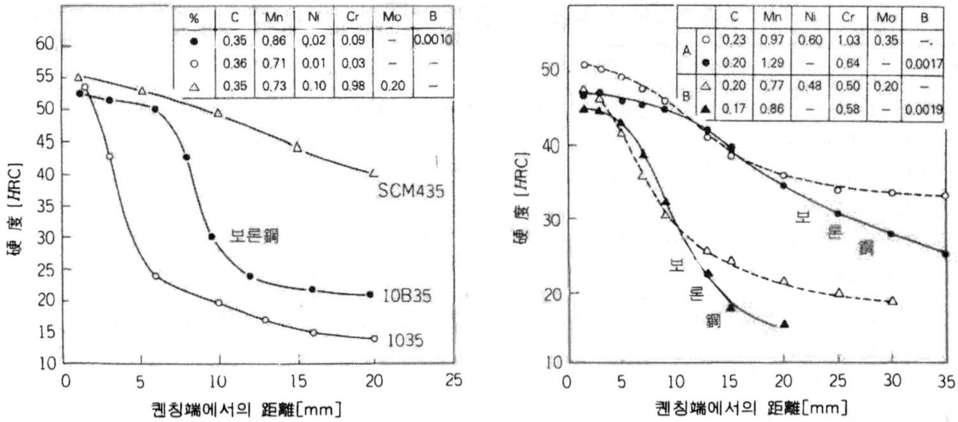


(a) SCM 435 와 SAE 10 B 35 (b) Ni-Cr-Mo 鋼과 Mn-Cr-B 鋼

**그림 1-14 보론강의 燒入곡선의 예**

예를 들면 그림 1-14 (a)는 SCM 435 와 SAE10B35 의 경화능을 비교한 것으로 이 두 강종의 경화능은 수냉단에서 6 mm 정도까지는 거의 동등하므로, 표층부만 퀜칭경화시킬 부품에 대해서는 SCM 435 대신에 1035 에 B 를 가한 10B35 를 퀜칭(예를 들면 수냉)하여 사용할 수 있다. 또 그림 1-14 (b)는 Ni-Cr-Mo 강 2종과 이에 대응하는 Mn-Cr-B 강의 경화능을 비교한 것으로 이 경우에 A 군에서는 수냉단에서의 거리 10~20 mm 에서 그리고 B 군에서는 수냉단에서의 거리 5~10 mm 에서 각각 동등한 퀜칭경도가 얻어진다. 따라서 퀜칭시의 냉각속도가 각 범위에 해당하는 부품에 대해서는 Ni-Cr-Mo 강 대신에 각각 Mn-Cr-B 강이 이용가능하다.

또한 이 종류의 보론강은 SAE 규격에는 여러 강종이 규정되어 있으나 KS 에는 아직 한 종류의 강도 규정되어 있지 않다. 그러나 일본 자동차공업회 협정규격에는 표 1-6 과 같이 C 계, Mn 계 및 Mn-Cr 계에 B 를 첨가한 것이 있으며 이미 이용되고 있다.

### 3. 표면경화처리용 강재의 선택방법

구조용강은 퀜칭·템퍼링(Q/T) 처리만으로 사용하는 경우보다 표면경화 처리한 상태에서 사용하는 경우가 오히려 많다. 표면경화에서는 보통 침탄·질화 또는 표면경화 등이 행해지므로 표면경화처리 재료의 선택방법을 설명한다.

#### (1) 침탄처리를 할 경우

침탄처리란 강의 표면에서 탄소를 침입, 확산시킨 뒤 퀜칭·템퍼링하여 표면부에 경

표 1-6 자동차 구조용강의 강재협정규정에 의한 보론강의 종류 (단위 %)

| 기 호 | C | Si | Mn | P | S | Ni | Cr | B |
|---|---|---|---|---|---|---|---|---|
| ASB 20 | 0.18~0.23 | 0.15~0.35 | 0.30~0.60 | 0.035 이하 | 0.030 이하 | 0.20 이하 | 0.20 이하 | 0.0005 이상 |
| ASB 25 | 0.22~0.28 | 〃 | 〃 | 〃 | 〃 | 〃 | 〃 | 〃 |
| ASB 28 | 0.25~0.31 | 〃 | 0.60~0.90 | 〃 | 〃 | 〃 | 〃 | 〃 |
| ASB 30 | 0.27~0.33 | 〃 | 〃 | 〃 | 〃 | 〃 | 〃 | 〃 |
| ASB 33 | 0.30~0.36 | 〃 | 〃 | 〃 | 〃 | 〃 | 〃 | 〃 |
| ASB 35 | 0.32~0.38 | 〃 | 〃 | 〃 | 〃 | 〃 | 〃 | 〃 |
| ASB 38 | 0.35~0.41 | 〃 | 〃 | 〃 | 〃 | 〃 | 〃 | 〃 |
| ASB 40 | 0.37~0.43 | 〃 | 〃 | 〃 | 〃 | 〃 | 〃 | 〃 |
| ASB 43 | 0.40~0.46 | 〃 | 〃 | 〃 | 〃 | 〃 | 〃 | 〃 |
| ASB 45 | 0.42~0.48 | 〃 | 〃 | 〃 | 〃 | 〃 | 〃 | 〃 |
| ASB 48 | 0.45~0.51 | 〃 | 〃 | 〃 | 〃 | 〃 | 〃 | 〃 |
| ASB 50 | 0.47~0.53 | 〃 | 〃 | 〃 | 〃 | 〃 | 〃 | 〃 |
| ASB 53 | 0.50~0.56 | 〃 | 〃 | 〃 | 〃 | 〃 | 〃 | 〃 |
| ASMnB 20 H | 0.17~0.23 | 〃 | 1.10~1.40 | 〃 | 0.030 이하 | 0.25 이하 | 0.35 이하 | 〃 |
| ASMnB 22 H | 0.19~0.25 | 〃 | 1.20~1.50 | 〃 | 〃 | 〃 | 〃 | 〃 |
| ASCB 35 H | 0.32~0.39 | 〃 | 0.55~0.90 | 〃 | 〃 | 〃 | 0.85~1.25 | 〃 |
| ASCB 40 H | 0.37~0.44 | 〃 | 〃 | 〃 | 〃 | 〃 | 〃 | 〃 |

화층을 형성시키는 방법이다. 따라서 재료선택에 있어서 우선 C의 확산속도(침탄성)가 문제가 되지만 구조용강 정도의 화학성분 범위에서는 어느 강종을 선택하더라도 침탄성에는 큰 차이가 없다. 오히려 퀜칭을 한 경우에 비침탄부까지(심부) 충분한 퀜칭 조직이 얻어질 수 있는가가 중요하므로 재료는 앞에서 설명한 것과 같이 경화능을 기준하여 선택할 필요가 있다.

또한, 표면경화재라는 것은 기계부품 중에서도 충분한 내마모성, 높은 피로강도를 필요로 하는 것에 이용되고 있으므로 단지 경화층을 두껍게 할 뿐만 아니라 경화층 자체의 인성도 중시해야 한다. 이 경화층의 인성에 대해서는 Ni, Mo가 효과적이므로 가혹한 조건에서 사용되는 부품에는 Ni-Cr-Mo강 또는 Ni-Mo강을 선택하는 것이 바람직하다. 이 밖에 침탄기술의 진보와 침탄능률의 향상을 위해 최근에는 진공침탄이나 고온침탄 등, 고온하에서의 침탄이 실용화되고 있으나 이 경우에 고려해야 할 문제의 하나로 결정입도의 조대화가 있다. 통상 구조용강의 결정입자 조정은 미량의 Al에 의해 처리하고 있는데 그 경우의 결정 조대화 온도는 1000℃ 이하이므로 1000℃를 넘는 고온침탄에서는 처리시간을 고려하지 않더라도 당연히 결정의 조대화가 생긴다. 이것을 방지하려면 결정입도의 조대화 온도를 더욱 높일 필요가 있으며, 이 목적으로

**Nb** 첨가강이 개발되고 있다.

(2) 질화처리를 할 경우

질화처리란 표면에 질소를 침입, 확산시켜 표층부에 경도가 높은 경화층을 형성시키는 방법이며, 침입확산인 점은 침탄처리와 동일하다. 그러나 처리온도가 500~600℃의 변태점이하의 온도영역이므로 열처리 전에 미리 퀜칭을 하고 처리온도 이상의 온도영역에서 템퍼링처리를 하며, 강종을 선택하는 일은 침탄처리의 경우와 같다.

질화에 의한 경화의 원인은 ① 침입확산한 질소에 의해 미세한 각종 질화물의 생성과, ② 고용질소에 의해 Fe 격자에 큰 변형을 초래하는 두 가지로 생각되고 있으므로, 강의 화학성분에 따라 질화성(표면경화층의 경도와 두께)에 현저한 차이가 있다. 그림 1-15는 각종 합금원소의 질화시 경화에 관여하는 정도를 비교한 것으로 질화에 의해 표층부가 경화하기 위해서는 Al, Cr, V 및 Mo 따위의 원소가 필요하다. 물론 질화에 있어서는 단지 경도뿐만 아니라 두께도 필요하게 되는데 이때는 N의 확산속도가 중요하며 합금원소가 확산속도에 미치는 영향은 경화성과는 반대로 Mo>Cr, V>Al의 순이며, C는 확산속도를 현저하게 감소시키므로 질화층 두께는 얇아진다.

그 외에 질화처리재는 침탄재와 같이 내마모성이나 피로강도를 필요로 하는 재료에 이용되므로 심부의 강도도 문제가 되지만 질화시의 온도영역이 고온템퍼링 온도영역이 되므로 재료 자체의 연화저항의 정도도 중요한 재료선택의 기준이 된다.

이상의 관점에서 각종 재료를 동일조건으로 질화처리한 경우 얻어지는 경화층을 그림 1-16에서 비교하여 보면 통상 널리 이용되고 있는 SCM계 및 SNCM계의 강에선 충분한 경화층이 얻어지지 않고 반드시 Al, Cr, V 및 Mo 등을 상당량 첨가한 합

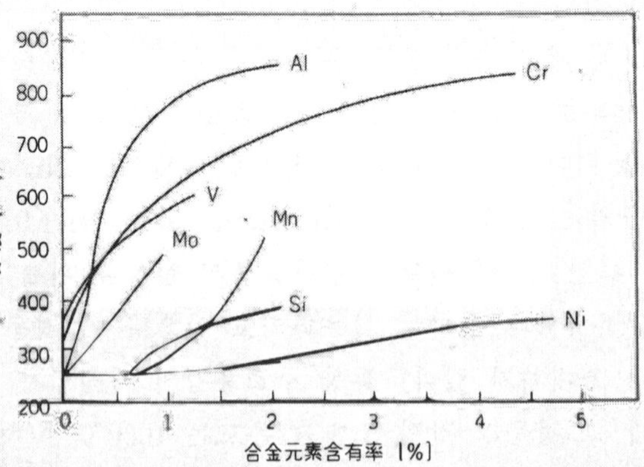


그림 1-15 窒化硬度에 영향을 미치는 합금원소의 영향

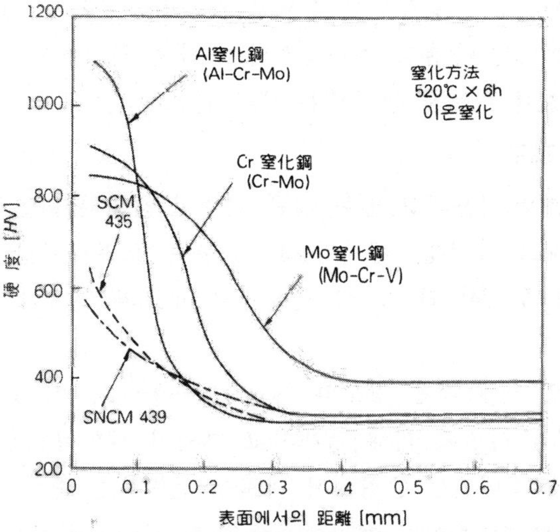


그림 1-16 각종 화학성분을 가진 鋼의 질화성 비교

금강이 필요해진다.

참고로 표 1-7에 상기 유효원소를 첨가하여 실용화되어 있는 3종의 질화용강의 특성을 비교하여 나타내었다. 이 표로부터 내마모용에는 Al 질화강 또는 Cr 질화강을 생각할 수 있으며 사용목적에 따라 화학성분계를 선택하는 것이 바람직하다. 그러나 KS 규정의 강종에는 Al 계의 SACM 645 만 있다. 유럽 각국에서는 표 1-7 속에 명기한

표 1-7 각종 질화용강의 특성 비교

| 종 류 | 표준화학성분 | 해당강종 | 특 징 |
|---|---|---|---|
| Al 질화강 | Cr-Mo-Al<br>C : 0.35~0.50 %<br>Al : 0.8~1.2 %<br>Cr : 1.3~1.8 % | SACM 645 (일)<br>En 41 B (영)<br>34 CrAlMo 5 (독)<br>40 CAD 612 (불) | 표면경도 $HV$ 1000 이상<br>경화층깊이<br>心部强度 80~100 kgf/mm² |
| Cr 질화강 | Cr-Mo-(V)<br>C : 0.2~0.35 %<br>Cr : 2.3~3.0 %<br>Mo : 0.4~0.7 % | En 40 B (영)<br>31 CrMo V 9 (독)<br>31 CrMo 12 (독)<br>20 CD 12 (불) | 표면경도 $HV$ 850~900<br>경화층깊이 약간 대<br>心部强度 90~110 kgf/mm² |
| Mo 질화강 | Cr-Mo-V<br>C : 0.12~0.25 %<br>Mo : 0.7~1.2 %<br>Cr : 1.0~1.2 % | 14 CrMoV 69 (독) | 표면경도 $HV$ 800~850<br>경화층깊이 대<br>心部强度 100~120 kgf/mm² |

것처럼 각종 Cr 계, Mo 계의 질화강이 정해져 있으며, 일본에서도 최근 특수강 메이커가 각각 독자적으로 이런 종류의 질화용강의 생산을 개시하고 있으므로 질화처리용으로서는 KS에 구애없이 재료를 선택하는 것이 필요하다.

### (3) 표면경화를 할 경우

표면경화용으로서 통상 이용되고 있는 것은 고주파 경화와 화염경화이다. 물론 표면경화를 하기 전에는 재료를 퀜칭, 템퍼링(Q/T) 또는 노말라이징 처리를 하여 필요한 강도와 인성을 부여해 두어야 하며, 이 단계에서 재료의 선택이 필요한 것은 질화의 경우와 같다.

표면경화를 목적으로 하는 것은 경도와 경화층 두께이다. 이 중 경도는 그림 1-17에 나타내듯이 재료의 C 량만에 의해 정해지고 그외의 화학성분은 영향을 받지않으므로 필요로 하는 경도가 얻어지는 C 량에서 재료를 선택하면 좋다. 그러나 경화층 두께는 화학성분에 따라 상당한 차이가 생긴다. 즉 그림 1-18에서는 이 화학성분의 영향을 **화학계수**란 값으로 나타내고 있지만 이 계수는 경화능의 양부를 나타내는 척도로 간주해도 된다. 따라서 경화층 두께를 크게 하려면 그에 상응한 경화능을 가진 재료를 선택할 필요가 있으며 예를 들면 C 계 대신에 Mn 계, Mn-Cr 계 또는 Cr-Mo 계 중에서 필요로 하는 경화층 두께에 따라 경화능이 좋은 재료를 선택하는 것이 좋다.

## 4. 피삭성을 목적으로 한 강재의 선택방법

구조용강을 기계가공함에 있어서 절삭능률은 중요한 인자이므로 이를 이용하는 한 수단이 소위 쾌삭강을 이용하는 것이다. 쾌삭강으로서는 KS에는 S 및 S+Pb 복합첨가로 규정되어 있지만 앞서 설명한 바와 같이 재료선택에 있어서는 그 경화능을 우선

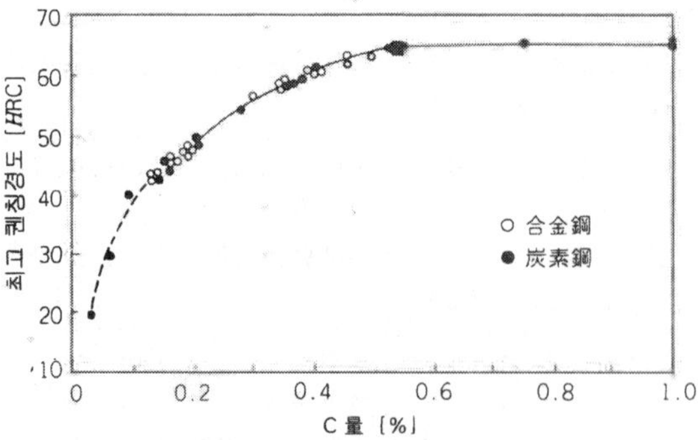


그림 1-17 鋼의 炭素量과 最高 燒入硬度와의 관계[4]

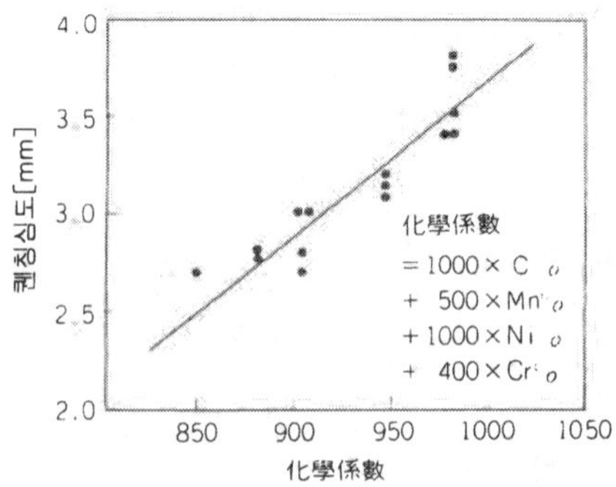


그림 1-18 화학성분에 의해서 燒入깊이가 결정된다

생각할 필요가 있으므로 실제로는 쾌삭강(FCS)계인 것을 그대로 사용할 수 없는 경우가 많다. 따라서 사용목적에 따라 경화능과 그외의 필요특성에서 기본 강종(화학성분계)을 선정한 후 그 강종에 피삭성 향상원소를 첨가한 소위 쾌삭강을 이용하는 것이 좋다. 이 경우에 효과적인 피삭성 향상원소로는 표 1-8에 나타낸 3종류가 있다. 이 가운데에서 널리 실용화되고 있는 것은 S와 Pb이며, Ca은 비교적 최근에서야 그 효과가 확인된 것이다. 각각 피삭성 향상에 관계하는 것으로는 차이가 있으며, 그 첨가량을 증가시키면 재질에 나쁜 영향을 미치게 되므로 실제로는 「Pb+S」, 「Ca+S」와 같은 복합첨가방식을 채택하여 광범위한 절삭조건에 대해 효과가 얻어지며 또한 그 외의 특성이 손상되지 않는 범위 내에서 강종을 선택하는 것이 좋다.

표 1-8 被削性의 개선방법과 그 효과 및 재질특성에 미치는 영향

| 첨가원소의 종류 | 부가기호 | 강중 존재상태 | 被削性 | 재질특성에 미치는 영향 |
|---|---|---|---|---|
| S | S | 유화물 | 저절삭 속도영역에서 공구수명개선 | 인성저하, 기계적 특질의 방향성이 커짐 |
| Pb | L | 단독 | 전절삭 속도영역에서 공구수명개선 | 전동마모성 저하 |
| Ca | U | 복합산화물 | 고절삭 속도영역에서 공구수명개선 | 영향없다 |

## 1-5 공구강과 그 선택방법

### 1. 화학성분에 따른 공구강의 세 가지 분류

공구강이란 주로 금속재료의 성형 및 가공을 하기 위한 금형이나 공구로써 사용하는 강을 말한다. 따라서 구조용강에 비교하여 ① 상온 및 고온의 강도가 크다. ② 내마모성이 뛰어나다. ③ 내산화성, 내용손성이 우수함 등이 특히 필요하다. 이러한 이유로 화학성분면에서 각각의 특성을 향상시키기 위해 구조용강보다 C, Cr, Mo 함량을 증가시키거나, W, V 및 Co 등을 첨가하며 크게는 다음 3가지로 분류할 수 있다.

탄소공구강(KS 기호 STC)

STC 0.6~1.5%C 계

합금공구강(KS 기호 STS, STD, STF)

STS 저 Cr의 Cr-W-V-(Ni)계

STD 중 또는 고 Cr-Mo-W-V 계

STF 저 Cr 의 Ni-Cr-Mo-V 계

고속도공구강(KS 기호 SKH)

텅스텐계 11~22 % W, 0.8~5.2 % V, 3.8~4.5 % Cr, 4.5~16 % CO

몰리브덴계 3~6.2 % Mo, 5.5~11 % W, 1.6~4.5 % V, 3.8~4.5 % Cr 4.5~11 % Co

## 2. 용도에 따른 공구강의 선택방법

공구강을 용도에 따라 크게 나누면 절삭용, 냉간금형용, 열간금형용으로 구분된다. 아래 표 1-9에 각각의 경우에 대한 재료선택 방법에 관하여 설명한다.

표 1-9 工具鋼의 용도별 분류

| 용 도 | 탄소공구강 | 합 금 공 구 강 | 고속도공구강 |
|---|---|---|---|
| 切削工具 | STC 1, STC 2, STC 3 | STS 1, STS 2, STS 5, STS 7, STS 8, STS 11, STS 21, STS 51 | (重절삭용) W 계 |
| 耐衝擊工具 | STC 4, STC 5, STC 6, STC 7 | STS 4, STS 41, STS 42, STS 43, STS 44 | (重절삭용) Mo 계 |
| 冷間金型 | | STS 3, STS 31, STS 91, STS 94, STS 95, STD 1, STD 2, STD 11, STD 12 | SKH 9, SKH 57 |
| 熱間金型 | | (프레스용, 다이캐스트용) STD 4, STD 5, STD 6, STD 61, STD 62 (hammer 용) STF 2, STF 3, STF 4, STF 5, STF 6 | |

### (1) 절삭용

탄소공구강 중에서도 C가 높은 STC 1~3이 이 용도에 적합하지만 특히 인성을 필요로 할 경우 내마모성은 약간 저하하지만 C량이 적은 STC 4~7을 선택하는 것이 좋다. 또한 절삭공구로서 C계인 것을 사용하는 것은 주로 면도날, 칼 등 날카로운 끝을 가진 공구류이며 이외의 일반공구용으로서는 Ni, Cr, Mo, W, V 등을 첨가한 합금공구강(STS)계를 사용한다. 특히 인성도 필요로 하는 경우에는 C량이 낮은 화학성분계를 사용하는 것이 좋다. 그러나 중(重)절삭용이 되면 내마모성과 함께 내열성도 필요로 하게 되므로 더욱 고합금화한 고속도공구강이 적합하지만, 이 절삭조건하에서 내충격성까지 필요로 하는 용도에 대해서는 텅스텐계 대신에 몰리브덴계를 사용하는 것이 좋다.

(2) 냉간금형용

근래 눈부신 냉간성형기술의 발전에 따라서 금형용강으로서는 단지 합금용 공구강뿐 아니라 고속도공구강, 더욱이 마르에이징강도 사용목적에 따라 선택되어지고 있다. 즉 냉간금형용으로서는 ① 내압축강도 ② 내마모성 ③ 필요로 하는 인성면에서 강종을 선택할 필요가 있다. 우선 압축강도, 내마모성면에서 합금공구강을 사용하고 싶은 경우에는 STS계 또는 STD계가 적합하며, 더욱 높은 강도를 요구하기 위해 고속도공구강을 사용하고 싶은 경우에는 SKH 57이 적합하다. 이것에 인성을 부여하고 싶은 경우에는 SKH 9가 좋으며, 가격면에서는 더욱 비싸지만 마르에이징강을 선택하는 것이 좋다. 마르에이징강은 표 1-10과 같이 C를 거의 포함하고 있지 않으므로 퀜칭상태의 마르텐사이트는 인성이 풍부하고 400~500℃의 템퍼링에서 현저히 경화된다. 경화되는 이유는 Ni과 Al, Ti, Mo 등의 금속간 화합물이 석출하기 때문으로 생각된다.

(3) 열간금형용

금속재료를 열간성형하기 위해서는 ① 열간강도, ② 인성, ③ 내마모성, ④ 내산화성, ⑤ 내용손성이 필요하게 되므로 재료선택에 있어서는 용도별로 세분하여 생각하는 것이 좋다.

(ㄱ) 단조·다이브록용 : 작업 중에 심한 충격하중을 계속해서 받으므로 특히 인성이 뛰어난 것이 필요하며 STF계 합금공구강이 가장 적합하다.

(ㄴ) 프레스 압출용 : 작업의 특성면에서 특히 열간강도와 내마모성이 필요하기 때문에 STD 61, 62로 대표되는 5% Cr-Mo계 합금공구강이 적합하다. 그러나 이 용도에 대해서는 사용자 입장에서 조금이라도 수명이 긴 것이 특히 필요하므로 후술하는 각종 표면경화처리를 병용한다. 또한, 긴 수명을 필요로 하는 경우에는 3%Cr-3%Mo계, 3%Ni-3%Mo계인 석출경화형 재료(표 1-10)를 사용하는 것도 검토할 필요가 있다.

(ㄷ) 다이캐스트용 : 이 용도에 대해서 상기 특성에 덧붙여 내용손성도 필요로 하기 때문에 사용온도에 따라 다음과 같이 분류할 필요가 있다.

Zn, Mg, Al계 합금용에는 …… STD 6, STD 61

Cu계 합금용에는 …… STD 4, STD 5

표 1-10 특수공구용강의 표준화학성분 (단위 %)

| 鋼 種 | C | Si | Mn | Ni | Cr | Mo | Co | V | Ti | Al |
|---|---|---|---|---|---|---|---|---|---|---|
| 3 Cr-3 Mo | 0.18 | 0.25 | 0.40 | — | 3.0 | 3.0 | — | 0.5 | — | — |
| 3 Ni-3 Mo | 0.20 | 0.25 | 0.40 | 3.3 | — | 3.3 | — | — | | |
| 마르에이징강 | <0.03 | <0.12 | <0.12 | 18.0 | — | 5.0 | 8.0 | — | 0.40 | 0.10 |

### 3. 표면경화처리에서 본 공구강의 선택방법

전술한 바와 같이 공구강은 용도상 뛰어난 내마모성과 인성이 필요한 경우가 많다. 따라서 내마모성이 필요한 표층부만을 경화시키는 일이 많이 있으며 이 경우에 이용할 수 있는 것이 질화처리, 표면경화처리, 초경물질 피복처리이다.

(1) 질화처리

질화층은 뛰어난 내열성을 가지고 있으므로 공구강의 표면경화방법으로서는 가장 적합하며, 프레스용 금형을 필두로 하여 널리 이용되고 있으나 질화성면에서 보면 5% Cr-Mo 계 합금공구강이 이 목적에 가장 적합하다.

(2) 표면경화처리

공구강은 거의가 0.5% 이상의 C 량을 가지고 있으므로 표면경화로서 표층부를 경화할 수 있지만 역으로 C 이외의 합금원소량도 많으므로 퀜칭균열 등의 어려운 문제도 생긴다. 따라서 비교적 용도도 적고 롤이나 치구 등에 대해서만 행해진다. 특히 STD 11 과 같이 탄화물이 석출하고 있는 상태의 것에 이용하면 훌륭한 내마모재를 얻을 수 있으므로 앞으로 용도면에서 확대가 기대된다.

(3) 초경물질피복처리

TD process, CVD 등에 의한 탄화물 피복이 이것에 해당한다. 이 방법으로 얻어지는 탄화물층은 얇으므로 피로강도 등의 향상에는 기여하지 않지만 높은 경도와 뛰어난 내열성, 내산화성이 얻어지므로 공구강의 용도에 매우 적합하다. 구체적으로는 절삭공구, 각종 치구류 및 금형 관계에 이런 종류의 피복처리가 행해지고 있으나 피복시에 재료가 고온상태가 되므로 적어도 열간강도가 높은 재료를 선택할 필요가 있다.

## 1-6 스프링강과 그 선택방법

### 1. 스프링강의 종류와 경화능

스프링용 재료로서 필요한 제 1 의 특성은 높은 탄성한도이며, 동적 하중을 받을 경우 더욱 높은 피로강도를 필요로 한다. 따라서 이런 종류의 스프링강은 통상 0.50% 이상의 C 량을 가진 강을 열간성형하여 제조하고 있으며, KS 강종을 포함해서 널리 이용되고 있는 강을 화학성분계 별로 나타내면 다음과 같다.

C 계 : SPS 3
함 Si 계 : SPS 6, SPS 7(Si-Mn 계), SPS 12(SAE 9254 Si-Cr 계)
함 Cr 계 : SPS 9, SAE 5160(Mn-Cr 계),

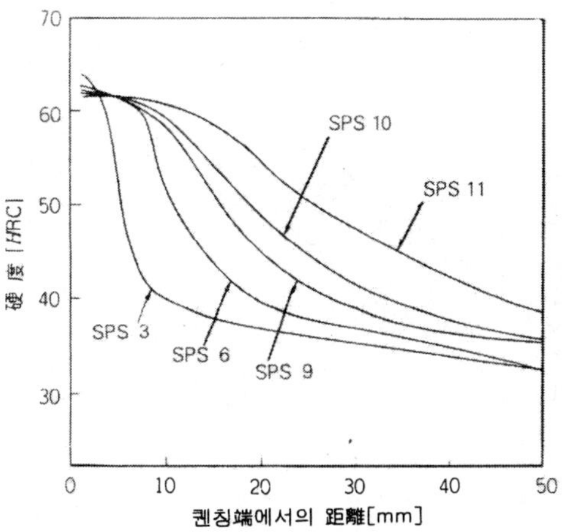


그림 1-19 각종 스프링鋼의 경화능 비교

SPS 11, SAE 51 B 60(Mn-Cr-B 계),
SPS 10(Cr-V 계), SPS 13(SAE 4160, Cr-Mo 계)

이상의 강종은 당연히 사용목적에 따라 분류해야 하지만 그 경우의 선택기준이 되는 것은 경화능이다. 즉 상기의 스프링강이 스프링으로서 기능을 발휘하기 위해서는 재료 중심부까지 완전히 퀜칭되는 것이 바람직하며, 이 점에서 경화능을 근거로 한 강종의 선택이 필요하다. 참고로 그림 1-19에 주된 강종의 경화능 비교결과를 보여주고 있다. 이 때 스프링의 크기에 따라서 적어도 퀜칭처리시에 중심부 조직이 50% 이상의 마르텐사이트 조직이 되는 강종을 선택해야 한다.

## 2. 스프링강의 강도와 인성

스프링강의 특성으로서 가장 필요한 탄성한도는 측정하기 어려우므로 통상은 0.02% 내력(영구변형 0.02%)에 있어 항장응력을 탄성한도로 보고 있으나 이 0.02% 내력은 완전한 퀜칭·템퍼링조직이라면 분명하게 경도와 비례한다. 또 동적 하중을 받을 경우 필요한 피로강도도 그림 1-20에 나타나듯이 경도로부터 거의 추정할 수 있다. 따라서 스프링강은 퀜칭·템퍼링 처리에서 원하는 경도를 얻어야 한다는 것이 경화능과 함께 재료선택에서 필요조건이 된다.

일반적으로 퀜칭·템퍼링 상태에서 강의 인성은 퀜칭시의 조직(마르텐사이트 생성량) 이외에 화학성분계에 의해서도 차이가 있으며 C계보다 합금계쪽이 분명히 뛰어나지만, 특히 고강도 스프링강용으로서 사용되고 있는 SPS 12 및 SPS 13은 이 점에서

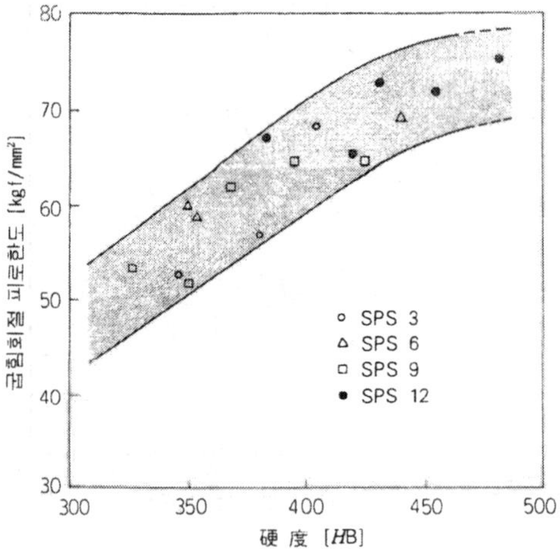


그림 1-20 각종 스프링鋼의 경도와 피로한도

도 매우 뛰어난다.

## 1-7 베어링강과 그 선택방법

베어링강은 주로 베어링의 레이스, 볼 및 롤러의 제조에 사용되는 강이며, 내마모성을 가장 필요로 하므로 각각의 용도에 대해 모두 고C 상태의 강을 사용하고 있다. 이런 종류의 강종을 용도별로 나누면 다음과 같다.

일 반 용 : STB 1~5
내충격용 : SCr 420, SNCM 220, SNCM 420, SNCN 815
내 식 용 : STS 420, STS 440 C, 440 M(화학성분은 표 1-11)
내 열 용 : STS 440 C, 440 M, AISIM 50, AISIM 28(표 1-11)

표 1-11 耐蝕·耐熱用 베어링강 (단위 %)

| 鋼 種 | C | Si | Mn | Cr | Mo | W | V |
|---|---|---|---|---|---|---|---|
| STS 420 J2 | 0.26~0.40 | 1.00 이하 | 1.00 이하 | 12.00~14.00 | — | — | — |
| STS 440 C | 0.95~1.20 | 1.00 이하 | 1.00 이하 | 16.00~18.00 | 0.75 이하 | — | — |
| 440 M | 0.95~1.20 | 1.00 이하 | 1.00 이하 | 13.00~15.00 | 3.50~4.50 | — | — |
| AlSl M 50 | 0.8 | 0.3 | 0.3 | 4.0 | 4.25 | — | 1.0 |
| AlSl M 2 | 0.85 | 0.3 | 0.3 | 4.0 | 5.0 | 6.0 | 2.0 |

[주] 440 M은 일본 베어링공업회 규격의 강종

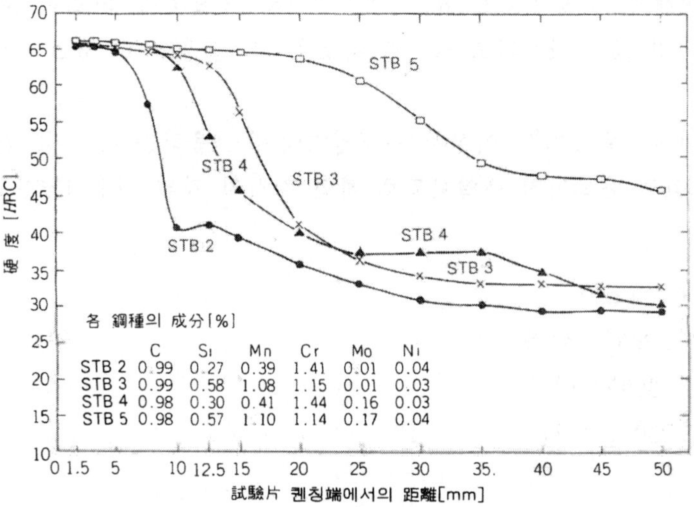


그림 1-21 **STB 2～5**의 죠미니 곡선 예

### (1) 일반용

KS에 규정되어 있는 고 C-Cr 계의 STB 1～5가 이것이며 1%C-1%Cr을 기본으로 하고 있으므로 가격이 싸고 또한 쉽게 퀜칭·템퍼링 처리를 함으로써 내마모성이 좋고 높은 경도가 얻어진다. 더욱이 이런 종류의 강의 특성차는 그림 1-21에 나타낸 경화능이며, 필요로 하는 롤러나 충격하중이 가해지는 용도에 대해서는 표층부만을 고 C의 경한 조직으로 하고 내부는 저 C로서 인성이 풍부한 연한 조직으로 하는 일이 바람직하다. 이 때문에 구조용강을 침탄처리한 것이 이용된다. 이 경우의 강종 선정은 ① 경화능, ② 심부경도, ③ 침탄층의 두께에 의해 결정되며, 충격하중이 크게 되는 만큼 강도와 인성이 균형을 이루는 SNCM 계가 좋으며 더욱이 같은 SNCM 계 중에서도 침탄층도 두꺼워질 수 있는 볼의 지름(레이스인 경우는 두께)에 따라서 충분히 퀜칭경화가 가능한 강을 택할 필요가 있으며 일반적으로 다음의 크기를 기준으로 한다.

20 mm 이하 : STB 2
40 mm 이하 : STB 3, STB 4
40 mm 이상 : STB 5

### (2) 내충격용

SNCM 420, 815가 적당한 강종으로 된다.

### (3) 내식용

이 목적에 대해서는 내식성과 함께 내마모성도 필요하게 되므로 고C고Cr계인 STS 440 C가 가장 많이 사용되고 있으며 내열용에도 사용할 수 있는 440 M이 있다.

(4) 내열용

내열용은 일반적으로 120℃ 이상의 온도영역에서 사용하는 것이며, *H*RC 60을 유지(보유)할 수 있는 온도까지 내열한도로 하면 각각의 강의 사용가능온도 영역범위는 다음과 같다.

STS : 220℃ 이하
SUS 440 M : 300℃ 이하
AISI M 50 : 300℃ 이하
AISI M 2 : 350℃ 이하

## 1-8 스테인리스강과 그 선택방법

강의 화학성분면에서 보면 Cr만을 주요성분으로 하는 것과 Cr-Ni을 주요성분으로 하는 것으로 분류하고 있으나 이것을 금속조직면에서 분류하면 다음과 같이 세분할 수 있다(괄호 안은 대표적인 성분).

- Cr계 스테인리스강
  - 페라이트계(17%Cr-0.1%C)
  - 마르텐사이트계(12%C-0.1%C, 17%Cr-1%C)
- Cr-Ni계 스테인리스강
  - 오스테나이트계(18%Cr-8%Ni-0.1%C)
  - 오스테나이트-페라이트계(26%Cr-5%Ni-0.1%C)
  - 석출경화계(17%Cr-4%Ni-0.1%C)

### 1. 페라이트계 스테인리스강

STS 430으로 대표되는 Cr계 스테인리스강이며 열처리에 의해 경화되지 않도록 C량을 낮춘 것이다. 페라이트 조직이기 때문에 오스테아니트계보다 내식성면에서 뒤떨어지므로 약한 부식환경하에서 사용되는 저강도 부품으로 주로 사용되며 어닐링상태로 사용된다.

### 2. 마르텐사이트계 스테인리스강

페라이트계와 마찬가지로 Cr계 스테인리스강이지만 C량이 높기 때문에 열처리시 마르텐사이트 조직으로 하여 경하게 할 수 있는 것이 특징이다. 따라서 내식성과 동시

에 고강도 또는 내마모성을 필요로 하는 용도에 적합하며 강도수준에 따라서

인장강도 55 kgf/mm² 이상 : STS 410, STS 416
인장강도 60 kgf/mm² 이상 : STS 403
인장강도 65 kgf/mm² 이상 : STS 420 J 1
인장강도 70 kgf/mm² 이상 : STS 410 J 1
인장강도 75 kgf/mm² 이상 : STS 420 J 2, STS 420 F
인장강도 85 kgf/mm² 이상 STS 431

와 같고, 또한 칼 종류 등의 내마모성용으로서는 경도에 따라서

*H*RC 54 이상 : STS 440 A
*H*RC 56 이상 : STS 440 B
*H*RC 58 이상 : STST 440 C

와 같이 분류할 수 있다.

이상은 마르텐사이트계의 특징인 강도 또는 경도를 기준으로 한 강종 선정이지만 이와 같이 경도(강도)를 높인 경우에는 당연히 피삭성이 떨어진다. 이 피삭성을 어느 정도 부여하고 싶을 경우에는 0.15% 이상의 S를 첨가한 STS 416, STS 420 F, STS 440 F를 필요강도(또는 경도)를 고려하여 선택하면 좋다.

### 3. 오스테나이트계 스테인리스강

18 Cr-8 Ni(STS 304)로 대표되며 소위 스테인리스강의 주류를 이루는 것이다. 그 특징은 고용화(固溶化) 처리상태에서 오스테나이트 조직을 나타내므로 비자성(非磁性)이며 열팽창계수는 크고 반대로 열전도성은 나쁘다. 이로 인하여 그외의 강과는 다른 물리적 성질을 나타낸다.

한편 경도는 *H*B 150~200으로 낮기 때문에 상온강도는 저하하지만 반대로 대단히 인성이 풍부하며 각종 냉간가공에 적합하다. 마지막으로 스테인리스강으로서의 내식성은 안정한 부동태화(不動態化)막을 생성하기 쉽기 때문에 매우 뛰어나지만 입계부식, 응력부식, 균열 등에 대해서는 문제가 된다.

이상과 같이 오스테나이트계 스테인리스강은 가공성, 내식성면에서 대단히 우수하기 때문에, 특히 상온강도를 필요로 하지 않는 용도에 대해 더욱 넓게 사용되고 있다. 현재에는 STS 304를 기본으로서 여러 가지 특성을 개선할 목적으로 표 1-12와 같이 다수의 강종이 KS화 되어 있으며, 사용용도(필요특성)에 따라 STS 304 대신 이용할

표 1-12 STS 304를 주체로 한 경우의 오스테나이트 스테인리스강의 특성 개선

| 특성의 개선 | 해 당 강 종 | 요 인 |
|---|---|---|
| 粒界腐蝕 | STS 304 L<br>STS 321, 347 | C량 저감<br>Ti, Nb의 첨가에 의한 C고정 |
| 冷間加工性 | STS 305, 384, 385 | Cr량 저감, Ni량 증가 |
| 被削性 | STS 303계 | P량의 증가, Se첨가 |
| 耐酸性 | STS 316, 317계 | Mo첨가 |
| 耐酸化性 | STS 308, 309, 310 | Ni량, Cr량 증가 |

수 있다.

#### 4. 오스테나이트-페라이트계 스테인리스강

화학성분적으로는 Cr-Ni계이지만, 26%Cr-5%Ni은 오스테나이트계에 비해 Cr량이 높으므로 오스테나이트와 페라이트의 혼합조직으로 되어 있다. 오스테나이트 조직과 다른 조직과의 중간에 위치한 물리적 성질을 가지며 오스테나이트계에 비해 상온강도도 높고 또한 내공식성, 내응력 부식균열성을 개선할 수 있는 것이 특징이다.

#### 5. 석출경화계 스테인리스강

화학성분적으로는 Cr-Ni계이지만 열처리에 의해 석출경화할 수 있는 것이 특징이다. 이 경우의 기지조직과 석출경화물은 화학성분 및 첨가물에 의해 변할 수 있으나 현재 KS에 규정되어 있는 것은

STS 630(17-4 pH) : 마르텐사이트 + Cu-Ni계 석출물
STS 631(17-7 pH) : 세미오스테나이트 + Ni + Al계 석출물

의 2종이며, 내식성은 거의 오스테나이트계에 필적하고 여기에 열처리 조건을 변화시킴에 따라 95~150 kgf/mm² 의 범위에서 필요강도를 얻을 수 있으며 나중에 설명할 내열강으로서의 요구조건도 만족하므로 고강도 스테인리스강으로 사용할 수 있다.

## 1-9 내열강과 그 선택방법

내열강이란 일반적으로 ① 고온에서 화학적으로 안정한(내산화성에 뛰어나다) 점과 ② 고온에서의 기계적 성질이 뛰어난(고온강도가 높다) 점의 2가지 특성을 갖는 강을

말한다. 이 강종은 화학성분적으로는 스테인리스강의 경우와 같고 Cr 계와 Cr-Ni 계로 분류되지만 표 1-13에 나타낸 것처럼, 특성을 결정하는 금속조직에 의해 4가지로 대별할 수 있으며, 강종으로서는 STR 계와 앞에서 설명한 STS 계가 있다. 또한 이런 강종은 내산화성과 고온강도면에서 각각 다음과 같이 선택할 수 있다.

표 1-13 내열강봉의 조직에 의한 분류

| 조 직 | | STR 계 | STS 계 |
|---|---|---|---|
| 오스테나이트 | (저탄소) | 309, 310, 330, 660, 661 | 304, 309 S, 310 S, 316, 317, 321, 347, XM 15 JI |
| | (고탄소) | 31, 35, 36, 37, 38 | |
| 페라이트 | | 446 | 405, 410 L, 430 |
| 마르텐사이트 | | 1, 3, 4, 11, 600, 616 | 403, 410, 410 JI, 431 |
| 석출경화계 | | | 630, 631 |

### 1. 오스테나이트계

800℃ 이상에서 내산화성(특히 연속사용)을 필요로 하는 경우

STR 31 → STR 309 → STR 310 → STR 330

600℃ 이상에서 고온강도를 필요로 하는 경우

STR 31 → STR 309 → STR 310 → STR 661

### 2. 페라이트계

800℃ 이상에서 내산화성(특히 계속 사용)을 필요로 하는 경우

STR 446

### 3. 마르텐사이트계

800℃ 이하에서 내산화성을 필요로 하는 경우

STR 1 → STR 3 → STR 4

600℃ 이하에서 고온강도를 필요로 하는 경우

STR 1 → STR 4 → STR 3 → STR 616 → STR 600

# 제 2 장
# 강재의 특성과 열처리

## 2-1 물리적 성질

### 1. 열팽창계수

강의 열팽창계수는 선팽창계수라고도 하며, 승온하에서 사용되는 장치나 기계를 설계할 경우, 고려해야 할 인자이지만 그 값은 표 2-1에 나타내듯이 조직에 따라 큰 차이가 있다. 즉 일반적으로는 20~100℃에서 $10.5 \sim 12 \times 10^{-6}$/℃의 범위에 있으며, 오스테나이트강인 STS 304가 되면 상온에서도 $17 \times 10^{-6}$/℃라는 큰 값은 나타낸다. 또 그림 2-1에 나타나듯이 어떠한 강도 거의 온도에 비례해서 팽창하며 700℃ 근처까지 대개 같은 정도의 열팽창계수를 가진다고 생각해도 좋다.

표 2-1 강의 물리적 성질의 비교

| 강 종 | 열처리 상태 | 열팽창계수 [cm/cm·℃] | 열전도도 [cal/cm·s·℃] | 전기저항 [μΩ·cm] |
|---|---|---|---|---|
| SM 10C | 압연의 경우 | $11.8 \times 10^{-6}$(20~93℃) | 0.153( 20℃) | 14.2(20℃) |
| SM 30C | 노말라이징 | $12.1 \times 10^{-6}$(20~100℃) | 0.12 ( 20℃) | 19.5( 〃 ) |
| SM 55C | 640℃ 어닐링 | $11.7 \times 10^{-6}$( 〃 ) | 0.118(100℃) | 19.9( 〃 ) |
| STC 2(1.2%C) | 어닐링 | $10.7 \times 10^{-6}$( 〃 ) | 0.103( 90℃) | 19.6( 〃 ) |
| SCM 440 | 600℃ 템퍼링 | $12.2 \times 10^{-6}$( 〃 ) | 0.105( 50℃) | 26.4( 〃 ) |
| SNCM 240 | 620℃ 템퍼링 | $12.0 \times 10^{-6}$( 〃 ) | — | 24.7( 〃 ) |
| SNCM 439 | 650℃ 템퍼링 | $12.0 \times 10^{-6}$( 〃 ) | — | 24.8( 〃 |
| SPS 7 | 어닐링 | $11.3 \times 10^{-6}$( 〃 ) | 0.062(20℃) | 42.9( 〃 ) |
| SPS 403 | 750℃ 템퍼링 | $10.2 \times 10^{-6}$( 〃 ) | 0.064( 〃 ) | 50.6( 〃 ) |
| STS 304 | 용체화 | $17.0 \times 10^{-6}$( 〃 ) | 0.038( 〃 ) | 71 ( 〃 ) |
| STR 1 | 노말라이징 | $12.6 \times 10^{-6}$( 〃 ) | 0.053( 〃 ) | 77 ( 〃 ) |

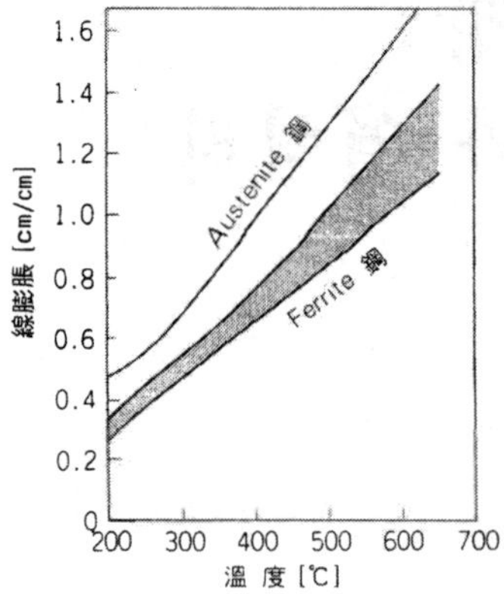


그림 2-1 온도에 비례하여 팽창한다.

**2. 열전도도**

강의 열전도도는 장치의 설계는 물론 실질적인 내열성이나 내마모성을 생각할 경우에도 무시할 수 없는 인자이다. 이 값은 표 2-1에 나타내듯이 합금성분량이 증가하는 만큼 작아지고 또 상온에서의 열전도도를 보면 강종에 따라 상당한 차가 있다. 또한 강의 열전도도는 열처리 조건에 의해서도 변한다. 예를 들면 퀜칭·템퍼링 상태에서는 그림 2-2에 나타내듯이 템퍼링처리 온도가 높을수록 크게 된다. 그러나 강종 및 열처리에 의한 차이도 온도가 높아지면 작아져서 그림 2-3에 보듯이 800℃ 부근 이상에서는 거의 차이가 없게 된다.

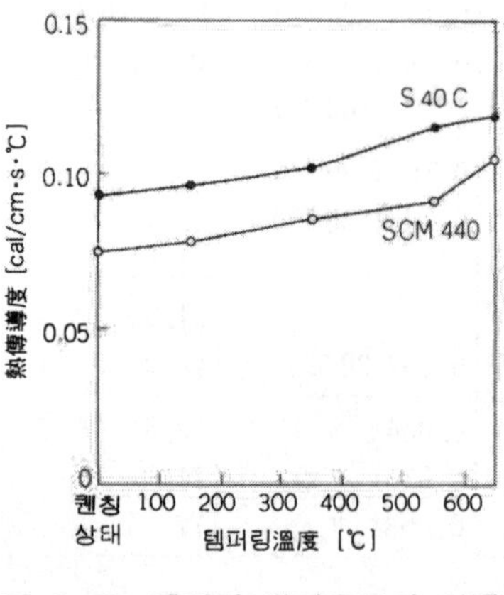


그림 2-2 템퍼링 처리온도와 열전도도

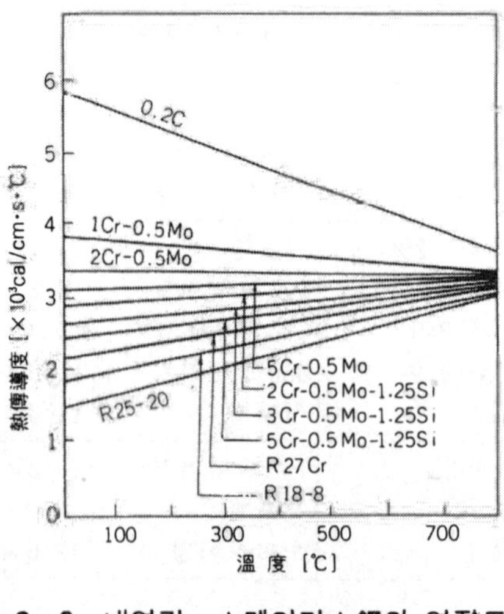


그림 2-3 내열강, 스테인리스鋼의 열전도도

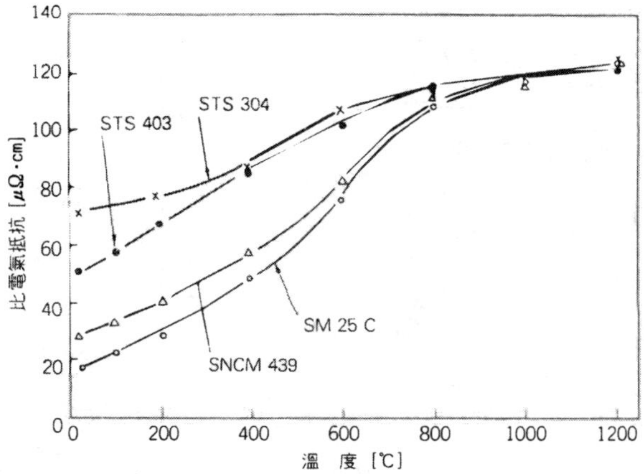


그림 2-4 각종의 鋼온도에 의한 전기저항의 변화

### 3. 자　　성

일반적으로 강은 강자성체이며 구조용강이나 공구강 등에서는 강종에 의한 자성의 차이도 극히 작다. 단지 오스테나이트강만은 비자성체이므로 일반적으로 강의 자성의 정도는 오스테나이트 조직과 그외 조직과의 체적비에 따라 거의 결정된다고 보아도 좋다.

### 4. 전기저항

강의 전기저항은 표 2-1에 보듯이 C량을 시초(기초)로 하는 합금원소의 증가와 함께 크게 되고 온도의 상승에 따라 증가한다. 그러나 그림 2-4에서 보듯이 온도에 수반하는 변화율은 합금원소량이 많은 강일수록 작으며 800℃ 이상의 온도범위에서는 거의 모든 강의 전기저항은 같은 정도의 값으로 된다.

## 2-2 강도와 인성

### 1. 강도와 인성의 상반성

강의 제성질 중에서 가장 기본이 되는 것은 강도와 인성이며, 일반적으로 이 강도는 인장시험에 의한 인장강도와 항복점으로, 또 인성은 인장시험에 의해 얻어지는 연신율, 단면감소율(단면수축률)과 충격시험에 의한 충격치로 비교할 수 있다.

그러나 이 두 가지의 특성은 일반적으로 상반되는 관계에 있으며 강도가 크게 될수록 인성은 저하하는 경향을 나타낸다. 이것을 화학성분면에서 보면 무엇보다도 C량과

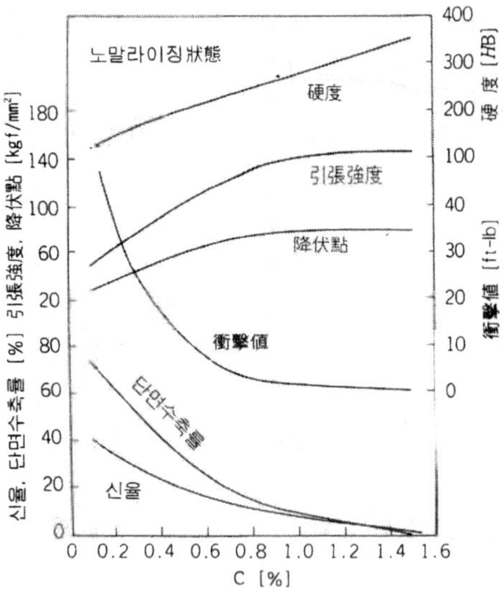


그림 2-5 鋼의 기계적 성질에 미치는 C%의 영향

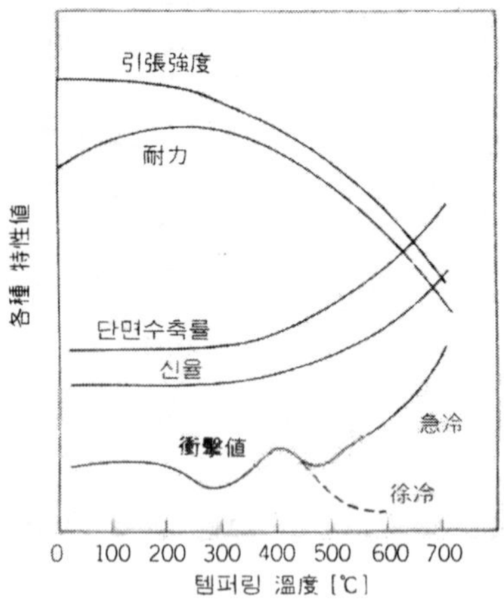


그림 2-6 템퍼링 온도와 기계적 성질

밀접한 관계에 있으며 그림 2-5에서 보듯이 C량이 증가할수록 강도는 향상하고 역으로 인성은 저하한다. 또, Mn, Si, 그외의 합금성분도 정도의 차이일 뿐 같은 영향을 미친다.

### 2. 템퍼링처리 성능곡선

강을 사용하는데 있어서 상반되는 관계에 있는 강도와 인성의 균형을 맞추기 위해 적절한 열처리를 실시할 필요가 있으나 이 경우에 가장 바람직한 것이 퀜칭·템퍼링처리이다. 즉 강을 퀜칭경화처리하면 C량에 따라 경한 마르텐사이트 조직이 되지만 이것을 템퍼링하는 것으로서 강도와 인성 등이 적절하게 균형을 이루는 상태를 얻을 수 있는 것이다.

그런데 퀜칭경화처리한 강을 템퍼링처리한 경우 기계적 성질은 일반적으로 그림 2-6과 같다. 우선 저온 템퍼링처리 영역에서는 퀜칭에 의해 생긴 내부응력이 완화되며 또한 미세한 탄화물이 석출하기 때문에 항복강도가 증가한다. 그러나 템퍼링처리 온도가 300℃를 넘으면 시멘타이트의 응집과 비대화가 생기므로 인장강도는 급격히 저하하고 반대로 연신율, 단면감소율 및 충격치는 차츰 증가하여 강도와 인성의 균형이 생긴다. 그러나 이 경우 인성의 변화를 보면 300℃ 및 550℃ 부근에서 일시적으로 낮은 값을 나타내는 일이 있다. 전자가 저온 템퍼링 취성이고, 후자가 고온 템퍼링 취성이다.

이중 저온 **템퍼링 취성**은 연신율, 단면감소율과 같이 변형속도가 작은 변형에 있어서는 나타나기 어렵고, 충격시험과 같이 변형속도가 큰 변형에 있어서는 현저히 나타난다. 이 취성구역에서는 피로강도도 저하하고 **지연파괴**(수소취성 및 응력부식 파괴)에 대한 감수성도 민감해 진다. 또 후자의 **고온 템퍼링 취성**도 변형속도가 큰 경우에만 확인되는데, 이 현상은 단지 450~550℃에서 템퍼링처리한 경우뿐만 아니라 600℃ 이상에서 템퍼링처리해도 그 후 서냉하면 생기며 이것에 기인하는 파괴는 주로 오스테나이트 결정립계의 벽계(劈開)에 의한 취성파괴로 생기는 것이 특징이다.

또한 이러한 취성이 생기는 것은 모두 **소성변형 저항**이 증가하기 때문이므로 템퍼링처리에 있어서는 이 취성영역을 피할 필요가 있으나 화학성분면에서는 P, As 등 불순물 원소량을 억제하면 이러한 취성은 저감할 수 있다. 또한 고온영역의 취성에 대해서는 Mo, W의 합금화도 유효한 것으로 알려져 있다.

그런데 이 템퍼링 온도에 수반하는 강도와 인성의 변화를 나타내는 곡선을 **템퍼링 성능곡선**이라 불리며, 각각의 강을 템퍼링처리할 경우에 이용된다. 그러나 각종 화학성분을 가진 강의 **템퍼링 처리경도**의 변화를 보면 그림 2-7에 나타나듯이 Cr, Mo, V 및 W를 상당한 양이 함유한 것은 450~660℃영역에서 일시적으로 경화하여 성능곡선에도 불연속적인 변화를 준다. 이 현상은 탄화물이 이 온도영역에서 2차적으로 석출하기 때문에 **2차 경화, 석출경화** 또는 **시효경화**라 불린다. 물론 이 석출탄화물은 차츰 응집성장하기 때문에 더욱 템퍼링 온도를 높이면 급속히 경화하여 인성도 회복한다.

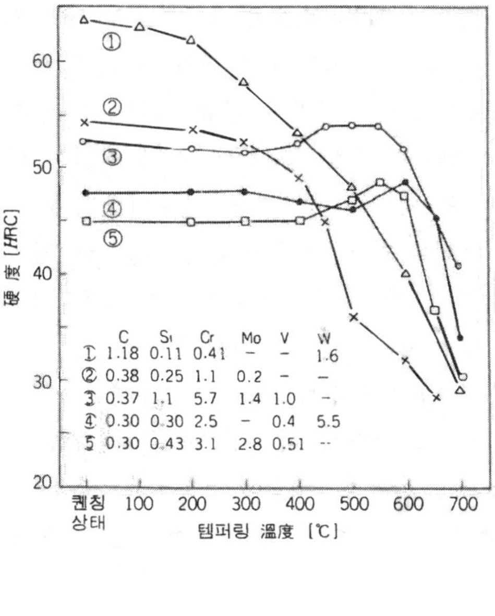


그림 2-7 각 鋼種의 템퍼링 경도곡선

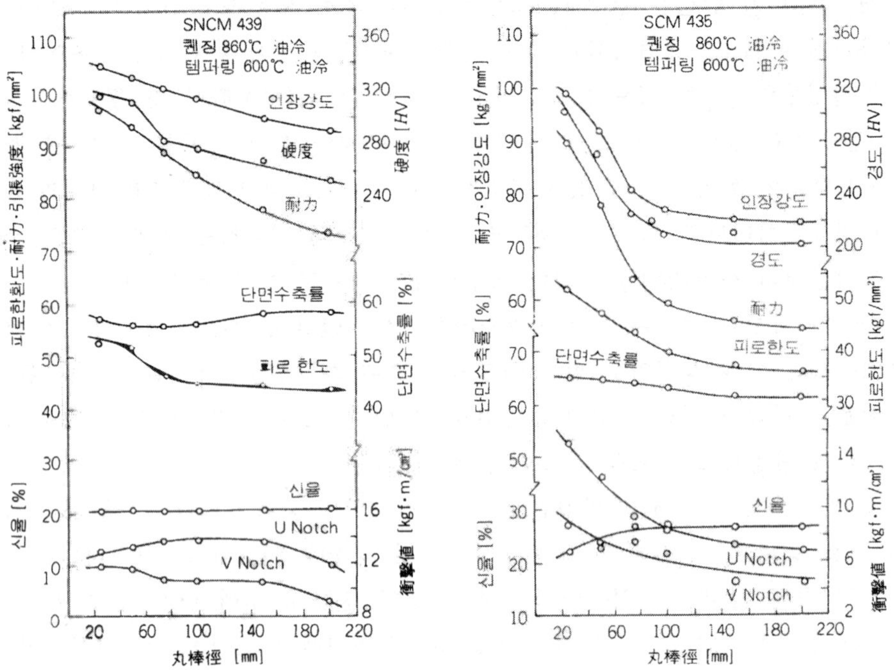


그림 2-8 鋼의 기계적 성질에 미치는 질량효과의 例

### 3. 질량효과와 방향성

강의 강도와 인성을 생각할 경우에 무시할 수 없는 것은 질량효과와 방향성이다. 일반적으로 KS 에서 참고치로서 표시되고 있는 강의 기계적 성질은 모두 $\phi$ 25 mm 표준 시험편을 열처리한 경우의 결과로서 그림 2-8 에 나타내듯이 실제의 치수가 커지면 똑같이 퀜칭·템퍼링을 하여도 얻어지는 강도는 치수가 커지는 만큼 저하하고 인성도 변화한다. 이와 같이 열처리할 부품의 치수에 의해 기계적 성질에 차이가 생기며 더욱 그 정도가 강종에 따라서 다른 것은 치수 차이에 의해 냉각속도가 다르며, 또한 강의 경화능 차이에 의해 퀜칭조직 및 퀜칭경도에 차이가 있기 때문이다. 이 경우에 경화능이 부족하기 때문에 퀜칭이 불완전하게 되면 설령 템퍼링 온도를 낮추어 경도(인장강도)를 맞추어도 완전히 퀜칭조직에 비해 강도에 대한 인성이 현저하게 저하한다. 그림 2-9 는 그것을 나타낸 것이며, 직경이 커질수록 곡선이 왼쪽 아래로 이동한다.

그림 2-10 은 기계적 성질과 단련비(鍛鍊比) 및 방향성과의 관계를 나타내는 것으로 강도쪽은 단련비에 관계없고 세로방향 및 가로방향 모두 변함없으나 인성은 단련비가 작으면 충분한 값을 얻을 수 없으며 또 세로와 가로방향 등에서 현저한 차가 생긴

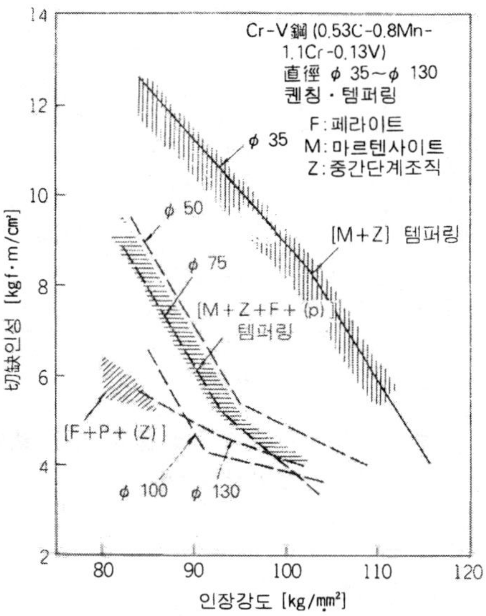


그림 2 - 9 불완전퀜칭은 인성을 낮춘다.

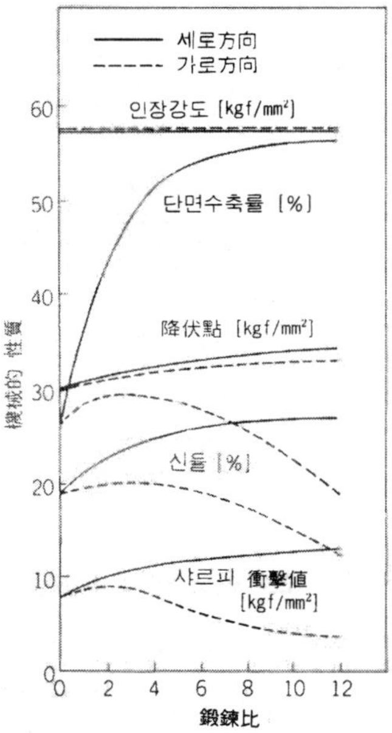


그림 2 - 10 鋼의 기계적 성질과 단련화 및 방향성과의 관계

다. 또 이와 같은 방향성은 전신성(展申性)이 있는 유화물계 비금속 개재물이 많은 경우에도 현저히 나타나며 더욱 띠상조직(Band Structrue)의 생성정도에도 크게 좌우된다.

**4. 천이온도곡선은 저온 인성을 나타낸다.**

강의 인성을 생각할 경우 중요한 특성으로서 저온 인성이 있다. 즉 강은 저온에서는 거의 조직에 변화가 없음에도 불구하고 급격히 약해지는 성질이 있다. 이 성질은 인장시험에서의 연신율, 단면감소율(단면수축률)에서는 현저히 나타나지 않지만 그림 2-11에 나타나듯이 충격시험에 의해 온도-흡수 **energy** 곡선(遷移溫度曲線)을 구하면 명백하게 확인된다. 이 그림에서 강이 인성에서 취성으로 변하는 온도는 일반적으로 천이온도라 불리며, 이 온도 이하에서는 에너지 흡수치가 낮아 강은 인성이 부족하다. 따라서 강의 저온 인성은 이 천이온도에서 비교할 수 있으나 이 천이온도 곡선의 형상은 그림 2-12에 나타낸 것처럼 강종에 따라서도 대단히 변하며 완만한 곡선형상의 경우는 천이온도를 구할 수 없는 일이 많다. 일반적으로는

① 15 ft - lb(2.1 kgf - m)의 흡수 energy가 얻어지는 온도

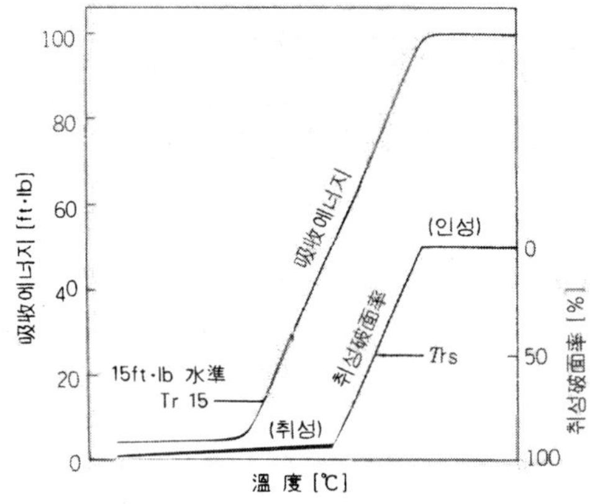


그림 2-11 천이온도 곡선의 표준적 형태

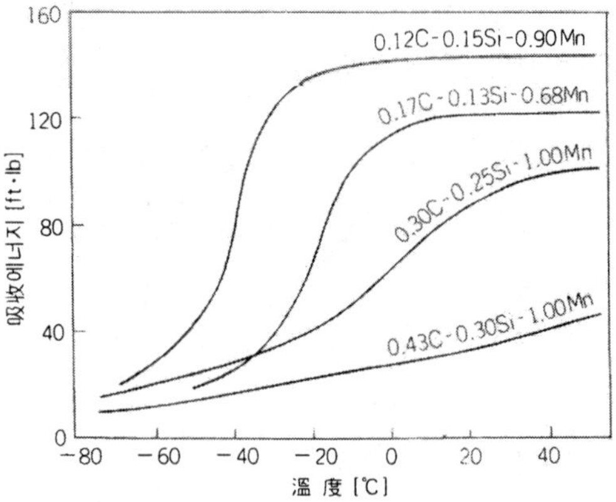


그림 2-12 각종 화학성분을 가진 鋼의 천이곡선 例

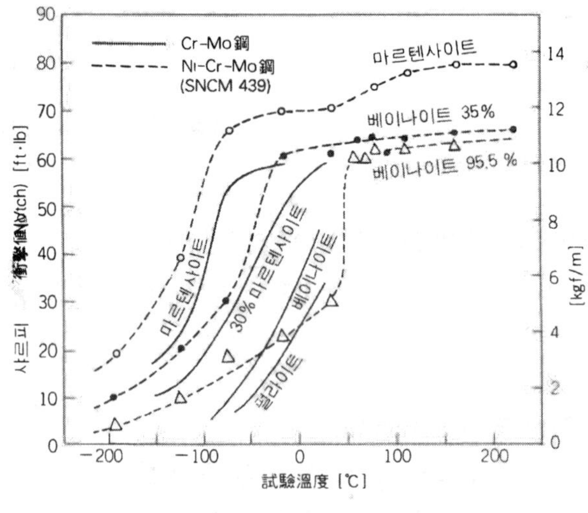


그림 2-13 **Cr-Mo 鋼**과 **Ni-Cr-Mo 鋼**의 조직과 저온 인성

($Tr$ 15, 15 ft-lb 천이온도)

② 파면 중에서 50 %의 면적이 연성 파면을 나타내는 온도

($Trs$, 파면 천이온도)

등으로 이 값을 구한다.

또한 이 천이온도는 강종에 따라서 상당한 차이를 나타낼 뿐만 아니라 같은 강종에서도 조직에 따라서 차이가 생기며(그림 2-13), 불완전 조직이 되어 베이나이트나 펄라이트가 생길 정도로 천이온도는 높게 된다. 따라서 이 천이온도는 그 강이 어느 정

도의 저온까지 안심하고 사용할 수 있는지를 알 뿐만 아니라 뒤에 설명할 용접부의 노치 감수성을 알기 위해서도 필요한 특성이다.

## 2 - 3 피로강도

### 1. S-N 곡선(응력－반복횟수선도)

강에 정적 파단강도 이하의 응력을 반복하여 작용시키면 결정(結晶)에 슬립변형이 생기고 이것이 국부적인 균열이 되어 마침내는 파단에 이르는데 이 현상을 피로(疲勞)라고 한다. 지금 가하는 응력($S$ kgf/mm$^2$)을 세로축으로, 그 응력에서 파단에 이르기까지의 반복횟수($N$) 대수치를 가로축으로 하면 $S-N$ 곡선이 얻어진다. $N$ 이 $10^6$ ~$10^7$ 이 되어도 파단되지 않는 $S$ 치의 상한을 피로한도 또는 피로강도라 하며, 회전 또는 왕복운동을 행할 기계부품에 있어서는 앞에서 설명한 정적 강도 이상으로 중요한 의미를 가진다.

여기서 피로강도와 인장강도와의 사이에는 그림 2 - 14 에 나타낸 것과 같은 상관관계가 있다. 피로강도는 하중의 종류에 따라서도 상당히 다르지만 대개 다음과 같이 된다.

회전굽힘 인장강도의 40~60 %
인장압축 인장강도의 30~40 %
반복비틀림 인장강도의 15~20 %

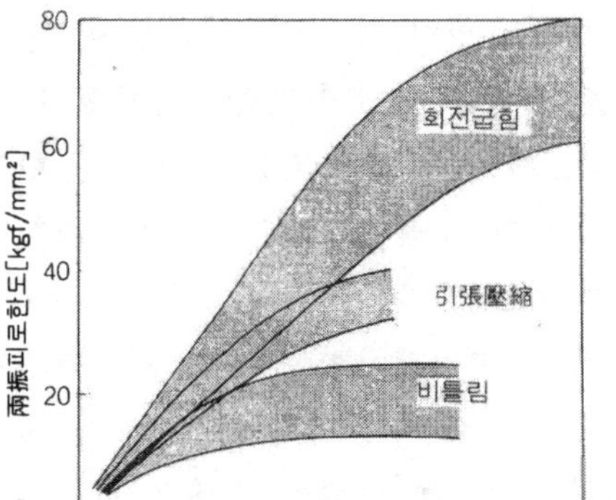


그림 2 - 14 鋼의 인장강도와 피로강도와의 관계

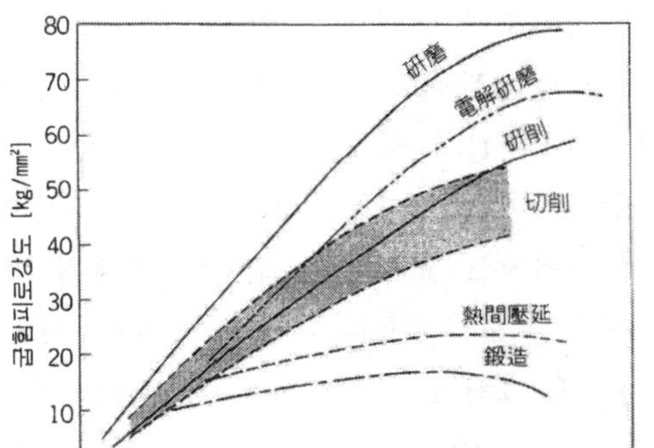


그림 2 - 15 鋼의 표면 마무리에 의한 피로강도 변화

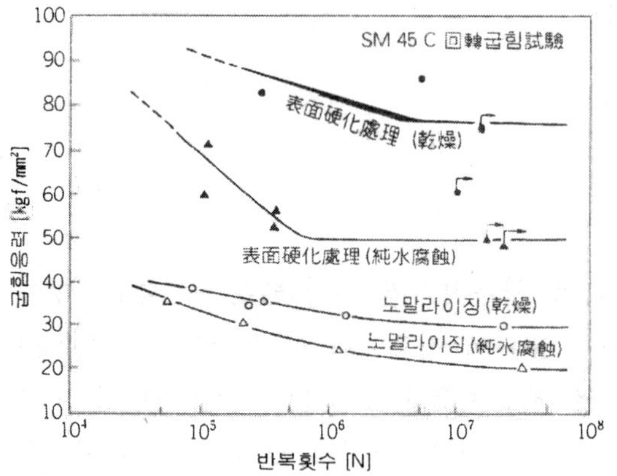


그림 2 - 16 피로특성에 미치는 부식의 영향

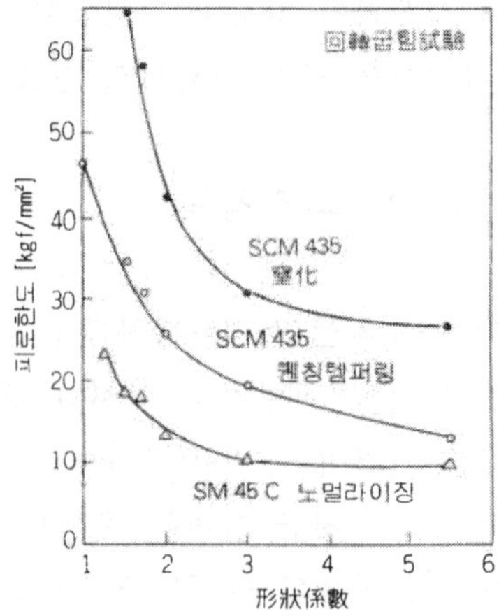


그림 2 - 17 피로강도와 시험편의 형상

## 2. 피로강도를 좌우하는 인자

여기서 피로현상에 대해 특히 중요한 영향을 미치는 것은 표면상태이며 그림 2 - 15에 나타나듯이 표면을 연마, 사상한 것이 최고의 강도를 나타낸다. 따라서 표면이 거칠면 피로강도는 저하하며 더구나 부식 등에 의해 표면에 요철이 생기면 그림 2 - 16과 같이 피로강도는 점점 저하한다. 특히 표면경도가 큰 경우 현저히 타나난다. 그림 중 우측방향의 화살표를 붙인 데이터는 파괴되지 않은 시험편에 대한 시험 결과이다.

또 피로강도를 고려해야 할 실제 기계부품을 보면 평활한 것보다 오히려 복잡한 형상을 가진 부품쪽이 많다. 따라서 단지 표면사상 상태 이외에 이와 같은 형상의 차이가 피로강도에 어떻게 영향을 주는가 하는 것도 문제로 된다. 그림 2 - 17은 이 형상 차이를 형상계수로 주어 피로강도에 미치는 영향을 조사한 것인데 평활(平滑)한 경우(형상계수=1)에 비해 형상계수가 3 정도 되기까지는 계수가 크게 되는 만큼 피로한도는 급속히 감소한다. 따라서 큰 형상계수를 고려해야 할 부품에 있어서는 평활시험편에서 얻어지는 값의 1/3~1/4이 실제의 피로한도가 된다.

또한 이 형상계수와 더불어 물체의 피로강도에 대해 고려해야할 인자에 치수효과가 있다. 즉 그림 2 - 18에 나타낸 것처럼 물체의 치수가 커지면 실제의 피로한도는 시험편(대체로 $\phi$10 mm 전후)에서 얻어진 값보다 상당히 작은 값이 되며 반대로 현저하게 작은 직경인 부품에서는 매우 높은 피로한도를 예상할 수 있다.

그런데 이 치수효과도 철도차량용 차축이나 전동기의 전기자축 등에서 보이는 압입축인 경우에는 간단히 예측할 수 없다. 그림 2 - 10은 $\phi$ 10~15 mm 압입시험편에 대

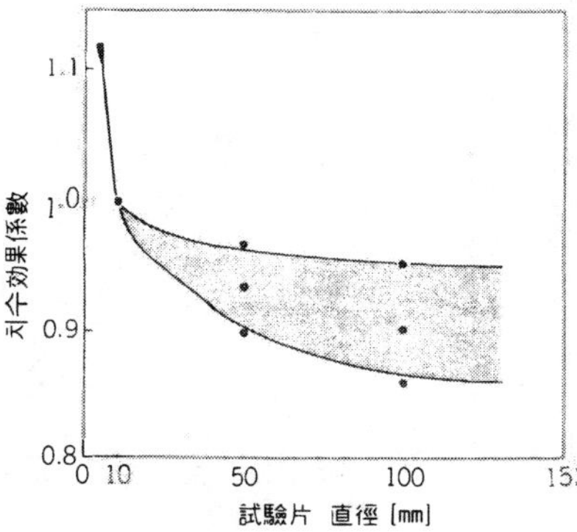


그림 2 - 18 피로강도에 미치는 치수효과

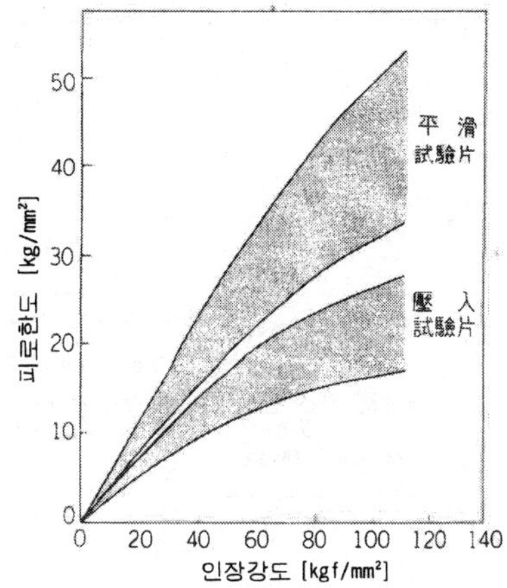


그림 2 - 19 壓入材의 피로강도 저하

한 피로강도와 인장강도와의 관계를 나타낸 것으로, 압입시험편에서는 통상의 평활시험편에 비해 그 값이 반감하고 있다. 그러나 이것이 대형 시험편이 되면 여러 인자가 복잡하게 관계되어 인장강도나 재질에는 그다지 관계가 없어지므로 실용규모에서의 시험이 필요해 진다.

### 3. 피로강도의 개선책

이와 같이 피로강도에는 여러 가지 인자가 관계되지만 기본적으로는 강을 경하게 하는(인장강도를 크게 한다) 것이 높은 피로강도를 얻는 방법이 된다. 그러나 쓸데없이 경도(인장강도)를 크게 하는 일은 현저히 인성을 저하시키며 기계부품 등에 있어서는

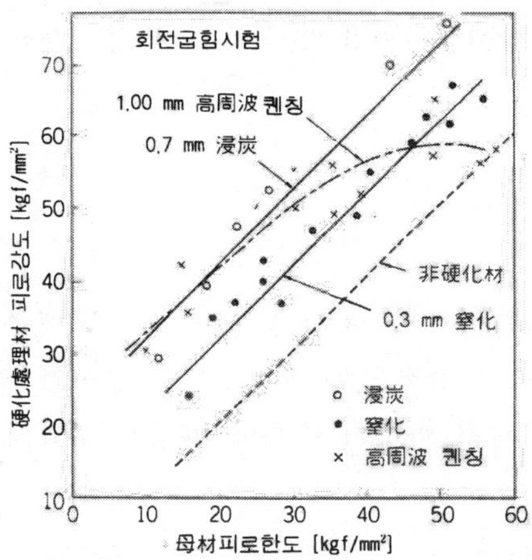


그림 2 - 20 表面硬化에 의한 파열강도의 향상

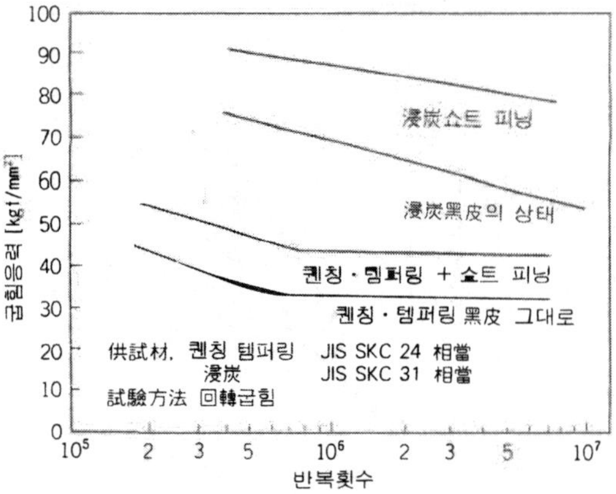


그림 2-21 피로특성에 미치는 쇼트 피닝

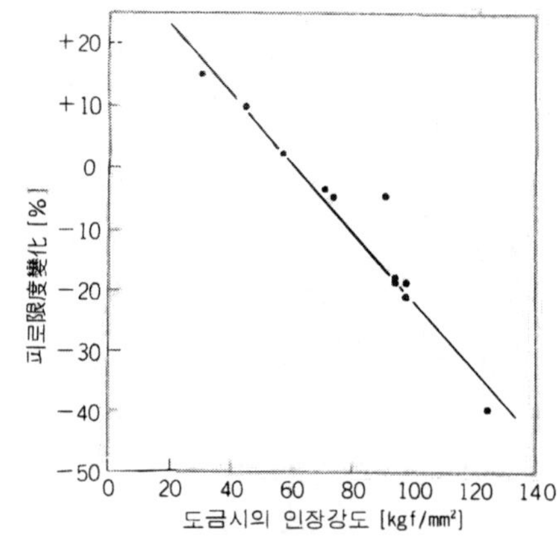


그림 2-22 피로강도에 미치는 도금의 영향

기계의 작동개시시 또는 정지시의 충격하중 등으로서 파손될 위험이 생긴다. 피로강도의 향상책으로서 이 피로현상이 표면층에 의존하는 점에 주목하여 표면경화처리를 적용하는 경우가 많다. 그림 2-20은 대표적인 표면경화법인 침탄·질화 및 고주파 퀜칭한 것에 대하여 실시한 것을 사용해 회전굽힘 피로시험을 실시한 결과를 비경화재와 비교한 것으로 표층부에 얇은 경화층을 부여하는 것만으로서 현저하게 피로강도는 향상하고 있으며 특히 그 효과는 모재(母材)강도와 더불어 상승되는 형태로 얻어진다.

이와 같이 표면경화처리를 가함에 따라서 피로강도가 향상되는 이유는 단지 표층부가 경해질 뿐만 아니라 표층부에 압축잔류응력이 얻어지기 때문이라고 해석할 수 있다. 이것은 그림 2-21에 나타나듯이 쇼트피닝과 같은 냉간가공을 표면에 가함에 따라 현저하게 피로강도가 증가하는 실례에 의해서도 확인되고 있다. 따라서 표면이 탈탄하든가 또는 표면에 도금을 하든가 하여 인장잔류응력을 만들면 그림 2-22에 보는 바와 같이 피로강도는 반대로 저하한다.

## 2-4 내마모성

마모란 마찰에 의해 표면이 깎여져 가는 것으로, 마모라고 불리는 현상은 매우 여러가지 현상이 중첩되며 그 기구도 복잡하다. 또 일반적으로 내마모성을 높이기 위해서는 경도를 크게 하면 좋다고 하지만 엄밀히 말하면 마모의 종류에 따라서 재료의 선택방법 및 열처리 방법을 바꿔야 한다.

1. 어브레이전 마모(abrasion)

통상 토사마모(土砂摩耗)라 불리는 것이 이 범위에 드는데 그 형태 및 응력이나 충격이 가해지는 방법에 따라 다음의 3가지로 세분할 수 있다.

(1) **Gouging Abrasion**

조대한 abrasive 물질을 억지로 금속으로 절단하는 까닭에 금속 표면은 대부분이 크게 찢겨진 듯한 형으로 마모되어 간다. 이 경우에는 작용응력도 충격하중도 모두 크다.

(2) **Grinding Abrasion**

abrasive 물질이 금속 표면과 서로 마찰되면서 부서져가므로 금속 표면은 비교적 미세하게 마모된다. 이 경우에 작용응력은 크지만 충격하중은 그다지 크지 않다.

(3) **Scratching Abrasion**

abrasive인 작은 물질이 금속 표면에 대해 상대적으로 움직이면서 잘게 부서지므로 금속 표면은 마찰을 수반하면서 아주 미세하게 마모된다. 통상 erosion(침식)이라 불리고 있는 것은 이 부류에 속하며, 이 경우의 작용응력, 충격하중은 모두 작다.

이런 종류의 erosion 마모에 대해, 철강재료의 경도에 대한 조직 또는 표면경화처리의 영향을 요약하면 그림 2-23이 된다. 내마모성에는 경도가 우선 중요하며 다음에 단단한 탄화물의 존재가 현저한 효과를 발휘한다. 따라서 마모시에 가해지는 작용응

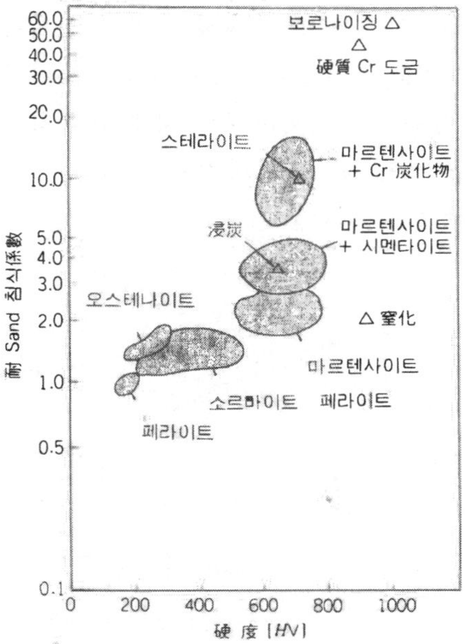


그림 2-23 組織, 硬度와 耐 sand-erosion 性

력, 충격하중의 크기까지 생각하면

(ㄱ) 강도만 고려하고 특히 인성이 필요치 않은 경우

마르텐사이트 + 탄화물조직인 것(고 Cr 주철, STD 11 등)

(ㄴ) 강도와 인성의 균형이 필요한 경우

퀜칭 저온 템퍼링한 것(저합금강)

(ㄷ) 특히 충격인성을 필요로 하는 경우

표면경화처리한 것(침탄처리, 고주파 퀜칭경화처리 등)

가공경화한 것(고 Mn 강과 같은 것)

인 것처럼 abrasion 마모에 대한 기본적인 재료의 종류 및 열처리의 선택방법의 설정이 가능해진다.

### 2. 응착마모

응착마모란 금속끼리 마찰할 경우 접촉점에서 높은 열이 발생하여 한편의 금속이 다른 쪽에 국부적으로 용착(溶着)하여 찢겨가는 현상을 말한다. 따라서 이런 종류의 마모가 생기지 않도록 하기 위해서는 무엇보다도 온도상승을 일으키지 않도록 윤활성을 주는 것이 중요하지만, 비윤활 조건하에서 사용할 경우에는 특히 금속 표면의 마찰계수를 작게 하여 높은 압력하에서도 가능한 한 온도상승이 없도록 하며, 설령 온도가 상승하여도 그에 수반하는 연화를 가능한 한 작게 하도록 노력할 필요가 있다.

그런데 이러한 특성을 가진 강철을 선택하면 SKH 9, STD 11 과 같은 고급강이 되는데 실제 이러한 특성을 필요로 하는 곳은 마찰면 뿐이므로 직접 마찰에 관계하는 표층부만에 필요한 경도나 자기 윤활성 및 내열성을 부여할 수 있는 표면경화처리를 이용하는 것이 오히려 바람직하다. 표 2-2 는 각종 표면경화처리에 대해 내응착 마모성을 비교한 것으로서 질화나 침류 또는 탄화물 피복 등이 이 목적에 적합하며, 고급강을 사용하는 것보다 오히려 효과적인 면도 확인되고 있다.

표 2-2 耐凝着摩耗性 비교 결과

| 강 종 + 열 처 리 | 내화인성치 |
|---|---|
| SKH 9 +퀜칭, 템퍼링 | 1.2 |
| STD 11 +퀜칭, 템퍼링 | 1.8 |
| SCM 435+침탄 | 1.0 |
| Cr 질화강+가스질화 | 2.9 |
| Cr 질화강+가스질화+침류 | 3.8 |
| STD 61 +VC 피복 | 5.6 |
| STD 61 +TiC 피복 | 5.8 |

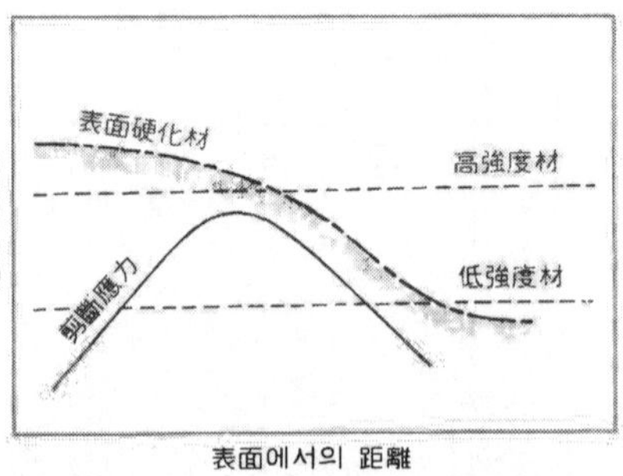


그림 2-24 전단응력과 재료의 강도분포의 관계

### 3. 피로마모

맞물린 톱니면 등 금속끼리 접촉할 경우에 그 접촉면적이 작기 때문에 생기는 응력집중에 의해 표면아래 조금 안으로 들어간 곳에 큰 **전단응력**이 생겨 **pitching**(곰보상 표면파괴)이나 **spalling**(박리상 표면파괴) 등으로 발전하는 이상마모가 이것이다. 이 마모를 방지하기 위해서는 발생할 전단응력에 견딜 수 있는 강도를 재료 자체에 부여할 필요가 있다. 그 수단으로서는 그림 2-24에 나타나듯이 최대 전단응력이 생기는 표층부만 강도를 향상시킬 수 있는 표면경화처리가 매우 유효하다. 단지 이 표층부에 미세한 균열이나 결함 등이 있다면 이것들이 기점이 되어 똑같은 이상마모를 일으키므로 이 경우의 경화층은 필요없이 단단히 하기 보다는 소성변형능이 높은 것으로 하는 것이 바람직하다.

### 4. 부식마모

마찰면이 화학변화를 일으켜 변질하면 내마모성을 상실하므로 현저히 마모가 생긴다. 차축 따위의 압입부나 감압부 등 미소진폭의 상대적 차이가 있는 부분에 발생하는 **flatting corrosion**이나 금속과 액체 계면에서 기포의 생성·붕괴가 반복되어 생기는 **cavitation erosion**(진공부 부식)도 이에 속한다. 따라서 이 현상을 방지하는데는 무엇보다도 마찰에 수반해 화학변화가 생기지 않도록 표층부를 화학적으로 불활성 상태로 하는 것이 바람직하며, 그에 상응한 경도가 얻어지는 내식재료를 이용하든지 세라믹계의 물질로서 표층부를 피복하는 표면경화처리를 적용하는 것이 바람직하다.

## 2-5 내 식 성

### 1. 부동태화

금속의 부식이란 금속이 부식성 물질과 화학반응을 일으켜서 변질하는 것인데 이 현상은 현재에는 거의 모두 전기화학적으로 설명되고 있다. 예를 들면 지금 Fe를 황산 수용액 중에 넣고 양극으로서 그 전위(電位)를 올려가면 그 전위를 유지하기 위해 어떤 크기의 전류가 흐른다. 이 전위와 전류의 관계를 기록하면 그림 2-25와 같은 **분극곡선**이 얻어진다. 즉 처음에는 Fe가 이온이 되어 용액 중에 용해하지만 전류밀도가 임계치($i_c$)를 넘으면 용해가 정지되고 전류가 거의 정지하여 전위만이 높아지는 영역에 들어간다. 이것을 부동태라 부르며 금속이 거의 침투하지 않는 영역이다. 따라서 금속의 부식을 방지하는 데는 이 부동태를 형성시키면 좋지만 강의 경우 부동태 생성은 그

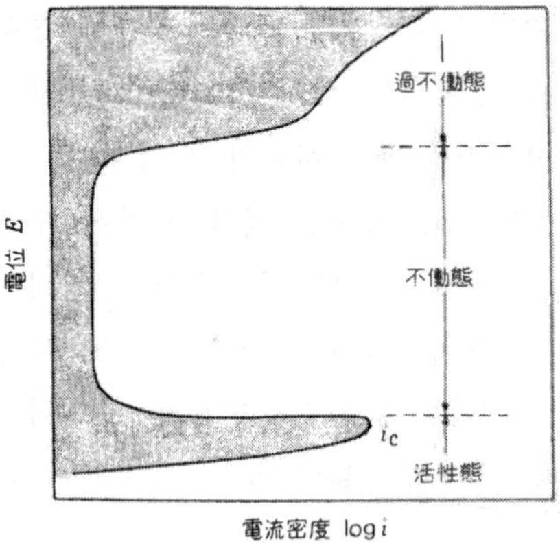


그림 2-25　**Fe 의 電位－電流曲線**

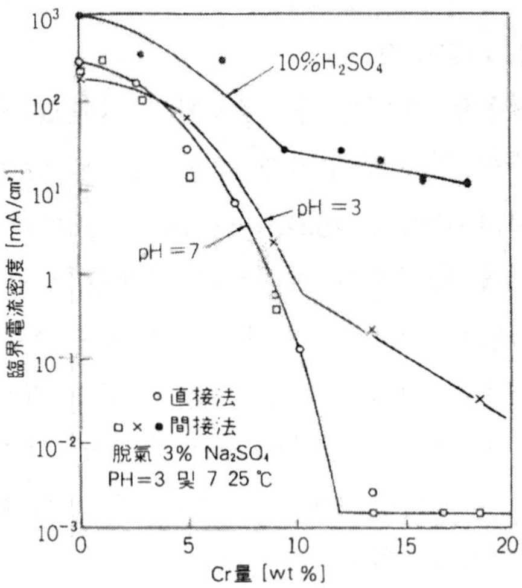


그림 2-26　**Cr-Fe 합금의 不動態化 臨界전류밀도**

림 2-26에 나타나듯이 Cr 양과 밀접한 관계가 있으며, 특히 12% 이상의 Cr 양이 있으면 효과적이다. 또 Ni 등 다른 내식성 원소도 첨가한다면 더욱 임계전류밀도($i_c$)가 작아지고 내식성이 일단 향상된다. 이러한 전기화학적 성질을 이용하여 강을 합금화한 것이 소위 스테인리스강이다.

그러나 모든 스테인리스강이 모든 부식환경에 대해 내식성을 발휘하는 것은 아니며 각각의 강이 부동태를 유지할 수 있는 조건은 예를 들면 액 부식의 경우에 대해서 보면 ① 부식물질의 종류와 농도, ② 액의 온도 및 유속, ③ 액의 pH 및 용존산소량, ④ 공존원소의 종류－등에 따라 변하며, 특히 온도와 pH는 강의 부동태화 영역(내식성을 나타내는 영역)을 한정하는 최대의 인자가 된다.

### 2. 부식의 형태

강은 부동태 상태가 아닌 이상 부식되며 이 경우의 부식형태는 일반적으로 전면부식이라 생각해도 좋다. 단지 이 상태에서도 부식속도 0.005 ipy(inch・per year) 이하에서는 거의 실용화에는 문제가 없으며, 역으로 0.05 ipy 이상에서는 실용가치가 없다고 본다.

한편 강이 부동태화 상태에 있어도 부분적으로 양극상태가 된다면 그 부분만 부식이 진행된다. 이것이 공식(孔蝕)이라 불리는 것으로 염화물을 포함한 해수 속이나 유속이 큰 액체 중에서는 종종 이런 형태의 부식이 확인된다. 이것의 방지책으로는 국부전지

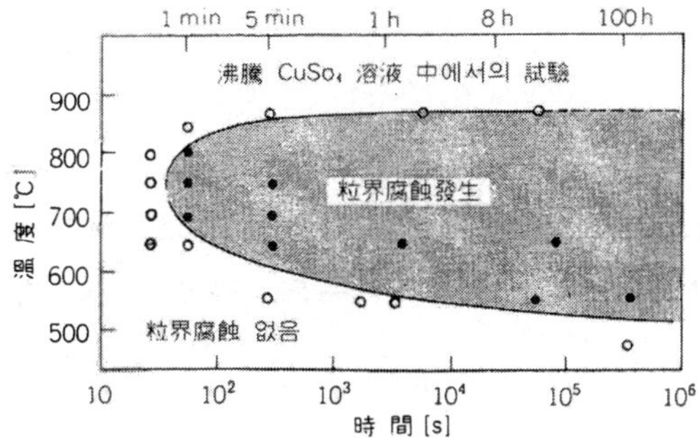


그림 2-27 18-11 스테인리스鋼(0.05%C)의 예민화 실험

가 형성되지 않도록 가능한 강을 균일조직으로 하는 것이 바람직하다.

또 일반적으로 강은 무수한 결정입자로 이루어져 있으나 이 경우에도 작은 면적의 입계물질과 큰 면적을 가진 결정입자와의 사이에서 양극과 음극이 형성되면 입계가 우선적으로 부식되며 소위 **입계부식 현상**을 나타낸다. 이러한 부식형태는 스테인리스강에 있어서도 오스테나이트계 및 페라이트계에서 생기고 페라이트계에서는 925℃ 이상의 가열로서, 또 오스테나이계에서는 그림 2-27에 나타낸 것처럼 750℃ 부근의 온도를 중심으로 한 처리온도와 유지시간의 범위에서 나타난다. 이것의 방지책으로서 특히 오스테나이트계 스테인리스강에 대해서는 C를 줄이든지, Ti, Nb와 같은 Cr보다 C에 대한 친화력이 큰 원소를 합금하여 C의 입계로의 확산을 억제하는 방법이 취해지고 있다.

### 3. 응력부식균열

부식환경하에서 강에 응력을 가하면 입계를 따라 균열이 발생한다. 이것이 응력부식균열이며 부하응력이 클수록, 또 환경이 심할수록 단시간 내에 균열이 발생하고 조건이 심하지 않으면 수년을 거친 뒤 균열에 이르는 경우도 있다.

또한 이 현상은 정적인 상태에서는 부식을 무시할 수 있는 환경하에서도 생기며 스테인리스강 등 보다도 오히려 고장력상태에서 사용되는 구조용강에서 문제가 되고 있다. 이 **균열감수성**을 저하시키기 위해서는 재료, 열처리, 소성가공, 표면처리 등을 어떻게 조합하는가가 문제이며, 이들 선택효과는 실용조건하에서 확인해야 한다.

## 2-6 내 열 성

강의 내열성은 고온강도와 내산화성의 2가지 특성으로 되어 있으며, 용도적으로 어떤 특성을 필요로 하는지 또는 그 사용조건(온도, 하중 등)을 확인하여 재료를 선택할 필요가 있다.

### 1. 고온강도

강의 고온에서의 순간강도는 상온시와 같으며 인장시험에 의해 구할 수 있는데 고온에서 정하중을 받는 부품에 있어서는 이 값에서 허용응력을 정할 수는 없다. 고온에서 장시간 연속하여 부하응력을 받는 부품에 대해 변형량이 허용치를 넘지 않는 안정된 부하응력치를 구하는데는 creep 시험이 필요하다. 즉, 재료에 하중을 가하면 순간적으로 응력에 대응하는 변형이 생긴다. 그런데 시간의 경과와 함께 이 변형은 증대하여 마침내 파단에 이른다. 이 현상을 그림 2-28에서 보면 OA가 부하시의 순간변형, ABCD 곡선이 creep 변형이 되며, D가 파단점이다. 또 이 **creep** 곡선은 일반적으로

제 1 기 : 변형속도가 점점 감소하는 단계(천이 creep)
제 2 기 : 변형속도가 일정한 단계(정상 creep)
제 3 기 : 변형속도가 커져 파단에 이르는 단계

의 3단계로 나눈다. 사용 중에서의 치수변화가 문제가 되는 부품에 있어서는 사용조건하에서 파단이 일어나지 않고 또한 creep 변형이 일정치를 넘지않는 것이 필요한 까닭에 제 2 단계에서의 정상 creep 속도의 크기가 문제가 된다. 한편 파괴까지의 수명이

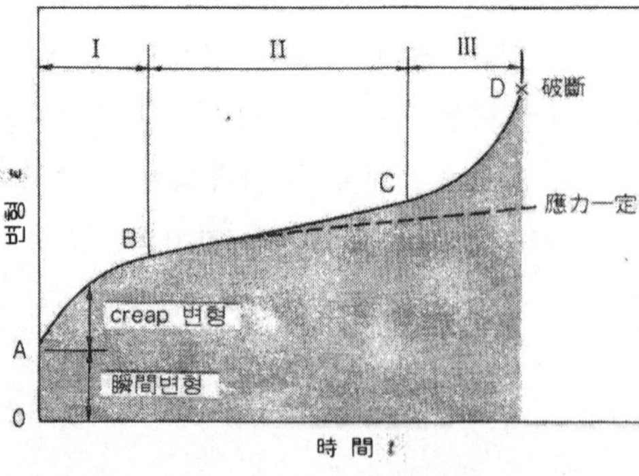


그림 2-28 **Creep** 곡선

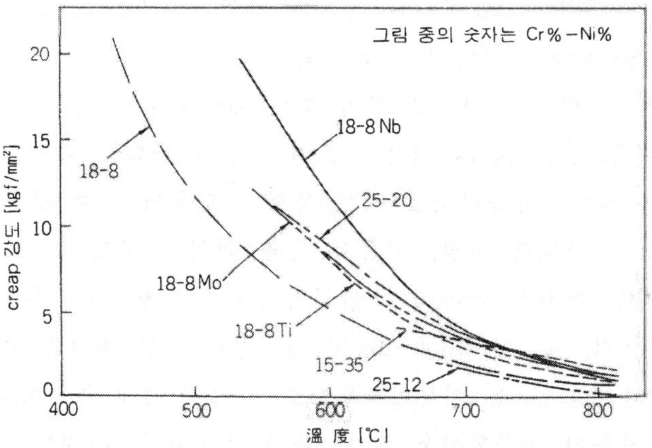


그림 2-29 각종 스테인리스鋼의 1%/100000h 의 creep 강도

문제가 되는 부품에서는 제 3 단계의 파단에 이르기까지의 시간이 문제가 된다.

그런데 이 **creep** 강도는 합금원소의 종류 및 미세조직에 의해 현저히 영향을 받는다. 즉 **페라이트계** 재료는 상온에서의 강도가 높으므로 600℃ 이하의 저온영역에서는 통상 우수한 creep 강도를 나타내지만 화학성분으로는 Cr, Mo, V, W와 같은 합금원소를 많이 함유하고 또한 이런 합금원소에 의해 생성하는 탄화물이 균일하고 미세하게 분포하고 있는 것일수록 높은 creep 강도를 나타낸다. 그러나 이런 종류의 탄화물은 600℃ 이상이 되면 응집하므로 급격한 강도저하를 초래한다.

600℃ 이상에서 뛰어난 creep 특성을 나타내는 것은 **오스테나이트계** 재료이며, 이 경우에도 화학성분에 의해 현저한 차가 생긴다. 예를 들면 그림 2-29는 각종 오스테나이트강의 고온강도를 100,000시간이 경과한 후 허용변형 1%의 creep 강도에서 비교한 것으로 Ni 량이 많은 것일수록 또, 같은 Ni, Cr 량의 것에서는 C와 강력하게 결합하는 Nb, Ti을 소량 합금한 **안정형**인 것이 각각 뛰어난 강도를 나타낸다. 그 이유는 같은 오스테나이트 조직이라도 고온에서 석출할 상의 종류 및 그 석출속도, 석출물의 분포상태에 차이가 생기기 때문이다.

### 2. 내산화성

일반적으로 금속이 고온에서 산화에 의해 부식하는 현상을 용액에 의한 부식과 구별하여 **건식(乾食)**이라 부르고 있지만 이 때 금속 표면에는 반응생성물로서 산화물 피막이 생긴다. 이 건식반응은 금속원소 또는 산소가 이온형으로 이 피막을 통과하는 것으로 진행하며, 그 결과 일반적으로 강에서는 외층에서부터 $Fe_2O_3$, $Fe_3O_4$, FeO 의 3상으로 이루어진 산화물 형태의 피막이 생성된다.

이상과 같은 산화반응의 진행기구로 보아 강의 내산화성을 높이기 위해서는 생성피막을 통한 금속이온 및 산소이온의 이동이 느린 치밀한 산화물 피막을 산화 초기에 생성시키는 일이 가장 좋다. 합금원소로서 이 목적에 도움이 되는 것은 Cr, Al, Si 및 Ni 이다. 이 중 Cr 은 기계적 성질, 가공성 등을 해치지 않고 또 고온강도도 개선할 수 있으므로 내산화성 개선의 기본적인 합금원소로서 이용되고 있다. 그 합금효과를 그림 2-30 에 나타냈다. 또 Al, Si 는 그 자체로 강의 다른 특성을 손상시키므로 다량으로 합금할 수는 없지만 Cr 을 기본합금원소로 하여 이것에 첨가하는 것이라면 그림 2-31, 2-32 에서 보듯이 내산화성을 개선하는데 유효하다. 이것에 대해 Ni 은 그 자체로서는 뛰어난 내산화성을 나타내지 않지만 Cr 과 함께 합금하여 오스테나이트 조직

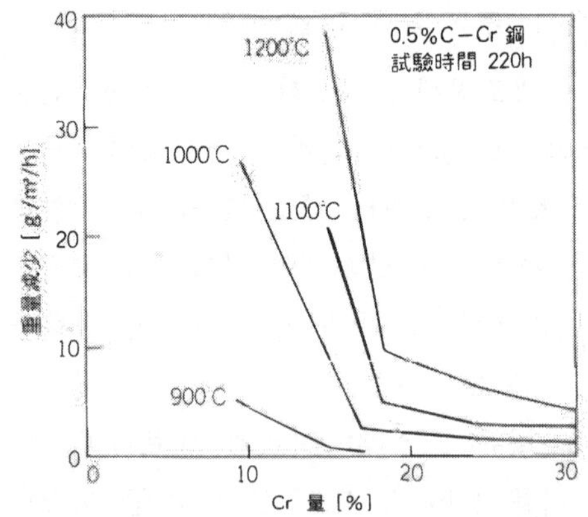


그림 2-30 0.5 % C-Cr 鋼의 내산화성

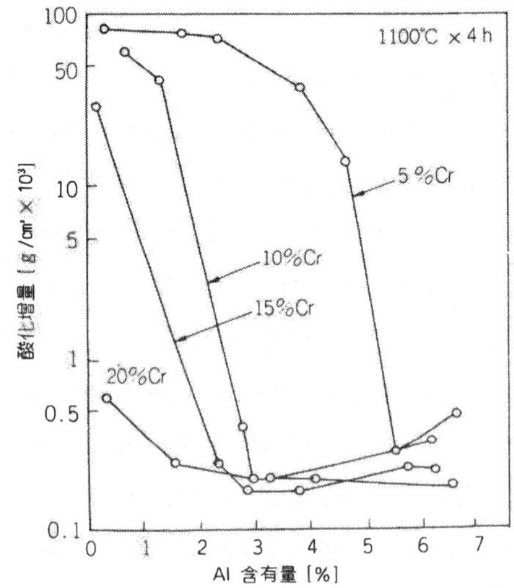


그림 2-31 Al 첨가 Cr 鋼의 고온산화 저항

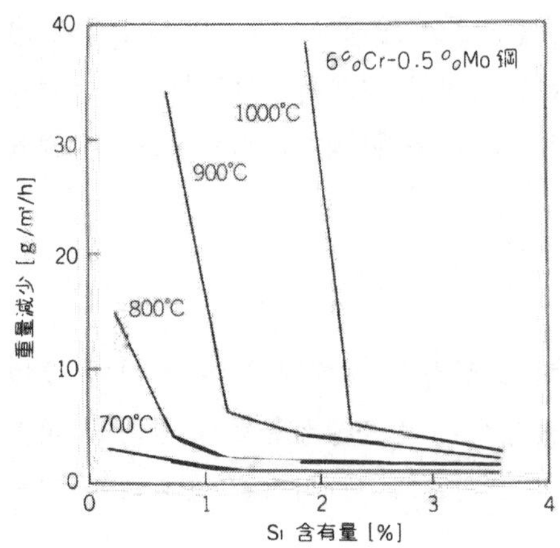


그림 2-32 Si 첨가 Cr-Mo 鋼의 내산화성

으로 하면 특히 연소산화 조건하에서 뛰어난 효과를 발휘한다.

그런데 건식 중에서 특히 문제가 되는 것은 산소 이외에 S($H_2S$, $SO_2$ 따위 형)나 할로겐원소(Cl, F 등)가 관여하는 부식현상이다. 이런 부식에서도 산화반응이 선행하므로 기본적으로는 그 부식기구도 고온산화의 경우와 같이 생각할 수 있지만 S가 관여하면

1. 유화물, 산화물과의 공정물 등 저융점 생성물이 생기기 쉽다.
2. 용적변화가 커지며 생성피막의 균열, 박리 등이 생기기 쉽다.

등 내식성에 유익한 피막의 생성이 곤란해지므로 산화만의 경우에 비해 부식도가 현저히 크게 되며, 특히 Ni을 높인 강에서는 입계부식도 진행하여 역으로 내식성을 해치는 결과가 된다. 똑같이 할로겐 원소가 관여할 경우에는 휘발성 물질의 생성 등에 의해 내식성에 도움이 되는 치밀한 피막생성이 매우 곤란해지고 현저하게 부식도가 증가하는데 이러한 부식조건하에서는 Co나 희토류 원소가 내식성 개선에 유익하다.

이외에 고온강도를 높일 목적으로 이런 강종에는 Mo, V 등이 첨가되는 경우가 많지만 이 종류의 합금원소가 생성하는 산화물은 모두 비점 또는 융점이 낮고 또 다른 산화물과 공정을 만들어 더욱 저융점이 되는 까닭에 **가속산화(加速酸化)**라 불리는 이상산화현상을 나타낼 우려가 있다.

## 2-7 피 삭 성

### 1. 공구수명으로의 비교

피삭성은 강재에서 부품을 제작할 경우, 기계 가공비를 결정하는 중요한 특성 중의 하나인데 일면 절삭조건에 의해 현저히 영향을 받는다. 따라서 보통 이 특성을 공구와 절삭조건을 일정하게 한 경우의 공구수명으로 비교하는 것이 일반적이다. **공구수명**이란 공구를 재연삭하기까지의 시간으로 그림 2-33에 나타나듯이 공구의 종류와 형상들을 먼저 정하고 이송속도, 절삭깊이 등의 절삭조건을 일정하게 하여 여러 절삭속도로 강을 가공한 경우에 공구의 프랭크 마모 폭이 어떤 값(예를 들면 0.3mm)에 이르기까지의 시간(단위 min)으로 측정한다. 이 결과로부터 실제 절삭에 필요한 공우값(費)과 공정수 등을 계산할 수 있게 된다.

여기서 공구수명은 공구의 마모를 수명판정의 기준으로 하고 있으므로 피삭재 경도에 의해 가장 크게 영향을 받는다. 그러나 경도를 낮추어 인성을 현저히 높이면 극히 연한 상태로 되어 절삭저항은 급격히 커져 공구수명은 저하한다. 따라서 연한 소르바

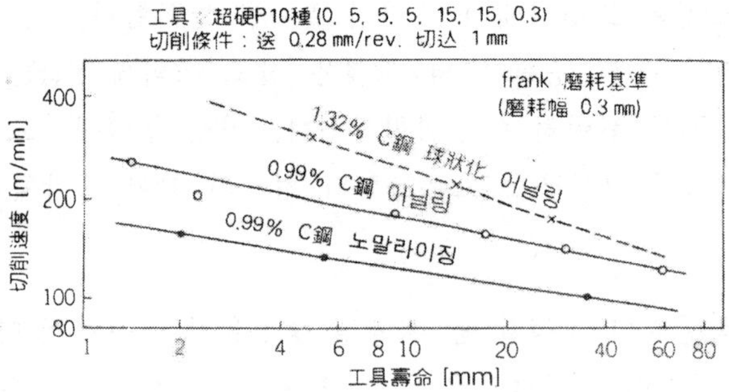


그림 2 - 33 공구수명 곡선의 例

이트나 오스테나이트 조직 등 보다 비교적 약한 페라이트－펄라이트 조직에서 경도를 낮게 한 것이 훨씬 기계가공에 적합한 재료의 상태라 할 수 있다. 또 공구의 마모는 절삭시 공구의 표면에 윤활성 피막을 생성시켜 마찰력을 감소시키면 현저히 저감시킬 수 있다. 피삭재 중에 S를 첨가하여 입상의 유화물을 형성시킨다든지 Pb, Tl와 같은 저융금속을 개재시킨다든지 또는 Ca을 더 첨가하여 복합산화물을 개재시킨다든지 하는 것은 모두 이 목적을 위해서이다.

### 2. 사상면과 칩처리

이외에 피삭성으로는 절삭 후의 표면상태와 절삭시의 칩처리가 쉬운 것도 인자가 된다. 이 중 표면사상 상태는 보통 표면조도로 비교하는데 절삭저항이 큰 조건하에서는 양호한 사상면은 얻어지지 않으며 특히 표면이 절삭시에 현상을 나타낼 경우에는 재열처리하여 단단하게 하든지 또는 절삭방법을 바꾸는 것이 필요하다. 또 최근과 같이 절삭능률의 향상이 즉시 제조원가에 관계되는 상태하에서는 절삭시 칩이 연속되면 그 제거에 시간이 걸리며 절삭능률을 저하시키게 된다. 이 때문에 칩이 약하고 짧게 끊기는 일이 바람직하며 단지 페라이트－펄라이트 혼합조직으로 할 뿐만 아니라 더욱이

1. N, P 등을 페라이트 중에 고용시켜 소자 자체를 약하게 한다.
2. 유화물, 산화물 등의 비금속 개재물을 적당히 분산개재시킨다.

등의 처리를 가한 재료를 사용하는 경우도 있다.

## 2 - 8 냉간가공성

### 1. 변형저항과 변형능

냉간가공성이란 재결정온도 이하의 영역(통상은 실온)에서 일어나는 가공의 난이성이다. 이 경우에 최고 주요 인자가 되는 **변형저항** 즉, 가공에 필요한 응력은 그림 2-34에 나타낸 인장시험 결과에서 알 수 있듯이 경도와 관련이 있으며, 또한 그림 2-35에 나타나듯이 C량이 많으면 **가공경화**(가공변형에 의한 경화)의 정도도 커져서 변형저항이 현저히 증가하므로 냉간가공에 있어서는 구상화 어닐링을 행하여 가장 변형저항이 작은 상태로 하는 것이 통례이다. 또한 이 냉간가공에 수반되는 경화도에는 C 이외의 합금성분도 관여하지만 특히 N과 P는 가공경화를 현저하게 크게 하므로 주의해야 할 불순물 원소이다.

그런데 이 가공에 수반되는 경화도를 쉽게 아는 방법으로 **Wedge** 시험(쐐기형 압평시험)이 있다. 이것은 그림 2-36에 나타낸 시편을 이용해 이것을 세로방향으로 한번에 최소의 두께까지 단조 또는 압연하는 방법이며, 이 결과 가공률은 시편의 끝에서 연속적으로 변화하게 되므로 경도분포를 측정하면 바로 가공률과 가공경화도와의 관계를 얻을 수 있다.

이 가공도에 수반한 경도의 증가는 잔류응력의 크기로 설명할 수 있다. 따라서 이 경우의 기계적 성질은 그림 2-37에 나타낸 것처럼 가공도가 커질수록 인장강도는 증

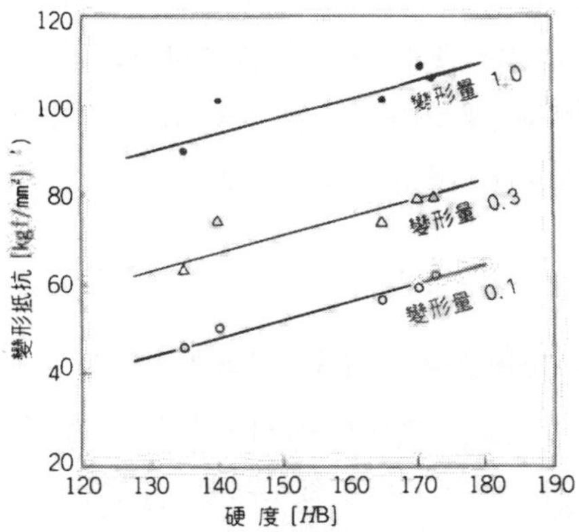


그림 2-34 冷間가공시의 변형저항과 경도

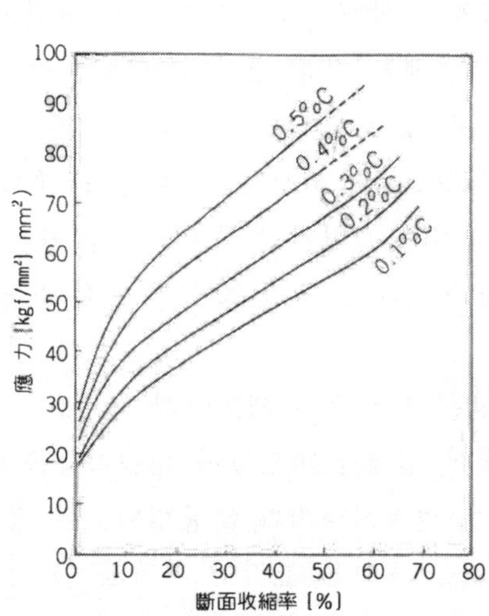


그림 2-35 冷間가공 경화와 탄소량의 관계

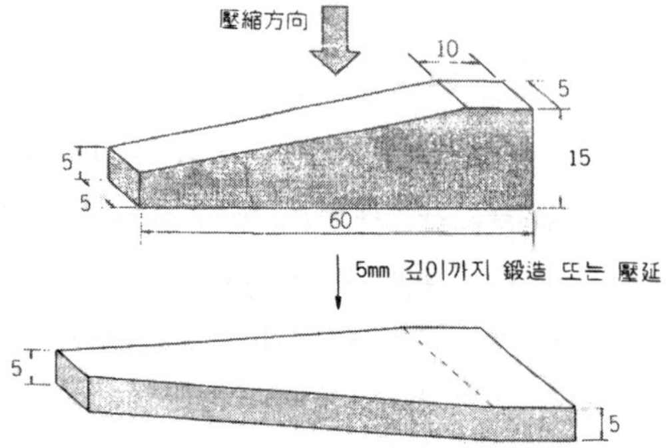


그림 2 - 36 **Wedge** 시험의 방법

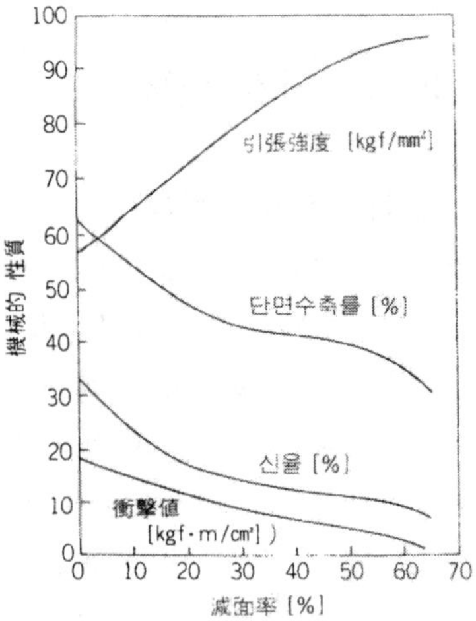


그림 2 - 37 冷間가공도와 기계적 성질

가하나 반대로 연신율, 단면수축률 및 충격치는 현저히 저하한다. 이 기계적 성질의 변화(특히 인성의 저하)가 실제 작업에 있어서 변형능을 결정하게 된다. 여기서 변형능이란 강재를 소성가공할 때 몇개의 결함이 나타나 가공속행이 불가능하게 되기까지의 변형으로 이 변형능의 한계를 얻는 방법으로서는 압축시험이 있다. 즉 길이와 직경의 비가 2 : 1 의 원주형 시험편을 축방향으로 압축하고 육안으로 확인되는 균열이 표면에 발생하기까지의 압축률(한계압축률)을 구하는 것으로 이 값에서 어느 정도의 냉간가공을 가할 수 있을 것인가를 판단할 수 있다. 혹시 그 이상의 가공을 가할 필요가 있을 경우에는 가공 전에 응력제거 어닐링을 하여 취성을 감소시켜야 한다.

이상은 냉간가공성에 미치는 기본적 요인의 영향이지만 실제작업에 있어서 가장 문제가 되는 것은 오히려 ① 비금속 개재물 및 공극, ② 표면 흠 및 표면탈탄, ③ 소지 흠등의 재료 결함의 유무이다. 즉 이것들의 결함에는 냉간가공시에 응력집중이 발생해 균열의 기점으로 되어 소정의 변형이 되기 전에 파괴가 생길 우려가 많다.

### 2. 냉간가공 후의 재질변화

앞에서 설명한 바와같이 냉간가공을 가하면 큰 잔류응력을 주는 상태가 되므로 재료내에 큰 변형에너지가 잔류한다. 이 강이 적절한 온도로 가열되면 재결정이라 하여 응력이 없는 새로운 결정이 되지만 이 경우에 결정의 이상성장이 확인되는 경우가 있다. 그 요인으로서 화학성분, 초기입도 및 가열온도 등이 있는데 가장 관계가 깊은 것은 가공도이며 10 %전후의 가공도를 준 상태의 것에 특히 이 현상이 발생하기 쉽다.

## 2-9 열간가공성

### 1. 변형저항과 변형능

강의 열간가공성은 냉간의 경우와 같이 변형저항과 변형능으로서 생각할 수 있다. 즉 강을 여러 온도에서 인장시험하면 모두 800℃ 이상에서 인장강도는 급속히 감소하고 반대로 연신율, 단면수축률은 급속히 증가한다. 이 상태하에서 행하는 것이 열간가공인데, 인장시험에서 이 경우의 변형저항을 비교하면 그림 2-38과 같이 강종에 따라 상당한 차이가 있으며 일반적으로 합금원소량이 많을수록 변형저항이 크게 된다. 단지 이 결과는 변형속도가 $3\sim7\times10^{-4}$/s라는 극히 작은 경우의 결과이며, 변형속도를 그림 2-39와 같이 증가시키면 변형저항도 또한 커지는데 예를 들면 충격과 같이 변형속도가 큰 경우에는 변형저항도 극단적으로 커진다.

한편 강의 변형능도 같은 영향을 나타내고 변형저항이 큰 만큼 변형능도 작아지지만 이 경우에 가장 중요한 것은 다음에 나타낸 각종 고온 취성의 영향이다.

(1) 적열취성

결정립계에 취약한 유화물 또는 산화물이 있으면 단조시에 입계에 따라 균열이 나타난다. 이들은 유화물 취성 또는 산화물 취성이라 불리며, 재질에 따라서도 다르지만 통상 900℃ 전후에서 시작해 고온에서는 소멸된다. S량이 많으면 취성온도영역은 고온측으로 확대되어 고온영역에서의 회복도 없어진다. 이는 Mn으로 충분히 탈탄, 탈

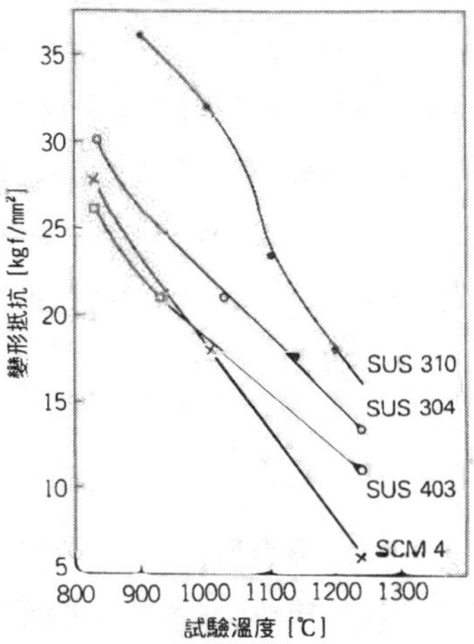


그림 2-38 각 鋼의 고온에서의 변형저항

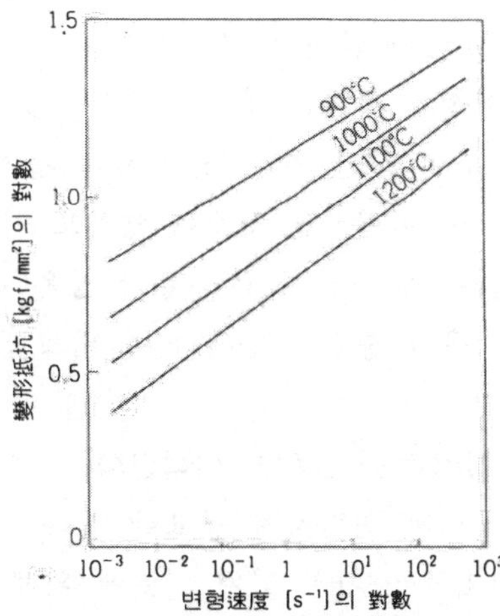


그림 2-39 鋼의 변형저항과 변형속도

유를 행한다.

(2) 땜납 취성

적열(赤熱)한 강을 잡아당기면서 이것에 '땜납'을 접촉시키면 즉각 파단되는 것에서 이름붙여진 현상이다. 강을 가열하면 비산화성인 Cu, Sn, As 따위는 산화되지 않으므로 산화막의 내측에 농화집적되고 결정립계에 따라서 융액상을 형성하므로 가공시에 균열상태의 홈을 만든다. 이 현상은 상기의 비산화성 원소량, 가열조건 및 가공온도 등에 따라 현저히 영향을 받지만 선택산화에 기인하고 있으며 특히 스케일 생성이 심한 조건하에서는 쉽게 생긴다. 또 화학성분적으로 비산화성 원소농도를 감소시키는 일 이외에 Ni 의 첨가도 유효하며, Ni/Cu>1.5 가 권장되고 있다.

(3) Al 취성

Al 처리 세립강 등에서 질화 Al 이 오스테나이트 입계에 존재하면 800~1000℃ 의 가공영역에서 현저하게 변형능이 작아지며 열간취성을 나타낸다. 이때는 이 온도영역보다 고온에서 가공을 하든가 또는 일단 이 온도영역 이상으로 가열하여 질화 Al 을 고용시킨 뒤, 소정의 온도로 내려 가공할 필요가 있다. 0.02% 이하의 Ti 을 첨가하여 N 을 고정해두면 Al 취성은 소멸된다고 한다.

(4) 변태취성

저 C 강의 경우 $A_3$ 점의 900℃ 전후에서 연신율, 단면수축률이 급격히 감소하는 현상이다. 이것은 페라이트와 그 속에 생기는 오스테나이트간의 변형저항으로 인하여 오스테나이트에 균열이 발생하는 것이 그 이유이다. 변형속도가 낮을수록 생기기 쉽고 증가할수록 페라이트, 오스테나이트 등도 변형저항이 증가해서 그 차이가 줄어들고 취성현상이 보이지 않게 된다. C %가 높을수록 오스테나이트가 많아지고 취성은 줄어든다. 변태취성을 피하는 데는 가공온도를 고온측으로 이동하는 것이 바람직하다.

이상과 같이 강의 열간가공성에는 강의 주요 합금성분에 근거한 변형저항과 S, O, Cu 및 Al 등 미량성분 원소의 영향도 가해지는 변형능 등이 온도 및 가공속도와 관련하여 영향을 받는데 이런 통합 특성은 변형속도를 상당히 광범위하게 걸쳐 변화시킬 수 있는 고온 비틀림 시험에 의해 비교할 수 있다.

### 2. 열간가공에 수반되는 재질변화

열간가공성과 관련하여 중요한 것은 열간가공에 수반되는 결정입자의 변화이다. 즉 강의 결정입도는 가공 전의 가열에 의해 조대화되는데 이 조대화 결정은 가공시에 파괴되며 가공 후에는 재결정을 만들어 다시 조대화하는 경향을 나타낸다. 따라서 가공 종료온도가 열간가공 후의 결정입도에 직접 관계되며 변태점에서보다 높은 온도에서의 가공종료는 결정의 조대화를 초래한다. 이것의 방지책의 하나로써 고온까지 결정의 조대화를 방해하는 Nb, Ti와 같은 성분원소의 미량첨가가 장려되고 있다.

## 2-10 용 접 성

종래보다 구조물 관계에 널리 이용되어 온 용접은 최근에는 기계부품이나 기계 본체의 접합에까지 발전하고 있다. 따라서 용접성은 강의 중요한 특성의 하나로 그것에는 용접균열 감수성과 경화능의 2가지를 생각할 필요가 있다.

### 1. 용접균열 감수성

강을 용접할 경우에 용착금속과 인접할 모재부는 당연히 급열·급랭되게 되며 이로 인하여 생긴 균열이 비드 밑 균열이다. 이 균열은 급열·급랭의 열사이클에 수반된 변태에 기인하므로 통상 마르텐사이트 변태 종료온도($M_f$)와 관계가 있으며, $M_f$가 낮은 강일수록 균열이 발생하기 쉽다고 볼 수 있다. 또 이 $M_f$점은 화학성분과 관계가 있으며 그림 2-40에서 보듯이 C량과 함께 저하하고 더욱이 그 외의 합금원소도 거의 모두 $M_f$점을 저하시키는 방향으로 작용하므로 고C계 강일수록, 또 고합금계 강일수록 균열이 생기기 쉽다.

물론 이런 종류의 균열에는 용접조건이 관련되므로 용접시의 냉각속도를 작게 하든지 저수소계의 용접봉을 사용하면 상기 화학성분의 영향을 감소시킬 수 있다.

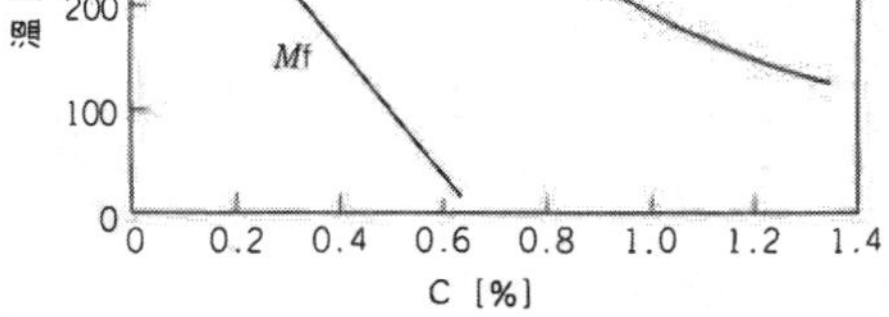


그림 2-40 탄소강의 $Ms$ 점, $Mf$ 점에 미치는 C 의 영향

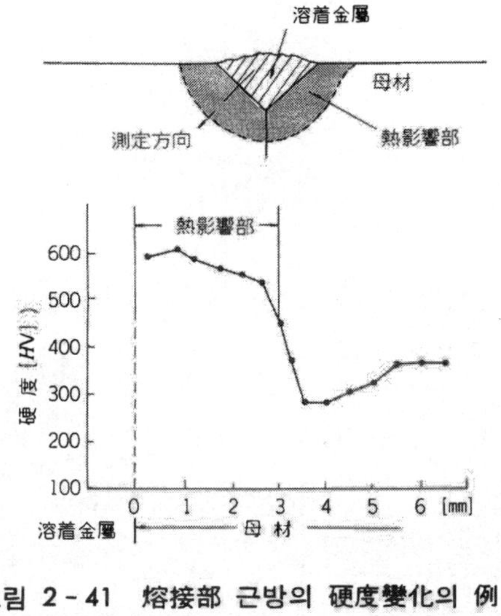


그림 2-41 熔接部 근방의 硬度變化의 例

### 2. 경화능

강을 용접할 경우 그림 2-41에 나타낸 것처럼 용착금속과 인접한 모재부에 열영향부가 생기고 이 부분의 경도를 측정하면 비영향부에 비해 현저하게 경화된다. 이 경화되는 정도 즉 경화능이 클수록 그 강의 용접성이 손상되기 때문에 경화능은 용접성을 결정하는 중요한 인자가 된다. 이것에 관여하는 화학성분의 영향은 탄소당량($C_{eq}$)으로서

$$C_{eq} = C + 1/6\,Mn + 1/15\,Ni + 1/5\,Cr + 1/4\,Mo + 1/13\,Cu + 1/2\,P$$

와 같이 나타낼 수 있으며, 이 값이 클수록 열 영향부의 최고 경도도 크게 된다.

또한 이 열 영향부 경도가 크게 되는 강철은 연성 천이온도도 높고 취성 파괴도 생기기 쉬우므로 노치 인성시험에 의해서도 확인할 수 있다. 통상 이 경우에 쓰여지는 것이 먼저 저온취성 시험으로서 소개한 V 노치 샬피(Charpy) 충격시험이다.

한편 이러한 열 영향부의 경화는 용접시의 예열 및 후열에 의해 감소시킬 수 있다. 따라서 경화능이 높은 강의 용접에 있어서는 이 면에서의 연구를 집중하는 것도 필요하다.

# 제 3 장
# 열처리를 원자차원에서 생각한다

## 3-1 금속의 구조

열처리란 금속의 사용목적에 따라 그 성질을 변화시키는 열적조작이며, 가열과 냉각의 조합으로 이루어진다. 금속의 성질에는 여러 가지가 있으나 여기에서는 주로 기계적 성질을 대상으로 생각한다. 열처리를 하면 어떻게 기계적 성질이 변화할 것인가. 실제로 열처리에 의해 변화하는 것은 **금속조직**이지만 조직의 변화와 기계적 성질의 변화는 상호 밀접한 관계가 있기 때문이다.

열처리에 의한 조직의 변화를 이해하기 위해서는 우선 **평형상태**란 개념이 필요하다. 가열과 냉각의 조합은 고온의 평형상태에서 저온의 다른 평형상태로의 이행을 의미하며, 이행이란 실제로 **원자의 이동**을 수반하는 현상이므로 우리들이 금속조직을 원자의 차원에서 생각하지 않으면 바른 열처리를 이해한 것이 아니다. 또 금속의 구조를 원자적으로 고찰하는 것은 평형상태의 설명에 불가결한 고용체의 구조와 고용한도 혹은 확산현상을 구체적인 모델로 설명하는 것을 가능케 하며 열처리를 알기 쉽고 체계적으로 이해하는 유효한 수단이다.

### 1. 금속은 결정구조를 갖는다

물질이 가진 여러 가지 성질은 그 물질을 구성하는 원자들간의 결합방식에 의존하고 있다. 일반적으로는 원자의 특정집단에 의해 분자가 만들어지고 분자들간의 비교적 약한 인력에 의해 기체, 액체, 고체 등 여러 가지 형태가 유지되고 있다.

금속에는 분자의 상태는 존재하지 않고 직접 결합한 원자들이 마치 벽돌을 쌓은 것과 같은 구조를 가지고 있다. 이렇게 원자가 3차원적 상태에서 규칙적으로 배열한 물질을 **결정**이라 부른다. 결정이라고 하면 곧 수정이나 다이아몬드 등 단단하고 취약한 물질을 연상하게 된다. 확실히 이들 물질의 원자도 또한 규칙적 배열을 가지며 결정물질의 집합체이다. 그러나 수정이나 다이아몬드가 나타내는 취약함은 결정 본래의 성질이라기보다는 결정을 구성하는 원자간 결합의 성질에 의한 것이다.

가스나 액체와 같이 원자나 분자의 배열에 규칙성이 없는 것은 모든 방향에 등방적 성질을 나타내지만 결정체에서는 방향에 따라 물리적 혹은 기계적 성질에 차이가 있다. 그리고 앞에서 설명한 수정 등은 **벽개면**이라 불리는 특정된 평면상에서 결합력이 약하고 떨어지기 쉽다. 원자와 원자를 결합시키는 접착제의 역할을 하는 것은 전자이지만 수정이나 다이아몬드 등의 결합을 지배하는 **공유결합**이나 소금따위의 결합을 지배하는 **이온결합**에서 전자의 작용은 특정 원자간의 범위로 한정되고 있다. 이것에 비해 **금속결합**에서는 접착에 관여하는 외측의 전자는 결정 내를 자유로이 움직일 수 있으므로 이 성질에 의해 우수한 연성과 큰 강도를 유지하고 있다. 그러나 금속도 결정체이기 때문에 실질적으로 **결정이방성**을 가지며, 전·연성 등의 변형이 이에 따라 일어나고, 파괴도 벽개면을 따라 일어난다.

## 2. 원자간 인력과 진동 에너지의 관계

금속은 원자가 꽉찬 상태가 되어 있으므로 일반적으로 다른 물질보다 비중이 크다. 원자는 질량의 거의가 중심의 원자핵으로 집중되어 있고 그 주위를 전자구름이 둘러싸고 있다. 그러나 이런 전자구름은 꽉찬 상태에서도 서로 중복되는 일이 없고 외력을 가해 원자간 거리를 축소시키려면 큰 힘으로 저항한다. 하나하나의 원자간 인력이나 척력은 큰 값은 아니지만 막대한 수의 원자 집합체인 금속은 외력에 대해 큰 **변형저항성**을 갖고 있다.

금속의 온도나 비열은 다른 물질의 경우와 같이 구성원자의 **진동 에너지**에 대응하고 있다. 결정체 내에서의 원자 진동은 자유로이 서로 독립하여 일어나는 것이 아니라 **조화진동**이라 불리는 일종의 연성진동이다. 이 때문에 금속은 열을 전하는 성질 즉 **열전도도**가 크다는 특징이 있다. 온도가 충분히 상승하여 진동 에너지가 원자간 인력에 이겨낼 만큼 커지면 원자배열의 주기성이 깨어져 유동상태가 되며 소위 융점이 나타난다. 더욱 온도가 올라가면 원자는 인력을 뿌리치고 밖으로 뛰쳐나가게 되며, 이것을 **비등점**이라 한다. 이러한 금속의 3가지 형태의 원자 모델을 사용해 그림 3-1에 나타내었다. 금속의 원자간 인력은 다른 물질보다 강하므로 융점이나 비등점도 일반적으로

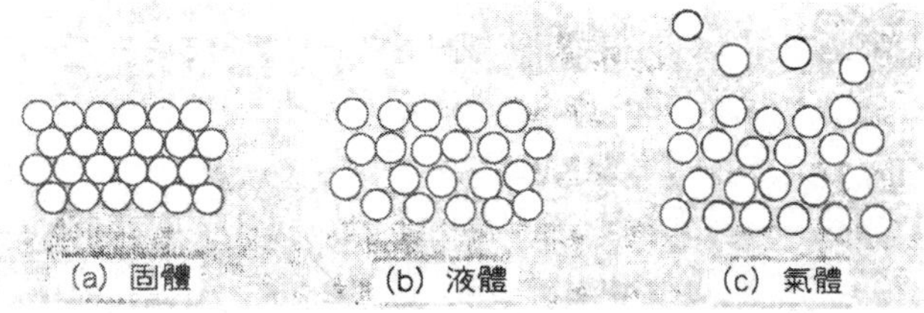


그림 3-1 온도에 의한 금속상태의 변화(원자모델)

높은값을 나타낸다.

**3. 원자의 배열은 X 선으로 판정할 수 있다.**

결정체 중의 원자의 배열방법은 결정의 종류가 바뀌면 당연히 변한다. 모든 결정물질에 대해 원자의 배열방법을 조사하면 일곱가지 계통으로 분류할 수 있다. 이것을 결정계라고 부른다. 각각의 결정계는 그 결정의 특징을 구비한 단위격자라 불리는 최소단위로 대표된다. 다음의 그림 3-2는 7종류의 결정계에 대한 그 단위격자를 나타낸 것이다. 여기서 격자의 각 구석에 존재하는 검은 점은 원자를 나타내고 있지만 원자라기 보다 오히려 원자핵의 위치를 나타낸 것이다. 따라서 단위격자는 그림과 같이 공간이 있는 구조가 아니며 전자구름을 수반한 훨씬 조밀한 상태에 있는 것이라 생각해 주기 바란다.

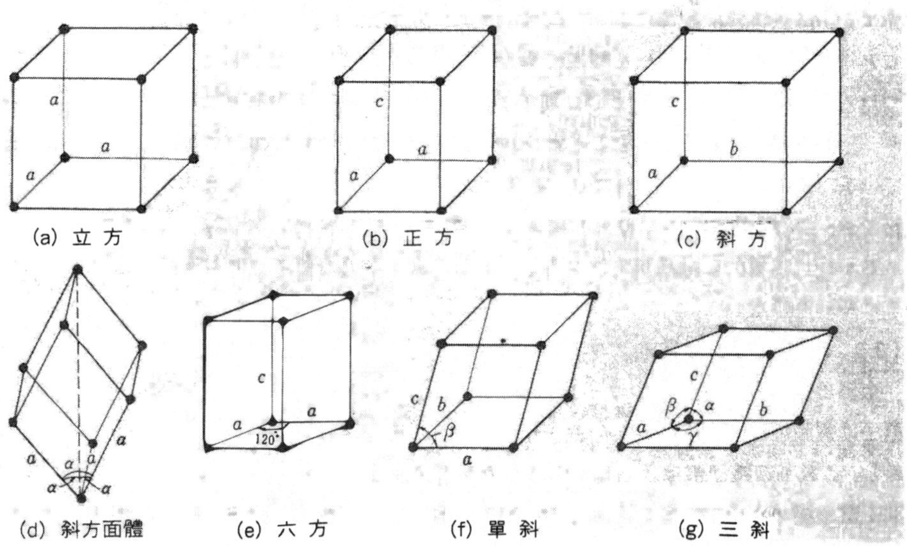


그림 3-2 7개의 결정계를 단위격자로 나타낸 것

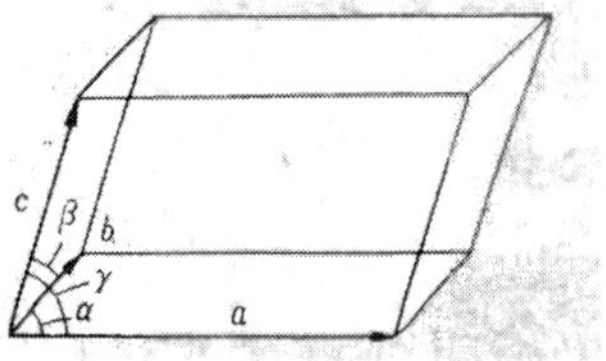


그림 3-3  단위격자와 격자상수

단위격자에 의해 결정의 특징을 나타나기 위해서 그림 3-3에 나타내 듯이 3개의 축 a, b, c와 3개의 축 사이의 각 $\alpha$, $\beta$, $\gamma$가 사용된다. 이런 값을 격자상수라 부른다. 실제의 결정은 그 결정계에 소속하는 단위격자의 적층으로 이루어져 있다. 단 적층에 의한 원자의 중복은 생각하지 않기로 한다.

결정 중에서 원자의 배열은 어떠한 수단으로 확인되어질 것인가? Von Laue는 빛의 회절이론의 유추에서 X선을 결정체에 조사했을 때 원자가 규칙적으로 배열하고 있다면, 똑같은 원리에 의해 회절이 일어날 것이라고 생각하였다. 세계에서 처음으로 실험이 성공을 거둔 뒤 그의 실험 결과는 Bragg에 의해 다음과 같은 간단한 식으로 정리되었다.

$$\lambda = 2d \sin \theta \qquad (3-1)$$

이것을 **Bragg의 회절조건**이라 부르며, 이 조건을 충족할 때 모든 결정면에서의 회절파가 동위상이 된다. 여기서 $\lambda$는 **X**선의 파장, $d$와 $\theta$는 그림 3-4에서 나타내는 면간거리와 입사각을 나타내고 있다. 또한 면간거리란 원자가 그 위에 평행으로 있는 평면간의 거리인 것이며, 또 이러한 평면을 **결정면**이라 부른다.

그리고 식 (3-1)을 변형하면 $\sin \theta = \lambda/2d$가 되고 $\sin \theta$는 1을 넘지 않으므로 $\lambda$가 $d$와 같은 차수(order)의 크기가 아니면 회절이 일어날 수 없는 것을 알 수 있다.

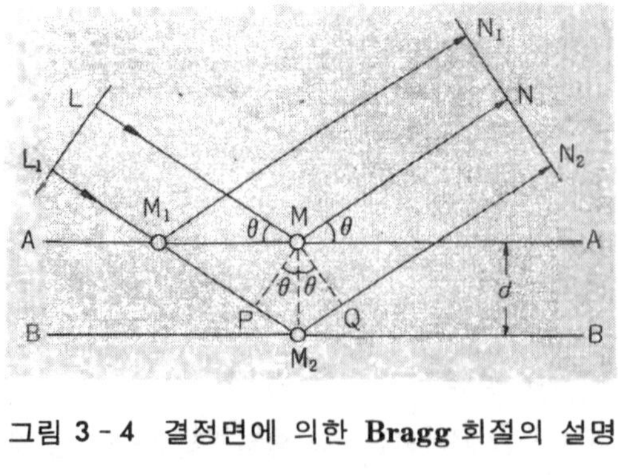


그림 3-4  결정면에 의한 **Bragg** 회절의 설명

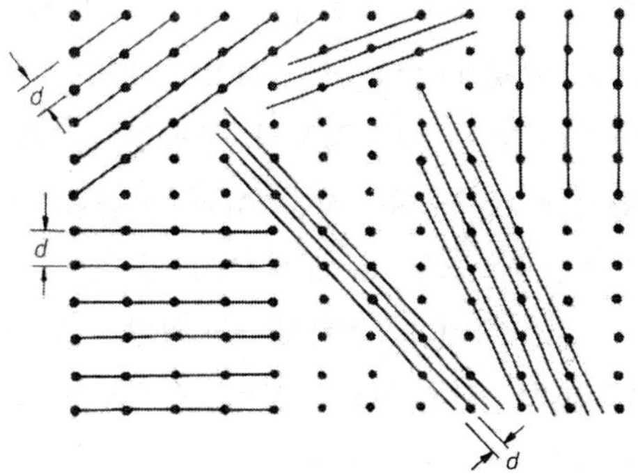


그림 3-5 결정면에서 각종 면간거리를 취한다

$d$와 관계가 있는 격자상수(정수)의 크기는 Å(Angstrom, 1Å $= 10^{-8}$ cm)의 차수인데 X선의 파장도 실제로 이 정도의 차수이다. X선이 결정해석에 이용되는 것은 이러한 이유 때문이다.

그림 3-5는 설명의 편의상 결정의 원자배열을 2차원으로 나타낸 것이다. 같은 결정 중에서도 이 값을 취하는 방법은 그림에 나타낸 것과 같이 여러 가지로 생각된다. 만약 이 결정에 X선을 조사하면서 결정을 서서히 회전시켜 가면, 즉 $\theta$값을 연속적으로 변화시키면 각각 $d$와 $\theta$값에 따라 복수의 회절현상이 확인된다. X선의 파장을 이미 알고 있다면 $\theta$를 실측함에 따라 어느 결정계에 대한 일련의 $d$, 즉 $d_1$, $d_2$, $d_3 \cdots$가 구해진다. 이런 회절선의 수와 그 조합은 결정계의 고유한 것이며, 구체적인 원자배열 상태를 알 수 있게 된다. 예를 들면 그림 3-2(a)의 입방정계와 같이 대칭성이 높은 결정에서는 1회전 사이에 4회의 같은 배열상태가 나타나므로 회절선 수는 그만큼 적어진다. 다시 말하면 대칭성이 높은 결정일수록 회절선 수는 적어진다. 따라서 결정계의 분류는 그 단위격자의 대칭성에 근거해야 하는 것 임을 알 수 있다.

그림 3-6은 단위격자의 선택기준을 나타낸 것이다. 그림의 점선과 같이 격자를 선택하는 것이 정통적인 방법인데 실선과 같이 선택하면 대칭성이 높은 단위격자가 된

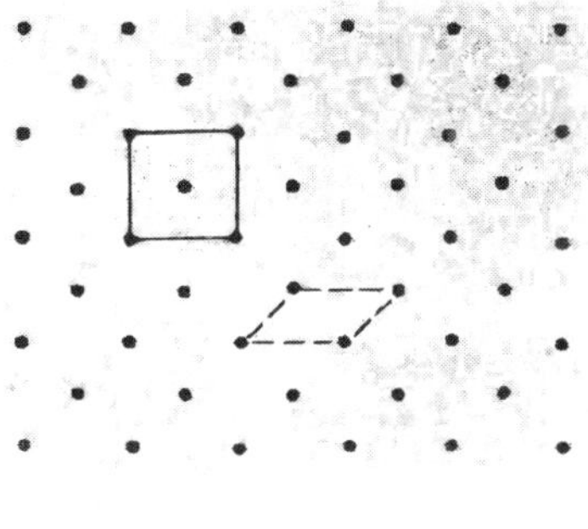

그림 3-6 단위격자의 선택법과 대칭성

다. 이것이 단위격자로서의 조건을 만족하려면 이것을 적층할 때 전체의 결정을 구성할 수 있을 때만이 성립한다. 이렇게 여분의 원자를 포함하여 선택한 단위격자를 비단순격자라 부르며, 그림 3-2와 같은 단순격자와 구별한다. 모든 결정이 그림 3-2에 표시한 7개의 결정계 어딘가에 소속하는 것은 이미 서술했으나 이것이 비단순격자의 존재와 모순되는 것은 아니다. 즉 그림 3-6에서도 알 수 있듯이 비단순격자는 선택 방법의 기준을 바꿈에 따라 단순격자로 환원할 수 있다. 그러나 X선 회절은 결정의 대칭성을 반영하려는 수단으로서 일어나는 것이며 우리들이 그 결정을 어떻게 분류할 것인가 하는 문제와는 본질적으로는 무관하다.

그림 3-7은 철강재료에 관계가 깊은 단위격자만을 선택한 것이며 모두 비단순격자계이다. (a)는 **체심입방정계**라 불리며 bcc라 하고, (b)는 **면심입방정계**이며 fcc라 한다. 또 (c)는 **체심정방정계**에 속하며 bct라 한다. 좀 더 상세히 설명하면 (a)의 체심(단위격자의 중심)의 위치나 (b)의 면심(면의 중심)의 위치에 있는 원자는 중심을 통하는 대칭축의 회전에 대해 전혀 입방정 고유의 대칭성을 손상하는 경우가 없기 때문에 모두 입방정계에 소속한다. 단위격자의 내부에 존재하는 원자는 회절현상에 영향을 주며 입방정계인 것을 나타내는 일련의 $d_1$, $d_2$, $d_3$··· 회절선 중 특정한 회절선이 소멸하는 것으로 체심이나 면심의 구조를 결정지을 수 있다.

1개의 단위격자에 완전히 소속하는 원자수를 알아두면 여러 가지로 편리하다. 3면 모서리에 있는 8개의 원자는 각각 인접한 8개의 단위격자에 공유되므로 순수하게 단위격자 중에 소속하는 수는 1/8개 × 8 = 1개이다. 면심원자 수를 $N_f$, 체심원자 수를 $N_b$라 하면 1개의 단위격자에 순수하게 소속하는 수 $N$은

$$N = 1 + N_f/2 + N_b \tag{3-2}$$

로서 계산할 수 있다. 예를 들면 bcc나 bct에서는 2개, fcc에서는 4개가 된다.

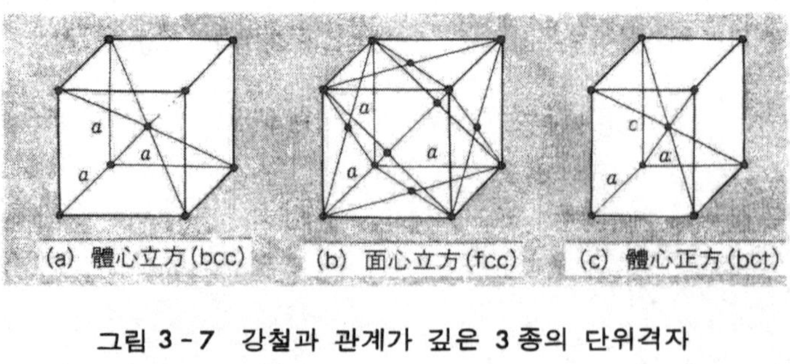


그림 3-7 강철과 관계가 깊은 3종의 단위격자

**4. 결정입자가 미세할수록 금속은 보다 강해진다.**

일반적으로 기계설계의 입장에서 본 금속재료는 내부구조가 없는 균일 탄소성체로서 취급된다. '하중/단면적'으로 정의되는 매크로적 거동은 외견상 이러한 취급과 잘 일치하고 있다. 그러나 이미 서술했듯이 금속은 결정체이며 당연히 결정이방성을 갖고 있다.

결정체인 금속이 등방적 성질을 나타내는 것은 어떤 이유인가? 그 이유는 금속이 지극히 미세한 결정영역의 집합체로 이루어지며 더구나 그러한 결정의 방향이 완전히 무질서하게 되어 있기 때문이다. 이러한 결정영역의 **결정립**은 입계로 둘러싸인 사면체의 결정영역이며, 그 평균 크기 또는 구체로 확산한 경우의 **평균결정입경**은 여러 가지이지만 통상 100~300 $\mu$m 정도이다. 이러한 다결정체 구조를 가진 금속에 예를 들면 인장의 외력을 가하면 재료공학적으로 탄성범위 내에서도 응력은 결정립에 불균일하게 작용하므로 일부의 결정립 내에 소성변형을 일으키는 결정립 수가 급격히 증가하고 이 시점에서 최초로 거시적인 **항복현상**이 확인되게 된다. 탄성응력을 기준으로 한 구조설계에서는 발생되지 않아야 할 파괴가 일어난다든지 항복응력보다 훨씬 낮은 응력하에서 **피로파괴**가 생기는 것은 금속이 가진 **다결정체 구조**가 그 원인이다. 결정입자가 클수록 결정 이방성이 강조되므로 특정 결정입자로의 응력집중에 의한 파괴의 위험성은 점점 증대한다. 반대로 결정입자가 미세하고 무질서해질수록 외력의 영향을 직접 받는 결정입자의 수는 많아지고 금속은 보다 강하고 등방적이 된다.

그림 3-8은 다결정체의 현미경 조직을 나타낸 것이다. 결정립 내에 나타낸 단위격자는 그것들이 서로 무질서하게 배열된 것을 나타내는 것으로서 보통 결정방위를 현미경으로 알 수는 없다. 그러나 입계는 항상 화학적으로 활성화되어 있어 부식에 의해 명확하게 나타나게 할 수 있다. 또한 결정립 내에도 그 방위에 따라 부식의 정도가 다소 다르므로 결정마다 색깔이 달라지는 경우도 있으나 편광현미경을 사용하면 색깔의

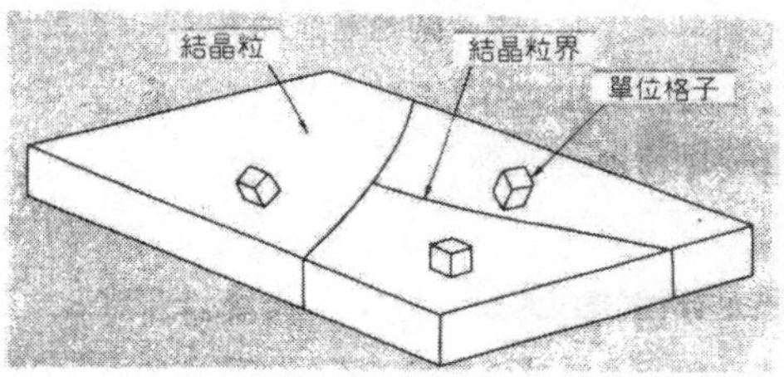


그림 3-8 결정립마다 단위격자의 방향이 틀리다.

차는 한층 명확해진다.

다결정체 구조의 유래는 금속의 응고과정에서 발생한다. 즉 응고직전에는 융체 내에서 무수한 결정의 핵이 발생하고 그것들이 성장하고 서로 충돌함에 따라 다결정체 구조가 형성된다. 그러나 결정립의 크기는 결코 고정적인 것이 아니며 가공이나 열처리에 수반한 **재결정**(가열로서 변형이 없는 결정으로 되돌아가는 일)이라든지 결정립 성장현상을 통해 변화할 수 있다.

### 5. 동소변태점은 열팽창으로 측정한다.

철이나 주석 등의 금속에서는 온도에 따라 결정구조가 변화하는 것으로 알려져 있다. 따라서 저온상태에서 점차적으로 온도를 올려가면 어느 온도에서 결정구조가 변화하게 된다. 이렇게 순금속 내에서 일어나는 결정구조의 변화를 **동소변태**라 부르며, 또 변태가 일어나는 온도를 **변태온도** 또는 **변태점**이라 말한다. 다음에도 언급하겠으나 이런 종류의 현상은 합금에도 나타나지만 이 경우는 단지 **변태**라 부르며, 동소변태와 구별한다.

순철의 동소변태는 특이한 거동을 나타낸다는 점에서 주목되며 일찍이 연구되었다. X 선이 이용될 수 없었던 옛날에도 금속이 결정체인 것은 여러 가지 징후로부터 알고 있었으며 변태의 측정에는 오로지 열팽창곡선이 이용되어 왔다. 그림 3-9는 열팽창 측정장치의 원리도이다. 전기로의 중앙에는 보통 $\phi$ 5 × 30∼50 mm 의 환봉 시료의 팽창·수축은 열팽창률이 강재의 수 %에 지나지 않는 석영봉(SiO)에 전해지고 다른 끝에 설치된 지레와 lamp scale 의 조합에 의한 그 움직임이 확대, 관측되며, 동시에 시료온도도 계측된다. 또한 현재의 장치에서는 팽창·수축은 차동변압기에서 전기 출력으로 변환되어 열기전력과 함께 X-Y 기록계에 넣어 직접 열팽창곡선을 그릴 수 있는 방식이 되고 있다.

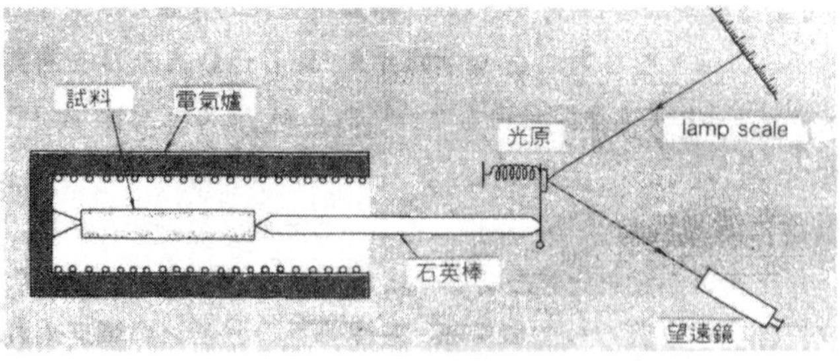


그림 3-9 열팽창계의 원리도

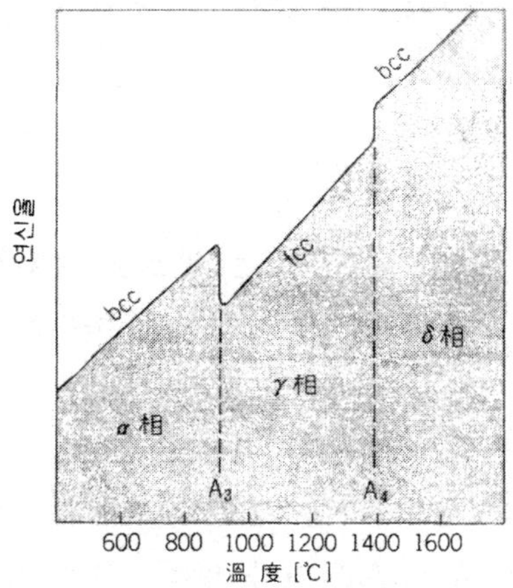


**그림 3 - 10 순철의 열팽창곡선과 동소변태**

그림 3 - 10 은 순철의 동소변태를 나타내는 열팽창곡선이다. 온도의 상승과 함께 원자진동이 활발해지고 원자간거리는 증대하며 변태가 일어나지 않는다면 시료는 연속적으로 팽창한다. 이 경향이 도중에서 불연속으로 변화하면 그것은 변태가 생기는 증거이며 이 그림에서는 911℃와 1392℃의 변태점이 있음을 알게 된다. 보통 변태점은 A로 표시하며, 911℃의 변태를 $A_3$, 1392℃의 변태를 $A_4$라 표시한다. 이 경우 절대 0도에서 $A_3$점까지는 bcc 구조, $A_3$점과 $A_4$점의 사이는 fcc 구조, $A_4$점에서 융점까지는 다시 bcc 구조가 됨을 알 수 있다.

같은 원소라도 결정구조가 다르면 이것을 구별할 필요가 있다. 이러한 상태의 차이를 상이라는 말로서 나타낸다. 상의 종류에는 그리스 문자가 사용되며, 순철의 경우는 순번으로 **α상, γ상, δ상**이라 이름 붙여져 있다. α상과 δ상은 모두 bcc로서 같은 상이지만 나타나는 온도범위가 다르므로 구별해 두는 편이 편리하다. 또한 이런 그리스문자는 합금이나 비철금속의 상에도 널리 이용되고 있지만 각각의 경우에 따른 상을 구별하기 위해 이용되는 것이며 α상이 항상 bcc 구조를 의미한다는 것은 아니다. 또 용융상태의 것은 **액상**이며, 이것에 대해 고체상태인 것은 일괄하여 **고상**이라 말한다.

## 3 - 2 합금과 고용체

어떤 금속원소 A를 용융시켜 이것에 다른 원소 B를 첨가, 응고시킨 것이 **2원 합금**이다. 이 경우 B는 반드시 금속원소일 필요는 없지만 얻어진 물질이 금속적 성질을 나타내는 것이 아니라면 합금이라고 할 수 없다. 용해 모체가 되는 쪽인 A를 **용매원소**, 용해되어 들어가는 B를 **용질원소**라 부른다. 합금에는 이외에 3원, 4원 따위의 다원합금도 생각되어지지만 여기에서는 간단히 하기 위해 2원 합금에 한하여 설명한다.

### 1. 합금의 성분을 나타내는 데는 보통 중량 %를 사용한다.

합금을 구성하는 기초 원소들을 **화학성분** 또는 단지 **성분**이라는 말로서 표현한다. 이 말을 사용하면 2원 합금이나 3원 합금은 각각 **2성분계** 또는 **3성분계** 따위로 바꿔 말할 수 있다.

어떤 성분이 합금 속에서 차지하는 비율을 그 성분의 **농도**라 부르며, 모든 성분의 농도가 명시된 것을 그 합금의 **조성**이라 한다. 농도를 나타낼 경우 실제적으로는 **중량 %**가 이용된다. 한편 이론적인 연구에서는 합금 속에 A 원자가 몇개, B 원자가 몇개의 비율로 들어있는가를 문제로 하는 일이 많으며, 이 경우는 **원자 %**로 표시하는 편이 편리하다. 중량 %와 원자 %는 상호 변환시킬 수 있다. 지금 2원 합금 중에 있어서 A와 B의 중량 %, 원자 %, 원자량을 각각 $W_a$, $A_a$, $M_a$ 및 $W_b$, $A_b$, $M_b$라 하면 환산식은 다음과 같게 된다.

$$W_a = \frac{A_a M_a}{A_a M_a + (100 - A_a) M_b} \times 100 \ (\text{중량}\%) \qquad (3-3)$$

$$A_a = \frac{W_a / M_a}{W_a / M_a + (100 - W_a) / M_b} \times 100 \ (\text{원자}\%) \qquad (3-4)$$

### 2. 고용체에는 여러 가지 형식이 있다.

고상의 용매 A에 용질 B가 용해되어 있는 것을 **고용체**라 부르며 용액 등과 구별한다. 용해되어 있는 정도는 극소량이며 현미경으로는 식별할 수 없다. 고용체는 당연히 합금의 한 형태이며 또 하나의 상을 형성하고 있다. 이렇게 2개의 성분을 가지면서 단상이 되는 경우도 있는가 하면 성분이 하나 밖에 없는 순금속임에도 불구하고 변태점 이상에서는 2상이 공존하고 있는 경우도 있다.

결정체인 용매 속에 용질이 어떻게 용해되어 있는가? 다시 말하면 결정구조와 고용상태의 물리적 모형을 생각하는 것은 매우 유익하다. 고용체의 형식은 (a) 치환형 고용체, (b) 침입형 고용체의 2종류로 (a)는 다시 불규칙 고용체와 규칙 고용체로 나뉜다. 그림 3-11에 그것들의 모형을 나타냈다.

**치환형 고용체**란 A금속 격자점이 여러 곳에서 B원자로 치환된 구조인 것이다. 치환의 위치가 불규칙적인 것이 **불규칙 고용체**이며, 규칙적인 것이 **규칙 고용체**이다. 불

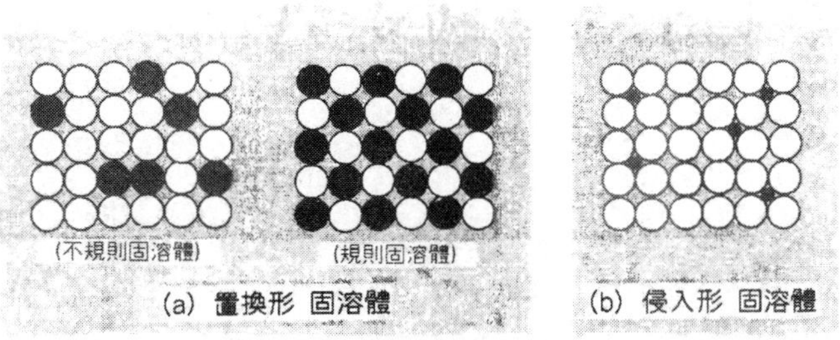


그림 3 - 11 고용체의 종류

규칙 고용체를 단위격자 정도의 크기로서 관찰한다면 일반적으로 B 성분은 농도가 낮으므로 대부분의 단위격자는 A 원자만으로 점유되고 일부 단위격자의 격자점 중 겨우 1 개만이 B 원자로 치환되고 있는 것이 보통이다. B 의 농도가 증가함에 따라서 B 를 함유한 단위격자의 수도 증가한다. 규칙 고용체는 논리적 흥미는 있으나 실용의 철강 재료와는 그다지 관계가 없으므로 생략하겠다.

**침입형 고용체**는 모상의 결정격자 빈 공간에 B 원자가 들어간 형태로 되어 있다. 침입형 고용체는 실용 합금의 형식으로서 극히 중요한 것이며 철—탄소합금은 그 대표적인 예이다. 이 경우의 고용체에 대해서는 나중에 상세히 서술하겠다. 침입형에도 규칙 고용체가 없는 것은 아니나 일반적으로는 불규칙 고용체로서 존재하고 있다.

### 3. 원자반경이 유사할수록 고용체를 만들기 쉽다.

합금이 되면 반드시 고용체가 형성되는 것은 아니며 성분원소 사이에는 상대적인 성질이 존재한다. 예를 들면 Fe-Pb 계나 Si-Al 계에서는 고용체가 존재하지 않으며 각각 순금속이 2 상 혼합조직이 되어 버린다(무엇보다도 고용도가 완전히 Zero 라는 조합은 자연계에서 존재하지 않는다). 이 성질에 대해서는 Hume-Rothery 가 연구하여 고용체의 형성에 필요한 몇 개의 경험법칙을 발표하였다. 그 중 가장 유력한 조건은 **원자반경비 또는 치수인자**라 불리는 것이며, $R_B/R_A$ 로 정의된다. 여기에 $R_A$ 는 용매인 A 원자의 원자반경, $R_B$ 는 용질인 B 원자의 원자반경을 나타낸다. 그리고 이 원자반경비의 차가 ±15% 이내인 경우에만 치환형 고용체를 만들 수 있다. 단 이것은 필요조건의 하나이며 원자반경비가 적당하다고 즉각 고용체를 형성하기 쉬운 것은 아니며 달리 전기음성도나 원자가 효과 따위의 인자를 고려할 필요가 있다. 그러나 원자반경비라는 개념은 결정구조와 관련해서 고용체를 생각할 경우에 극히 이해하기 쉽고 유용한 개념이다.

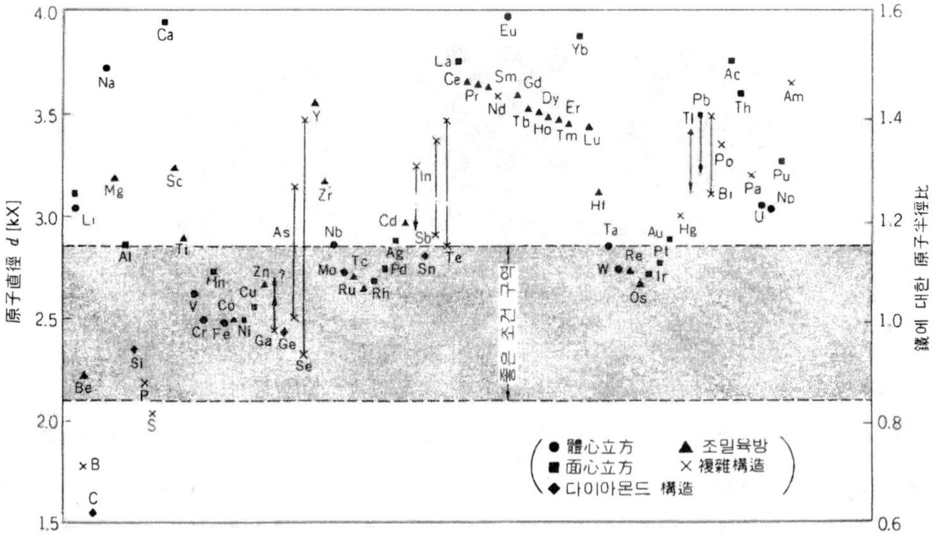


그림 3 - 12 **Fe**(1.24 A)에 대한 원자반경비를 종축에, 원자번호를 횡축에 정리한 표

그림 3 - 12는 Fe에 대한 각 원소의 원자반경비를 세로축에, 원자번호를 가로축에 정리한 것으로서, 2개의 점선(원자반경비로서 0.85~1.15)사이에 있는 원소군은 철과의 고용체 형성에 적합한 원자반경비의 조건을 만족시키는 것들이다. 무엇보다도 원자반경은 고정적인 값이 아니고 일반적으로 단위격자 내에서의 최인접 원자간 거리의 반(1/2)으로 정의되는데 결정구조가 다르면 그 값이 약간 달라진다. 복잡한 결정구조를 가진 Se이나 Te 등에서는 그림에서 세로선에 나타났듯이 상당한 폭을 갖고 있다. 0.7 이하가 되면 치환형에서 침입형으로 변하는 경향이 있다.

### 4. 고용한계를 넘으면 석출이 일어난다.

용매 A에 용질 B가 무제한으로 용해되는 것을 **전율고용체**라 부른다. B성분쪽이 많아지면 당연히 용매와 용질의 관계는 반대로 된다. 실제로는 전율고용체를 형성하는 조합은 극히 적을 뿐 아니라 일반적으로는 **고용한계**가 존재한다. 즉 고용체 중의 B성분을 증가해 가면 그 이상 용해되지 않는 어떤 한계의 농도에 달한다.

이와 같은 고용의 한계를 넘어 더욱 B성분이 증가되면 지금까지 1상이었던 고용체 내부에 새로운 제2의 상이 나타나고 조직은 소위 **2상 영역**에 들어간다. 이렇게 어떤 상에서 다른 상이 분리하여 나타나는 현상을 석출이라 부른다. 석출상은 일반적으로 $A_mB_n$이란 화합물의 형식을 취하는 것이 많고 A, B와는 다른 결정계를 갖는다. 간단히 하기 위해 고용체를 $\alpha$상, 석출상을 $\beta$상으로 하면 2상 영역은 $\alpha+\beta$로 표시할

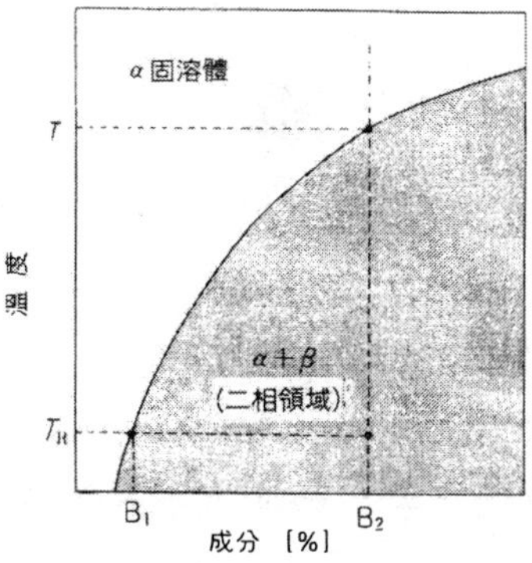


그림 3-13 고용한계의 온도에 의한 변화

수 있다. 그리고 B를 더욱 증가시키면 α상이 감소하고 β상이 늘며 최종적으로는 β 단상이 되고 화합물이므로 그 조성은 불변이며, 원자%로 나타내면 A 성분은 $m/(m+n) \times 100$ %, B성분은 $n/(m+n) \times 100$ %가 된다. 어떤 경우에는 화합물상이 아닌 완전히 다른 고용체가 나타나는 일도 있으나 여기에서는 생략한다.

고용한계는 온도에 따라 변화한다. 그림 3-13에서 횡축에 성분, 종축에 온도를 표시하기로 한다. $T_R$을 실온이라 하면 이 합금은 B 성분이 $B_1$ 이하인 경우는 α 단상이지만 그 이상이 되면 α+β 2상으로 나뉘어지고, 이 합금도 $T$까지 온도를 올리면 β가 α속에 녹아들어 α단상이 된다. 따라서 그림 속의 곡선은 고용한계가 온도에 따라 변화해가는 모습을 나타내는 선이며, 이를 용해도 곡선이라 부른다. 한편 온도 $T$ 또는 그 이상의 온도에서 α단상이 되어 있는 고용체 합금을 용해도 곡선 이하의 온도까지 냉각하면 α에서 β가 석출된다. 이것을 식염수 등의 경우에 대해 생각하면 알기 쉽다. 고온의 식염수를 냉각하면 과잉으로 녹아있는 식염이 용기 밑에 침전하는 것을 곧잘 경험한다. 고체인 경우는 침전 대신에 석출이 일어나는 것이다.

## 3-3 확산과 평형

앞에서 서술하였듯이 저온에서는 α+β인데 고온에서는 α단상이 되는 경우가 있다. β상은 α상보다 B성분 농도가 높은 것을 생각하면 이 현상은 B원자가 결정 내에서 이동하였음을 의미한다. 이 이동을 확산이라 부른다. 확산은 기체나 액체에서도 확인되는 현상인데 고체 내에서의 확산에는 여러 가지 제약이 있으며 그 속도가 극히 느리다는 큰 특징이 있다. 고용체 내에서 농도차가 있으면 물이 높은 곳에서 낮은 곳으로 향해 흐르듯이 확산에 의해 물질의 흐름이 발생되고, 시간의 경과와 함께 농도차가 작아져서 최종적으로는 평형에 달한다. 고용체 내에서 농도차가 생기는 예로서는

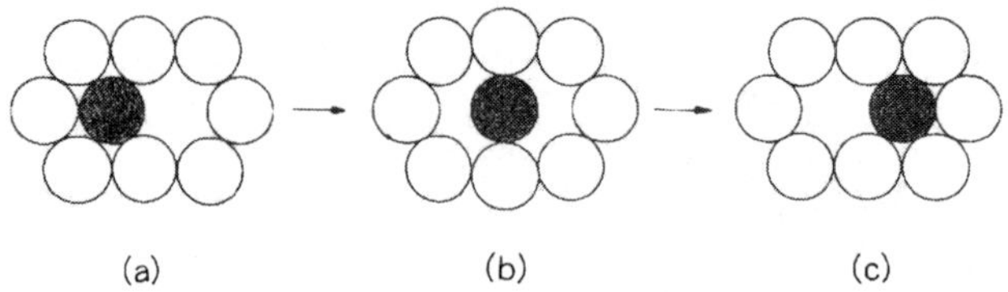


그림 3 - 14 확산에 있어서 원자의 도약 모형

전술한 바와같이 온도상승 때문에 $\beta$ 상이 소실한 직후 그 부분에 B 원자의 고농도 영역이 남는 경우가 있다.

### 1. 확산은 원자의 점프이다.

확산을 결정격자와 관련시켜 생각하는 것은 매우 흥미가 있다. 여기서 그림 3 - 14와 같은 모형을 생각해 보자. 지금 (a)상태를 거쳐 (c)와 같이 원자가 점프할 수 있는 것으로 생각한다. (b)는 (a)나 (c)에 비해 에너지가 높은 상태라고 생각되므로 원자가 이러한 포텐셜 장벽에 부딪혀 점프하기 위해서는 그 나름대로의 에너지를 필요로 한다. 이것을 **활성화** 에너지라 부른다. 결정 내에서 원자는 모든 방향으로 열진동을 하며 그 진폭은 온도와 함께 증대한다. 그러나 각각의 원자가 가진 에너지는 작은 값에서 큰 값까지의 분포를 갖고 있다. 따라서 이들 원자 중 그것의 에너지가 점프에 필요한 활성화 에너지에 달한 것 만이 확산이 가능하다.

점프 에너지가 충분하더라도 실제로 점프가 일어나기 위해서는 그것에 인접해서 빈자리가 존재하고 있어야 한다. 이 빈 자리는 **원자공공** 혹은 **점결함**이라 불리며, 실제 결정 내에도 상당한 수가 존재하는 것이 확인되고 있다. 본래 공공의 수와 격자점의 원자 수와의 사이에는 열역학적 평형관계가 존재하며, 공공밀도는 온도의 함수로 되어 있다. 온도가 상승하면 통계적으로 볼 때 점프에 필요한 활성화 에너지를 가지는 원자 수가 증가함과 동시에 공공밀도도 증가하므로 확산은 현저히 촉진된다.

### 2. C 와 N 은 치환형보다 침입형으로 확산하기 쉽다

확산에 의해 생기는 물질의 흐름을 $f_B$ 로 하고, 용질원자 농도를 $n_B$, 점프 확률을 $\nu$, 공공밀도를 $d_V$ 로 하면,

$$f_B = n_B \cdot \nu \cdot d_V \qquad (3-5)$$

로 표시할 수 있다. 점프는 통계적으로 볼 때 모든 방향(단순입방정계인 경우는 6 방향)으로 일어나므로 고농도 영역의 원자 수를 $n_B'$, 그곳에서 충분히 떨어진 곳의 농도

를 $n_B$로 하면 고농도측에서의 물질흐름은 $n_B' \nu d_V$, 반대방향의 물질흐름은 $n_B \nu d_V$이므로 $(n_B' - n_B)$에 비례하는 물질의 흐름이 발생한다. 즉 고농도 영역에서 밖으로 향해 이동하는 원자수가 저농도 영역에서 고농도 영역을 향해 이동하는 원자수보다 많다. 이것은 농도차이의 해소에 원인되기 때문이다. 치환형 고용체와 침입형 고용체에서 확산의 정도에 큰 차가 있는 것은 쉽게 이해할 수 있다. 즉 치환형 고용체에서는 $d_V$의 값은 상당히 작은데 비해 침입형에서는 굳이 공공을 필요로 하지 않으며, $d_V$는 실질적으로 1과 같기 때문이다. 철합금의 경우 치환형 고용체를 형성하는 Cr나 Mn은 실온에서 거의 움직이지 않는데 비해 침입형인 C, N은 상당히 이동할 수 있으며, 이러한 이동이 여러 가지 시효의 원인이 된다.

### 3. 용매원자도 자기확산한다.

모상을 구성하는 용매원자 자신이 점프하여 이동하는 현상을 **자기확산**이라 부른다. 자기확산에서는 처음부터 농도차가 존재하지 않으므로 실질적인 물질의 흐름은 생기지 않지만 $\nu$나 $d_V$에 따라 원자의 위치이동은 생각할 수 있다. 자기확산은 동위원소를 이용하면 실증(實證)할 수 있다.

### 4. 평형상태에서도 확산은 있다.

평형상태에 도달하면 확산이 정지된다고 생각하는 것은 큰 오산이다. 평형이란 나오는 원자수와 들어가는 원자수 등이 통계적으로 일치되어 나타나는 현상이며, 점프에 의한 원자의 이동이 멈추는 일은 없다.

2상 영역에서 평형이 유지되고 있는 일은 매우 흥미롭다. $\alpha + \beta$ 영역에서 B성분의 농도가 낮은 $\alpha$와 농도가 높은 $\beta$ 등이 왜 평형을 유지하는 것인가를 설명하는 데는 활량계수라는 개념을 도입해야 하지만 요컨데 $\beta$상 중에서 B원자의 결합이 $\alpha$상 중에서보다도 강하고 점프의 확률이 낮으므로 농도차에 의해 양자간 물질의 흐름이 조화를 유지하는 것이다. $A_m B_n$과 같이 화합물의 형식을 취할 경우는, 양자의 결합이 강하고 활량계수가 낮으므로 고온까지 조성에 변화가 일어나지 않는다. 그러나 어떤 온도에 달하면, 열에너지에 의해 양자의 결합은 해소되고 용해되는 현상이 확인되게 된다. 용해 직후는 평형상태에 있다고 할 수 없으며 평형이 되기까지에는 시간 경과가(이론적으로는 무한한 시간) 필요하다. 이 사이의 상태를 **비평형상태**라 부른다.

## 3-4 이원합금 평형상태도와 보는 방법

용질의 농도를 횡축으로 하고 온도를 종축으로 하여 그 합금계의 모든 온도에서 평형상태를 나타낸 것이 **2원 합금 평형상태도**(이하 **상태도**)이다. 상태도에는 시간인자는 포함되고 있지 않으나 그것이 즉 평형을 나타내고 있는 것이다.

### 1. 2상 영역 중의 각상의 비체적은 '지렛대 법칙'에 따른다.

어떤 조성의 합금이 어떤 온도 범위에서 단상영역에 있을 때 그 영역 내에서 온도를 바꾸면서 조직을 현미경으로 관찰하여도 온도변화에 따른 뚜렷한 변화는 나타나지 않는다. 그러나 혹 2상 영역 중에 있다면 조직은 당연히 $\alpha$와 $\beta$의 2상으로 나뉘어 있으며, 이러한 상의 비율 즉 **체적률**은 일반적으로 온도와 함께 변화한다. 여기서 중요한 것은 체적률이 변한다고 하는 것은 동시에 $\alpha$상과 $\beta$상 각각의 조성도 변화한다고 하는 것이다.

합금의 조성은 온도에 따라 변하지는 않지만, 2상 조직이 되어 B성분이 풍부한 $\beta$상이 나타난다면 남아있는 $\alpha$상 중의 B성분은 감소할 것이다. 즉 그림 3-15에서 $\overline{AB}$간을 100 %로 하고, P점으로 나타낸 조성의 합금이 온도 $T$에서 a점으로 나타내는 조성의 $\alpha$상과 b점으로 나타내는 조성의 $\beta$상의 2상 조직으로 이루어져 있는 것으로 하자. 양 상의 비체적을 각각 $V_a$, $V_b$로 하면, 정의에 따라

$$V_a + V_b = 1 \tag{3-6}$$

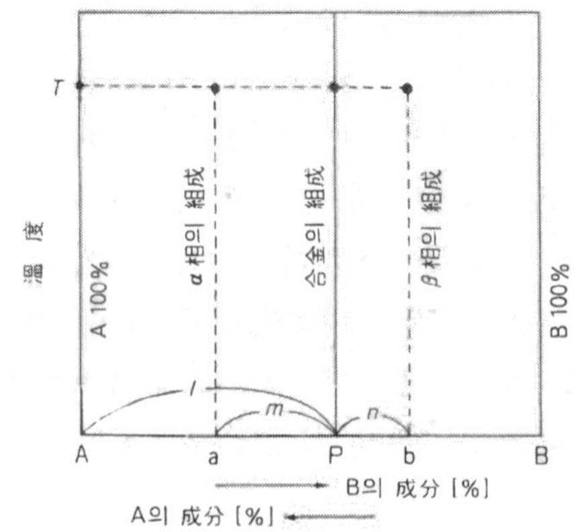


그림 3-15 상의 성분과 양에 관한 지렛대 법칙

가 된다. 합금 P 내의 B 성분의 농도를 $l$ %, 선분비 $\overline{aP}$ (정식으로는 $\overline{aP}/\overline{AB}$)를 $m$ %, $\overline{Pb}$ 를 $n$ %로 하고, 각 상 중의 B 성분량에 주목해서 생각하면 분명히

$$(l-m) \cdot V_a + (l+n) \cdot V_b = l \qquad (3-7)$$

가 성립한다. 식 (3-6)과 식 (3-7)을 연립시키면 $V_a = n/(m+n)$, $V_b = m/(m+n)$ 또는

$$V_b = \overline{Pb}/\overline{ab}, \qquad V_b = \overline{aP}/\overline{ab} \qquad (3-8)$$

가 얻어진다. 즉 선분 $\overline{ab}$ 를 100 %로 한 경우 양 상의 비율은 P 점을 받침점으로 하는 레버의 관계가 있음을 알 수 있다. 이것을 **지렛대 법칙**이라 한다.

### 2. 대표적인 2 원 합금 상태도를 읽어보자

상태도에는 여러 가지 형식이 있으며 그들 모두에 대해서 설명할 수는 없으므로 여기서는 대표적인 2 개의 예에 대해 설명하겠다.

그림 3-16 은 공정형 합금상태도이다. 각 상의 존재 범위를 나타내는 많은 곡선을 일괄해서 상경계라 부른다. 기호 L 은 액상을 나타낸다. 곡선 ace 는 이 합금계에 있어서 조성의 변화와 융점과의 관계를 나타내고 있다. 물론 a 점과 e 점은 순금속 A, B 의 융점 또는 응고점이다. 영역 abc 와 ecd 는 액상 + $\alpha$ 상 및 액상 + $\beta$ 상의 2 상 영역이며, 곡선 ac 와 ec 는 함께 액상선, 또 곡선 ab 와 ed 는 모두 고상선이라 불린

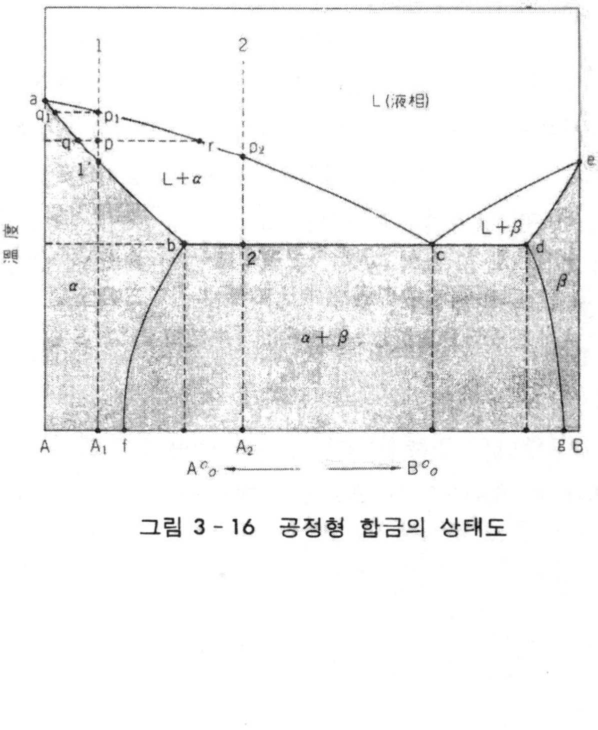


그림 3-16 공정형 합금의 상태도

다. 상경계 abcde 이하에는 액상이 존재하지 않으며 고상만이 존재한다.

지금 조성 1(A 농도가 $\overline{BA_1}$ %, B 농도가 $\overline{AA_1}$ %)로 표시되는 합금을 고온의 액상 상태에서 냉각할 경우에 대해 생각해 보자. 1의 세로선이 액상선과 교차하는 점 $P_1$의 온도가 이 합금의 융점을 나타내고 그 이하의 온도가 되면 액상에서 미세한 $\alpha$ 결정이 나타나며 점차 그 양이 증가한다. p 점에서 $\alpha$ 상과 액상의 체적비는 $\overline{pr} : \overline{qp}$가 되며 $\alpha$ 상의 조성은 q 점이며, 액상의 조성은 r 점으로 나타난다. 즉 액상의 조성보다 B 농도가 낮은 $\alpha$ 상이 형성되기 위해 남은 액상 내의 B 농도는 $p_1 \rightarrow r$과 같이 증가해 간다. 그리고 ab 선과 교차하는 1′ 점에서는 $\alpha$ 상이 된다. 당연히 초기에 형성되는 $\alpha$ 상과 최종기의 $\alpha$ 상 사이에 B 성분의 농도차는 크지만, 이것은 확산에 의해 균일화된다. 그 이하는 실온에 이르기까지 변화하지 않는다.

조성 2의 경우는 조금 복잡하다. 2′까지의 변화는 1의 경우와 같으므로 설명할 필요는 없다. 2′의 온도에 도달했을 때, 조직은 b로 나타나는 조성의 $\alpha$ 상과 c로 나타나는 조성의 액상이 체적비 $\overline{2'c} : \overline{b2'}$의 2상 조직으로 나타난다. 이 $\alpha$ 상은 액상에서 최초로 나타나는 고상이란 의미에서 **초정**이라 한다. 그리고 남아있는 c 점에서 나타나는 조성의 액상은 이 온도에서 **초정**과 같고, b 점에서 나타나는 조성의 $\alpha$ 상과 이점에서 나타나는 조성의 $\beta$ 상 등이 동시에 석출하기 시작한다. 동시에 2종류의 결정이 석출된다는 점에서 이 변화를 **공정반응**이라 부른다. 또한 공정반응에서 생긴 $\alpha$ 상의 양은 $\overline{cd}/\overline{bd} \times 100\,\%$, $\beta$ 상의 양은 $\overline{bc}/\overline{bd} \times 100\,\%$가 되지만, 합금 전체로서의 $\alpha$ 상의 비율은 $\overline{2'd}/\overline{bd} \times 100\,\%$, $\beta$ 상의 비율은 $\overline{b2'}/\overline{bd} \times 100\,\%$로 나타낸다.

다시 말해서, b, c, d는 같은 직선상에 있으며 이는 공정반응이 마치 물에서 얼음이 생기듯이 일정온도로 진행되는 것을 나타내고 있다. 따라서 강제적으로 냉각해도 온도는 변화하지 않고 반응의 진행이 빨라질 뿐이다. 한편 가열한 경우, 초정 이외의 부분은 액상으로 변화하지만 역시 온도는 변화하지 않는다. 공정온도 이하로 온도가 내려가면 문자 그대로 $\alpha + \beta$의 2상 영역으로 들어가며 2상의 조성과 양적관계는 용해도 곡선 bf와 dg를 따라서 변화해 간다. c 점의 조성합금은 **공정조성합금**이라 하며, 모든 조성 중에서 가장 융점이 낮다. 또한 조직은 공정반응만으로 형성되며 초정의 $\alpha$나 $\beta$를 전혀 포함하지 않는다.

그림 3-17은 화합물상을 포함하는 상태도의 한 예이다. $A_mB_n$과 같은 화합물상은 조성이 항상 일정하며, 고용체와 같은 농도 폭을 갖고 있지 않다. 따라서 온도가 증가해도 그림과 같이 온도축에서 평행한 수직선으로 나타날 뿐이다. 또 이러한 상태도는 A-B 2원계라기보다 A-$A_mB_n$계와 $A_mB_n$-B 계라는 2종류의 상태도로 분리하여 생각하여도 무방하다.

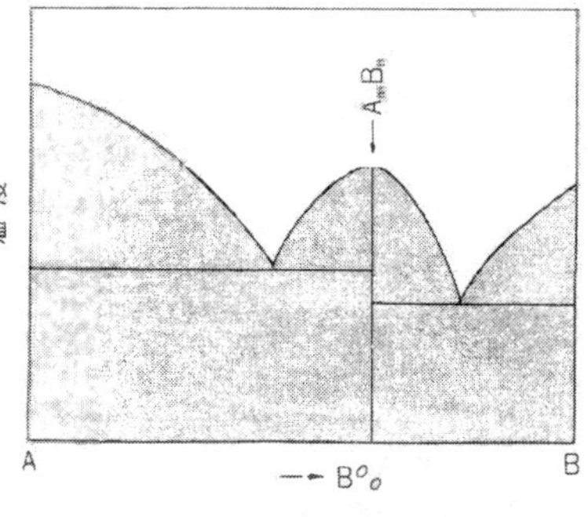

그림 3-17 금속간화합물을 가진 평형상태도

### 3. 상률의 유도방법

지금까지 생각해왔던 2성분계에서는 단상영역이나 2상 영역은 있어도 3상 영역이란 것은 나오지 않았다. 그러면 2성분계에서는 3상 영역은 존재하지 않을 것인가. 사실은 그림 3-16의 공정반응에는 액상 + $\alpha$상 + $\beta$상의 3상이 공존하고 있다. 그러나 이 경우 온도가 지정되어 버리므로 이 영역은 그림과 같이 bcd 직선으로 되어 버린다. 이러한 상태를 자유도가 0이라고 한다.

일반적으로 방정식의 수와 변수의 수가 같은 경우 2식을 풀면 변수값은 확정된다. 이것이 자유도가 0인 상태이다. 변수의 수가 많은 경우, 그 수에서 방정식 수를 뺀 것이 자유로히 선택할 수 있는 값의 수가 된다. 어떤 합금계의 상태를 나타내는 변수로서 우리들은 성분수와 온도와 압력을 선택할 수 있다. 그러나 일반적으로 금속사이의 반응에 압력은 중요하지 않으므로 일반적으로 이 인자는 제외된다. 성분에 대해서는 상당한 주의가 필요하다. 즉 조성의 총합은 항상 1 또는 100%라는 조건이 있으므로 성분수를 $n$으로 하면 독립된 변수의 수는 $(n-1)$개이다. 따라서 온도를 가한 변수는 $n$개가 된다. 한편 상의 수를 $p$로 하면 이러한 상이 평형을 유지하기 위한 조건식, 즉 방정식의 수는 $(p-1)$개가 된다. 따라서 자유도를 $f$로 하면

$$f = n - p + 1 \qquad (3\text{-}9)$$

이 관계식을 상률이라 한다.

2성분계에서는 $n = 2$이므로 상률은 $f = 3 - p$로 간단해진다. 3상 평형에서는 $P = 3$이므로 $f = 0$이 되며, 조성과 온도도 한 번에 정해진다. 2상 평형에서는 $f = 1$이므로 어떤 온도범위에 걸쳐 2상 평형이 성립할 수 있다. 이 경우 온도를 결정하면 조성도 정해진다. 2상 영역 내의 임의의 온도에서 수평선을 그으면 상경계와의 교점이 그 상의 조성을 나타내는 것에 대해서는 이미 서술하였다.

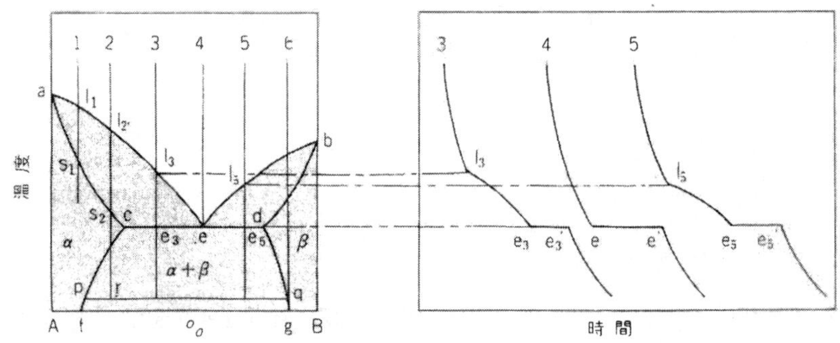

(a) 狀態圖 (b) 冷却曲線

그림 3-18 열분석에 의한 평형상태도의 작성법

단상 고용체 영역 내에서는 평형상태를 유지한 채 온도와 조성을 독립적으로 변화시킬 수 있다. 우선 실제 문제로서 고체 시료의 조성을 자유로이 변화시킬 수는 없다. 따라서 이 점은, 예를 들면 탄소량이 다른 복수의 Fe-C 합금을 어떤 온도범위에 걸쳐 fcc 구조의 $\gamma$ 고용체로 만드는 것이 가능하다고 해석해야 한다.

### 4. 2원 합금 평형상태도의 작성법

2원 합금 상태도는 이미 대부분의 조합에 대해서 완성되고 있으므로 새롭게 만들 필요성은 없다. 선배들의 노력을 돌이켜 봄으로써 그 작성법을 알아 두는 것은 상태도를 보다 잘 이해하기 위해 중요한 것이다.

상태도 작성에 있어서는 각각의 특징을 살린 몇 개의 방법을 병용하는 것이 좋다. 예를 들면 액상선이나 고상선이 존재하는 고온영역에서는 옛날부터 쓰여지고 있는 열분석이 적합하다. 그림 3-18은 열분석에 의한 상태도의 작성법을 나타낸 것이며, 냉각곡선의 불연속적인 변화에 의해 상변화가 일어남을 검출한다. 냉각은 평형조건을 만족하게끔 충분히 느리게 해야 한다. 그러나 이 방법은 예를 들면 시료 2의 $\alpha$ 고용체가 $\alpha+\beta$로 되는 고상반응에 대해서는 검출 정밀도가 충분하지 않다.

고체반응이 중심이 되는 저온영역에서는 열팽창, 전기저항, 비열 측정 이외에 급랭 조직의 현미경 관찰이나 X선에 의한 격자상수 측정법 등도 이용되고 있다. 어떤 방법을 이용하든지 성분이 다른 다수의 시료를 준비할 필요가 있다.

## 3-5 열처리와 평형상태도

지금까지 상태도에 대해 여러 가지 서술해 왔으나 여기서 왜 열처리에 상태도의 지식이 필요한가 하는 것을 확실히 해둘 필요가 있다. 열처리는 가열과 냉각의 조합에 의해 이루어지지만 이 사이클 사이에 생기는 변화는 다음과 같이 요약된다.

고온의 평형상태⟶저온의 평형상태

여기서 2개의 평형상태 사이의 이동을 지배하는 인자가 무엇인지를 생각하는 것이 매우 중요하다. 혹시 2개의 평형상태 사이에 변태점이 존재하게 되면 모상의 결정형이 변화하게 되며 고용한계가 급격히 변화할 경우는 용질원자가 모상 밖으로 나오지 않으면 안 된다. 고상 중에서의 원자의 이동 즉 확산은 온도에 강하게 영향을 받으며, 저온이 되면 원자는 급격히 움직이기 어려워진다. 냉각속도가 조직의 형성에 큰 영향을 미치는 것은 이러한 이유에 기인한 것이다.

### 1. 고온에서는 확산변태, 저온에서는 전단변태

변태는 결정형의 변화를 수반하지만, 그 중 **확산변태란** 모상을 떠나서 새로운 상을 구성하기 위한 원자의 이동이 확산에 의해 일어나는 현상을 가리킨다. 따라서 변태점이 고온영역에 있고 더구나 온도변화가 느린 서냉(徐冷)의 경우에는 확산변태가 우선적으로 생긴다.

원자의 이동은 반드시 확산에 의한 것만은 아니다. 가끔 서술하였듯이 고상 중에서의 확산은 상당히 느리므로 변태점을 통과하여 급속히 냉각하면 확산이 일어날 사이도 없이 저온으로 되어 확산은 더욱 곤란해진다. 한편 고온에서의 평형상이 저온까지 존재하는 상태, 다시 말해서 과냉상태는 열역학적으로 보아 자유 에너지가 높은 불안정한 상태이므로 저온에서 안정된 상으로 변태하려고 하는 강제력이 작용하며 그 힘은 저온이 될수록 강해진다. 이 경우에 일어나는 변태는 확산을 필요로 하지 않는 형식이며, 일단의 원자군이 일시에 어떤 방향으로 순간적으로 전단 이동한다. 이것을 **전단변태** 또는 **마르텐사이트 변태**라 한다. 또 확산이 관여하지 않는 점을 강조하기 위해 **무확산변태**라고 부르는 경우도 있다.

그림 3-19에 강의 마르텐사이트 변태에 의한 격자의 변화를 나타내었다. 간략히 설명하면 비스듬히 기울어진 결정요소가 순간적으로 바로 서는 요소로 전단변형을 하는 점이 큰 특징이다. 이러한 원자의 움직임은 마치 대장 호령에 병사가 일제히 방향을 바꾸는 것과 같으므로 **군대변태**라고도 한다.

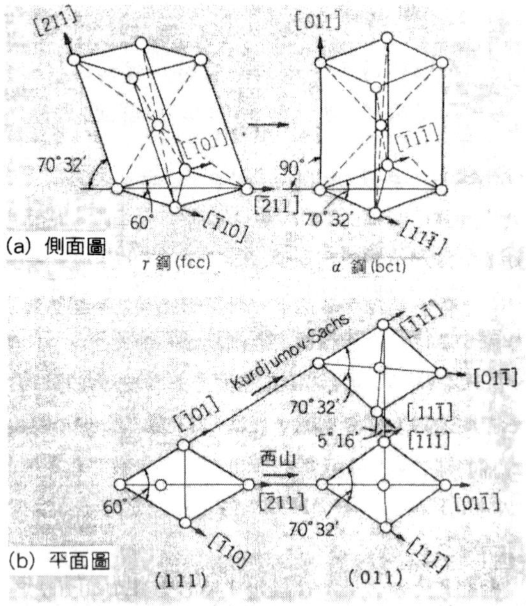


그림 3-19 마르텐사이트 변태에서 격자의 전단변형

## 2. 열처리 변태도는 시간축을 갖는다.

과냉조직이 어느 시점에서 변태를 개시할 것인가 하는 정보를 하나의 선도로 나타내면 매우 편리하다. 이 선도를 **열처리 변태도**라 한다. 이 경우 종축에 온도, 횡축에 시간을 취한다. 시간축이 존재하는 것은 하나의 평형상태에서 다른 평형상태로의 이동과정을 지시하는 선도를 의미하며, 평형상태도와는 분명히 목적이 다르다. 그러나 성분축을 갖지 않으므로 그 조성 고유의 선도로서 밖에 이용가치가 없다. 열처리 변태도에는 다음의 2 종류의 형식이 있다.

### (1) TTT 선도

변태점 이하의 어느 온도까지 급랭한 뒤 그 온도로 유지하여 변태의 개시시간과 종료시간을 그림 3-20(a)와 같이 각 온도에 대해 도시한 선도(시간축은 대수눈금)를 **등온변태도** 또는 **TTT 선도**(Time-Temperature-Tramformation Curve)라 한다. 냉각방법은 부자연스럽지만 과냉상태의 열역학적 거동을 조사하는 데는 적합한 선도이다. 이전에는 이 경우의 변태 개시선과 변태 종료선이 S 자를 나타낸다는 이유에서 **S 곡선**이라 했다. 그러나 그 후의 이론적 연구나 실험의 결과 이 곡선은 C 형을 나타내는 것이 확실해졌다. 변태가 시작하기까지의 시간을 잠복기간이라 부르며, 잠복기간이 가장 적은 온도영역, 즉 C 형의 선단부분을 **nose**(코)라 부른다. 일반적으로 nose 보다

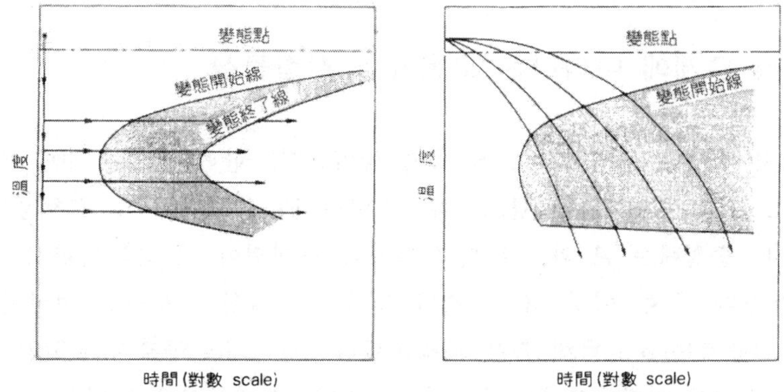


(a) 等溫變態圖(TTT 圖)　　(b) 連續冷却變態圖(CCT 圖)

그림 3 - 20 열처리 변태도

아래의 온도 영역에서는 확산변태와 전단변태가 경합하여 일어난다. TTT 도를 작성하는 데는 열팽창방법과 현미경법이 있다.

(2) **CCT 선도**

각종의 냉각속도를 가진 냉각곡선을 따라 변태의 개시점과 종료점을 도시한 것이 **연속냉각 변태도 곡선** 또는 **CCT 곡선**(Continuous Cooling Tranformation Curve)이다. 냉각곡선은 온도의 시간적 변화를 나타낸 곡선이므로 선도 상에 그대도 써넣을 수 있다. CCT 도는 실제의 냉각조건을 반영하고 있다는 점에서 실용성이 높다. 그림 3-20(b)에 CCT 도의 개념도를 나타내었다.

냉각조건을 인위적으로 설정하는 일은 상당히 어려우므로 발표된 CCT 도의 수는 TTT 도에 비해 그 수가 적다. 냉각속도는 고온영역에서 빠르며 저온영역에서는 느리지만 통상은 변태온도 구간을 통과하는 시간에서 정의되는 **평균냉각속도**가 사용된다. 철강재료에서의 변태구간은 800～500℃로 취하는 것이 보통이다.

불등속냉각에 의해 CCT 도를 그리는 방법으로서는 **Liedholm 법**이 있다. 이것은 뒤에 설명할 Jominy 시험법을 이용하는 것으로서 수 개의 시료를 한쪽 끝을 냉각하여 경화능 시험을 할 경우 적어도 10분 정도 냉각 후, 시편을 다시 식염수 중에서 완전히 냉각하여 조직을 정착시킨다. 이들 시료의 각 점의 냉각곡선과 조직관찰에 의한 변태의 진행상황을 도시하여 CCT 도를 완성시킨다. 이 방법은 냉각의 실태를 잘 파악할 수 있다는 점에서 우수하다.

## 3-6 Fe-C 계에 나타나는 고용체와 화합물상

제철단계에서 탄소는 필연적으로 철 속에 녹아든다. 한편 탄소는 철에 있어서는 불순물이 아니고 가장 중요한 합금원소이다. 강이란 Fe-C 합금이며, 퀜칭경화가 가능한 것의 총칭이다. 순철에는 $A_3$ 와, $A_4$ 의 2가지의 변태점이 있으며 따라서 $\alpha$ 철, $\gamma$ 철, $\delta$ 철로 나뉘어진다. C는 이들 격자구조에 들어가 침입형 고용체를 형성한다. bcc 구조의 $\alpha$ 철의 고용체는 $\alpha$ 고용체 혹은 페라이트라 한다. fcc 구조의 $\gamma$ 고용체는 오스테나이트라 이름붙이고 있다. 또 Fe-C 계에 나타나는 화합물상은 탄화물이며, $Fe_3C$ 혹은 시멘타이트라 하며 $\theta$ 상이라 말하기도 한다. 엄밀히 말하면 $Fe_3C$ 는 평형상이 아니며 최종적으로는 Fe 와 흑연으로 분리해 버린다. 그러나 실제적으로는 $Fe_3C$ 는 안정상으로서 취급할 수 있다.

### 1. 페라이트의 구조

bcc 구조인 $\alpha$ 철 중에서 C 원자가 들어가는 위치는 그림 3-21에 나타나듯이 4개의 우각에 있는 Fe 원자와 2개의 체심 Fe 원자로 둘러싸인 8면체의 중심이다. 철 원자를 구로 가정하고 그 반경을 $R$ 로 나타내면 이 위치에는 $0.154R$ 인 작은 구가 내접할 만큼의 공간이 있다. 한 개의 bcc 의 단위격자 중에는 이 8면체와 등가인 위치가 면의 중심에서 6개소, 변의 중심에서 12개소 합계 18개소가 있다. 그러나 C 원자의 반경은 Fe 의 반경 $R$ 을 기준으로 취하면 $0.58R$ 이 되며 전술한 공간보다 현저히 크다. 따라서 1개소라도 C 원자가 침입하면 다른 공간은 압축되고 다른 C 원자가 그 단위격자에 근접하는 일은 불가능해진다. 이런 점에서 생각해 볼 때 페라이트의 탄소에 대한 최대 고용한계는 0.0218%(727℃에서)이며, 이것은 약 1000개의 단위격자에 C 원자가 1개의 비율로서 침입하고 있다는 계산이 된다.

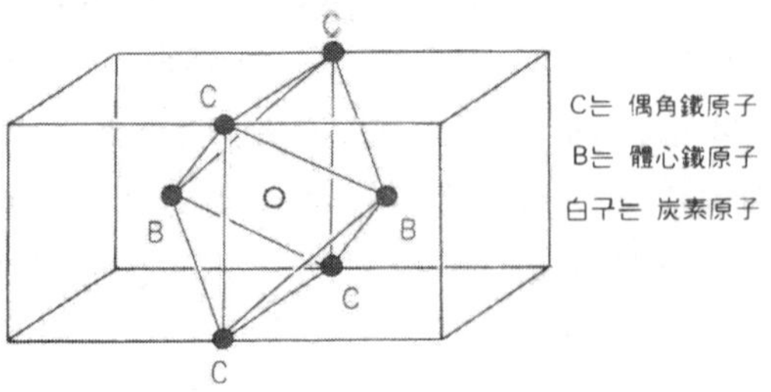


그림 3-21 페라이트 중에서 탄소의 고용위치

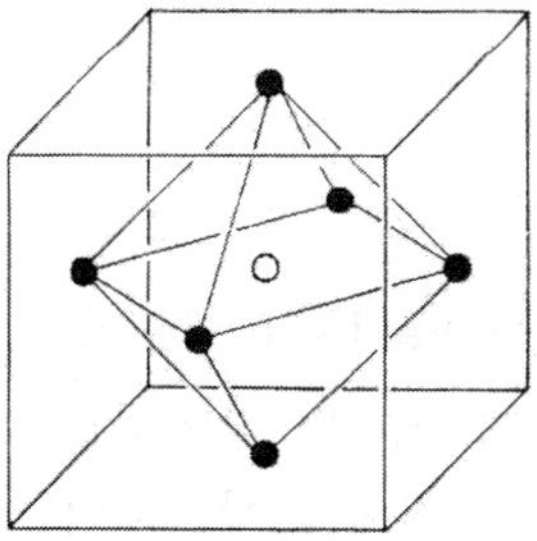


그림 3-22 오스테나이트 중에서 탄소의 고용위치

## 2. 오스테나이트의 구조

fcc 구조인 $\gamma$ 철에서 C 원자가 들어가는 위치는 그림 3-22 에 나타내듯이 6 개의 면심 Fe 원자로 구성되는 8 면체의 중심이며 이 위치는 fcc 격자의 체심위치에 해당한다. 이와 같이 Fe 원자의 반경을 $R$ 로 나타내면 이 8 면체 위치에는 $0.41R$ 의 구가 내접할 수 있으며 오스테나이트의 탄소고용한계는 페라이트보다 훨씬 큰 점을 알 수 있다. 실측에 의한 최대 고용한계는 2.14%(1147℃)이며, 약 10 개의 단위격자에 1 개의 비율로서 C 가 침입가능한 것을 나타내고 있다.

## 3. 시멘타이트의 구조

고용체로서 용입할 수 없는 C 원자는 결정의 밖으로 석출하게 된다. 이 경우 C 는 비체적이 큰 흑연으로서 직접 석출하는 것은 아니고 우선 철탄화물을 형성한다. 그러나 최종 평형상은 흑연이며 장시간 가열하는 등 확산촉진처리를 하면 Fe 원자가 빠져나와 C 는 흑연화한다.

시멘타이트는 복잡한 비단순 사방정계에 속하며, 격자상수는 $a = 4.516$ Å, $d = 5.077$ Å, $C = 6.727$ Å 이다. 이 단위격자 중에는 12 개의 Fe 원자와 4 개의 C 원자를 포함하고 있으므로 그 비를 간단히 하여 $Fe_3C$ 라 쓴다. 이 화합물의 C 함유량은 원자 % 로서 25 %이므로 식 (3-3)을 사용하여 중량 % 로 고치면 6.68 % 가 된다.

시멘타이트 단위격자 중에서 Fe 원자에만 주목하면 그 배열은 조밀 6 방정구조를 몇 개 변형시킨 것과 같은 형이 되고 있다. 이러한 배열은 fcc 의 오스테나이트의 특정 결정면상에 있는 원자배열과 매우 유사하며 모상에서 석출상이 생길 때 변형 에너지를 작게 하는 작용이 있다고 생각된다.

## 3-7 Fe-C계 평형상태도

그림 3-23은 Fe-C계 2원 합금 평형상태도이다. 실선은 Fe-$Fe_3C$계, 점선은 Fe-흑연계이며, 이렇게 함께 나타낸 것을 복평형상태도라고 한다. 본 상태도는 순철과 순탄소를 원료로 하는 합금을 근거로 하여 만들어진 것이며, 옛적에 발표되어 있었던 상태도와는 수치가 상당히 다른 곳이 있다. 시판하는 탄소강과 같이 불순물을 많이 함유한 것에 대해 참조할 경우는 이전의 데이터가 오히려 잘 맞는다.

Fe에 6.68중량%의 C를 첨가하면 조직은 모두 $Fe_3C$가 되어 버려서 그 이상 첨가해도 이미 합금으로서의 성질을 나타내지 않게 된다. 따라서 Fe-C계에서는 많아도 6.68%C 범위까지에서 상태도를 절단하고 있다. 이러한 부분적인 표시방법에 의하더라도 상경계가 명시되어 있어도 사용상에 지장은 없으므로 그 사용법에 잘 익숙해지는 것이 중요하다.

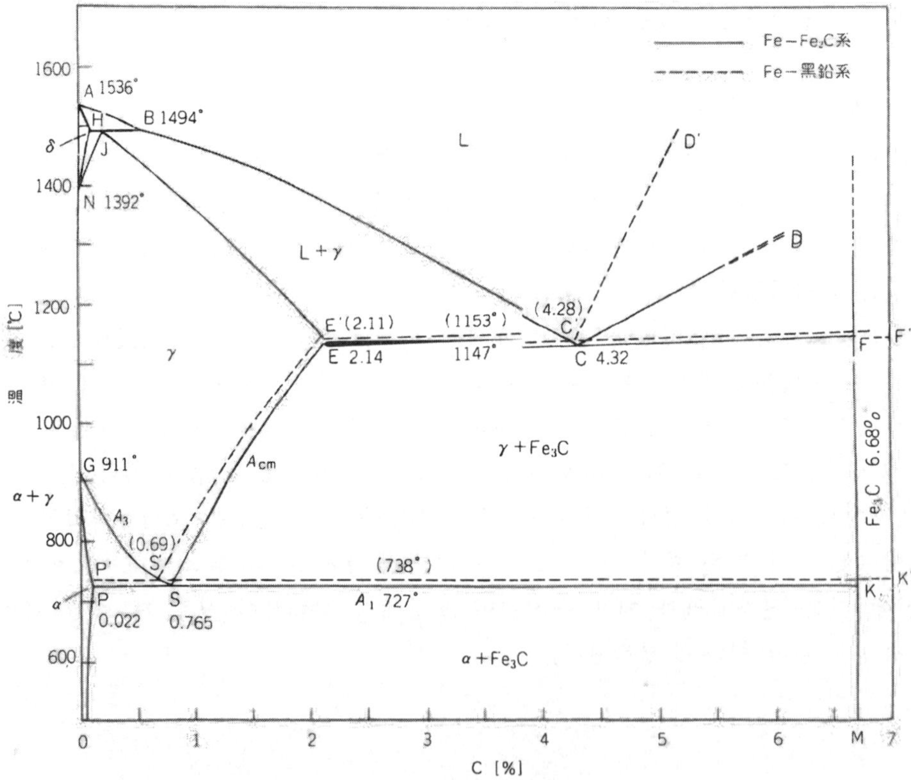


그림 3-23 Fe-C계 강의 평형상태도

1. 주된 단상영역과 2 상 영역

(a) BCEJ : 액상 + $\gamma$, (b) JESGN : $\gamma$ 단상, (c) EFKS : $\gamma$ + $Fe_3C$,
(d) GSP : $\gamma + \alpha$, (e) PKMO : $\alpha$ + $Fe_3C$, (f) GPO : $\alpha$ 단상

2. 주된 상경계

(a) GS 선 : $\gamma$ 단상영역에서 냉각된 합금이 이 곡선 이하의 온도가 되면 $\alpha$를 석출하기 시작한다. 순철의 $A_3$ 변태에 상당하므로 $\mathbf{A_3}$ 선이라고 부른다.

(b) ECF 선 : 공정반응을 나타내는 선이며, 상률에 의해 일정온도를 나타낸다.

(c) SE 선 : $\gamma$ 에 대한 $Fe_3C$ 의 용해도 곡선이며, 통상 $\mathbf{A_{cm}}$ 선이라고 불린다. 이 선을 통과하여 온도가 상승 하강하면 $\gamma$ 중에서 $Fe_3C$ 가 석출하든지 고용하든지 한다. E는 최대 고용도를 나타내는 선이다.

(d) PSK 선 : 공정반응과 같은 형식이지만 고상 중에서 일어나는 반응이다. 이것을 공석반응이라 부른다. 이 반응에 대해서는 후술하겠지만 $\gamma \rightarrow \alpha + Fe_3C$ 의 2 상이 되므로 일정온도를 나타낸다.

(e) GP 선 : P 점 이하의 C 함유량을 갖는 합금은 이 선 직하의 온도에서 $\alpha$ 단상이 된다.

(f) OP 선 : $\alpha$ 에 대한 $Fe_3C$ 의 용해도 곡선으로 P 는 최대 고용도를 나타내는 점이며, 고용도를 증가시키기 위하여 그 이상 온도를 올려도 $\gamma$ 만 나타날 뿐이다.

(g) FK 선 : $Fe_3C$ 의 조성선으로 온도를 올려도 화합물상이므로 조성은 변함없다.

3. $A_3$ 변태선과 그 결정법

GS 선은 이미 서술하였듯이 $A_3$ 점이 C %와 함께 저온쪽으로 하강하는 것을 나타내는 $A_3$ 변태선이다. 이 사실은 $\gamma$ 고용체 중의 C 량이 증가할수록 그 fcc 구조의 안정성이 증가하는 것을 의미하고 있다.

그림 3 - 24 는 열팽창법에 의한 $A_3$ 점의 결정방법을 나타낸 것이다. 가열과 냉각으로 변태점에 차이가 나는 것은 물론 확산이 온도변화를 따르지 못하기 때문에 일어나는 현상이다. 실용적인 가열 · 냉각속도에서는 아 차이를 피할 수 없으므로 필요에 따라 가열 변태점을 $Ac_3$, 냉각 변태점을 $Ar_3$ 으로 구별한다. 이들 온도의 값은 당연히 가열 · 냉각속도에 따라 변화하는 성질인 것이다. 진짜 $A_3$ 점인 것을 강조하기 위해 $Ae_3$(실제로는 측정 곤란)라 쓰는 경우도 있다. $Ac_3$ 의 $Ae_3$ 에 대한 차이는 적지만, $Ar_3$ 의 속도 의존성은 크므로 차이가 나기 쉽다.

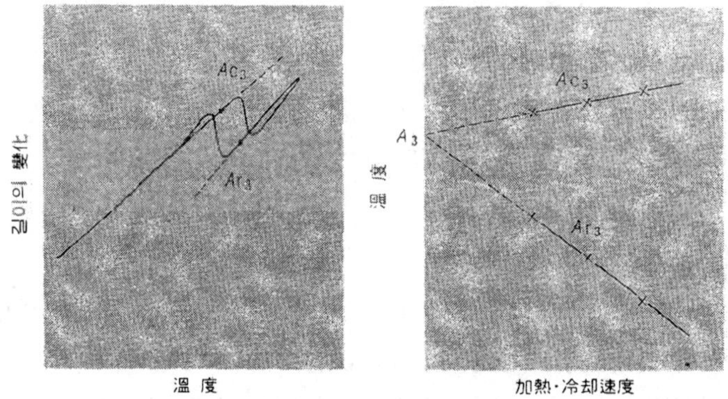


그림 3 - 24 열팽창법에 의한 $A_3$ 점의 결정법

#### 4. 공석변태와 펄라이트조직

공석변태는 고상에서 2 종류의 고상이 동시에 석출하는 변태이며, 본 합금계인 경우는

$$\gamma\,(0.765\,\%C) \longrightarrow \alpha + Fe_3C$$

가 된다. 상률에 의해 이 반응은 727℃의 일정온도로 진행된다.

지금 그림 3 - 25 에서 0.765 %의 C 농도(이것을 **공석조성**)를 가진 $\gamma$ 고용체를 합금 1 로 하고 이것을 냉각하면 727℃에서 S 점에 달한다. 이 점을 **공석점**이라 하고 이 온도를 **공석온도** 또는 $A_1$ **변태점**이라 부른다. 이 합금이 공석변태를 종료했을 때의 $\alpha$ 량은 $\overline{SK}/\overline{PK}$, $Fe_3C$ 량은 $\overline{PS}/\overline{PK}$ 이다. 이 비율은 실온에 까지 내려도 거의 변하지 않는것을 알 수 있다. 공석변태에서 생긴 조직은 **펄라이트**라 이름붙여져 판상인 $\alpha$ 와 판상인 $Fe_3C$ 가 서로 교대로 된 층상조직을 나타내고 있다. 그림 3 - 26 에 펄라이트의 현미경 조직을 나타내었다. 적어도 400 배 이상의 배율이 아니면 층상이 나타나지 않으므로 현미경 관찰시는 주의를 요한다.

공석조성(이전에는 0.78 %C 로 되어 있다)을 기준으로 하여 강을 분류하면 편리하다. 즉 공석조성 이하의 강을 **아공석강**, 공석조성의 강을 **공석강**, 공석조성 이상의 강을 **과공석강**이라 한다.

다시 그림 3 - 25 로 돌아가서 아공석강인 합금 2 를 $\gamma$ 영역에서 냉각할 경우를 생각해보자. 온도 $T_1$ 에서 b 점은 2 상 영역내에 있으며 조직은 $\gamma$ 에서 석출한 $\alpha$ 가 $\overline{bc}/\overline{ac}$, 미변태의 $\gamma$ 는 $\overline{ab}/\overline{ac}$ 의 비율로서 이루어져 있다. 이 $\alpha$ 를 $\gamma$ 에서 최초로 석출됐다는 의미로 **초석 페라이트**라 부른다. 온도가 더욱 내려가면 초석 페라이트량은 늘고

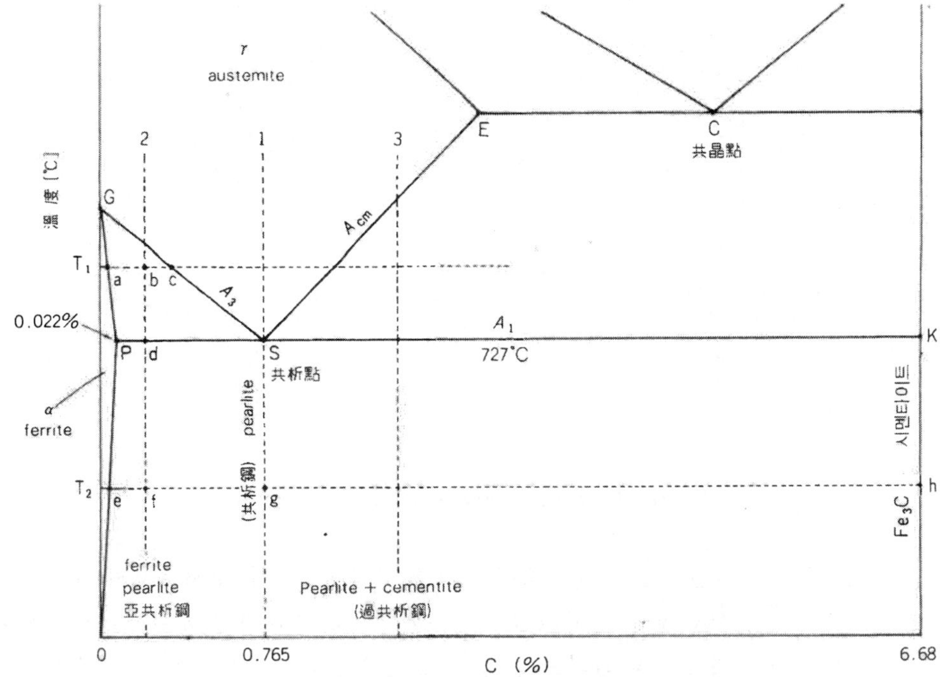


그림 3-25 **Fe-C계** 평형상태도의 설명도

미변태의 $\gamma$량은 줄며 공석온도에 달했을 때의 조직은 0.022 %C의 $\alpha$가 $\overline{dS}/\overline{PS}$, 0.765 %C의 $\gamma$가 $\overline{Pd}/\overline{PS}$의 비율로 되어 있다. 여기서 공석조성에 달한 미변태 $\gamma$만이 공석변태를 일으켜 펄라이트가 된다. 펄라이트 중의 $\alpha$와 $Fe_3C$의 비율은 공석강의 경

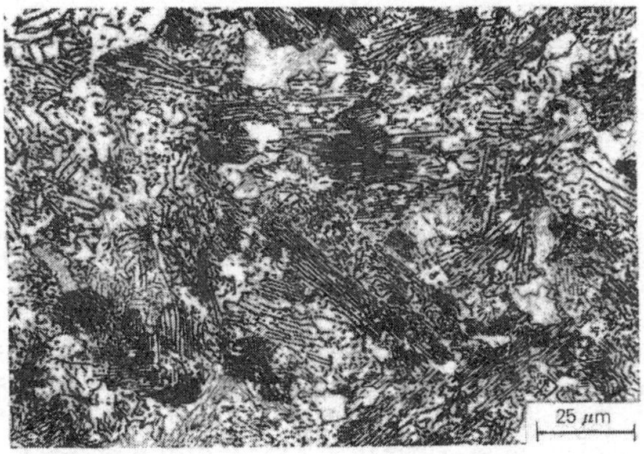


그림 3-26 0.8 %C 탄소강의 펄라이트 조직

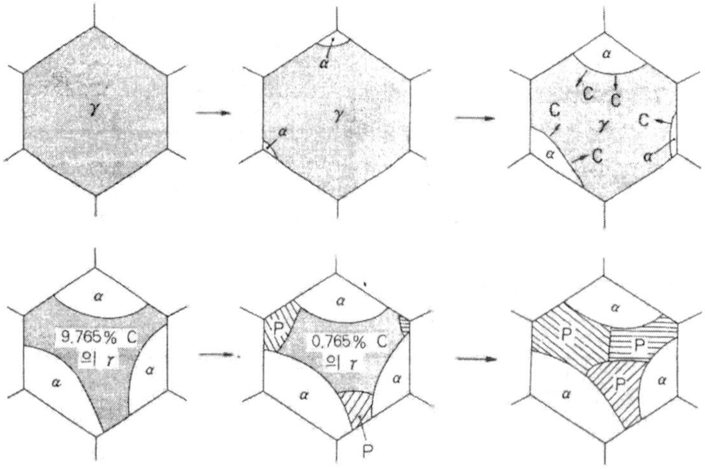


그림 3 - 27 아공석강이 서냉될 때의 조직의 변화

우와 같이 $\overline{SK}/\overline{PK}$ 와 $\overline{PS}/\overline{PK}$ 인데, 초석의 $\alpha$를 함유한 조직 전체로서의 $\alpha$는 $\overline{dK}/\overline{PK}$, 또 $Fe_3C$는 $\overline{Pd}/\overline{PK}$ 의 비율이 된다. 온도가 $T_2$로 내려가면 $\alpha$는 $\overline{fh}/\overline{eh}$, $Fe_3C$는 $\overline{ef}/\overline{eh}$가 되어 현미경으로는 관찰되지 않을 정도이지만 $Fe_3C$의 양은 증가한다.

아공석강의 실온에서의 조직은 **페라이트, 펄라이트 조직**이라 불리고 있다. 그림 3-27은 아공석강의 조직이 형성되는 모습을 나타낸 것이다. C는 $\alpha$에 거의 고용할 수 없으므로 초석 $\alpha$가 성장함에 따라 밀려난 C 원자는 미변태 $\gamma$에 농축되며, 마침내 공석온도에서 공석조성에 달하게 된다. 그림 3-28은 0.41 %C 강의 조직이다. 흰부분이 초석 페라이트이며, 검은 부분이 펄라이트이다.

그림 3-25에서 과공석강인 합금 3의 조직 형성은 합금 2와 유사하나 $A_{cm}$선 이하에서 나오는 상은 **초석 시멘타이트**이며, 이 때문에 미변태 $\gamma$ 중의 C 농도는 감소하면서 공석온도에서 공석조성에 달한다. 실온조직은 초석 시멘타이트와 펄라이트로 이루어진다.

0.022 %C 이하인 Fe-C 합금이나 순철에서 공석변태 즉 $A_1$점은 존재하지 않는다는 점에서 주의해야 한다. 예전에 순도가 낮은 철에 대해 열팽창시험을 하여 최초의 변태점에 $A_1$이란 이름을 붙였다. 또 780℃ 부근에는 강자성에서 상자성으로 변하는 자기변태점이 존재하므로 이것에 $A_2$라 이름붙였다. 그러나 그후의 연구에서 자기변태는 결정계의 변화를 수반하지 않는 것이 분명해져 $A_1$ 변태라는 명칭은 그다지 사용되지 않는다. 또 $A_1$과 $A_2$ 사이의 철은 $\beta$철이라 불리고 있었으나 이 호칭도 동시에 없어졌다. 이리하여 순철에는 $A_1$, $A_2$는 없고 $\alpha$, $\gamma$, $\delta$순으로 된 셈이다.

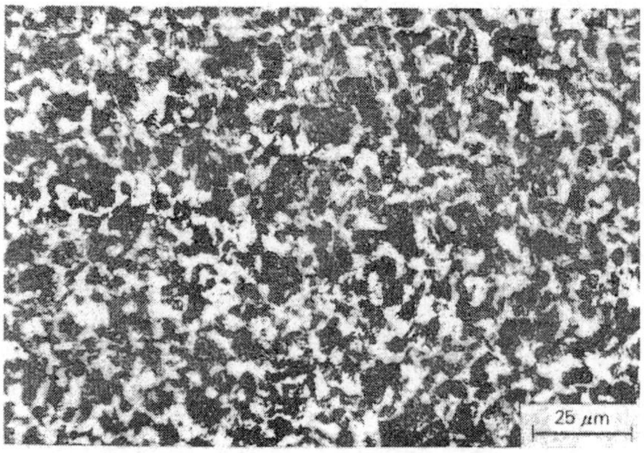


그림 3-28 0.41%C 탄소강의 페라이트, 펄라이트 조직

## 3-8 가열, 냉각 변태와 조직

열처리를 하는 본래의 목적은 그 강을 예로 들면 절삭을 쉽게 한다든지 경하게 한다든지 하여 기계적 성질을 목적에 맞도록 바꾸는 일이다. 그러나 열처리에 의해 직접 바꾸는 것은 조직이며 결국 조직의 변화에 따라 기계적 성질을 조절하게 된다. 그림 3-23의 평형상태도를 보면 확실히 실용범위의 탄소강 실온조직은 모두 $\alpha + Fe_3C$의 2상으로 이루어진 평형조직이다. 공석강이나 과공석강에서도 이 점에 대해서는 변함없다. 열처리에서 변할 수 있는 것은 이 $\alpha$와 $Fe_3C$의 혼합방법이며, 그것에 따라 조직에 이름이 붙여진 것이다.

본 장의 처음에 금속의 다결정체 구조에 대해 서술하였다. 변태점을 변화시키는 열처리에서는 결정립의 크기가 변화하고, 이에 따라 기계적 성질이 영향받는 것도 잊어서는 안 된다. 결정립도의 영향은 특히 충격, 인성에서 현저히 나타나므로 결정립의 조대화를 초래하는 열처리 방법은 적극 피해야 한다.

### 1. 가열변태에서 결정립이 조대화된다.

아공석강의 가열에 즈음하여 온도가 $Ac_1$점을 넘으면 우선 펄라이트 부분이 $\gamma$로 이어서 $\alpha$도 차츰 $\gamma$화 해가며 $Ac_3$점을 넘으면 $\gamma$ 단상이 된다. $\gamma$입은 주로 입계에서 핵이 발생하여 성장하며 서로 충돌한다. 이러한 새로운 결정립은 입계에너지의 상호관계에 의해 인접 결정입자를 잠식하여 급속히 성장, 조대화한다. 과공석강은 $Ac_1$점을 넘으면 펄라이트 부분이 $\gamma$화하여 $\gamma + Fe_3C$가 된다. 이 $Fe_3C$를 **미용해 탄화물**이라고 하는 경우도 있다. 미용해 탄화물은 결정립 조대화를 저지하는 효과가 있다. 따라

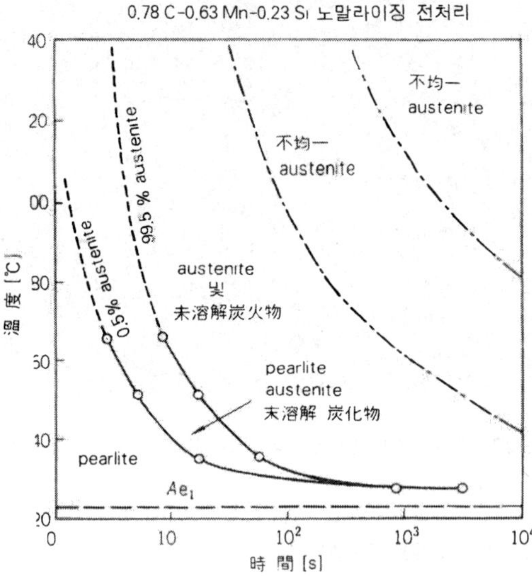


그림 3-29 공석강의 오스테나이트화 곡선

서 $A_{cm}$선 이상으로 가열하면 급격한 조대화가 일어나게된다.

### 2. 고용화 열처리에는 시간과 온도가 필요

$A_3$점(아공석강의 경우) 또는 $A_1$점(공석강의 경우) 이상의 어느 설정온도까지 가열한 뒤 그 온도에서 유지하는 것은 고용화 열처리 혹은 오스테나이트화 처리라 부른다. 고용화란 $Fe_3C$를 $\gamma$중에 고용시킨다는 의미이다. C의 확산에 시간이 필요하므로 고용화 열처리의 온도와 시간에 따라 C농도에 불균일한 부분이 남는다든지 한다. 그림 3-29는 이 모양을 나타낸 것이다. 고용화 열처리에서 항상 균일한 오스테나이트화를 꾀할 수는 없다. 구상 시멘타이트 조직(구상 펄라이트 조직이라고도 한다)을 얻기 위해서는 불균일한 오스테나트 상태에서 서냉할 필요가 있다.

### 3. 냉각할 때에 조직이 만들어진다.

냉각속도가 조직 형성에 큰 영향을 미치는 것은 이미 서술한 바이다. 간단하게 우선 공석강에 대해 설명하겠다. 그림 3-30은 공석강의 열팽창곡선을 나타낸 것이며, 냉각속도를 크게 변화시켜 변태의 차이를 조사한 것이다. 곡선 (1)은 서냉, (2)는 공랭, (3)는 유냉, (4)는 수냉한 경우의 것이다.

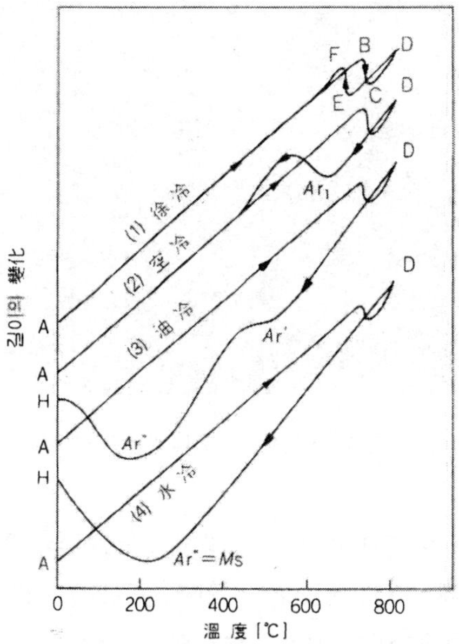


그림 3-30 공석강의 가열, 냉각에 있어서 냉각속도의 변화에 따른 길이 변화

(1) 펄라이트 조직

그림 3-30의 곡선 (1)에서는 가장 표준적인 펄라이트 조직을 만든다. 곡선 (2)에서는 $Ar_1$이 상당히 저온에서 발생하여 고배율의 광학현미경이 아니면 층상조직이 확실히 보이지 않는다. 곡선 (3)의 경우 변태온도는 600℃ 이하에서 나타난다. 더구나 아무리 고배율로 보더라도 층상조직은 확인되지 않으며 이런 까닭으로 $Ar_1$과는 차이가 난다고 생각되어 $Ar'$이란 기호가 쓰여졌다. 더욱이 그 하부에 나타나는 변태점에는 $Ar''$의 기호가 붙여졌다. 이 조직은 후에 설명할 마르텐사이트 중에 극히 부식하기 쉬운 강의 영역이 분산된 것이다. 이전에는 이 조직을 **결절상 트루스타이트**라 불렀으나 그 후 전자현미경으로서 이 부분을 관찰한 결과 명확한 층상조직을 갖고 있음이 확인되었다. 따라서 현재는 조직 중의 이 부분을 **미세 펄라이트**라 부르게 되었다. 이상의 설명에서 분명하듯이 펄라이트의 층상조직은 생성온도가 저하할수록 미세해짐을 알 수 있다.

(2) 마르텐사이트

수냉을 행한 곡선 (4)에는 $Ar''$만이 나타난다. 이것은 냉각이 빠르기 때문에 고온영역에서 생기기 쉬운 확산변태가 완전히 저지되고 조직 전체가 마르텐사이트가 됐다는

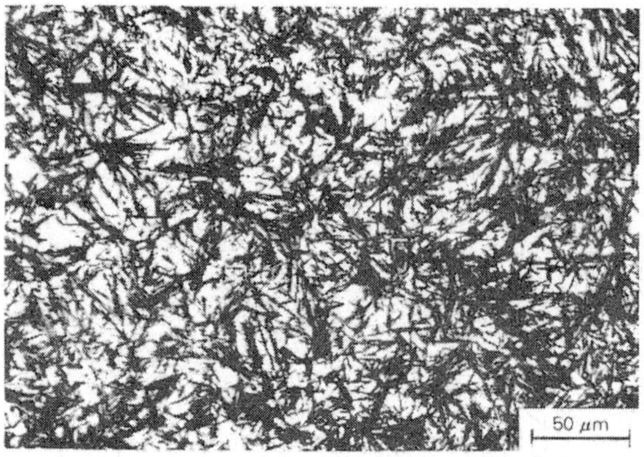


그림 3 - 31 1.1 %C 탄소강의 유중퀜칭조직(1030 ℃ 퀜칭)

것을 의미하고 있다. 완전한 마르텐사이트 조직이 얻어지는 냉각속도 중에서 가장 느린 것을 **임계냉각속도**라 한다. 그림 3 - 30 의 경우는 곡선 (3)과 (4)의 중간에 있다고 생각되지만 이 속도를 정확히 구하는 것은 그리 쉽지 않다.

그림 3 - 31 은 1.1 %C 강을 1030 ℃ ($A_{cm}$ 선 이상의 온도이므로 표준적인 퀜칭은 아니다)에서 퀜칭했을 때의 조직이고, 검은 침상정의 부분이 마르텐사이트이다. 흰 부분은 변태하여 없어지지 않고 남은 동결상태의 오스테나이트로서 **잔류 오스테나이트**라 불리며, $\gamma_R$ 이라 표기한다. 이렇게 공석농도 이상의 C 를 함유하면 $\gamma$ 은 급히 안정도가 증가하며 $\gamma_R$ 이 증가하기 쉬워진다.

마르텐사이트로 변태하면 체적팽창이 크게 일어난다. 그림 3 - 23 에서 예를 들면 1.

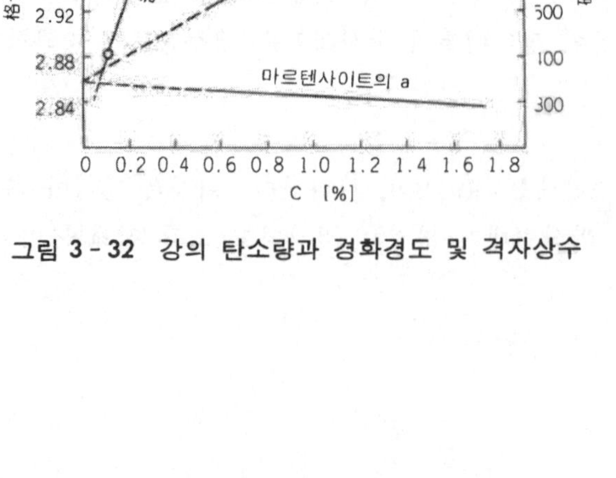


그림 3 - 32 강의 탄소량과 경화경도 및 격자상수

0%강의 오스테나이트(fcc)의 $a$축은 3.59Å, 또 마르텐사이트(bct)의 $a$축은 2.85Å, $c$축은 2.98Å라 읽을 수 있다. 따라서 단위격자의 체적을 각각 $V_{\gamma}$, $V_M$으로 하면 $V_{\gamma} = 46.286(Å)^3$, $V_M = 24.205(Å)^3$가 된다. 한편 식 (3-2)에서 알 수 있듯이 단위격자에 소속하는 원자수는 $\gamma$에서는 4개, 마르텐사이트에서는 2개이다. 따라서 원자 1개가 점유하는 체적을 기초로 하여 체적팽창률을 구하면 4.63%가 된다. 이렇게 큰 팽창이 일어나므로 퀜칭으로 인한 비틀림이나 퀜칭균열 등의 결함이 생기기 쉽다.

확산변태에서 변태량은 시간과 함께 증가한다. 그러나 마르텐사이트는 무확산변태이므로 시간 의존성이 아니라 온도 의존성의 변태 거동을 나타낸다. 과냉 오스테나이트에서 마르텐사이트가 생기기 시작하는 온도를 $Ms$점이라 부르며, 변태가 종료하는 온도를 $Mf$점이라 부른다. $Ms$-$Mf$ 사이의 온도에서는 그것에 상당하는 양의 마르텐사이트는 순간적으로 형성되지만 그 온도로 유지한 상태로는 변태가 진행되지 않는다. 혹 그대로 장시간 유지하면 미변태의 $\gamma$는 확산변태를 일으켜 후술할 베이나이트 조직을 만들것이다.

### (3) 베이나이트 조직

베이나이트 조직은 E.C.Bain이 처음으로 탄소강의 등온변태 실험을 하였을 때 발견한 것이며, 통상 연속냉각에서는 형성되지 않는다. 그러나 탄소강에서 불순물의 종류나 양에 따라 연속냉각에서도 부분적으로 발생하는 경우가 있다. 한편 저합금강의 경우에는 중간정도의 연속냉각 조건하에서는 오히려 발생하는 것이 보통이다.

베이나이트 조직도 $\alpha + Fe_3C$로 이루어진 평형조직의 일종이지만 펄라이트 같은 층

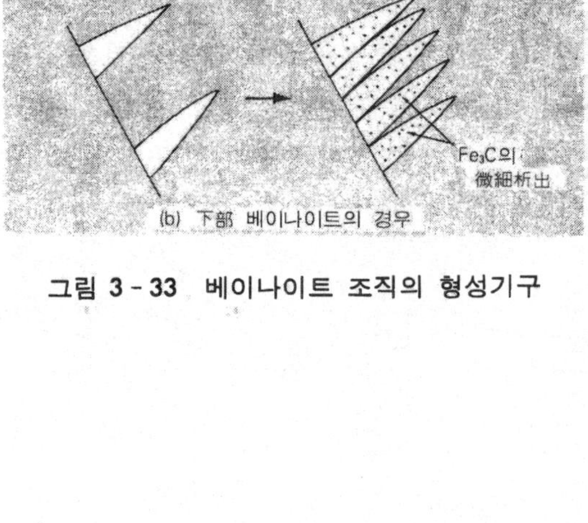


그림 3-33 베이나이트 조직의 형성기구

상조직과는 다르며 우모상(羽毛狀) 또는 침상으로 존재하는 펄라이트 중에 $Fe_3C$가 분산된 것이다. 그림 3-33은 이 조직의 형성기구를 나타낸 것으로서 우선 전단변태에 의해 C를 과포화로 고용한 페라이트를 만들고 이어서 확산에 의해 C가 급속히 배제되어 페라이트 결정의 경계에 접열상으로 $Fe_3C$를 석출한다. 한편 전단변태가 350℃ 이하에서 발생할 경우 C의 확산이 곤란해지므로 $Fe_3C$는 페라이트 결정 내에 미세하게 석출한다. 전자를 **상부 베이나이트**, 후자를 **하부 베이나이트**라 불러 구별한다. 이렇게 베이나이트 변태는 전단변태와 확산이 조합된 것으로서 조직은 비층상인 점이 큰 특징이다.

## 3-9 퀜칭·템퍼링과 조직

마르텐사이트는 오스테나이트의 C 농도를 그대로 계승하여 실온에서는 bct(체심정방정) 구조의 단상조직으로 되어 있다. 즉 상태도에서 지시되고 있는 $\alpha + Fe_3C$의 2상 조직은 아니다. 다시 말하면 이 조직은 불안정하며 퀜칭한 상태로 방치하면 자력으로 안정된 평형조직에 근접하려고 한다. 이 현상을 **퀜칭시효**라 하며, 경도와 형상의 변화를 가져온다. 심할 때는 균열이 발생한다. 그 원인은 실온에서 C의 확산이 서서히 진행하는 데에 있다. 한편 가열에 의해 마르텐사이트의 분해를 가속하여 $\alpha + Fe_3C$의 평형조직으로 바꾸는 조작을 **템퍼링**이라 한다. 이 경우 양자의 혼합형태는 연속냉각한 것과는 달리 그 특징에 따라 이름 붙여진 일련의 템퍼링 조직으로 존재한다.

### 1. 템퍼드 마르텐사이트 조직은 과공석강에 상용된다

약 250℃까지의 **저온 템퍼링**에 의해 생기는 조직을 **템퍼드 마르텐사이트**라 부른다. 조직적으로는 마르텐사이트의 침상정의 특징이 그대로 남아 있으므로 이렇게 불린다. 석출탄화물은 $Fe_{2\sim2.5}C$란 조성을 가지며, **$\varepsilon$ 탄화물**이라 불린다. 이 조성은 템퍼링 온도에 의해 변하며, 최종적으로는 시멘타이트로 변화한다. 이러한 탄화물을 총칭하여 **천이탄화물**이라 한다. $\varepsilon$탄화물은 지극히 미세하며 광학현미경으로는 보이지 않는다. 저온 템퍼링은 내마모성 등 경도를 중요시하는 부품에 적용되는 조작이며, 대상 강종은 과공석강이다. 따라서 이 경우 광학현미경 조작 중에는 다수의 시멘타이트 입자가 확인되지만 이것은 고용화 열처리의 시점에서 이미 존재하고 있던 미용해 탄화물이며 $\varepsilon$탄화물은 아니다.

### 2. 트루스타이트 조직은 스프링강에 이용된다

약 400℃의 템퍼링에서 생긴 극히 부식되기 쉬운 조직을 **트루스타이트**라 부른다. 저온측에서 발생한 ε탄화물은 일단 모상(母相) 속으로 용입되어 다른 새로운 곳에 미립의 시멘타이트를 석출한다. 그러나 이 단계에서도 광학현미경으로는 시멘타이트를 판별할 수 없다. 이 정도의 온도가 되면 Fe의 자기확산이 가능해지므로 조직에도 근본적인 변화가 나타난다. 즉 퀜칭에 의해 무리하게 생긴 bct 구조는 변형이 적은 bcc 구조로 변화하고 그것에 수반하여 침상의 마르텐사이트 정(晶)은 붕괴되고 재결정에 의해 등축인 페라이트 조직으로 변화해간다.

어떤 종류의 합금강에서는 트루스타이트가 생성되는 중간온도에서 **템터링 취성**이라 불리는 현상이 발생하므로 통상 이러한 조직이 이용되는 일은 적다. 그러나 탄소강은 템퍼링 취성의 영향을 받기 어려우므로 스프링강의 열처리 등에 종종 이용된다.

### 3. 소르바이트 조직은 기계구조용강에 최적이다

약 600℃ 이상의 온도에서 템퍼링에 의해 생긴 조직을 **소르바이트**라 부르며, 잘 발달한 등축 페라이트 중에 미세한 구상 시멘타이트가 분산된 상태이다. 이 범위의 온도에서 행하는 템퍼링을 **고온 템퍼링**이라 한다. 소르바이트 조직은 적당한 강도와 뛰어난 충격인성을 갖고 있으며 기계구조용강에 요구되는 가혹한 사용조건에 견딜 수 있다. 그림 3-34에 소르바이트 조직을 나타내었다.

페라이트-펄라이트 조직과 소르바이트 조직의 충격 특성을 도식적으로 비교하면 그림 3-35와 같이 된다. 페라이트-펄라이트 조직은 연하므로 연성(延性)이 풍부하고,

그림 3-34 0.8%C 탄소강의 소르바이트 조직(820℃ 수냉, 600℃ ×1h 템퍼링)

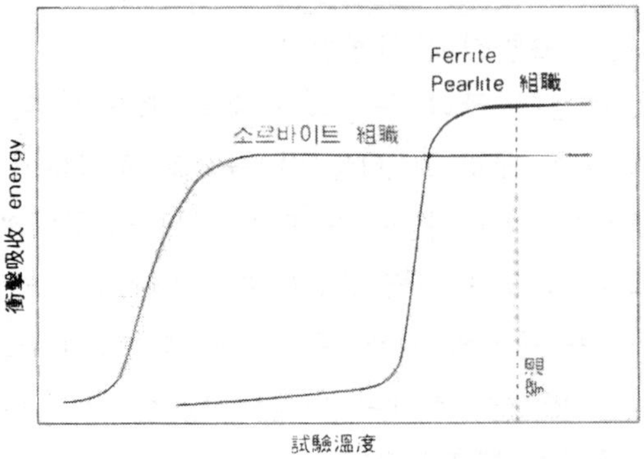


그림 3-35 조직별 샬피 충격천이 곡선의 형상

실온부근에서의 흡수 에너지는 때로 30 kgf-m 을 넘는 경우가 있다. 그러나 파면 천이온도는 −10∼−20/℃로 의외로 높고, 취성파괴를 일으키기 쉽다. 이 경향은 고온에서 변태가 완료하여 초석 페라이트가 poligonal 상(6 각형)으로 발달한 조직일수록 현저하다. 이것에 대해 소르바이트 조직은 비교적 강도나 경도가 높고, 연성영역에서의 흡수 에너지값은 조금 낮으나 파면 천이온도는 −100∼−120℃로 극히 낮다. 이것은 소르바이트가 마르텐사이트 중에 형성된 **bundle** 이라 불리는 결정단위를 기반으로 발달하기 때문이라고 생각되고 있다.

따라서 뛰어난 기계적 성질이 요구되는 기계구조용강에서는 소르바이트 조직을 얻기 위해 퀜칭, 템터링이 필수적인 열처리가 된다. 한편 다리나 건축물 등에 사용되는 일반구조물용강은 무엇보다도 용접성이 최우선 조건인데 용접성은 경화능과는 상반되는 성질이므로, C%는 낮게 선택하고 페라이트・펄라이트 조직을 갖게 한다.

## 3-10 강의 열처리성과 합금원소의 영향

열처리성이란 말은 일반적인 용어는 아니지만 여기서는 어닐링, 노말라이징 혹은 퀜칭에 대해 그 강이 나타내는 거동이라고 정의하기로 하겠다. 이 정의에 따르면 열처리성은 CCT 도나 TTT 도와 깊은 관계가 있으며, 합금원소는 그것들을 통해 열처리성에 영향을 준다. 이 경우 냉각의 실태를 반영한다는 점에선 CCT 도 쪽이 뛰어나지만 이론적인 고찰로는 TTT 도 쪽이 적합하다. 따라서 설명의 형편에 따라 양자를 나누어 사용, 분류하여 설명하겠다.

열처리성을 발휘하기 위해서 그 출발점이 되는 고용화 열처리 혹은 평형상태도에 대해 생각할 필요가 있다. 즉 Fe-C계를 기준으로 하여 합금원소의 영향을 논할 경우에는 (1) 평형관계에 미치는 영향과 (2) 저온의 평형상태로 이동하는 확산과정에 미치는 영향 등으로 나누어 생각해야 한다.

### 1. Fe-C계 평형상태도에 미치는 합금원소의 영향

3원계 이상의 상태도를 평면도로 나타낸다면 온도축을 분명히 밝히든가(등온단면 평형상태도) 제3원소량을 일정하게 한 Fe-C-X계로 하는 수밖에 없다. 그러나 저합금 등에서는 기본적으로 Fe-C계와 동형의 상태도로 생각되며 $Ac_3$점의 측정을 기본으로 하여 고용화 열처리 온도가 정해져 있다.

고합금강이 되면 상태도의 형상은 상당히 변한다. 그림 3-36은 Fe-C계 상태도의 $\gamma$ 단상영역에 미치는 합금원소의 영향을 나타낸 것으로서, 점선은 Fe-C계를 나타내

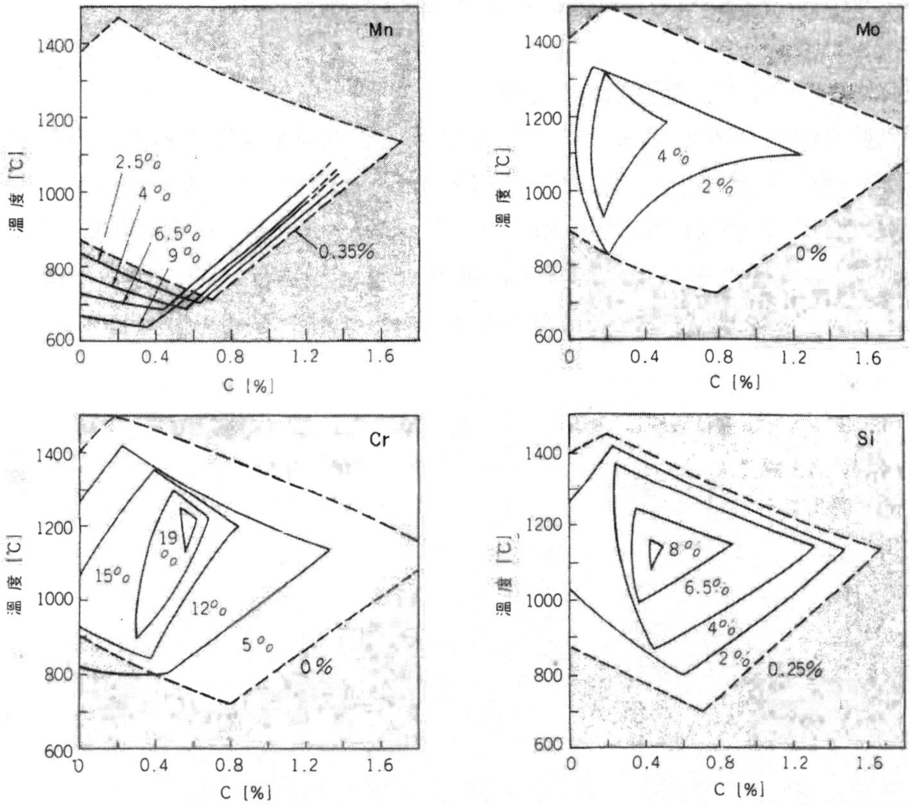


그림 3-36 Fe-C계 상태도의 $\gamma$ 단상 영역의 형상에 미치는 합금원소의 영향

고 있다. Ni 이나 Mn 은 $\gamma$ 영역을 확대시키는 효과가 있지만 Mo, Cr, Si 등은 반대로 감소시킨다.

Cr, Mn 등의 합금원소는 Fe 와 치환함에 따라 시멘타이트 중에 상당한 양이 고용하여 $(Fe \cdot Cr)_3C$ 등의 형으로 나타나며, $M_3C$ 라 쓴다. 여기서 M 은 금속원소를 나타내고 있다. 그러나 합금량이 많아지면 $M_{23}C_6$ 또는 $M_6C$ 와 같은 다른 결정형을 가진 탄화물을 형성한다. 특히 Mo, W, V 등 C 와 결합력이 강한 원소를 포함한 경우에는 융점이 높은 탄화물을 만듦으로 고용화 열처리는 그만큼 어려워진다.

강한 탄화물 형성원소를 포함한 강은 고용화 열처리에 의해 탄화물이 용입된 것처럼 보여도 실제로는 C 만이 확산할 뿐이며 Cr 이나 Mo 과 같은 치환형 원자는 거의 움직이지 않는 것이 많다. 따라서 퀜칭, 템퍼링을 하면 다시 원래의 위치에 똑같은 형의 탄화물을 만들기 쉽다. 특히 고 Cr 강 등 큰 공정탄화물을 함유한 경우는 이 경향이 강하고 일종의 유전성을 나타낸다. 이 현상은 열처리만으로 해결할 수 있는 문제는 아니고 강의 제조시 단조조직이나 단조방법 등과 깊은 관계가 있다.

### 2. 냉각변태에 미치는 합금원소의 영향

강의 냉각변태는 3 개의 온도영역에서 각각 독립된 변태형식을 가지며 3 개의 C 곡선이 합성된 것이라 생각된다. 즉 그림 3 - 37 에 나타나듯이 (a) $Ar_3$ 직하의 고온측에 위치하는 페라이트 변태영역, (b) $Ar_1$ 부근의 중온측에 의존하는 펄라이트 변태영역, (c) 약 500℃ 이하의 저온측에 존재하는 베이나이트 변태영역이다. 단지 탄소강의 베이나이트 변태영역은 펄라이트 변태영역과 완전히 중복된 것이라 생각되고 있다.

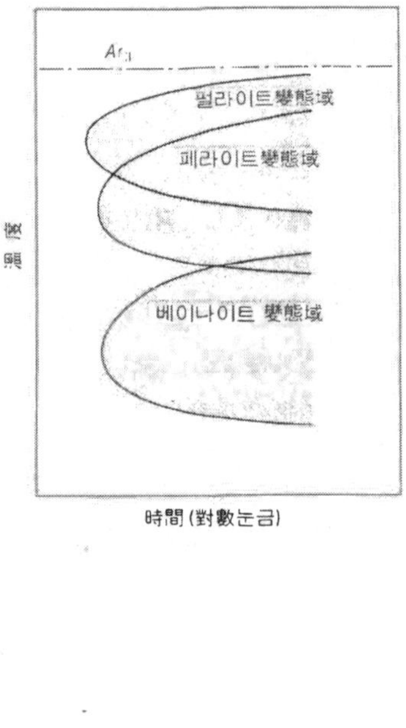


그림 3 - 37 냉각변태에서의 3 개 변태영역

합금원소는 이들 3개의 변태영역에 각각 독립된 영향을 주어 종합된 변태곡선은 그것에 따른 복잡한 변화를 나타낸다. 일반적인 합금원소의 영향은 변태영역을 저온·장시간쪽으로 이동시켜 경화능을 증가시키는 일이다. C, Ni, Mn, Si 등이 그 대표적인 예이다. Cr은 페라이트 변태를 조장하는 경향을 갖지만 베이나이트 변태는 현저히 억제되어 양 변태영역의 분리가 뚜렷해진다. Mo는 페라이트 변태를 곤란하게 하며 그 변태영역을 고온·장시간쪽으로 이동시키지만 베이나이트 영역으로의 영향은 적다. 따라서 Mo강에서는 베이나이트 조직을 만들기 쉽다. 합금원소를 복합 첨가하면 변태억제 효과는 상승적으로 일어난다. 따라서 많은 원소를 소량씩 첨가하는 편이 효과적이다. Cr-Mo강이나 Cr-Mn강의 뛰어난 경화능에 대해서는 잘 알려져 있으며 Ni-Cr-Mo강의 경화능은 최고이다.

B는 원자반경비가 0.7정도이며, 치환형으로서는 작지만 침입형으로서는 너무 크다. 그러한 이유로 고용 위치는 주로 입계나 상경계와 같이 격자결함이 많은 장소로 한정된다. 원자반경비가 큰 Mo도 유사한 효과를 가진다. 이들 입계에 편석된 원소는 입계 에너지를 작게하여 변태 핵의 발생을 어렵게 하고 $\gamma+\alpha$ 계면에 편석되면 $\alpha$의 입내 성장을 강력히 저지할 것이라 생각된다. 이러한 효과는 미량의 B로서 충분히 얻을 수 있다. 다량 첨가하면 공정형인 붕화물(硼化物) 등을 만들어 계면이 반대로 변태핵의 발생을 감소시키므로 경화능은 오히려 저하한다.

### 3. 어닐링, 노말라이징과 합금원소

CCT도에 미치는 합금원소의 영향을 생각하면 어닐링 및 노말라이징과 합금원소의 관계에 대해서는 분명하다. 저합금강에서는 $A_3$점에 대한 배려 이외에는 기본적으로 탄소강과 같다. 고합금강이나 공구강에서는 탄화물의 고용에 주의해야 하며 일반적으로 고온·장시간의 고용화 열처리가 요구되지만 규격강에서는 각각의 규정에 따라 조작하면 좋다. 실제로 문제가 되는 점은 균열성장, 탈탄방지, 최적 냉각속도의 선정 등이다.

노말라이징에 대해서는 우선 그 목적을 명확히 파악할 필요가 있다. 저탄소강이나 일부의 저탄소 Cr강에서 노말라이징을 하는 것은 기계적 성질의 개선이 그 목적이다. 이런 강은 퀜칭을 하여도 거의 퀜칭되지 않으며 그 효과가 나타나기 어렵다. 따라서 노말라이징은 이 경우 가장 저렴한 열처리법이 된다. 노말라이징에 의한 기계적 성질의 개선은 냉각속도를 빨리함으로써 조대한 polygonal ferrite(다각형으로 성장하는 등축정의 ferrite)의 발생을 억제하고 조직을 미세화함으로써 가능해진다. 이 경우 공석변태는 0.765%C 이하의 불포화 $\gamma$ 중에서, 그리고 727℃ 이하의 저온에서 발생한다. 한편 변태점의 변화에 따른 결정립의 세립화와 균일화의 효과도 무시할 수 없다.

일반적으로 노말라이징에 의한 인장 성질의 개선이 그만큼 현저한 것은 아니지만 충격 특성에는 큰 개선효과가 있다. 단조품 등 온도차에 의해 탄화물의 조대화나 혼입(混粒)이 발생하기 쉬운 것은 단조상태시보다 노말라이징 처리한 것이 제품의 신뢰성을 증가시킨다.

고합금강이나 공구강에서는 퀜칭을 쉽게 하기 위한 전처리로서 노말라이징을 하는 것이 있지만 고급강 이외는 일반적이 아니다. 그 목표는 탄화물 분포의 미세 균일화를 꾀하는 일이며, 근본적인 대책은 ingot 형상이나 단조법에 관계되는 사항이다.

또한 이런 강은 공랭에 의해 퀜칭이 되는 경우가 많으며 그 경우는 약 400℃까지 내려서 즉각 퀜칭을 위한 가열작업에 들어간다.

#### 4. 경화능과 그 표시법

경화능은 그 강 본래의 성질이며 조성과 결정입도에 의해 결정되는 것이다. 경화능을 나타내는 방법에는 여러 가지가 있으며 **(상부)임계냉각속도**(퀜칭시 $A_1$ 변태가 완전히 저지되어 마르텐사이트 조직만이 되는 냉각속도)와 비교하는 것도 하나의 방법이다. 그러나 이 방법은 변태개시 거동만이 강조되며 종료의 거동이 완전히 고려되지 않으며 실용강에서는 100% 마르텐사이트 조직일 필요성이 없다는 점에서 다른 표시법이 구해진다. 이 경우 실용적인 면에서 50% 마르텐사이트 조직까지를 경화조직으로

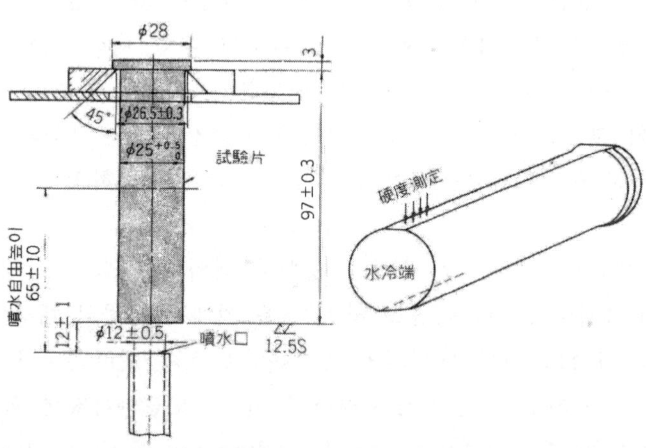


(a) 試驗片의 一端퀜칭法　　(b) 퀜칭試驗片의 硬度測定法

그림 3 - 38 **Jominy test**

간주한다는 약속이 이루어지고 있다. 이 규정에 의하면 필연적으로 강의 변태종료 거동이 고려된다는 점에 주목해야 한다.

경화능을 종합적으로 판정하기 위해서는 CCT 도가 가장 뛰어나지만 품목마다 CCT 도를 작성하는 일은 불가능하다. 거기서 가장 실용성이 높은 방법으로서 Jominy test 가 사용되고 있다. 경화능의 표시방법에는 이외에 성분으로 계산하는 방법이나 U 곡선에 의한 방법 등이 있으나 거의 실용되고 있지 않으므로 생략한다.

그림 3-38(a)는 Jominy test 장치이다. $\phi$ 25 × 100 인 시험편을 규정한 퀜칭온도로 중심부까지 균일하게 가열한 뒤 그 온도에 30 분간 유지한다. 시험편을 가열로에서 꺼내어 즉시 지지대에 놓고 분수구를 통하여 시험편 하단에 분수시켜 시험편 전체가 냉각되기까지 적어도 10 분간 유지한다.

냉각한 시험편은 반대쪽의 양 측면을 그림 (b)에서와 같이 0.4 mm 만 연마(硏磨) 제거하고 그 경도를 그림 3-39 와 같이 냉각끝에서 1.5-3-5-7-9-11-13-15 mm 및 그 이후 5 mm 간격으로 *H*RC(또는 *H*V)로 측정하고 시험편의 양 측면에서 얻어진 대응하는 점의 경도 평균치를 구하고 축방향에 걸친 경도 추이를 정리한 것을 **Jominy 곡선**이라 부르며, 그 형상에서 경화능의 정도를 알 수 있다.

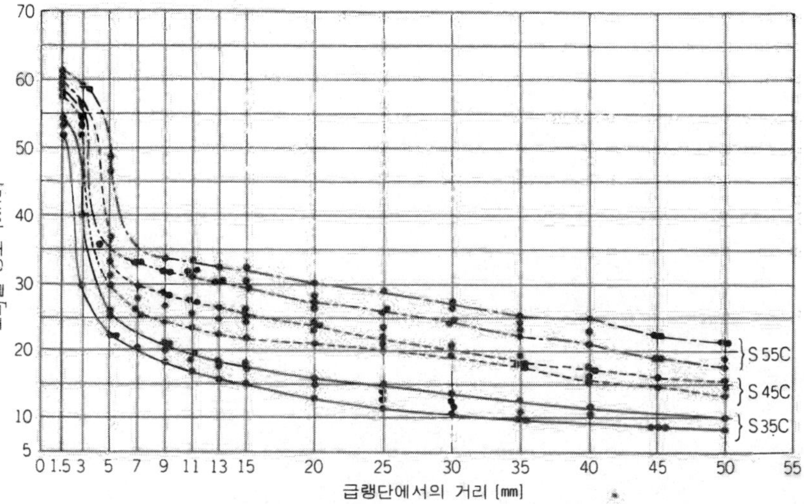


그림 3-39 탄소강(S 35 C, S 45 C, S 55 C)의 **Jominy** 곡선의 예

# 제 4 장
# 열처리장치와 온도제어

## 4-1 가열장치

열처리장치에는 열처리 부품의 처리목적, 재질, 형상, 처리량 그리고 열원의 종류, 이송방식 등에 따라 각종 형식이 존재한다. 장치로서 구비해야 할 조건 중에서 연속퀜칭이나 단속조업, 가열·냉각의 특성, 허용온도 분포의 정밀도, 안정성, 에너지 절감, 경제성 따위의 검토가 특히 중요하다.

우선 가열장치에서 그 구조는 열원의 종류, 가열방식, 가열용량, 승온특성, 균열특성, 분위기 정밀도 따위에 의해 결정된다.

### 1. 열원의 종류

열처리로의 열원에는 전기와 연료(기름 또는 가스)가 사용되고 있다. 어떤 것을 선택할지는 전기나 연료의 단가, 공급을 위한 설비비, 공급의 안정성 따위도 중요한 조건이지만 승온특성, 온도분포, 가열분위기, 노의 영향, 온도와 분위기 제어의 난이 등의 열처리 목적에 적당한 것인가가 중요하다. 전기에서는 저항, 유도, 아크, 전자, 광선 등에 의한 가열방식이 있으며, 연료의 경우는 버너에 의한 연소발열을 직접 또는 간접으로 처리품에 가열하여 사용되고 있다.

전기저항로는 연소로에 비해 온도분포가 균일하고 온도조작이 쉽다고 말하고 있으나 연소가열에서도 복사관 버너(radiant tube burner) 등의 연소기구 및 온도조절기구가 개선되어 전기와 거의 동등한 가열로가 제작되고 있다. 약 1600℃ 이상의 고온열처리로에서는 전기가열이 그 특징을 발휘한다. 연소는 연소생성 가스의 유속이 처리품으로의 열교환을 높여 급속 가열에 유리하지만 연소 소음이 발생하는 점이나 배기가스 중의 질소산화물, 유황산화물 등 공해대책이 필요한 것이 단점이다.

표 4-1 加熱費의 比較

| 열 원 | 단위열량 | 단 가 | 연료비/1 만 kcal | 노의 열효율 | 가열비/1 만 kcal |
|---|---|---|---|---|---|
| 전 기 | 860 kcal/kW | 22 원/kW | 255.8 원 | 60 % | 426.3 원 |
| LPG | 11.000 kcal/kg | 85 원/kg | 77.3 원 | 40 % | 193.3 원 |
| 중 유 | 10.000 kcal/l | 75 원/l | 75.0 원 | 20 % | 375.0 원 |

일반적으로 연소가열은 전기가열에 비해 가열비가 싸다고 하지만 노의 종류에 따라서는 단순하게 결정지을 수 없다. 일본의 경우 전기, LPG, 중유를 열원으로 하는 연속분위기 노에서 가열비를 비교한 예를 표 4-1에 나타내었다. 노의 가열효율은 노의 형상과 열원의 종류에 의해 차가 크게 나는 경우가 있다. 또 일본의 전기는 화력전기가 많고, 그 발전과 송전의 총합효율이 35%이기 때문에 1 kW(860 kcal)의 전력을 얻는데 2457 kcal의 연료를 사용하게 되었다. 열원의 자원절감 측면에서 볼 때 선택에 참고가 될 것이다.

### 2. 열원과 가열방식

가열방식은 표 4-2에 나타나듯이 열원종류에 따라 발열방식이 다르며, 처리부품으로의 열전달방식은 연소가열과 전기가열에도 직접가열과 간접가열의 두 가지 방식이 있다. 연소가열에서 직접가열은 연소생성가스가 직접 처리부품에 접하는 가열방식이며, 전기가열에서 직접가열은 처리부품에 직접 전류를 흐르게 하는 가열방식이다. 연소 직접가열방식의 특징은 간접가열에 비해 가열속도가 빠르며 버너의 배치가 용이한 장점과 처리부품의 산화가 많은 단점 등이 있다. 소재의 가열에는 직접가열이 가능한 부품은 매우 적고 거의 간접가열이다.

그림 4-1은 flat frame burner를 이용한 직접가열로의 단면도이다. 연소 간접가열방식은 radiant tube burner 내에서 연소 발열시켜 튜브의 표면에서 방사에 의해 가열하는 방식으로 그림 4-2와 muffle case의 외부에서 연소 발열시켜 실내의 처리품을 방사가열하는 그림 4-3 등이 있다. 이 방식의 특징은 가스분위기 중에서 가열이 가능하며, 무산화, 광휘가열처리, 침탄, 질화, 납땜 등이 가능한 반면 radiant tube burner나 muffle 등은 내열강의 사용량이 큰 점, 최고 사용온도가 1200℃로 제한되는 점 등의 결점이 있다.

표 4-2 열원과 가열방식에 의한 열처리의 용도

| 熱源 | | 發熱方式 | 用途 |
|---|---|---|---|
| 燃燒加熱 | 중유<br>등유<br>LPG<br>도시가스 | 기름버너<br>가스버너<br>radiant tube 버너 | 직접가열<br>압연, 단조<br>퀜칭, 템퍼링<br>노말라이징, 어닐링<br>열풍발생<br>간접가열<br>무산화가열<br>침탄, 질화<br>납땜, 소결 |
| 電氣加熱 | 저항가열 | 직접통전 | 직접가열<br>압연, 단조<br>파텐팅 |
| | | 금속발열체<br>비금속발열체<br>전극 | 연소간접가열과 같다.<br>용도<br>진공, 염욕열처리 |
| | 유도가열 | 고주파 | 급속가열<br>표면경화<br>납땜, 압연, 단조 |
| | | 저주파 | 압연, 단조 |
| | 전자가열 | 전자 beam | 퀜칭 |
| | | 글로방전 | 이온질화, 납땜 |
| | 레이저가열 | 레이저 beam | 미소부분의 표면경화.<br>표면합금화 |

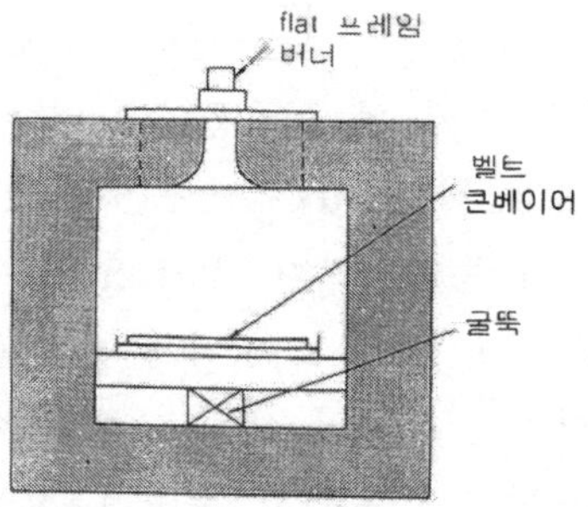


그림 4-1 직화식 가스 가열로

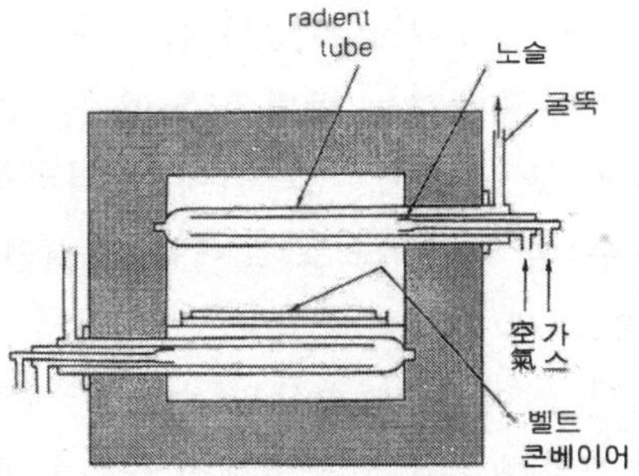


그림 4-2 **radiant tube burner** 가열로

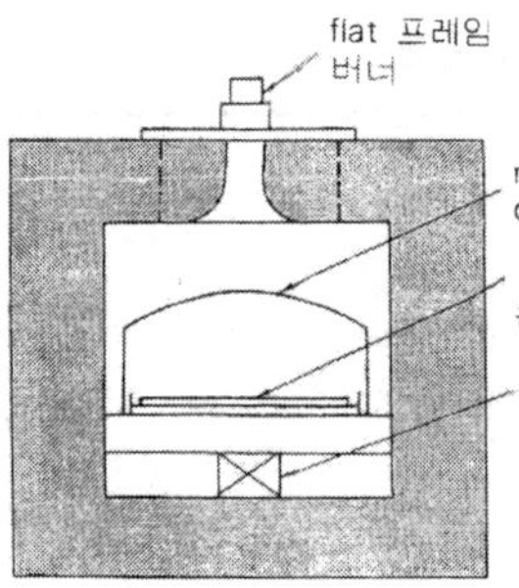


그림 4-3 간접 가스 가열로

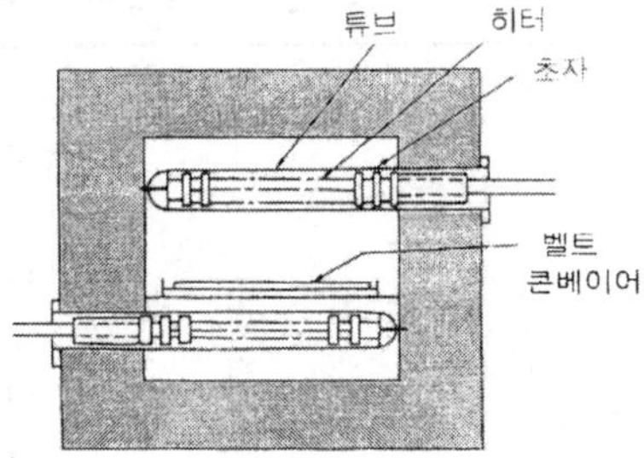


그림 4-4 전열 **tube** 가열로

일반적으로 직화식이 간접가열보다 가열효율이 좋다고 생각되지만 radiant tube burner에서 효율이 60~70%인 것이 생겨 직화식보다 오히려 효율이 좋은 노가 제작되게 되었다. 이것은 그림 4-2에 나타났듯이 연소배기가스와 연소공기가 버너입구에서 열교환하여 공기를 예열하기 때문이다.

전기 직접가열방식의 특징은 처리부품에 직접 전류를 흐르게 하므로 급속가열을 할 수 있지만 저항가열이므로 처리부품의 형상, 재질의 얼룩 등으로 인해 균일가열이 곤란한 점이 많다. 또 전기를 통하기 위한 접속부에 상처가 나기 쉬운 결점이 있다. 이 가열방식은 강의 빌렛이나 선재의 가열에 사용되고 있다. 그림 4-4의 전기에 의한 간접가열방식은 열처리에 가장 많이 이용되고 있으며 저항가열방식의 대표적 방식이다.

### 3. 열처리로의 분류

#### (1) 조업방식에 의한 분류

열처리로는 조업방식으로부터 우선 연속식과 batch식으로 구분된다. 연속식은 처리부품을 노의 입구에서 장입하여, 승온, 유지, 냉각 등 소정의 처리를 연속적으로 하여 다른 쪽에서 추출하는 방법의 노이다. 연속로의 분류는 주로 처리 부품의 노내 이송방식에 따라 구분한다. 연속식에는 처리부품이 항상 이동하고 있는 순수연속식(mesh belt식 등)과 간결적으로 보내는 간결연속식(pusher식 등)이 있다. **batch**식은 처리부품을 노내에 장입하여 같은 위치에서 승온, 유지를 하여 냉각 또는 추출하여 냉각하는 형식인 것이다. 연속식은 소품종 다량생산에 적합하며, batch식은 다품종 소량생산에 적합하다. 최근 공업생산구조가 변화하여 전용적인 연속로의 용도가 적어지고 batch형 다목적 연속로 방식의 요구가 증가하고 있다.

(2) 가열방식과 처리목적에 의한 분류

가열방식에 의해 전기저항로, 연소로, 염욕로, 고주파 가열장치 등으로 분류되며, 가열 분위기에 따라 가스분위기로, 진공로, 염욕로 등의 명칭으로 구분된다. 열처리로의 분류를 표 4-3에 나타내었다.

표 4-3 열처리로 종류

| 가열방식에 의한 분류 | 조업과 반송방식에 의한 분류 | | | 열처리에 의한 분류 |
|---|---|---|---|---|
| | batch식 | 연속식 | | |
| 연소가열 | 상형 | Pusher | skit rail 형 | 단조가열로 |
| 전기저항가열 | | | roller hearth 형 | 어닐링로 |
| 유도가열 | | | monorail 형 | 노말라이징로 |
| 전자가열 | | | 대차 형 | |
| 가열분위기에 의한 분류 | | 콘베이어형 | roller hearth 형 | 퀜칭로 |
| | | | belt 형 | 템퍼링로 |
| | | | shaker hearth 형 | 침탄(질화)로 |
| | | | 회전 retort 형 | 질화로 |
| | | | | 소결로 |
| 분위기로 | | | working beam 형 | 납땜로 |
| 유동입자로 | | | monorail 형 | |
| 진공로 | | | 회전로상 형 | |
| 염욕로 | | strand 형 | roller hearth 형 | 유도열처리로 |
| 연욕로 | | | 가데나리 형 | 진공열처리로 |
| 유욕로 | | | 다와즈도란스 형 | 염욕열처리로 |

4. 가열방식과 열처리로

(1) 전기저항로

저항발열체에는 금속발열체와 비금속발열체가 있다. 금속발열체는 니크롬과 철크롬이 KS에 규정되어 있다. 그 외에 각종 합금이나 몰리브덴, 실리콘 합금발열체가 1500℃ 정도까지 사용되며, 1500~2000℃의 고온환원 분위기 중에서는 몰리브덴, 텅스텐 따위의 순금속이 이용되고 있다. 또 고온산화 분위기 중에서 1800℃까지 사용할 수 있는 $LaCrO_3$ 발열체도 개발되고 있다. 비금속발열체는 탄화규소가 가장 많아 1600℃ 정도까지 사용되며, 고온용으로서 흑연계 발열체가 불활성가스나 수소가스 중에서 3000℃ 정도까지 사용된다. 진공 중에서는 2200℃ 정도까지 사용되고 있다. 또 흑연관상로는 관 자체가 저항발열체로서 불활성가스 중에서 2800℃까지 사용되며, 특수한 것으로 Zr이 발열체로서 열풍발생기 등에 이용되고 있다. 전기저항로는 표 4-3

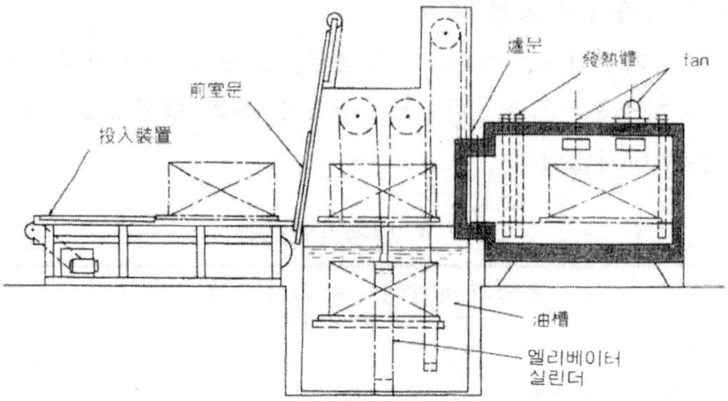


그림 4 - 5 다목적 전기저항 분위기

에 나타낸 거의 모든 열처리로에 이용되고 있다. 그림 4 - 5는 대표적인 다목적 전기저항 분위기로이다.

(2) 연소로

연소로에는 가스 연료 및 액체 연료가 쓰여지고 있으나 액체 연료 중에서 저급 중유는 유황의 함유에 따른 유황산화물 따위의 공해원이 되므로 사용량은 감소하고, 등유, A 중유가 사용되고 있다. 최근에는 열처리로의 승온특성, 균열특성, 분위기 안정성 등의 요구에 따라 가스 연료가 많이 이용되게 되었다. 그러나 고온연소는 질소산화물의 배출에 의한 공해를 발생하므로 연소로는 효율과 저공해를 충분히 검토한 다음에 선택할 필요가 있다. 저 $NO_x$ 버너의 선택 등이 그 대책의 하나이다. 효율이 60~70%인 버너의 예를 그림 4 - 2에 나타냈으나 이 버너를 사용하는데 있어서 그림 4 - 2, 그림 4 - 4의 비교로 알 수 있듯이 전기가열로와 거의 같은 구조의 분위기로가 존재한다. 그림 4 - 6은 직접가열방식의 가스 가열 mesh belt 식 노말라이징로이다.

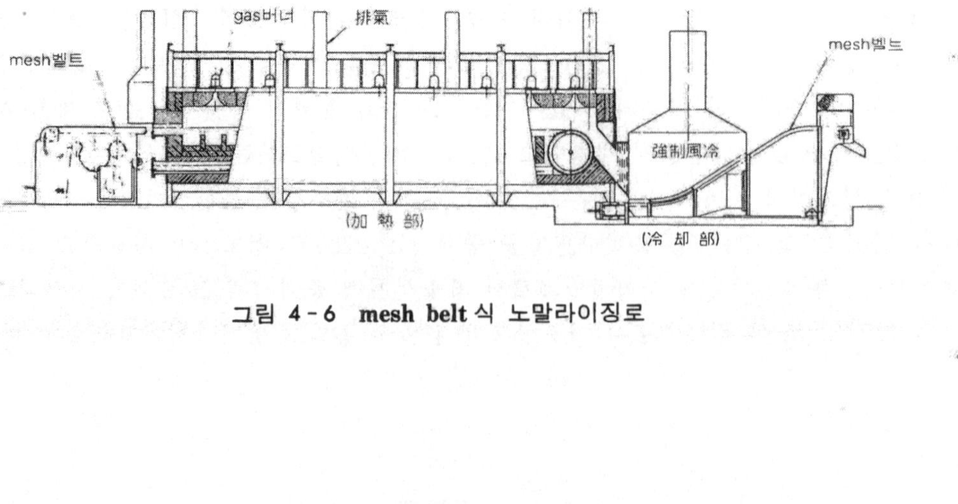


그림 4 - 6 **mesh belt** 식 노말라이징로

(3) 염욕로

염욕로는 용융염의 열용량이 크고 처리부품의 급속가열이 가능하며 거의 무산화상태로 가열이 된다. 고속도강 따위의 열처리와 같이 1200~1350℃ 고온에서 무산화, 급속가열이 요구되는 경우에 적합하며 등온퀜칭에도 염욕이 많이 사용되고 있다. 염욕에 사용되는 무기염은 고온용에는 $BaCl_2$를 주로 하며, 융점조절을 위해 NaCl, KCl을 가한다. 저온용으로서는 $NaNO_3$, $NaNO_2$, $KNO_3$, $KNO_2$나 $NaCO_3$, $K_2CO_3$ 등이 이용된다. 액체침탄, 염욕질화용으로서 NaCN이나 NaOCN을 함유하는 염욕이 사용되지만 NaCN 가스나 그 수용액의 무공해처리의 설비와 처리에 비용이 든다는 점과 엄밀한 처리가 요구되는 점에서 그 이용이 점차 감소하고 있다.

염욕로에는 직접가열방식과 간접가열방식이 있으며, 전자는 그림 4-7에 나타낸 전극에 의한 저항가열방식을 이용하여 1350℃로 사용할 수 있다. 후자는 그림 4-8에 나타낸 것처럼 노 외부에서 가열하는 외열식 염욕로로서 1100℃가 최고 사용온도이다.

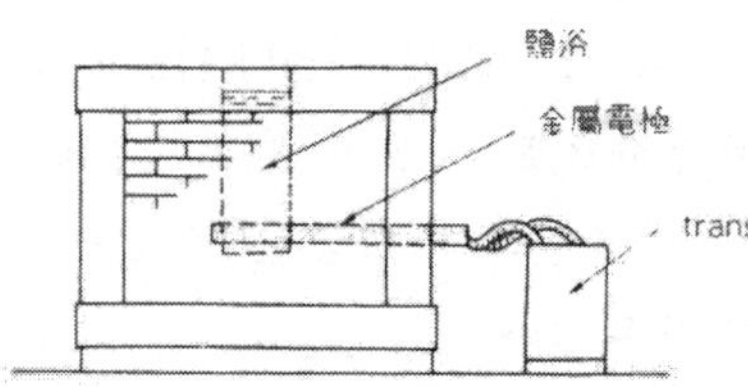


그림 4-7 전극염욕로

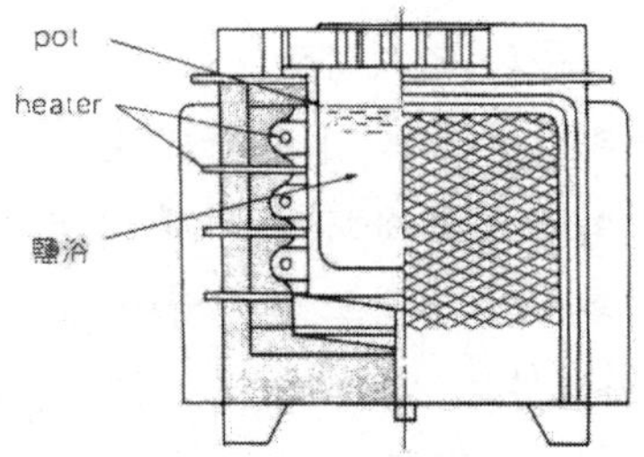


그림 4-8 외열식 염욕로

특수용도로서 Al 납맴로가 있다. 조립된 알루미늄 구조물과 접합부에 clad 되어있는 납재를 염욕 중에서 승온하는 방법으로, 산화물을 제거하여 납의 흐름을 좋게 하고 접합을 완전히 하는 작용을 가진 염욕제, 즉 후랙스 염욕을 사용한다. 그림 4-9는 그

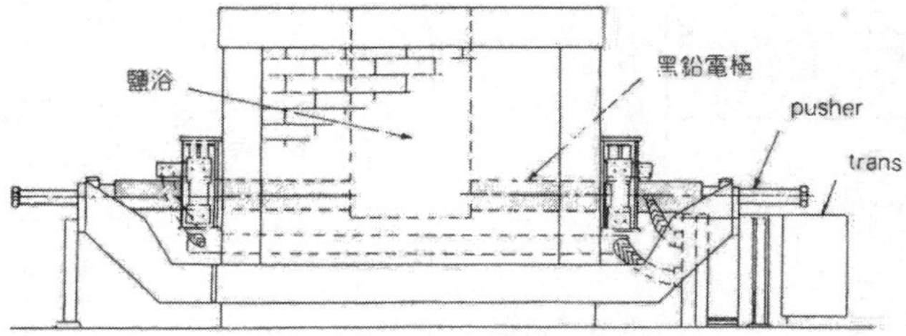


그림 4-9 흑연전극염욕로

구조를 나타낸다. 이 염욕은 철, 구리 등의 금속이 용해되면 납땜성이 나쁘게 되므로 전극은 흑연을 사용한다. 4 m × 10 m × 5 m 의 대형 납땜로가 1300 kW 로 운전되고 있다. 전극의 소모는 600℃로 사용할 경우 1 년에 약 30 mm 이며, 전극은 pusher 에 의해 노내로 압입되는 구조이다.

(4) 진공로

진공로는 $10^{-2}$~$10^{-5}$ mmHg 정도의 감압하에서 열처리부품을 가열하는 것으로서 강재의 산화·탈탄을 방지할 수 있는데다가 청정의 효과도 있어 이용이 증가하고 있다. 가열방식으로는 외열식과 내열식이 있으나 외열식은 retort 에 Inconel, statinless 강을 사용하므로 사용온도에 한계가 있으며 승온, 냉각속도가 느린 결점이 있다. 내열식은 외각이 수냉되고 발열체, 단열판, 처리품을 모두 진공실 내에 넣는 것으로써 처리품의 냉각을 불활성가스 중에서 하는 것(그림 4-10)과 퀜칭유 중에서 퀜칭을 하는 것(그림 4-11) 등이 있다. 진공로는 퀜칭, 어닐링, 침탄, 납땜, 소결, 탈질소 등에 사용되며, 특히 수소 등으로 처리할 수 없는 티타늄함유 스테인리스강의 광휘어닐링이나 납땜을 할 수 있는 특징이 있다.

(5) 고주파 열처리로

고주파발진기와 가열코일 및 냉각장치로 구성되며, 1 kHz~50 kHz 에서 처리물과 코일사이에서의 유도에 의해 처리품이 직접 발열하므로 승온이 빠르며 효율도 좋다. 발진주파수의 선택으로 가열이 표면에 한정되어 표면경화가 가능한 특징이 있다. 내부까지 가열하는 것은 1 kHz 등의 낮은 주파수가 사용된다.

(6) 화염 열처리장치

가열버너와 냉각장치로 구성된다. 처리품의 표면을 가열냉각하여 퀜칭하는 것으로

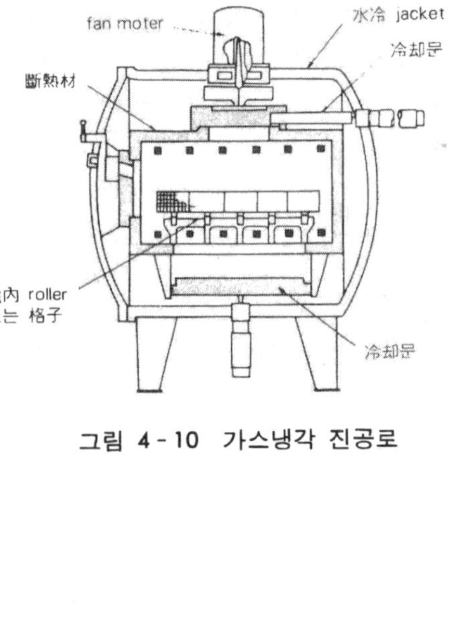


그림 4-10 가스냉각 진공로

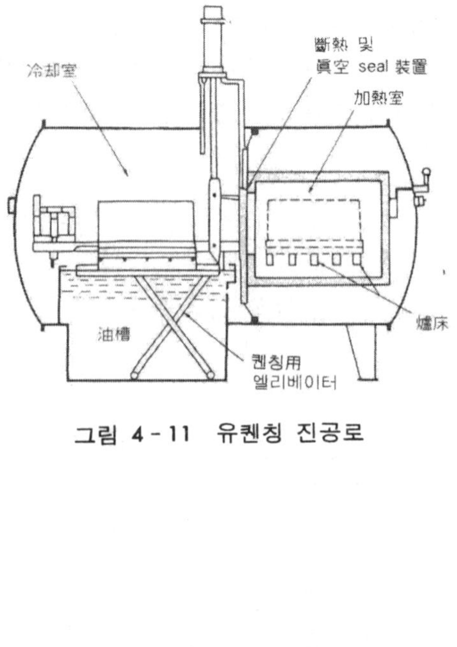


그림 4-11 유퀜칭 진공로

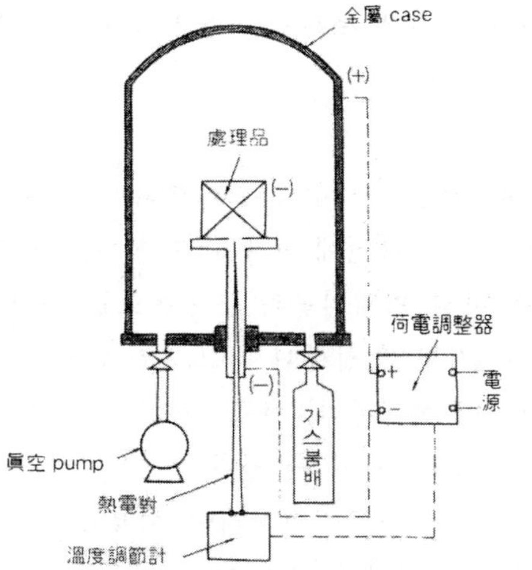


그림 4-12 이온질화장치

화염의 온도가 높고 부하를 크게 할 필요가 있으며, 아세틸렌, 프로판 등과 산소의 혼합기체가 사용된다. 버너는 열처리품의 형상에 맞춰 제작된다.

(7) 이온충격 열처리장치

그림 4-12에 나타났듯이 진공으로 된 금속용기 내의 처리품을 (−)극으로, 용기를 (+)극으로 하여 용기 내의 가스압력을 1/1000기압 정도로 하여 수백볼트의 직류전압을 가하면 처리품의 표면에 글로방전이 생긴다. 질소나 수소가스가 전리하여 양이온이 되어 (−)극의 처리품에 고속으로 충돌한다. 이 이온이 가진 높은 에너지가 열로 변환되어 처리품의 표면온도가 상승한다. 이 현상을 질화, 침탄, 납땜에 이용하며 그 중에서도 질화처리가 가장 많이 실용화되고 있다. 이온질화는 질소, 수소, 프로판 가스 등을 사용하며 질소의 양이온이 처리품의 철 등과 결합하여 질화철을 형성한다. 수소는 처리품의 표면정화작용이 있으며 프로판 등의 미량 첨가는 화합층의 기계적 성질을 개선하고 있다. 글로방전만의 가열로는 표면상태에 의한 이상방전이나 형상에 의한 온도편차가 나오기 쉬우므로 최근 실내에 가열 히터를 설치함에 따라 방전을 쉽게 제어하며 안정된 질화처리나 다른 열처리로의 이용도를 높이고 있다.

(8) 전자 빔 열처리장치

전자 빔을 텔레비젼과 같이 주사하면서 처리품의 표면을 가열하여 퀜칭하는 방법이 소개되고 있다. 이것은 균일한 깊이로, 또한 극히 얇은 층의 퀜칭을 할 수 있다. 전자 빔은 대단히 집속성(集束性)이 좋으며 집중 조사할 수 있음이 알려져 현재도 금속의 가공에 이용되고 있다. 열처리에서의 이용도가 낮은 것은 장치가 고가인 점과, 통상 전자 빔이 진공 중에서 사용되기 위해서는 냉각을 열확산에 의존할 수 밖에 없으므로 극히 얇은 가열층때문에 얇은 퀜칭깊이의 것과 국부적 경화에 이용범위가 한정되기 때문이다.

(9) 레이저 열처리장치

레이저는 빛의 파장을 동위상으로 함에 따라 합성파는 진폭이 증폭되어 큰 에너지를 가질 수 있으므로 금속 표면에 조사하여 절단이나 용접에 이용되고 있다. 그 조사를 면으로 주사하는 것과 레이저 출력의 조절에 따라 열처리품의 표면온도를 조절함으로써 ±5℃ 정도의 가열을 유지할 수 있다. 가열부분의 질량이 작으므로 단시간의 조사를 한 뒤 조사를 멈추는 것으로서 자기 냉각되어 퀜칭된다. 예를 들면 주철 표면에 레이저 조사를 약 8초동안 하면 경화깊이 약 1 mm를 얻을 수 있다.

전자 빔이나 레이저는 뛰어난 특성을 가지며 특색있는 열처리에 이용할 수 있지만 아직 개발이 초보적인 까닭에 그 이용도는 금후의 발전에 기대된다.

## 5. 연속열처리로

연속열처리로는 소품종 다량생산 부품의 열처리에 적합하며 처리품의 형상이나 중량, 처리목적 등에 의해 노내 운송방식, 분위기의 종류, 가열방식, 냉각방식이 선택되며, 여러 형식의 것이 있다. 각종 연속 열처리로의 분류는 앞에 게재한 표 4-3에 나타나 있다.

(1) **Pusher** 식 연속로

Pusher 식 연속로는 단위중량이 비교적 큰 것, 지름이 긴 것 따위의 노말라이징, 어닐링, 퀜칭, 침탄, 템퍼링 등에 널리 이용되고 있다. pusher 로는 크게 나누어 처리부품을 직접 눌러 넣어 부품이 앞의 부품을 누르는 형식과 변형이나 흠을 꺼리는 경우, 처리부품을 얹은 tray 나 바스켓을 pusher 가 누르는 형식 등이 있다. 그림 4-13은 체인구동에 의한 pusher 방식이며, 처리품은 tray 에 얹어 장입되는 것으로 유로를 가진 연속퀜칭로이다. 노내는 무산화분위기이며 가열은 tube heater 에 의한다. tray 는

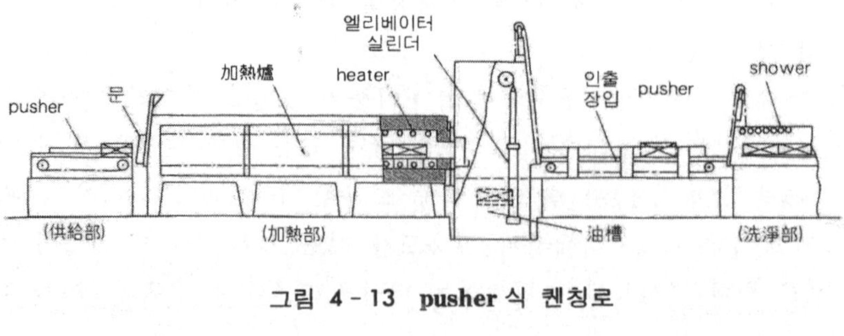


그림 4-13 **pusher** 식 퀜칭로

미끄럼 레일 위를 지나가서 유조 위에 인출되어 엘리베이터에서 오일퀜칭되어 인출, 압송, pusher 로 세정실, 템퍼링로로 보내진다. pusher 로는 처리품의 중량, 형상, 처리분위기, 온도에 따라 노 내에 미끄럼 레일, 롤, 대차 등 여러 형식의 것이 있다. pusher 의 동력은 전동기 구동의 체인방식과 screw 방식, 유압 cylinder, 공기압 cylinder 따위가 사용되고 있다.

(2) **Conveyer 식 연속로**

Conveyer 방식의 연속로는 표 4-3 에 나타났듯이 여러 형식의 것이 있다. 일반적인 열처리에는 roller hearth belt 형, shaker hearth 형, 회전 retort 형, 회전노 바닥형이 많이 사용되고 있다. 그 중에서도 roller hearth 및 belt conveyer 가 가장 많다. conveyer 식 연속로는 conveyer 와 함께 이동하는 방식 등이 있다. 다음은 mesh belt 식 연속로의 예이다.

(ㄱ) mesh belt 식 무산화퀜칭로(그림 4-14)

tube heater 가열의 보호분위기 가열로와, 퀜칭유조, 세척, 템퍼링로를 접속한 연속 열처리로이다. 이 형식의 노는 작은 부품의 소품종 다량생산에 적합하다. 처리부품은 mesh belt 위에서 노내를 이동하므로 승온이 동일한 형태가 되며 균일성이 높고 처리품만 유조로 낙하되며 서로 중복되는 일이 적은 것과 퀜칭 경도의 균일성이 높은 것이 특징이다.

(ㄴ) 회전 retort 식 침탄퀜칭로(그림 4-15)

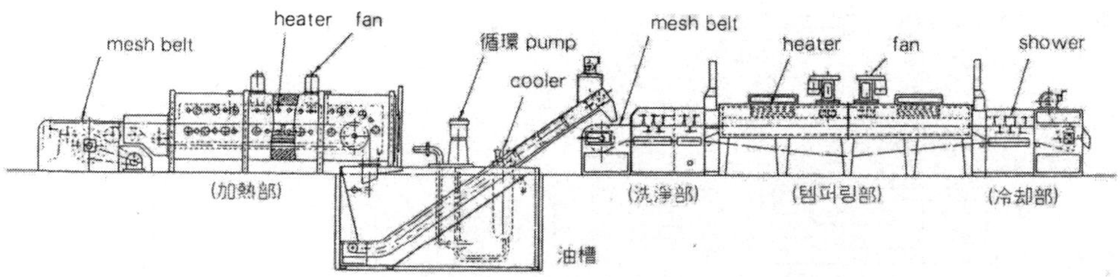


그림 4-14 **mesh belt** 식 퀜칭, 템퍼링로

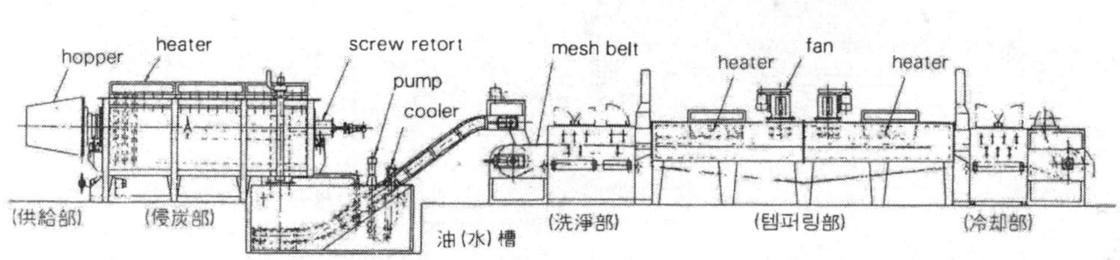


그림 4-15 회전 **retort** 식 침탄퀜칭, 템퍼링로

retort 내면에서 나선형으로 회전하여 처리품을 이송하는 구조이다. 작은 부품은 회전에 의해 얼룩없는 가열을 할 수 있으며 분위기 가스에 대해서도 처리부품이 항상 잘 섞여져서 균일하게 퀜칭되는 특징이 있다. 단면 형상이 복잡한 것은 변형되기 쉬운 결점이 있다.

(ㄷ) mesh belt 식 침탄퀜칭로(그림 4-16)

이 처리로는 purge zone, 예열(승온) zone, 침탄(침탄질화) zone 퀜칭가열 zone 으로 구분되며, 분위기도 노내 커튼에 의해 각 지역에 대응한 제어를 할 수 있다. 침탄 zone은 높은 탄소 포텐셜과 균일성이 요구되므로 전후 커튼 사이의 분위기를 잘 섞어 흡열형 캐리어 가스에 생가스를 첨가하여 분위기의 탄소 포텐셜을 조정한다. purge zone에서는 공기를 분위기 가스로 치환한다. 예열 zone에서는 처리품의 온도가 낮으므로 분위기의 탄소 포텐셜이 높으면 처리부품의 표면에 탄소가 석출하여 침탄을 저해하는 일이 있으므로 캐리어 가스만을 송입한다. 경화를 위해 침탄온도부터 퀜칭온도로 강하시키는 zone은, 그 온도에서의 탄소 평형을 얻기 위해 분위기를 달리 조정할 필요가 있다. 그림에서는 이런 관계를 노내온도와 분위기 가스의 노점을 예시하고 있다.

(ㄹ) mesh belt 식 노납땜로(그림 4-17)

탄화규소 발열체를 가진 가열실과 냉각실 등을 접속한 것으로서 분위기 가스 중에서 가열하여 모재와 납땜재를 환원시킨 다음 납재를 용해시켜 접합부의 모세관현상과 표

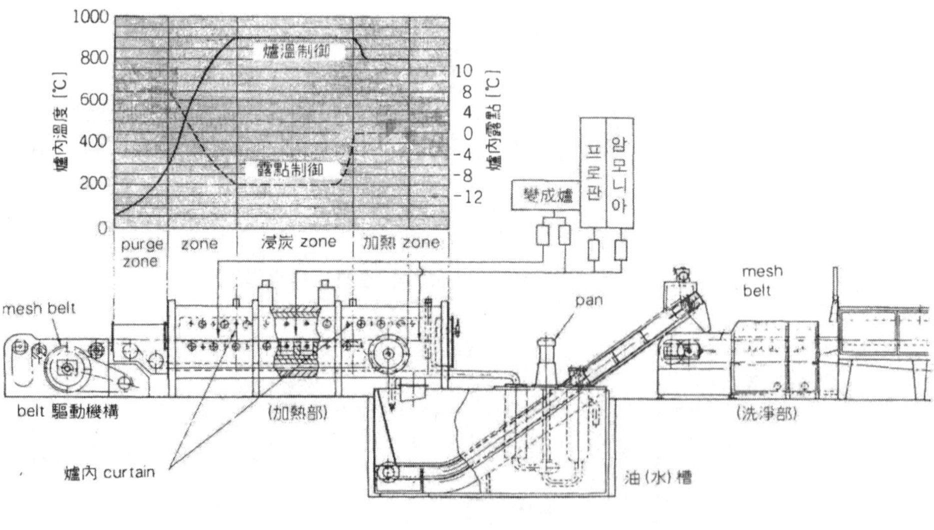


그림 4-16 **mesh belt** 식 연속침탄로

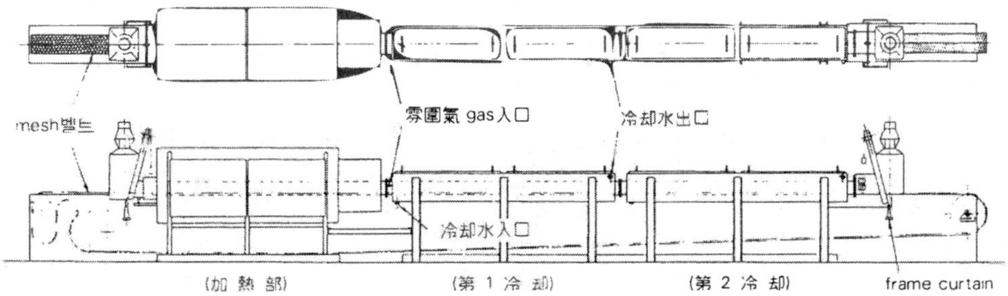


그림 4-17 **mesh belt** 식 어닐링·납땜로

면장력을 이용해 접합부를 치밀하게 접합시키는 것이다. 구리합금납, 니켈합금납, 팔라듐합금납, 금납 등이 있다. 납땜 분위기는 플럭스를 사용할 때는 공기가 좋지만, 건조공기나 질소를 사용하면 flux 가 소량이어서 좋고 깨끗한 납땜을 할 수 있다. 황동은 통상 flux 를 사용한다. flux 를 사용치 않는 납땜의 분위기는 접합 모재와 납재가 환원되는 것을 선택한다. 예를 들면 철을 구리(Cu)납으로 납땜하기 위한 분위기는 발열형가스가 좋다. 이것은 철, 구리(Cu) 모두 고온에서 환원되며 또 가스의 단가가 다른 분위기 가스와 비교해 가장 싸기 때문이다. 그러나 이 가스의 탄소 포텐셜이 낮으므로 탈탄의 염려가 없는 저탄소강이나 구리(Cu)의 납땜에 이용된다. 분위기 가스는 금속에 대한 환원력과 구리와의 탄소 평형을 고려하여 선택할 필요가 있다.

### 6. roller hearth 식 어닐링로

강관이나 봉강과 같이 길이가 긴 경우, roller 의 회전에 의해 처리품만을 노내에서 이송되는 것에 적합하다. 가열실과 냉각실을 연결한 것으로서 분위기 중에서 가열냉각하는 것과 공기 중 또는 연소가스 중에서 처리하는 것이 있다. 처리품만이 이송되므로 retort 식 또는 belt 식에 비해 열방출이 적은 이점이 있으나, roller 축수부에서의 방열, 노내 용적이 커서 방열이 큰 점, 그리고 분위기 정밀도의 유지가 어려운 것 등의 결점이 있다.

### 7. 열처리로의 에너지 절감

세계적인 석유 위기를 경험해 온 이래 에너지 절감대책은 에너지의 절약에서부터 적극적으로 에너지 절감기구로 투자를 촉진하는 것으로 변하였다. 열처리장치는 에너지를 많이 소비하는 설비인 점에서 에너지 절감대책이 실시되고 있는 장치를 선택하여 사용해야 할 것이다. 이런 에너지 절감에 대해 “에너지 사용의 합리화에 관한 법률”에

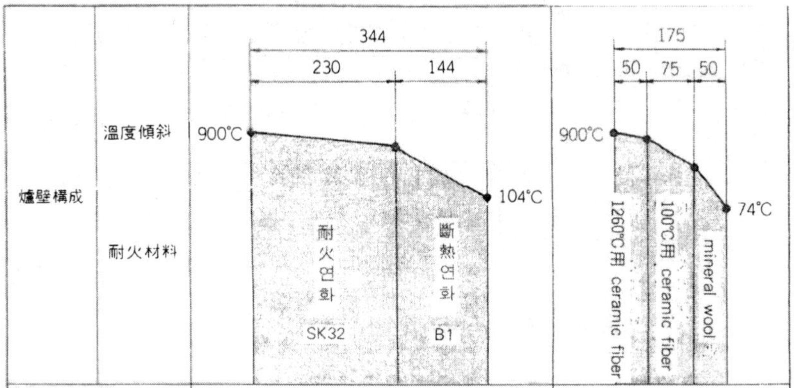


| | | |
|---|---|---|
| 放熱量 kcal/m²h | 868 | 465 |
| 畜熱量 kcal/m²h | 91310 | 2880 |
| 連 續 6000h/年% | 100 | 53.6 |
| batch 40週/年% | 100 | 28.8 |

그림 4 - 18 노벽 재질을 바꾼 경우 소비열량의 비교 예

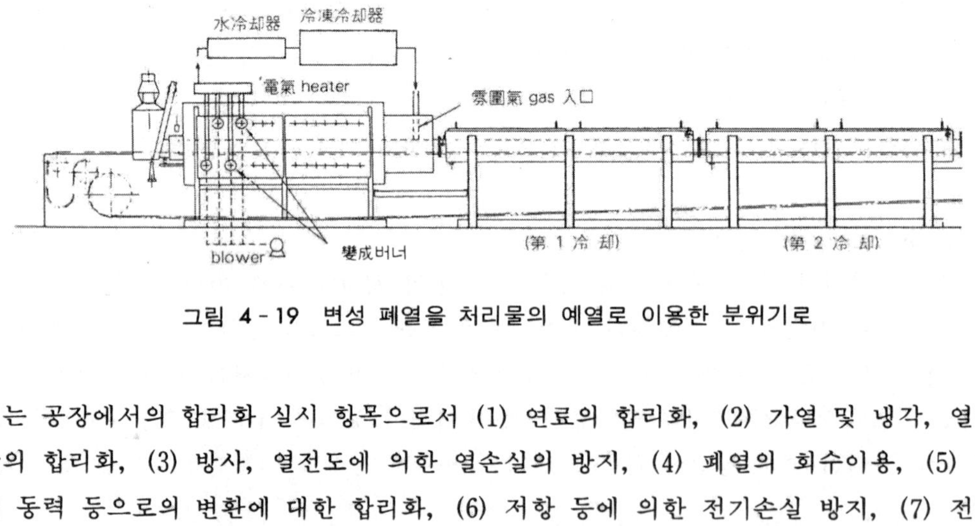


그림 4 - 19 변성 폐열을 처리물의 예열로 이용한 분위기로

서는 공장에서의 합리화 실시 항목으로서 (1) 연료의 합리화, (2) 가열 및 냉각, 열전달의 합리화, (3) 방사, 열전도에 의한 열손실의 방지, (4) 폐열의 회수이용, (5) 열의 동력 등으로의 변환에 대한 합리화, (6) 저항 등에 의한 전기손실 방지, (7) 전기동력, 열 등의 변화에 대한 합리화를 들고 있다. 또한 통산성(상공부)에서는 "공장에서 에너지 사용의 합리화에 관한 사업자의 판단기준"이 고시되고 있다.

방사, 열전달에 의한 열의 손실방지 대책으로서 노벽의 개선 예를 그림 4 - 18 에 나타냈다. ceramic fiber 를 벽돌과 바꿔 사용한 것으로 벽돌과 비교해 단열성이 좋으며 비중이 작으므로 축열량이 작다. 또한 그림 4 - 19 에 폐열의 회수이용 예를 나타냈다. 이것은 발열형 가스변성로에서 연소열을 모두 수냉 폐기하고 있으므로 이 열량을 처리품의 가열에 이용하기 위해 변성을 금속관의 변성 버너로 하여 그림에 나타낸 승온부에서 처리품의 가열에 이용하는 구조이다. 에너지 절감효과로서 가열전력이 50%나 절감되었다.

### 8. 가열장치의 KS와 유효가열대

#### (1) 가열장치의 KS

철강의 노말라이징 및 어닐링 가공(KS B 1901), 강의 퀜칭·템퍼링 가공(KS B 4903), 강의 침탄 퀜칭·템퍼링 가공(KS B 4904) 등은 가열설비에 있어서 구비해야 할 조건을 설정하고 있다. 즉 "가열설비는 열원의 종류, 분위기 조정 또는 열욕의 유무, 작업형식의 연속·비연속 등에 차별을 두지 않고 유효가열대 내에서는 가공재료를 가열할 때 가공을 위한 유지온도가 철강 종류 및 가공 종류에 따르는 각각의 목적온도를 표 4-4의 정밀도로 유지 또는 조정할 수 있는 설비"라고 규정하고 있다.

#### (2) 가열설비의 유효가열대

표 4-4 열처리 가열설비의 온도 정밀도(JLS)

| 가공의 종류 | | 정밀도[℃] | | 적용하는 가공품의 구분 |
|---|---|---|---|---|
| 노말라이징 | | ±25 | | |
| 완전어닐링 | | ±25 | | |
| 구상화어닐링 | | ±15 | | |
| 응력제거어닐링 | | ±25 | | |
| 퀜칭 침탄 질화 | 수, 기름, 공기 | ±15 | | 1, 2, 3, 4호 |
| | 퀜칭·템퍼링 | ±25 | | 3, 4호 |
| | 염욕, 퀜칭·템퍼링 | ±15 | | 1, 2호 |
| | 침탄 | ±15 | | 1, 2호 |
| | 퀜칭·템퍼링 | ±20 | | 2호 |
| | 가스질화 | ±15 | | |
| 템퍼링 | (목적온도범위) | 400℃ 이하 | 400℃ 이하 | |
| | 고주파, 퀜칭·템퍼링 | ±15 | ±20 | |
| | 수, 기름, 공기 | ±15 | ±15 | 1, 2, 3, 4호 |
| | 퀜칭·템퍼링 | ±15 | ±25 | 3, 4호 |
| | 열욕, 퀜칭·템퍼링 | ±15 | ±15 | 1, 2호 |
| | 침탄, 퀜칭·템퍼링 | ±15 | | |

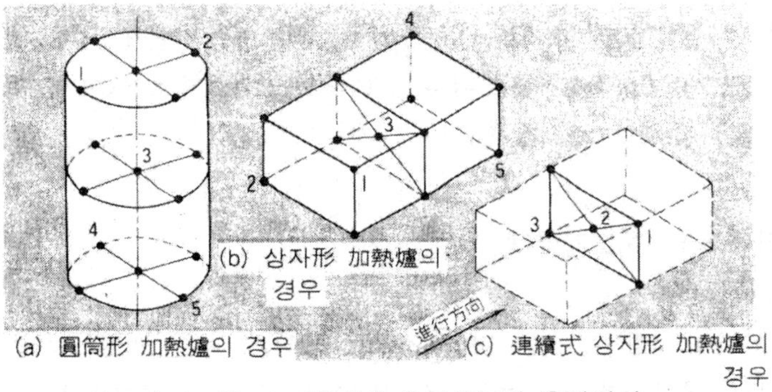


그림 4-20 노 중에서 유지온도의 측정위치

전 항의 각 열처리설비로 구해지는 유효가열대의 정밀도 측정은 JHS(일본 금속열처리공업회 규격)의 C-1(1969)에 따르는 것을 장려하고 있다. 유효가열대란 "가열설비 내에서 가공재료를 가열할 때, 가공재료를 열처리 가공의 종류에 따라 규정 또는 지정한 정밀도의 유지온도를 지킬 수 있는 장입영역"을 말한다. 이 규격은 시험에 사용하는 온도측정장치, 시험방법에 대한 기준을 나타내고 있다. 유지온도 측정 위치의 예를 그림 4-20에 나타냈다. 숫자로 표시하는 측정 위치에 열전대 선단을 놓고 유효가열대에 설치하여 사용온도의 최고·중간·최저인 각 온도에서 측정하고 각 점의 온도가 전 항의 정밀도 내이면 좋다. 시간경과에 따른 정밀도 측정은 일반적으로 5분마다 10회 이상 측정하는 것이 좋다. 유효대가 큰 것은 측정점을 그림 4-20에 따라 많이 설정한다. 또한 측정기, 열전대는 소정의 교정을 한 것을 사용해야 한다.

## 4-2 냉각장치

열처리용의 냉각장치에는 열처리의 목적, 처리품의 재질과 형상 등에 따라 적절한 냉각제와 그 교반기능 및 온도조절기능을 가지며, 필요한 열용량의 것을 선택해야 한다.

냉각제의 냉각 특성을 퀜칭가공의 예를 들어 고찰해 보겠다. 냉각과정의 제 1 단계에서는 처리품이 냉각액과 접촉하여 빠른 속도로 냉각되기 시작한다. 제 2 단계에서는 열처리품의 표면 부근의 냉각액 온도가 상승하여 비등점에 달해 증기막이 생겨 열전달이 나빠지고 냉각속도가 느려진다. 제 3 단계에서는 증기막이 깨져 냉각액이 비등하므로 냉각속도는 가장 크다. 제 4 단계에서는 처리품의 온도가 내려가고 서냉이 된다. 이런 과정의 고찰에서 냉각능력에는 냉각제의 냉각특성 뿐만 아니라 교반, 액량 등이 크게 영향을 주는 것을 알 수 있다.

### 1. 냉각제의 종류

(1) 공 기

냉각능력이 가장 작은 냉각제이며, 팬 등으로 냉각속도를 크게 한다.

(2) 물

냉각능력이 가장 큰 냉각제이지만 수증기막으로 인해 냉각시 경화 얼룩(soft spot)이나 경도 부족이 되기 쉽다. 수온이 30℃를 넘으면 냉각능력이 급격이 저하하므로 수온을 30℃ 이하로 하고 충분한 교반을 할 필요가 있다. 경화 얼룩의 방지와 냉각속도를 크게 하기 위해서 염류를 첨가하기도 한다. 수용성 퀜칭제의 소량 첨가도 경화얼룩의 방지에 효과가 있다. 수용성 퀜칭제는 고분자 유기제를 수%~수십% 물에 혼합하여 그 농도에 따라 냉각속도를 조절할 수 있는 특징이 있다. 이 때 물과 기름 중간의 냉각속도가 얻어지며, 고주파 퀜칭에도 사용되고 있다.

(3) 기 름

퀜칭유에는 광유가 널리 이용되고 있다. KS M 2170에서 열처리유를 규정하고 있다. 퀜칭유는 일반적으로 60~80℃에서 냉각능력이 가장 크다. 기름에 물이 혼입되면 냉각능력은 저하하고 또 퀜칭균열의 원인도 된다. 퀜칭유는 여러 종류가 있으므로 강종과 처리목적에 따라 적합한 것을 선택할 수 있다.

(4) 염 욕

오스템퍼링이나 마르템퍼링에 이용된다. 160~500℃에는 질산소다, 질산칼리계가, 그리고 500℃ 이상에는 염화바륨, 염화나트륨, 염화칼슘의 혼합제가 이용되고 있다. 염욕은 열용량이 크고 증기막을 만들지 않으므로 냉각능력이 크다. 질산계 염욕에 탄소나 유기물이 혼입되면 폭발을 일으키므로 주의를 요한다.

(5) 금속욕

납(Pb) 등의 저용점 금속이 이용되며, 냉각능력이 크다. 독성에 주의가 필요하다.

### 2. 냉각장치의 종류

(1) 공랭(가스냉각)장치

구조용 합금강의 노말라이징과, 공기 냉각강의 퀜칭 등에 이용된다. 다이스강의 분위기 가스 중에서의 퀜칭은 그림 4-21과 같이 가스순환 회로에 열교환기를 넣어 무산화냉각을 시킨다. 또 가열은 분위기 중에서 하고, 냉각은 대기 중에서 팬 따위로 강제냉각시켜도 실용상 지장이 없다.

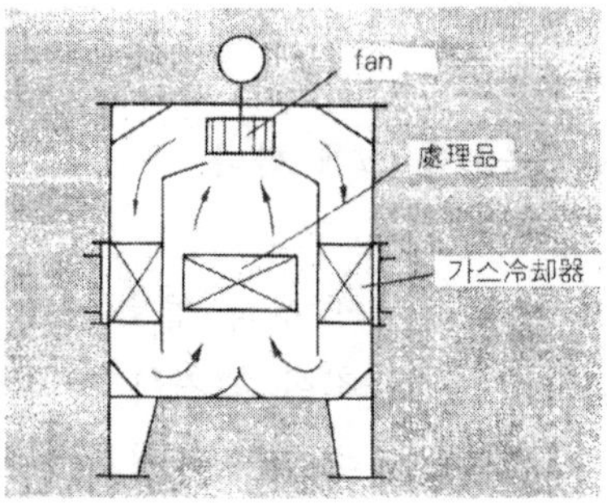


그림 4 - 21 가스냉각실

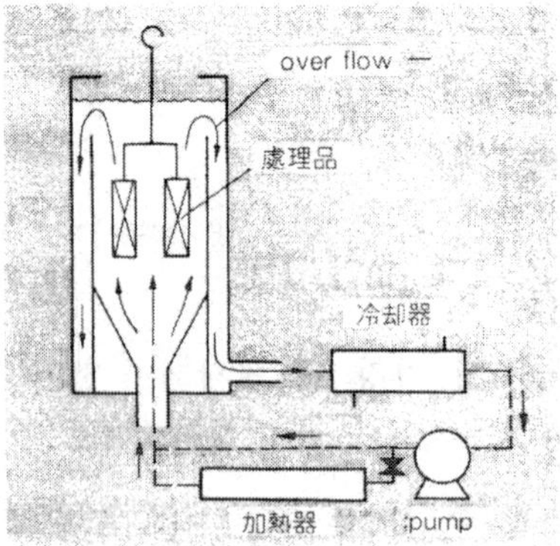


그림 4 - 22 펌프순환식 기름냉각조

(2) 수냉장치

수냉조는 처리재의 보유 열량으로 인해 수온상승이 허용온도 이상이 되지 않을 수량이 필요하며 교반을 충분히 하여 처리재를 균일하게 냉각한다. 수온이 30℃를 넘지 않도록 물을 냉각조, 냉각탑, 냉동냉수기 등을 이용해 통상 10∼25℃로 하여 순환사용한다. 교반에는 프로펠러, 펌프가 이용된다.

(3) 유냉장치

유냉장치는 퀜칭에 가장 널리 이용되고 있으며 기름의 가열기와 냉각기가 부착되어 기름의 온도를 조절하는 구조로 되어 있다. 교반은 프로펠러식과 펌프에 의한 분류방식 등이 있다. 일반적으로 유량은 처리품 중량의 10∼15배가 필요하다. 그림 4 - 22는 펌프순환식 유조의 예이다. 유조는 기름의 국부가열로 인해 발화되지 않도록 기름냉각과 교반을 시킨다. 또한 퀜칭품을 치구 등으로 장착하여 유조에 넣을 때 속도가 느리면 기름증기로 인해 착화하여 유면 전체가 타기 시작하는 일이 있으므로 주의가 필요하다.

(4) 분사냉각장치

냉각제를 퀜칭품에 분사하여 급랭하는 장치로서, 퀜칭품을 회전시킴에 따라 표면의 수증기나 기포가 제거되어 냉각속도를 증가시키며 또한 퀜칭품의 굴곡을 방지할 수 있다. 고주파 퀜칭에는 이 방법이 많이 이용되며, 롤러나 shaft의 지름이 큰 것에 효과가 있다.

(5) 염욕냉각장치

염욕은 항온조로서 오스템퍼링, 마르템퍼링에 이용되다. 처리될 강재의 종류에 따라 그것이 S곡선에서 온도와 유지시간이 정해진다. 조는 열용량이 크고 온도변화가 작은 것이 필요하며 냉각능력이 큰 염이 사용되고 자동온도조절이 필요하다. 취급상의 주의할 점은 염욕조에 질산염을 이용할 때 탄소나 유기물의 혼입은 폭발의 원인이 된다. 특히 500℃ 이상은 위험도가 높다. 500℃에서는 산화작용이 강해지므로 폭발위험이 있는데다가 pot 나 장치의 금속이 침식된다. 가열조에 염을 집어넣으면 냉각능력이 저하하고, 처리품이 산화되는 원인이 된다. 500℃ 이상의 항온조에는 탄산소다를 함유한 염욕이 이용되지만 이 염은 pot 등에 강한 침식성을 가지므로 pot 나 열전대는 정기적으로 교환하는 것이 좋다.

(6) 프레스퀜칭장치

퀜칭에 의한 처리품의 변형을 작게 하기 위해 퀜칭시에 처리품을 금형으로 누르고 금형의 구멍으로부터 냉각제를 분출하여 퀜칭하는 장치로서, 원판형인 것, 톱니바퀴, 판스프링 등의 퀜칭에 이용되고 있다.

(7) **subzero** 처리장치

합금공구강 등 합금원소가 많은 것은 퀜칭한 후, 잔류 오스테나이트량과 그 안정도가 증가하여 200℃ 정도의 템퍼링에서는 거의 분해하지 않으므로 −60∼−190℃까지 냉각하여 마르텐사이트 변태를 완결시킨다. 냉각방법은 −80℃ 정도까지인 소형 냉각조의 경우 알코올에 dry ice 를 투입하여 행하며, 대량처리에는 냉동기를 이용하는 경우도 있다. 최근에는 액체 질소를 쉽게 입수할 수 있게 되어서 이것을 −190℃의 냉각제로 하여 subzero 에 이용하고 있다.

### 3. 냉각장치의 JIS

냉각장치에 관한 JIS(JIS B 6912, 6913, 6914)는 열처리가공의 냉각설비로서 구비해야 할 조건을 규정하고 있다. 즉 "퀜칭냉각에 사용하는 설비는 가공의 종류에 따라 냉각조 내의 냉각제 사용온도를 표 4-5에 나타내는 범위에서 초과하지 않도록 조정할 수 있을 것", "균일한 냉각을 할 수 있을 것, 적당한 유속으로 혼합하던지 또는 동등한 효과를 기대할 수 있는 설비를 가진 것", "유조의 기름은 원칙으로 KS M 2170(열처리유)의 1종 1호 또는 2호로 한다" 등으로 규정하고 있다.

표 4-5 퀜칭 냉각설비의 온도 정밀도

| 가공의 종류 | 냉각설비 | 사용온도정밀도[℃] | | 적용하는 가공구분 |
|---|---|---|---|---|
| 수, 유, 공기 퀜칭, 템퍼링 | 수조 | 목적온도 | ±10 | 1, 2, 3, 4 호 |
| | | 〃 | ±15 | 3, 4 호 |
| | 유조 | 〃 | ±25 | 1, 2, 3, 4 호 |
| | | 〃 | ±30 | 3, 4 호 |
| | 공기 | 실온 | | 1, 2 호 |
| 열욕 퀜칭, 템퍼링 | 열욕조 | 오스템퍼링 | ±10 | 1, 2 호 |
| | | 마르퀜칭 | ±20 | 1, 2 호 |
| 침탄 퀜칭, 템퍼링 | 수조 | | ±10 | |
| | 유조 | | ±25 | |
| | 열욕조 | | ±20 | |
| | 공기 | 실온 | | |
| 고주파 퀜칭, 템퍼링 | 수 | 10~35 | | |
| | 유 | 40~80 | | |
| | polyyinyl alchol 용액 | 1[illegible] | | |

## 4-3 분위기 가스와 그 발생장치

### 1. 분위기 가스의 종류

열처리용의 분위기 가스는 공장에서 제조되는 질소, 알곤, 수소 등이 있으며, 이외에는 탄화수소(프로판, 메탄 등)나 암모니아를 원료로 하여 열처리공장에서 발생기에 의해 제조 사용한다. 최근에는 공기에서 질소를 분리하는 질소발생기가 열처리공장에서 사용되기 시작했다. 또 에너지 절감, 자원절감 대책으로서 연소배기가스를 분위기 가스로 개질하여 이용하는 것도 행해지고 있다. 일반적인 열처리용 분위기 가스의 종류와 제법을 표 4-6에 나타냈다.

### 2. 발열형 가스는 강을 탈탄시킨다.

그림 4-23은 발열형 가스 발생장치의 구성도이다. 이것은 탄화수소에 공기를 혼입하여 분위기 가스를 연소 생성하는 것으로 혼합비로서 조성을 조정한다. 이것을 변성

표 4 - 6 열처리용 분위기 가스의 종류와 제법

| 종 류 | 제 법 |
|---|---|
| ① 발열형 가스 | 탄화수소 가스에 공기를 혼합하고, 적당한 혼합비에서 연소시킨 것. |
| ② 질소형 가스 | 발열형 가스에서 $CO_2$ 와 $H_2O$ 를 제거한 것. 공기에서의 흡착분리. |
| ③ 흡열형 가스 | 탄산수소 가스와 공기의 혼합을 고온의 촉매 중을 통해서 CO, $H_2$, $N_2$ |
| ④ 암모니아형 가스 | 암모니아를 분해하여 $H_2$, $N_2$ 로 한 것. |
| ⑤ 알코올형 가스 | 메탄올 등을 분해하고 CO, $H_2$ 로 한 것. |
| ⑥ 수소, 질소, 알곤 | 공장생산품. |

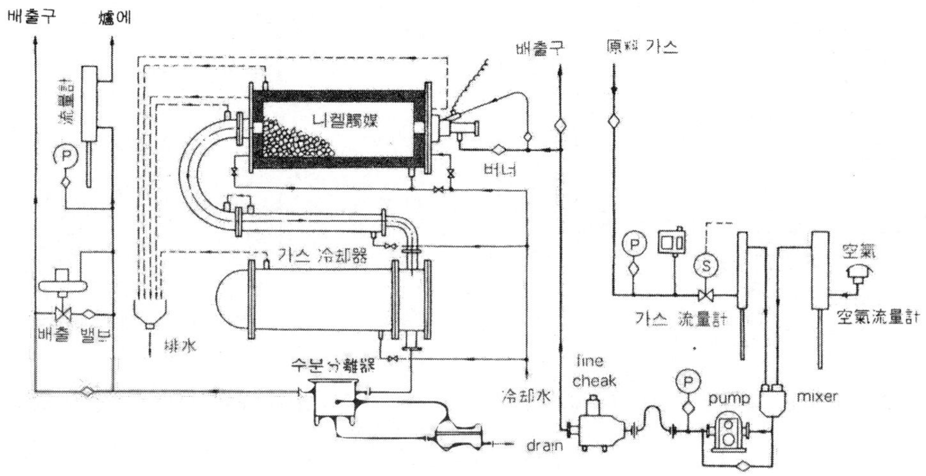


그림 4 - 23 발열형 가스변성로의 구성도

이라 한다. 여기서는 프로판($C_3H_8$)을 원료로 하는 변성에 대해 설명하겠다.

프로판과 공기의 혼합비와 생성가스 조성의 관계를 그림 4 - 24 에 나타내었다. 단, $H_2O$ 는 5℃에서 냉각탈수하였으며 발열량은 점선으로 나타내었다. 그림의 우측 끝이 완전연소한 경우로

$$C_3H_8 + 23.8\,Air = 3\,CO_2 + 4\,H_2O + 18.8\,N_2 + 22,000\,kcal/m^3$$

와 같이 용적비로 프로판 1에 대해 공기 23.8이다. 공기를 그것의 66%로 줄이면

$$C_3H_8 + 14 \cdot 3\,Air = 1.2\,CO_2 + 1.8\,CO + 1.8\,H_2O + 2.2\,H_2 + 11.3\,N_2 + 10,900\,kcal/m^3$$

가 되며, 그림의 좌측 끝이 그것이다. 이처럼 발열형 가스 변성은 환원성 가스 CO,

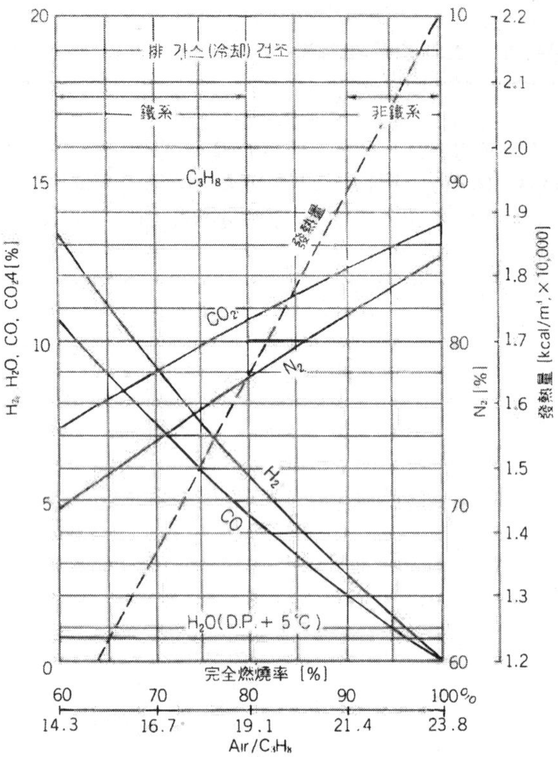


그림 4 - 24 프로판 발열변성 가스의 조성변화

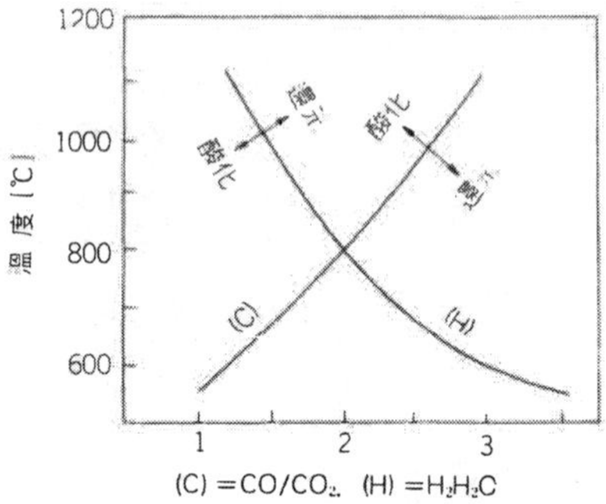


그림 4 - 25 산화·환원의 평형도

$H_2$를 발생시키는 연소이며, 공기의 혼합률을 적게 하는 만큼 CO와 $H_2$가 증가하지만 그 한계는 약 60%이며, 이 이하에서는 그을음이 생긴다.

이 가스의 Fe에 대한 산화·환원작용은 그림 4 - 25에 나타내듯이 처리온도에 있어 $CO/CO_2$, $H_2/H_2O$비로 정해진다. 변성가스 성분 중 $H_2O$는 냉각탈수로 비교적 쉽게 제거할 수 있으며, $H_2/H_2O$를 크게 하여 환원력을 증가한다. $CO_2$의 제거방법은 질소형 가스 항에서 서술하겠다. 여기서 주의를 요하는 것은 그림 4 - 24에서 나타내는 조성은 냉각탈수한 것이므로 이것이 노에 보내어져 가열되면 수성가스반응 $CO_2 + H_2 \rightleftarrows CO + H_2O$ 식에 따라 그 온도에서 정하는 조성으로 변화하므로 이것은 대단히 중요하다. 이유로는 이 가스가 강에 대해 탈탄성으로 보기 때문이다. 그 이유는 $CO_2$가 많기 때문에 중탄소강 등의 광휘처리는 가능하여도 탈탄된다. 용도는 저탄소강의 노말라이징, 어닐링, 구리의 어닐링, 납땜 등이다. 탈탄침탄평형에 대해서는 흡열형 가스 발생장치 항을 참조하기 바란다.

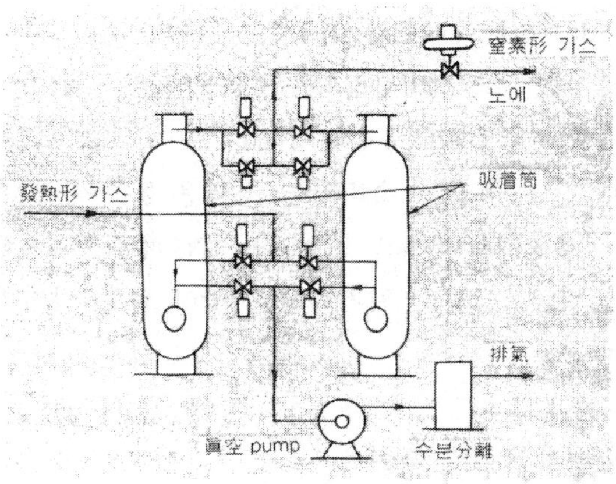


그림 4-26 $CO_2$, $H_2O$ 흡착제거장치

### 3. 질소형 가스의 발생장치

질소형 가스는 발열형 가스 조성 중의 $CO_2$와 $H_2O$을 제거한 것이다. 그림 4-26은 $CO_2$와 $H_2O$를 제거한 것이다. 그림 4-26은 $CO_2$, $H_2O$ 흡착제거장치의 구성도이며, 흡착형에 제올라이트계의 것을 이용하여 $CO_2$, $H_2O$를 흡착한 흡착제는 진공 펌프로서 탈착재생한다. 이것은 2개의 흡착통을 상호교환하여 $N_2$를 연속발생하고 있다. 종래에는 흡착에 모노에탄올아민(MEA) 용액이 사용되어 왔으나 이 액은 금속에 대해 부식성이 있으므로 폐액이 공해원이 되는 점과 $CO_2$를 제거한 뒤 $H_2O$의 제거장치가 필요하다는 점에서 최근에는 이 제올라이트계 흡착·진공탈착법이 많이 이용되게 되었다. 이 가스의 조성은 표 4-7에서처럼, CO, $H_2$량은 발열변성시의 공기와 가스의 혼합비를 조성함으로써 0.05%~5%로 할 수 있다.

표 4-7 질소형 가스의 조성

| 조 성 | $CO_2$ | CO | $H_2$ | $H_2O$ | $N_2$ | 기 타 |
|---|---|---|---|---|---|---|
| 용적 [%] | 0.05~0.1 | 0.01~5.0 | 0.01~5.0 | D.P. − 60° 이하 | 나머지 | 미 량 |

질소형 가스의 제법에서 알 수 있듯이 발열변성에서의 가스와 공기의 혼합비를 완전연소에 가까운 점에서 혼합조절한 radiant tube burner의 연소배기가스가 이 발생장치의 원료가스로서 사용될 수 있으며 에너지가 절감된다. 이 가스의 용도는 널리 노말라이징, 어닐링, 퀜칭, 납땜, 소결에 이용된다.

최근에는 공기를 흡착분리하여 $N_2$를 빼내는 방식의 것이 열처리에 이용되게 되었다. 이 원리는 그림 4 - 26 에서 나타낸 흡착분리장치와 거의 같은 것으로서 $N_2$와 $O_2$의 분자 크기의 차이를 이용한 분리법으로서 흡착 효율을 높이기 위해 그림 4 - 26 의 입구측에 공기의 승압기를 부착하여 흡착통에 압입한다. 또 교환시간은 약 1 분간이다. 이 장치의 압축기와 진공 펌프에 소비되는 전력은 0.7~0.9 kW/$m^3$ $N_2$이며, 100 $m^3$ 발생기는 90 kW 의 전동기를 갖추고 있다. 이 $N_2$의 순도는 99.9%가 최고이며, 0.1%의 $O_2$를 함유하고 있다. 이것을 열처리에 지장이 없는 양까지 내리게 하기 위해서는 재처리가 필요가 있다.

#### 4. 흡열형 가스와 평형탄소농도의 측정

그림 4 - 27 은 흡열형 가스 발생장치의 구성도이다. 흡열형 가스는 그림에 나타내듯이 원료의 탄화수소와 공기를 혼합한 고온(1050~1100℃)의 Ni 촉매재 속을 통해 CO, $H_2$, $N_2$를 주성분으로 하는 분위기 가스로 변성하는 것으로서, 그 반응식은 다음과 같다.

$$C_3H_8 + 7.14\,Air = 3\,CO + 4\,H_2 + 5.64\,N_2 + 2400\,kcal/m^3$$

식이 나타내듯이 변성반응은 발열반응인데 변성통 내의 반응은 입구부에서 발열반응 · 흡열반응 · 평형반응을 거쳐, 출구에서 생성가스로서 냉각기에 보내진다. 이 흡열반응대가 강한 점과 통 전체의 온도를 유지하기 위해 외부에서 가열하기 때문에 흡열형 가스라 불리고 있다.

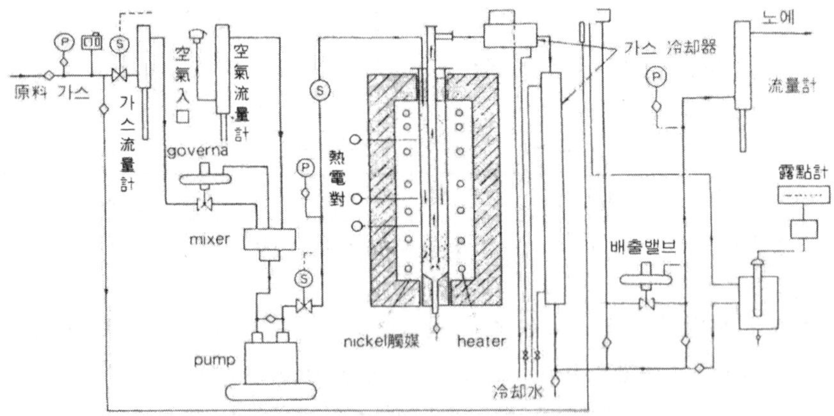


그림 4 - 27  흡열형 가스 변성로의 구성도

윗식은 단순한 이론식이며, 실제는 주성분 CO, $N_2$, $H_2$ 이외에 $CO_2$, $H_2O$, $CH_4$ 등이 미량 함유되어 있다. 이들 성분사이에는

$$CO_2 + H_2 \rightleftarrows CO + H_2O$$

의 수성가스 반응이 그때의 처리온도에서 정해진 평형을 유지한다. 이 평형상태에서는

$$K_1 = p_{CO} \cdot p_{H_2O} / p_{CO_2} \cdot p_{H_2} \qquad (4-1)$$

의 식이 성립한다. 여기서 $p_{CO}$, $p_{H_2O}$ 등은 각각의 가스분압이며, 정수 $K_1$ 온도에만 의존하는 평형상수이다. $K_1$의 값은 연구자에 의해 상당한 차가 있는데 그 일례를 표 4-8에 나타내었다.

원료 프로판과 공기의 혼합비와 그것에 대한 변성가스 조성 예를 표 4-9에 나타내었다. 이 표가 나타내는 것과 같이 가스량을 일정하게 하고 공기량을 변화시켜 변성가스 조성 중의 수증기량을 노점온도로 1℃변화시킬 경우 공기의 변화량은 0.2%이다. 이렇게 흡열형 가스 변성에서는 가스와 공기의 유량을 정밀하게 하여 가스를 850℃의 열처리로 송입했을 때 가스변성이 변화하는데 표 4-8을 사용하면 조성을 예측할 수 있다.

표 4-8 평형상수 $K_1K_2$의 값

| 온도[℃] | 800 | 850 | 900 | 950 | 1000 | 1050 | 1100 |
|---|---|---|---|---|---|---|---|
| $K_1$ | 0.91 | 1.14 | 1.33 | 1.53 | 1.74 | 1.97 | 2.20 |
| $K_2$ | 6.23 | 14-53 | 31.57 | 64-32 | 123.91 | 227.19 | 398.52 |

[주] $K_1$ : $CO_2 + H_2 \rightleftarrows CO + H_2O$ 평형상수
$K_2$ : $2\,CO \rightleftarrows [C] + CO_2$ 평형상수

표 4-9 공기/프로판의 혼합비와 변성가스 조성의 예

| 공기/가스 | $CO_2$ | CO | $H_2$ | $H_2O$(D.P) | $N_2$ |
|---|---|---|---|---|---|
| 7.5/1 | 0.4 | 22.9 | 30.5 | 0.7(2℃) | 잔 |
| 7.3/1 | 0.2 | 23.9 | 31.1 | 0.25(−10℃) | 잔 |

일반적으로 흡열형 가스 발생장치에 쓰여진 원료 가스는 LPG 및 도시가스이다. 원료 가스가 구비해야 할 조건은 일정 조성의 가스가 계속 공급될 것, 유황 따위의 불순물이 적을 것 등이다. LPG라 해도 순수한 프로판, 순수한 부탄 등은 고가로 입수하기도 어렵다. 통상 공업용으로 사용하는 LPG는 각종 탄화수소의 혼합물이다. 일례를

들면 프로필렌($C_3H_6$) 6.4%, 프로판($C_3H_8$) 19.5%, 부틸렌($C_3H_8$) 18.4%, 부탄($C_3H_{10}$) 55.7%인 LPG 3호 등이 있다. 이들 원료가스를 변성할 때, 가스와 공기의 혼합비를 정하기 위한 간이법으로서 이 가스의 C와 H 비를 구하여 $C_{3.741}H_{8.986}$으로 나타내고, 이것을 이용해 변성반응식을 만들면 다음 식이 된다.

$$C_{3.741}H_{8.986} + 3.741/2\ O_2 = 3.741\ CO + 8.986/2\ H_2$$

공기 중 산소를 21%로 하면 1.8705/0.21 = 8.91이 되고 가스/공기 = 1/8.91이 이론 혼합비이다.

흡열형 가스 발생장치의 운전은, 변성온도를 일정하게 하여 변성가스 중의 미량의 $H_2O$ 또는 $CO_2$ 양을 측정하여 이것들이 소정값에서 안정하도록 원료 가스와 공기의 혼합비를 조정하는 것이다. 발생장치의 운전시 제원은 장치 제작자 및 촉매 제작자가 추천하는 것이 좋으며, 일반적으로는 변송통의 온도를 1050~1100℃로 하고 변성가스의 노점은 0~5℃, 또 $CO_2$는 0.25~0.35%가 되도록 조정한다. 이 수치를 이용하는 이유는 이보다 낮은 수치의 변성일 경우 가스의 농도가 높아 촉매 등에 그을음이 발생하여 그 수명을 짧게 하거나 촉매의 기능이 떨어져 변성이 불안정해지고 마침내는 변성하지 않게 되기 때문이다.

그러나 퀜칭이나 어닐링처리의 경우 강의 탄소농도에 평형을 이룬다. 즉 탈탄이나 침탄이 없는 분위기로 하기 위해서는 발생장치의 노점 또는 $CO_2$를 조정하여 노에 송입하며 이 때의 지표가 되는 것이 그림 4-28, 그림 4-29에 나타낸 노점 및 $CO_2$량과 평형탄소농도(carbon potential)의 각 온도에 대한 관계도이다. 예를 들면 0.8%C

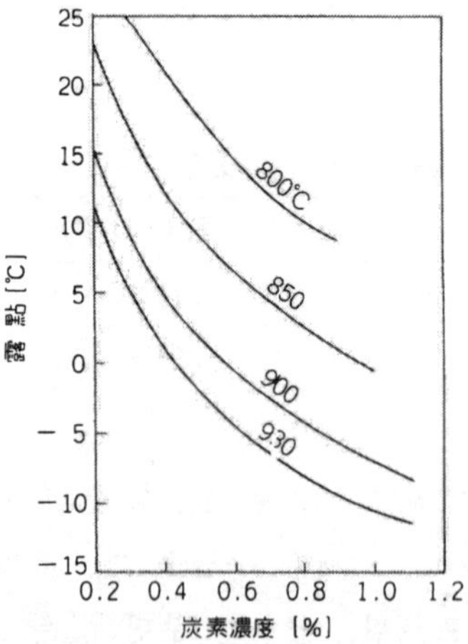


그림 4-28 노점과 탄소농도

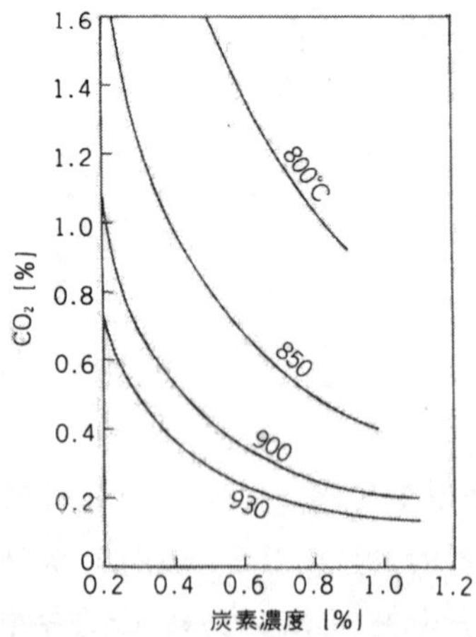


그림 4-29 $CO_2$와 탄소농도

강을 850℃로 가열할 때 분위기 가스의 노점은 2.5℃, $CO_2$는 0.5%이다. 그러나 실제작업에서는 노 내에 $H_2O$, $O_2$, C 등의 불순물이 주입되므로 통상 송입가스 노점보다 몇도 높아지므로(유조의 기름증기가 노 내에 들어갈 경우는 몇도 낮아진다) 이 변화분을 예상하여 변성노점을 정한다.

가스 침탄에서는 강 표면의 탄소와 분위기사이에

$$2CO \rightleftarrows [C] + CO_2$$

이란 **Boundouard**의 반응이 성립한다. 이것은 강의 표면탄소농도를 결정하는 반응으로서 이때의 평형상수를 $K_2$, 분압을 $p_{CO}$, $p_{CO_2}$, 탄소의 활량을 $a_C$, 오스테나이트의 포화탄소농도를 $a_s$ %, 강의 표면탄소량 = 탄소 포텐셜을 $P_C$ %로 하면 $a_C = P_C/a_s$이므로

$$K_2 = (p_{CO})^2/a_C \cdot p_{CO2} = (p_{CO})^2/(P_C/a_s) \cdot p_{CO_2} \qquad (4-2)$$

$$\therefore P_C = a_s \cdot (p_{CO})^2/K_2 \cdot p_{CO_2} \qquad (4-3)$$

$p_{CO}$는 원료가스에 의해 정해지는 일정한 값이므로 $p_{CO_2}$를 측정하면 탄소 포텐셜 $P_C$를 알 수 있다. 또한 식 (4 - 1)로부터

$$P_C = a_s \cdot K_1 \cdot p_{CO} \cdot p_{H_2}/K_2 \cdot P_{H_2O} \qquad (4-4)$$

가 되며, $p_{CO}$는 $p_{H_2}$의 원료 가스에 의해 정해지고 일정하므로 $p_{H_2O}$ 즉, 노점을 측정하면 탄소 포텐셜을 알 수 있다. 노점과 수분량은 표 4 - 10에 나타냈다.

윗식에서 구해진 값은 이론계산치이며 실제의 열처리 작업에서는 통상 상당한 차이가 나타난다. 따라서 이것을 지표로서 사용하며 각각의 처리로에 대한 처리 결과로부터 보정해 둘 필요가 있다. 탄소 포텐셜을 정확히 측정하려면 이론계산 처리에서는 CO와 $H_2$는 일정하다는 가정하에 계산하였으므로 $CO_2$ 또는 $H_2O$ 이외에 CO와 $H_2$를 측정해야 한다.

분위기 가스 중의 노점 측정에는 (1) 염화리튬법, (2) 경냉각법(鏡冷却法), (3) 가압분무상자법, (4) 산화알루미나 등의 전극법, (5) 노점 cup법 등이 있다. 노의 자동제어에는 (1), (2), (4)가 이용된다. $CO_2$의 측정은 적외선 분석법이 거의 대부분이며 Orsat법 등은 양이 많은 성분가스의 분석용이며, 그외에 가스 크로마토그래프법도 이용된다.

표 4 - 10 노점온도와 수분

| 노점[℃] | 16 | 14 | 12 | 10 | 8 | 6 | 4 | 2 | 0 | −2 | −4 | −6 | −8 | −10 | −12 | −14 | −16 |
|---|---|---|---|---|---|---|---|---|---|---|---|---|---|---|---|---|---|
| 용량[%] | 1.80 | 1.58 | 1.39 | 1.21 | 1.06 | 0.92 | 0.80 | 0.70 | 0.60 | 0.52 | 0.45 | 0.39 | 0.33 | 0.28 | 0.24 | 0.21 | 0.17 |

최근에는 고감도인 산소 센서가 보급되어 탄소 포텐셜 측정 및 제어에 이용되고 있다. 그 특정 원리는 지르코니아계의 산소전지를 사용하여 고온에서 공기 중의 $O_2$농도와 측정가스 중의 $O_2$농도비를 측정하는 것으로서 큰 기전력이 나오기 때문에 $O_2$양이 $10^{-23}$정도까지 측정할 수 있다. 노내 가스 상호간에는

$$CO + 1/2\,O_2 \rightleftarrows CO_2$$

의 평형반응이 성립하고 있으며, $O_2$의 분압을 $p_{O_2}$, 평형상수를 $K_3$이라 하면

$$K_3 = p_{CO_2}/p_{CO} \cdot p_{O_2}{}^{1/2} \qquad (4-5)$$

가 된다. 전술한 식 (4-3)과 식 (4-5)에서

$$p_C = a_s \cdot p_{CO}/K_2 \cdot K_3 \cdot p_{O_2}{}^{1/2} \qquad (4-6)$$

가 유도된다. 이 때 $p_{CO}$는 일정하므로 $p_{O_2}$를 측정하는 것으로서 $P_C$를 계산할 수 있다.

### 5. 암모니아형 가스의 발생장치

그림 4-30은 암모니아 분해장치의 구성도이다. 기화된 암모니아 가스를 고온의 니켈촉매를 통해 수소와 질소로 분해하는 것으로서, retort 온도는 일반적으로 900～1000℃이다. 이 분해반응은 $2\,NH_3 \rightleftarrows N_2 + 3\,H_2$로 나타낸다. 이 분해가스는 고가인 수소 대신에 열처리에도 많이 사용되고 있으며, 이 분해가스는 미분해 암모니아가 잔류하는 결점이 있으며 스테인리스강의 열처리 등에는 이것을 적게 사용할 필요가

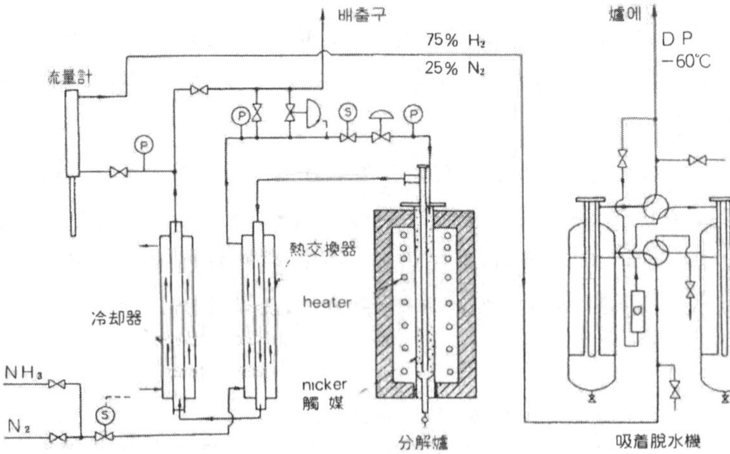


그림 4-30 암모니아 분해로의 구성도

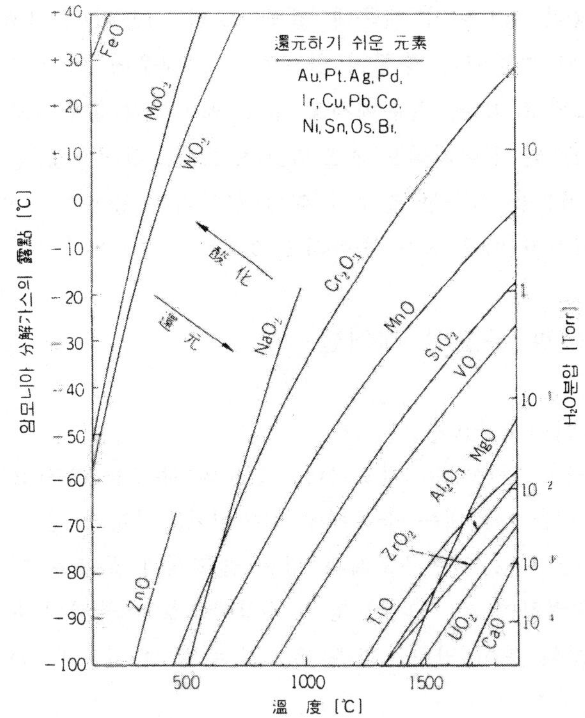


그림 4-31 $NH_3$ 분해가스 중의 금속의 산화·환원평형

있다. 이런 까닭에 분해온도를 높게 하든지, 흡착제로 제거하지만 고온으로 하면 retort나 촉매의 수명이 짧아지므로 일반적으로 흡착제를 이용해 수 ppm 정도까지 제거한다. 분해가스의 노점은 −40℃ 정도이며, 스테인리스강의 광휘 열처리에는 노점이 약간 높기 때문에 이 흡착제는 동시에 수분도 흡착제거하여 −60℃ 이하로 할 수 있다. 수분과 암모니아를 흡착한 흡착제는 가열로서 재생하는 방법과 진공으로 재생하는 방법 등이 있다. 이들 모두 2개통 모두를 바꿔 분해가스를 연속발생시킨다.

용도는 스테인리스강의 광휘 어닐링, 납땜, 소결 등이며, 또 환원에도 사용된다. 이 암모니아 분해가스의 노점과 온도 등에 의한 산화·환원 평형곡선을 그림 4-31에 나타낸다. 이 그림은 $H_2$, $N_2$ 및 진공처리에 이용가능하다.

### 6. 기타 분위기 가스의 제법

산소공장 등에서 영하(subzero)법으로 얻어지는 질소는 노점 −70℃ 이하, 산소 2 ppm 이하로서 상당히 순도가 높으며, 가격도 tank 설비를 갖춘다면 흡열형 가스와 암모니아 분해가스의 중간 정도이기 때문에 열처리로의 이용이 유리하다. 수년 전부터 미국에서는 천연가스의 가격이나 공급이 불안정하기 때문에 대체 분위기로서 질소를 이용하는 시험이 보고되고 있다. 일본에서도 질소 베이스의 분위기로서 열처리에 이용하여 왔다. 질소 베이스의 침탄처리도 시도되고 있으나, 경제성에 난점이 있으므로 보급되고 있지 않지만 이들을 함유한 질소에 의한 열처리는 증가하는 경향이다. 또한 배기가스의 질소화 분위기의 이용 등도 주목되고 있다.

## 4-4 온도측정과 온도의 제어법

### 1. 온도측정에는 2 방식이 있다.

온도란 물체의 온기를 나타내는 척도이다. 물체의 온도를 측정하는 데에는 온도의 상하에 의해 어떤 변화를 나타내는 측온체에 접촉시켜, 양자가 같은 온도가 되었을 때의 변화량으로, 온도를 아는 열전온도계와 같은 **접촉식**과 물체는 항상 열방사 에너지를 내고 있는 점을 고려하여 이 에너지 양을 측정함으로써 물체의 온도를 아는 방사온도계와 같은 **비접촉방식** 등이 있다. 각종 온도계는 표 4-11에 나타내는 온도범위에서 사용되고 있다.

표 4-11 각종 온도계의 사용온도범위

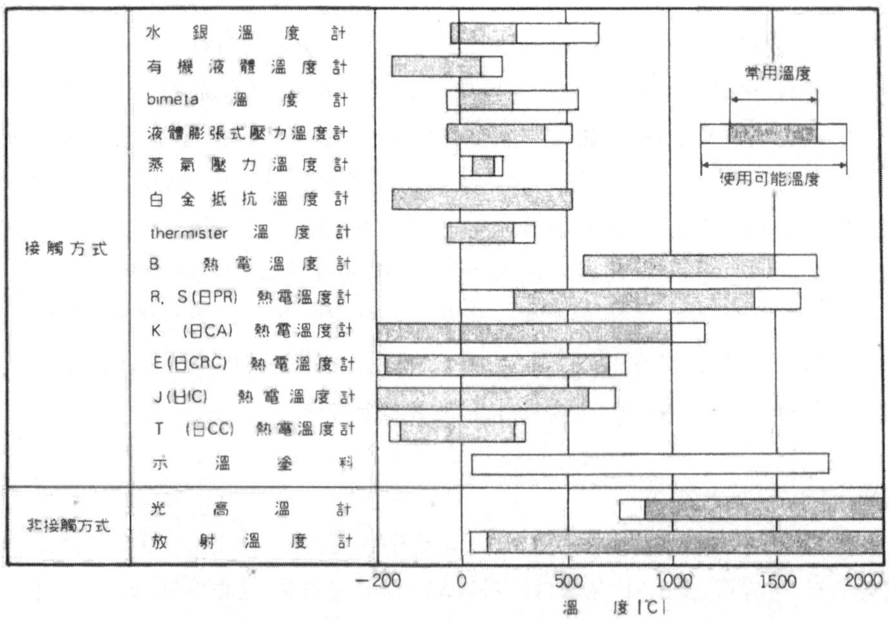

온도측정에는 우선 온도눈금을 정해야 한다. 일본에서도 계량관계 법령이 정해져 있으며, 이 온도눈금은 국제실용온도 눈금(1968년)의 국제협정에 의한 것이다. 협정의 개요를 보면 얼음과 물과 수증기의 평형온도(물의 삼중점)을 +0.01도로 하고 액체인 물과 그 수증기의 평형온도(물의 비등점)를 100도로 하여 이것을 **celsius**(℃)로 하고 있다. 이것에 대해 열역학온도는 단위를 **kelvin(K)**으로 나타내며, 물의 삼중점을 273.16K로 정의하고 있다. 그외 눈금의 기준온도(정점)로서 (산소의 비등점) −182.97℃, (유황의 비등점) 444-6℃, (은의 응고점) 960.8℃, (금의 응고점) 1063℃ 이외에 약 30종의 정점이 이용되고 있다.

## 2. 열전온도계

열처리 작업에서의 온도측정은 열전온도계에 의한 경우가 99%를 넘으므로 여기서는 열전온도계를 중점으로 서술하기로 하겠다.

### (1) 열전대

열전온도계의 측온부에서 그림 4-32에 나타내듯이 다른 금속을 접촉시키면 seebeck 효과라 하여 두 금속의 자유전자 차이에 의해 양 금속간에 접촉 전위차를 만든다. 이 전위차(열기전력, mV)를 계기에 의해 지시시키는 것이 **열전온도계**이다. 실용되고 있는 열전대는 표 4-12에 나타내듯이 JIS에서 정하고 있다. 이외에 이리듐-로듐이 2100℃, 텅스텐-레늄이 3000℃ 온도의 측온이 가능하다.

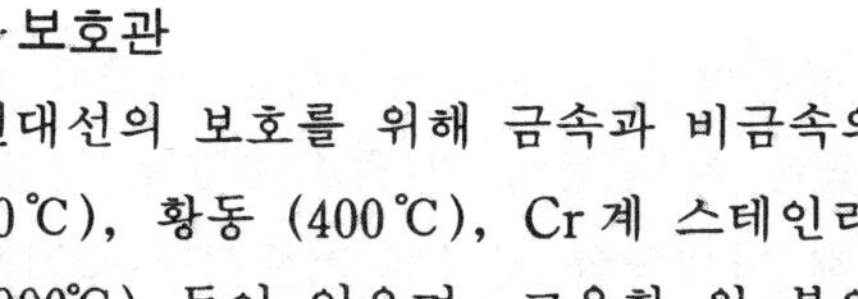


그림 4-32 **seebeck** 효과

### (2) 보호관

열전대선의 보호를 위해 금속과 비금속의 보호관이 사용되고 있다. 금속 보호관에는 동(300℃), 황동 (400℃), Cr계 스테인리스강, 오스테나이트계 스테인리스강(600~12,000℃) 등이 있으며, 고온환 원 분위기 중에서는 몰리브덴(1800~2200℃) 등이 사용되고 있다. 비금속 보호관은 염화비닐(50℃), 폴리에틸렌(80℃), 불소수지(250℃), 유리(500℃), 석영(1000℃), 자기(1000~1600℃), 아랜덤(1400℃), 카보런덤(1400~1600℃), 흑연(1600℃), 알루미나(1850℃) 등이 있다.

표 4-12 JIS 열전대의 종류와 사용온도 범위

| 종 류 | 조 성 | | 선지름 | 사용한도 ℃ | | 계 | 허 용 차 | |
|---|---|---|---|---|---|---|---|---|
| | +선 | −선 | [mm] | 상용 | 과열 | 급 | ℃ 또는 온도의 % | |
| B | 30 Rh−70 Pt | 6 Rh−94 Pt | 0.50 | 1500 | 1700 | 0.5 | ±4 | ±0.5 |
| R | 13 Rh−87 Pt | Pt | 0.50 | 1400 | 1600 | 0.25 | ±1.5 | ±0.25 |
| S | 10 Rh−90 Pt | Pt | 0.50 | 1400 | 1600 | 0.25 | ±1.5 | ±0.25 |
| K | 90 Ni<br>10 Cr | 94 Ni<br>3 Al<br>1 Si<br>2 Mn | 0.65<br>1.00<br>1.60<br>2.30<br>3.20 | 650<br>750<br>850<br>900<br>1000 | 850<br>950<br>1050<br>1100<br>1200 | ▲ 0.4<br>0.75<br>● 1.5 | ±1.5<br>±2.5<br>±2.5 | ±0.4<br>±0.75<br>±1.5 |
| E | 90 Ni<br>10 Cr | 55 Cu<br>45 Ni | 0.65<br>1.00<br>1.60<br>2.30<br>3.20 | 450<br>500<br>550<br>600<br>700 | 500<br>550<br>650<br>750<br>800 | 0.4<br>0.75<br>● 1.5 | ±1.5<br>±2.5<br>±2.5 | ±4<br>±0.75<br>±1.5 |
| J | Fe | 55 Cu<br>45 Ni | 0.65<br>1.00<br>1.60<br>2.30<br>3.20 | 400<br>450<br>500<br>550<br>600 | 500<br>550<br>650<br>750<br>750 | 0.4<br>0.75 | ±1.5<br>±2.5 | ±0.4<br>±0.75 |
| T | Cu | 55 Cu<br>45 Ni | 0.32<br>0.65<br>1.00<br>1.60 | 200<br>200<br>250<br>300 | 250<br>250<br>300<br>350 | 0.4<br>0.75<br>● 1.5 | ±0.5<br>±1<br>±1 | ±0.4<br>±0.75<br>±1.5 |

[주] ▲ 1000℃ 미만, ● −200∼0℃, 그 외는 최고 사용온도

### (3) 보상전선과 기준접점

열전대의 특색은 그림 4-32에 나타낸 양 접점의 온도차에 해당하는 전압이 발생하여 다른 전원이 필요치 않은 점이며, 온도눈금은 이 접점의 한 쪽이 0℃로 눈금이 그어져 있으므로 실제 열전대의 **측온접점**에 대해 반대쪽의 접점인 **기준접점**(**냉접점**이라고도 한다)을 0℃(또는 측정시의 온도)로 보정할 필요가 있는 결점을 갖고 있다. 기준접점은 열전대의 단자부이며, 실측 중, 가끔 100℃ 전후로 승온하면 그 상태로는 이 단자온도를 보정하는 것이 곤란하다. 따라서 단자(기준접점)온도 관리를 쉽도록 하기

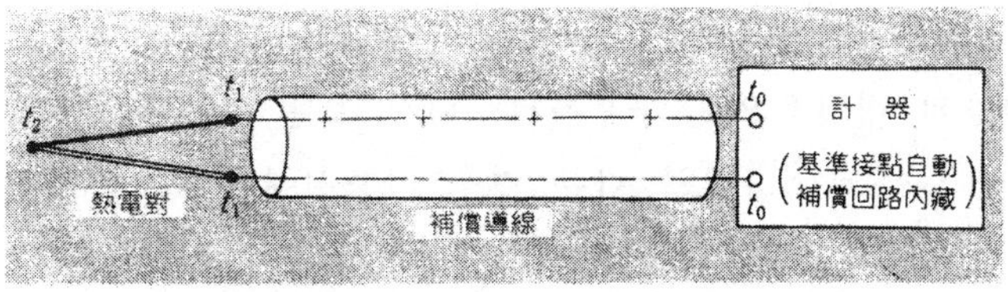


그림 4 - 33 열전대 · 보상도선 · 계기의 결선

위하여 열전대를 연장하여 계기의 단자부로 하는 것이 **보상도선**이다. 보상도선은 100~150℃까지 그 열전대와 같은 기전력을 발생하는 값싼 대용선으로서 그림 4 - 33과 같이 열전대 단자에 접속하여 기준접점을 계기 끝으로 옮긴다. 그리고 전기적으로 계기 단자부의 온도를 보정하는 것이 **기준접점 자동보상기**이다. 실험실적으로는 이 기준접점에 얼음냉각식 보상이 실제로 사용되고 있다.

(4) 표시계기

열전온도계는 대별하여 편위법과 영위법에 의한 것 등이 있다. **편위법**은 **가동 coil형**이 그 예이며, 가격은 비교적 싸지만 회로의 저항변화가 지시값을 변화시키는 결점이 있다. 이것에 비해 **영위법**은 **자동평형형**이 대표적이며, 열전대에서의 전압과 계기에서 발생하는 전압을 비교하여 그 차가 0인 점으로 측정하는 것이므로 외부 회로의 저항 변화가 무시 가능하며 정확하게 측정이 가능하다. 모두 기준접점 자동보상회로를 내장하고 있다. 측정회로의 결선법과 표준측정방식은 JIS Z 8704 "온도의 전기적 측정방법"으로 규정되어 있다.

### 3. 온도측정에서의 전기적 오차

온도계측에 있어서는 일반적으로 전기적 오차와 열적 오차를 수반한다. 전기적인 것은 비교적 원인이 파악되어 제거하기 쉬우나 열적 오차는 원인이 파악되기 어려우며 정량도 어렵다.

(1) 계기단독오차

시간의 경과에 따른 오차는 발견되기 어려우므로 정기적으로 검사를 하여 오차를 확인하고 수정해 사용한다.

(2) 측온체의 단독오차

일반적으로 제작자에 의해 오차는 보증되어 있다. 따라서 표준열전대 따위를 구입할 때 수입검사를 하든지, 혹은 검사표시가 부착된 것을 구입하는 것이 좋다. 상용사용한도와 과열사용한도에 따라 검사의 횟수를 구분하여 정기검사를 한다.

(3) 보상도선의 오차

JIS에서는 일반용과 내열용으로 구분하며, 다시 보통급과 정밀급으로 구분하고 있다. 허용오차가 ±1℃에서 ±3℃로 다른 경우 사용시에는 그 구분을 확인할 필요가 있다.

(4) 기준접점 온도보상기의 단독오차

이것은 보상의 불완전에 의한 오차가 많다. 얼음냉각식은 얼음과 물, 공기의 삼중점에서 0℃를 얻는 것이므로 불순물이 들어가면 약간의 오차가 생긴다. 식염을 0.03% 넣으면 0.01℃ 낮아진다. 전기식 보상기는 주변의 온도분포가 정밀도에 영향을 미친다.

(5) 회로의 절연저항 저하에 따른 오차

고온에서 열전대의 보호관이나 보상도선의 절연관의 경우, 절연이 저하되면서 지시오차가 나타나며 교류전류의 누전이 있으면 지시가 불안정해진다.

(6) 전자유도에 의한 오차

특히 자동평형계기는 외부에서의 전자유도에 외한 잡음에 의해 오차 및 계기감도의 저하를 초래하며 보상도선의 배선을 전력선과 병행시키면 큰 장해가 된다.

(7) 외부저항의 변화에 의한 오차

가동코일형 열전온도계는 지정된 저항치와 함께 접촉불량에도 주의해야 한다. 열전대의 열화 등으로서 저항치가 커지면 지시치가 낮아진다. 외부저항은 때때로 바로 조정할 필요가 있다.

## 4. 온도측정에 있어서의 열적 오차

(1) 열전도에 의한 오차

측온체를 피측온체에 접촉하여 측온할 때 피측온체의 열용량이 측온체와 비교해서 작을 경우, 또는 피측온체의 열전도율이 작을 경우에는 오차가 크게 나타난다. 또 측온체를 넣는 깊이가 얕으면 그림 4-34에 나타나듯이 열이 측온체의 보호관 등을 통해 밖으로 방출되는 까닭에 온도구배가 생겨 측온접점이 측정하고 싶은 노온보다 낮아진다. 이것의 대책으로는 금속 보호관의 경우는 직경의 15~20배, 비금속 보호관이라면 10~15배로 깊이 넣으면 좋다. 이런 점 때문에 보호관의 지름은 내구성이 허락하는 한 작게 하는 것이 좋다.

(2) 시간지연에 따른 오차

이것에는 3종류가 있으며 우선 온도가 일정한 경우는 측온체가 가진 시정수(時定數, 실제 온도의 63.2%가 되기까지의 시간)의 약 5배 시간이 경과하면 거의 정확한

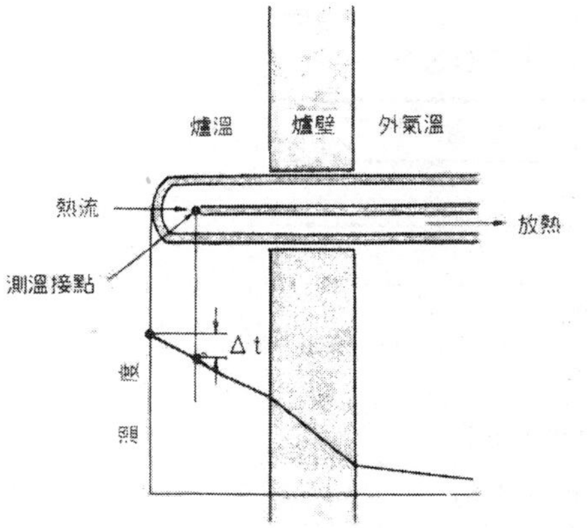


그림 4-34 열전대의 열전도오차

온도가 된다. 다음에 측온 대상의 온도가 일정속도로 변화할 때는 측정 온도가 실제 온도에 대해 어떤 온도차를 가진 채 변화하고 있다는 점에 주의를 해야 한다. 또 측정 온도가 cycling 하고 있는 경우의 오차는 주기적으로 증감하는 것이지만, 실제 온도의 진폭보다 측정 온도의 진폭이 작아지는 점에 주의하다. 측온체의 시정수를 작게 하면 진폭 차가 작아지고 거의 정확한 변화를 측정할 수 있다.

(3) 자기 가열에 의한 오차

이것은 백금저항온도계(금속의 전기저항은 온도가 상승하면 증가하는 것을 이용한 온도계)에서만 일어난다. 측정 전류에 의해 측온체가 가열됨으로써 생기는 오차인데 실제의 계기는 눈금을 잴 때의 측정 전류치로 하므로 문제는 그다지 없다.

(4) 방사열에 의한 오차

방사 에너지는 온도의 4 제곱에 비례하므로 측온체가 heater와 같은 고온방사를 받을 때는 100℃ 오차가 나온다. 이 오차를 작게하는 데는 온도차가 큰 heater나 벽에서의 방사가 측온체에 직접 닿지 않도록 한다. 또 교반기를 이용해 노내 기체의 유속을 강하게 하는 방법도 있다.

(5) 고속기류에 의한 오차

고속기류 속으로 측온체를 넣으면 기체의 압축이나 내부마찰 때문에 열을 만들어 실제 온도보다 높게 지시된다. 초속 20 mm 이상일 때는 보정을 필요로 한다.

(6) 공기의 침입에 의한 오차

측온체의 삽입구멍 등에서 냉풍이 들어와 오차가 나는 일도 종종 있다.

### 5. 온도제어법

열처리 작업에서 온도제어의 결과는 직접 열처리의 정밀도를 좌우하므로 정확한 제

표 4 - 13 제어방식과 조절동작

| 제어방식 | 조 절 동 작 |
|---|---|
| on - off | 2 위치 |
| | 3 위치 |
| | P (비례) |
| 연속 | P (비례) |
| | PD (비례 + 징분) |
| | PI (비례 + 적분) |
| | PID (비례 + 적분 + 징분) |

어가 보증되어야 한다. 여기서 말하는 제어는 자동제어이며, 온도제어 이외에 작업자를 위험한 혹은 단조로운 기계적 노동에서 해방시키는 것이다. 고온, 진동, 소음, 먼지, 유독가스 등이 존재하는 환경에서는 한층 더 중요하다. 제어방식과 조절동작의 종류를 표 4 - 13 에 나타내었다.

(1) 2 위치 제어

제어량에서 목표치를 뺀 값을 제어편차 또는 간단히 편차라고도 한다. 2 위치 동작에서는 편차가 +인지 −인지에 따라 가열원을 제어하는 조작부에 on 이나 off 의 2 개 위치가 있다. 열전기를 사용할 경우 예로 들면 설정점까지는 전류가 흐르며 설정점을 넘으면 전류가 끊기는 동작이다. 3 위치는 설정점이 2 개소 있으며, 조작부가 상, 중, 하로 3 개의 위치를 나타내는 것으로 가열과 냉각의 제어동작사이에 중간대를 설치하는 것 따위가 이 예이다. 2 위치 동작의 편차와 열원의 관계를 그림 4 - 35 에 나타낸

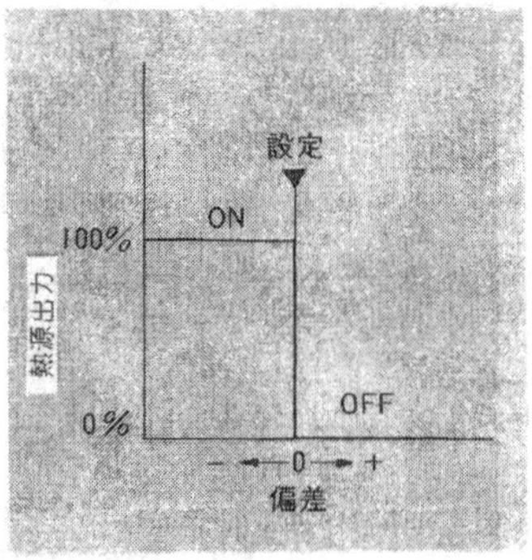


그림 4 - 35 2 위치 동작의 편차와 출력

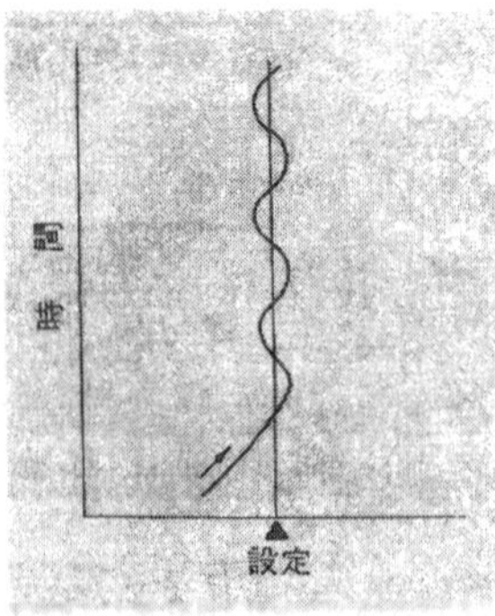


그림 4 - 36 2 위치 제어의 결과

다. 그 제어 결과를 온도기록계로 그리면 그림 4 - 36 에 나타내듯이 어떤 온도폭의 주기가 생긴다. 버너 등은 점화와 소화의 반복으로 큰 온도차가 생기므로 2 위치동작은 부적당하다.

(2) 비례제어(**P** 동작)

2 위치 제어에서는 만족하지 못한 제어 결과가 나타날 때 특히 버너 등과 같이 on - off 로 하고 싶지 않을 때는 편차와 조작량(열원 출력) 등이 연속적으로 비례관계를 갖는 제어동작이 바람직하다. 이 관계를 도시하면 그림 4 - 37 이며, 그 제어 결과는 그림 4 - 38 과 같이 처음에는 다소 주기성이 나오지만 차츰 감쇠하여 직선이 된다. 버너는 어떤 열림에서 유지되지만 비례동작은 그림에 나타내는 것처럼 제어 결과가 설정치와 일치되지 않는 것이 통상적이므로 이 편차(off set)를 수동으로 수정(reset)할 수 있는 조정 기능을 조절계가 갖고 있다.

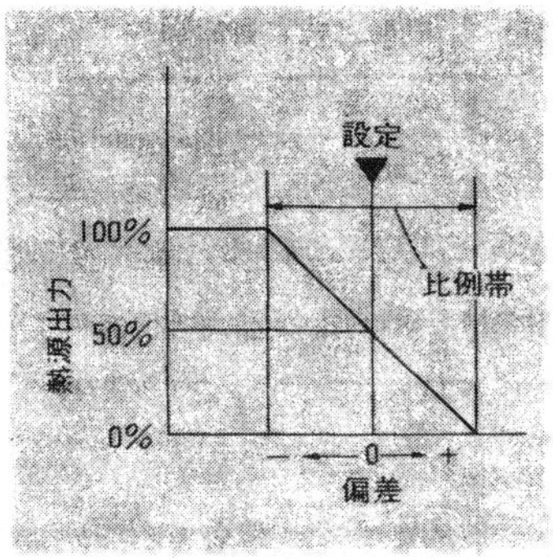

그림 4 - 37 비례위치동작의 편차와 출력

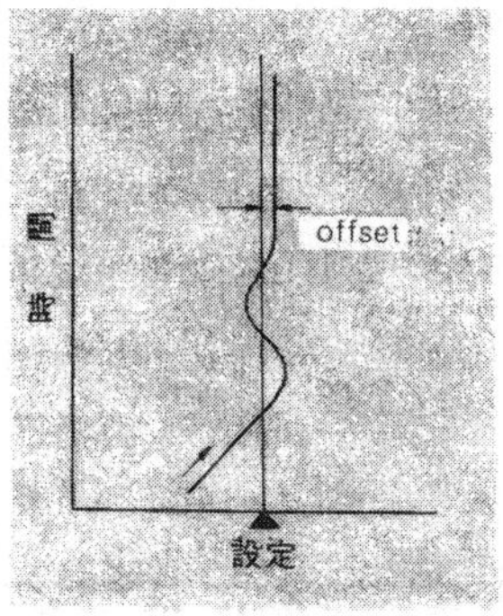

그림 4 - 38 비례제어의 결과

(3) **PID** 제어

비례제어로서 발생한 편차(off set)를 자동적으로 수정하는 동작이 적분동작(I 동작)이며, 조작량은 동작신호의 적분치에 비례하므로 편차라는 신호가 있는 한 조작출력은 증가하며 결국은 편차를 0 으로 한다. P 동작에 I 동작을 가한 PI 동작은 비교적 느린 process 에 적용되고 있다.

미분동작(**D** 동작)은 제어량의 변화속도에 따라 조작단의 위치를 결정하는 것으로 조작량이 동작신호의 미분치에 비례하므로 작은 외부신호에 대해서도 크게 반응하며 소위 제어량의 미래 상황을 예지하여 행하는 재빠른 동작이다. **PID** 동작은 응답을 시작하는 데에 있어 지연에 의해 허비되는 시간이 크고 전달지연이 큰 process 에 적용된다. 즉 이러한 process 에서 PID 동작을 사용하여 cycling 을 막기 위해 비례대를 크

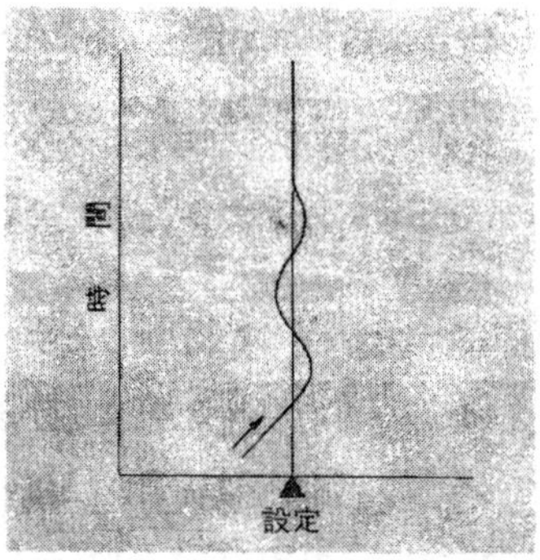

그림 4 - 39 PID 제어의 결과

게 하여(비례감도를 작게 하여) 수정비율을 작게(적분시간을 대) 해야 하지만 부하변화가 일어났을 때에 큰 off set이 생겨 설정치가 되기까지의 시간이 길게 걸린다. 이러한 경우 D동작을 가하면 편차가 일어나 처음에 큰 정정동작을 행해 PI동작만의 경우보다 크게 조작단을 움직이지만 그후 작용은 없어지고 조작부는 PI동작만으로 안정된 제어를 하게 된다. 이러한 PID제어의 결과는 그림 4 - 39에 나타내었다.

가열량을 직접 제어하는 조작단 기기와 조절동작의 조합 예를 표 4 - 14에 나타내었다. 또한 온도계나 온도측정법 등 온도에 관한 JIS는 각 부분에 관련되어 있으므로 상세한 지식을 얻고 싶은 분들을 위해 표 4 - 15에 정리해 두었다.

표 4 - 14 온도조절계와 조작단 기기

| 항목 \ 조작단 | 조절계 | | | | | | | |
|---|---|---|---|---|---|---|---|---|
| | ON - OFF | | | ON - OFF Servo | 전류출력 | | Pulse | |
| | 2위치 | 비계 | PID | PID | 비례 | PID | 비례 | PID |
| 전자개폐기, 전자밸브 | ○ | ○ | | | | | | |
| 수은 relay | ○ | ○ | | | | | | |
| 가포화 reacter | | | | | ○ | ○ | | |
| 전동전압조정기 | | | | ○ | | | | |
| thyristor regulator | ○ | ○ | ○ | | ○ | ○ | | |
| thyistor unit | | | | | | | ○ | ○ |
| 전동밸브 | | | | ○ | | | | |

표 4-15 온도에 관한 JIS 일람표

| 부문기호 | 분류번호 | 명　　칭 |
|---|---|---|
| C | 1601 | 지시열전온도계(가동코일) |
| | 1602 | 열전대 |
| | 1603 | 지시저항온도계(가동코일 비율계형) |
| | 1604 | 측온저항체 |
| | 1610 | 열전대용 보상도선 |
| | 1611 | thermistor 측온체 |
| | 1607 | 전자관식 자동평형기록온도계 |
| | 1608 | 가동코일식 타점기록온도계 |
| | 1801 | prosess 제어 analog 조절계의 시험방법 |
| R | 1401 | 열전대용 비금속 보호관 |
| | 1402 | 열전대용 비금속 절연관 |
| Z | 8704 | 온도의 전기적 측정방법 |
| | 8705 | 액체봉입 유리온도계에 의한 온도측정방법 |
| | 8706 | 光高溫計에 의한 온도측정방법 |
| | 8707 | 금속온도계에 의한 온도측정방법 |
| | 8710 | 온도측정법 통칙 |
| B | 7410 | 석유류 시험용 유리제 온도계 |
| | 7411 | 유리제 봉상온도계(전침몰) |
| | 7412 | 유리제 이중관온도계 |
| | 7413 | 浸沒線付 유리제 수은봉상온도계 |
| | 7527 | 온도계(목제판부) |

# 제 5 장
# 일반 열처리 공정

## 5-1 노말라이징(HNR)

### 1. 노말라이징의 목적은 조직의 개선에 있다.

주조(鑄造), 단조(鍛造) 또는 압연 등에 의해 만들어지는 것을 조형재 또는 강재라 불린다. 주조에서는 고온에서의 냉각과 응고속도가 장소에 따라 불균일하기 때문에 또 단조와 압연에서는 두께에 따라 열간가공 종료온도가 부분적으로 불균일하기 때문에 과열이상 조직이나 탄화물의 국부적 응집, 결정입자의 조대화 및 불균일 등이 나타난다.

이러한 조직을 $A_3$점 또는 $A_{cm}$점 이상의 적당한 온도로 가열하여 오스테나이트 단상으로 한 뒤 이것을 대기 중에서 공랭하면 변태점을 통과하는 사이에 상기의 부적절한 주조, 단조 또는 압연조직이 개선되며 결정입자는 전체가 미세입자의 조직이 된다. 그러므로 강도(인장강도나 항복점)와 인성(연신율, 단면수축률, 충격치) 등의 기계적 성질이 향상되는 이외에 잔류응력도 제거된다. 이것이 노말라이징이며, KS의 가공방법 기호로는 HNR로 표기된다.

### 2. HNR은 공중방냉으로 경하게 한다.

(1) 가열방법

노말라이징을 하는 데는 그림 5-1에 나타나듯이 아공석강인 경우에는 $A_3$점(G~S) 이상, 또 공석강, 과공석강인 경우는 $A_{cm}$점(S~E) 이상, 40~60℃ 정도 높은 온도로

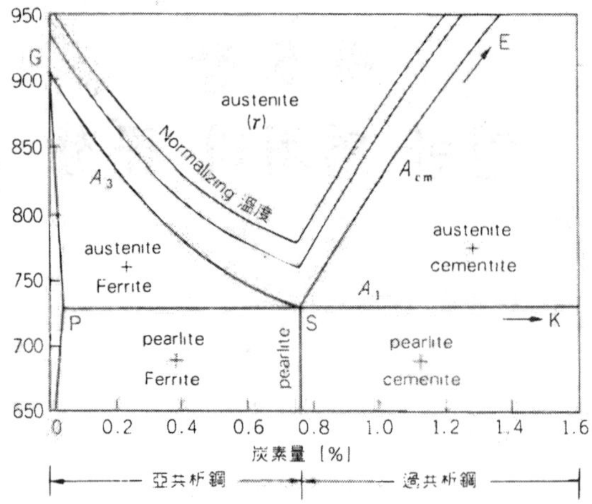


그림 5-1 노말라이징 온도는 $A_3$ + $A_{cm}$ 점 이상으로 된다.

가열하여 페라이트, 펄라이트 혹은 시멘타이트를 강의 소지(素地, 매트릭스) 중에 완전히 융합시켜 오스테나이트상으로 한다. 이 온도를 노말라이징하기 위한 **오스테나이트화 온도**라 하며, 이 온도보다 지나치게 높다든지 또 가열유지시간을 길게 하면 결정입자를 오히려 조대화시킨다.

노말라이징 가열시 $A_1$점을 넘으면 펄라이트 중에 오스테나이트 핵이 발생하고 $A_3$점 또는 $A_{cm}$점에서는 매트릭스 전체가 오스테나이트의 미세 결정입자로 변화한다. $A_1$점에서 $A_3$ 또는 $A_{cm}$점까지의 가열속도가 빠를수록 오스테나이트 핵발생이 많으며 따라서 결정입자는 미세화된다. 또한 오스테나이트 온도에서 냉각시킬 때도 변태점을 통과할 때의 속도가 빠를수록 결정입자가 미세화되므로 오스테나이트화 온도는 완전 어닐링인 경우보다 좀 높게 정하여 가열속도를 빠르게 하고, 냉각시에는 노외(爐外) 공랭에 의해 냉각속도를 빠르게 한다.

(2) 가열시간

노말라이징의 가열처리 시간은 그림 5-2와 같이 열처리품의 장입(裝入)에서 생각하면 노내온도는 외기 때문에 일시 하강하지만 다시 상승하여 설정온도에 도달한다. 이 때 열처리품의 표면은 그보다 약간 느리고 중심부는 더욱 늦게 설정온도에 도달된다. 승온시간·균열시간·유효 유지시간은 그림과 같다. 이들은 열처리품의 형상과 두께, 가열원, 가열방식, 장입량 등에 따라 각각 다른 시간을 필요로 한다. 실제로 관리할 수 있는 것은 균일 가열시간과 유효 유지시간을 합친 외견상의 **유지시간**이지만 그것은 열처리품의 표면색과 열전대 보호관의 선단의 색이 동일해진 후 즉 환봉의 경우

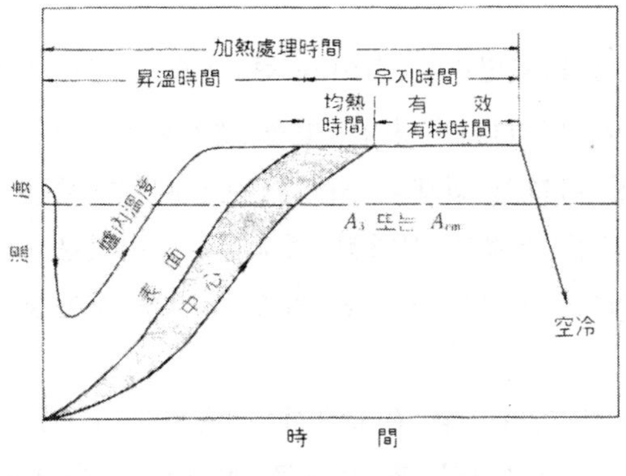


그림 5-2 가열승온의 모양과 유지시간의 내용

직경 25 mm 당 30 분~1 시간으로 하여 계산하면 좋다. 또한 유지시간은 급속히 승온하는 경우와 천천히 승온하는 경우에 차이가 있으며, 급속히 승온하는 경우는 길게 하고 천천히 승온하는 경우는 짧게 한다.

(3) 보통의 냉각방법

그림 5-3 (a)가 그 작업도이다. 설정온도로 가열한 강을 정지한 대기 중에서 냉각하는 경우 강의 냉각형태는 형상의 차이, 특히 단면적의 대소와 냉각방법에 따라 크게 다르다. 즉 형상이 작은 것은 표면, 내부 모두 빨리 냉각되며, 큰 것은 천천히 냉각되며 중심부는 특히 서냉된다. 이런 까닭에 큰 제품에서 미세한 조직을 얻고 싶은 경우 급속히 냉각시키기 위해 fan 등으로 강제 공랭하는 것이 좋다. 또 작은 제품에서 빨리 냉각되어 지나치게 단단해지는 경우는 열처리품을 재나 석회 속 혹은 상자 속에 넣어서 천천히 냉각하도록 한다.

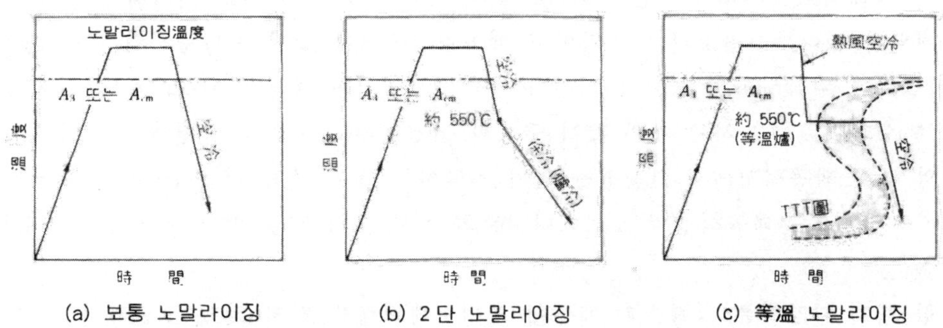


그림 5-3 노말라이징 작업의 여러 종류

### (4) 2단 노말라이징

부품의 형상이 복잡하거나 단면적의 차이가 큰 제품은 냉각에 의한 변형이 발생하기 쉬우므로 전체가 균일하게 냉각되는 냉각방법을 생각해야 한다. 그래서 그림 5-3(a)에 나타나듯이 $A_1$ 변태점 이하의 화색이 없어지는 550℃까지는 빨리 냉각하고 나중에 노내나 재 속에서 서냉하면 변형은 상당히 경감된다. 이것은 550℃ 부근에서 펄라이트 변태가 종료되므로 거기서의 냉각속도는 최종 조직에 영향을 주지않기 때문이다.

### (5) 등온 노말라이징

그림 5-3(c)와 같이 노말라이징 온도에서 등온변태(TTT)곡선의 코에 상당하는 550℃까지 열풍으로 강제 냉각시킨 후 등온로 속에서 등온변태(550℃ × 1h)시킨 후 상온까지 공랭시키는 방법도 있다.

### (6) 2중 노말라이징

double 노말라이징이라고도 한다. 대형 주강품의 조대화 조직이나 단강품의 과열조직을 미세화하는 데는 1회의 노말라이징으로는 불충분하다. 이 때 첫 번째는 확산에 의한 조직의 균일화를 도모하기 위해 비교적 고온에서 행하며, 두 번째는 결정입자의 미세화를 도모하기 위해 통상의 노말라이징 온도에서 행하면 좋은 결과가 얻어진다.

## 3. 노말라이징이 적용되는 경우

퀜칭에 의한 강화가 그다지 기대될 수 없는 0.20% 이하의 저탄소강에는 이 노말라이징 처리가 유효하다. 또 피삭성의 향상에도 유익하다. 중·고탄소강에서도 퀜칭·템퍼링하지 않고 노말라이징을 사용하는 경우가 있다. 과공석강을 노말라이징하는 경우는 적다. 과공석강의 노말라이징 온도는 상당히 높으므로 조대한 결정입자가 되기 쉬우며 더구나 탄소량이 많으므로 경화능이 좋은 까닭에 작은 물체나 얇은 물품에서는 공랭에 의해서도 지나치게 단단해지고 피삭성과 소성 가공성도 저하하기 때문이다. 단, 예외가 있다. 고탄소의 공구강이나 베어링강에서는 완전 어닐링하면 망상 탄화물이 석출하여 피삭성과 인성이 나빠진다. 이 망상조직은 $A_{cm}$점 이상으로 가열해야 비로소 해소되므로 후술하는 것과 같이 구상화 어닐링의 전처리로서 행해지고 있다.

이와 같이 과공석강에서 $A_{cm}$점을 넘어 가열하는 것은 부득이한 경우이며 후술할 어닐링, 퀜칭에서도 과공석강의 오스테나이트화 온도는 $A_1$점을 약간 초과하는 정도로서 충분하다.

또한 대형 단강품은 질량효과 때문에 퀜칭·템퍼링을 하지 않고 노말라이징하여 사용하는 경우가 많다. 또 주강은 기계적 성질의 개선 때문에 반드시 어닐링 또는 노말라이징을 행한다.

또 노말라이징은 미세 펄라이트나 탄화물의 균일한 분포를 목적으로 하는 것인데, 이와 동시에 퀜칭가열할 때 오스테나이트를 촉진하므로 경화능의 향상을 위해 가끔 퀜칭전처리로서 행해지는 일이 있다.

## 5-2 어닐링(HA)

### 1. 어닐링의 목적은 연화와 조직개선에 있다.

어닐링의 종류와 방법은 여러 가지가 있으나 ① 강을 연화하여 피삭성이나 소성가공성을 개선하고, ② 잔류응력을 제거하고, ③ 결정입자나 조직을 조정하고, ④ 성분원소나 불순물의 편석을 확산에 의해 제거하려고 하는 열처리의 총칭이며, 퀜칭과 함께 많이 이용되는 열처리 작업이다.

### 2. 완전 어닐링은 노중 냉각한다.

완전 어닐링은 탄소강이나 저합금강의 조직을 개선하여 가능한 한 연화시켜 소성가공이나 피삭성을 좋게하기 위해 가장 일반적으로 행해지는 어닐링이며, 단지 어닐링이라 함은 완전 어닐링을 가리킨다.

주강이나 주괴 혹은 열간압연, 열간단조한 것은 매우 고온으로 장시간 가열되므로 결정입자가 조대화하여 기계적 성질이 나빠진다. 그림 5-4에 나타나듯이 아공석강에서는 $A_3$변태점 이상 20~30℃, 과공석강에서는 $A_1$변태점 이상 30~50℃ 고온으로 가열하여 오스테나이트화 하고 충분한 시간을 유지한 뒤 노 내에서(노밖이라면 재 속

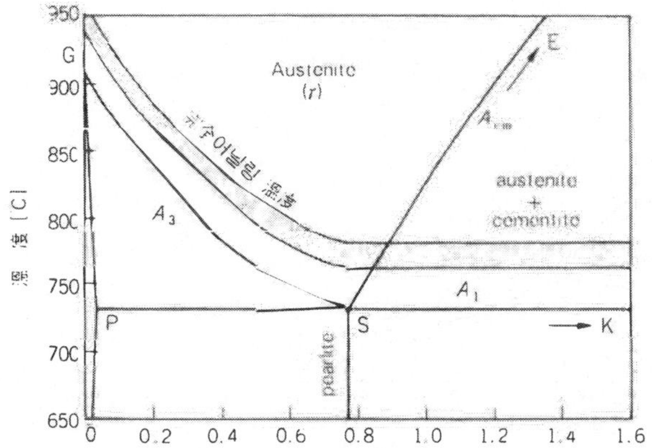


그림 5-4 完全어닐링 온도는 $A_3 - A_1$점 이상으로 된다.

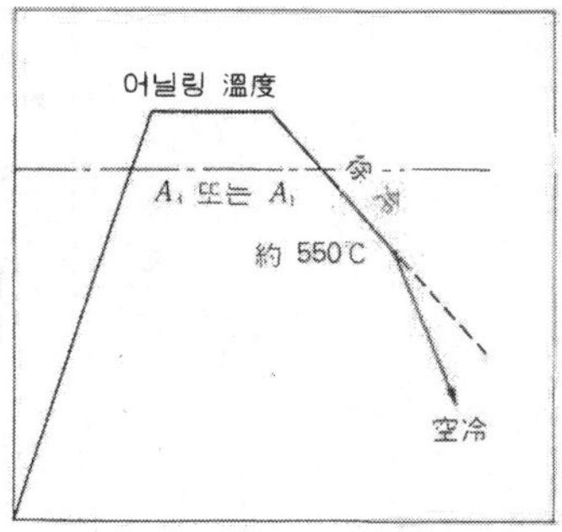


그림 5-5 어닐링 작업도

에서) 천천히 냉각한다. 이것을 노냉 또는 서냉이라 한다.

어닐링의 효과는 노말라이징의 경우와 같고 오스테나이트화 온도에서 약 550℃까지의 냉각속도에 좌우된다. 노말라이징의 경우에는 공랭에 의해 조금 단단해진 미세 펄라이트 조직인 것에 반해 어닐링인 경우에는 노냉에 의해 연한 층상 펄라이트 조직이 된다. 변태가 끝난 550℃ 이하에서는 시간 절약을 위해 그림 5-5에 나타나듯이 노에서 꺼내어 공랭하는 것이 보통이다. 이것을 **2단 어닐링**이라 한다. 단, C량이 0.30% 이상으로서 형상이 복잡한 경우에는 550℃ 이하라도 냉각이 너무 빠르면 불균일하게 냉각되기 때문에 큰 변형이 발생하든가 부분적 변형을 하든지 또는 경도가 불균일하게 되므로 주의가 필요하다.

### 3. 응력제거 어닐링은 저온 어닐링

주강품, 단조품, 압연품 등은 불균일한 온도의 영향으로, 또 기계가공품에서는 가공시의 절삭력에 의해 재료에 큰 **잔류응력**이 생기고 있다. 이러한 상태로 퀜칭하여 정밀기계부품으로 사용하면 그 잔류응력 때문에 변형이 발생되고, 이로 인해 사고가 발생되는 경우가 있다. 또한 고온으로부터의 급랭에 의해서도 잔류응력이 발생한다. 이러한 응력을 제거하는 열처리가 **응력제거 어닐링**이다.

잔류응력은 가열온도 약 450℃에서 소멸되기 시작하므로 응력제거 어닐링은 일반적으로 약 500~600℃에서 소요시간 가열한 뒤 서냉한다. 강의 경우 일반적으로 잔류응력을 받고 있는 결정이 가열되어 약 450℃ 이상이 되면 원자의 재배열이 일어나서 변형이 없는 결정으로 회복되고 동시에 연화가 일어난다. 이것을 **재결정**이라 한다. 어닐링처리 전에 여러 응력을 가진 재료를 각 온도에서 어닐링처리한 경우의 응력소실 상

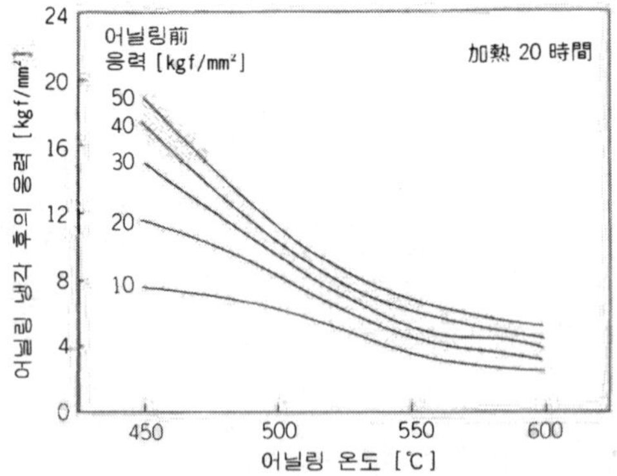


그림 5-6 어닐링 온도가 높을수록 응력은 제거된다.

태를 그림 5-6에 나타내었다. 가열온도가 높아짐에 따라 응력의 소실량이 많아짐을 알 수 있다.

주철의 응력제거로는 자연시효와 인공시효(응력제거 어닐링)를 이용하고 있는데 현재에는 대부분이 인공시효이다. 그 조작으로서는 약 550~600℃ 온도로 2~6시간 유지한 뒤 서냉하는 것이다. 또 용접을 실시한 구조용 부품도 응력제거가 필요하며, 이 경우는 약 450~600℃로 가열한 뒤 서냉한다.

응력제거 어닐링은 $A_1$변태점 이하의 온도가 적용되므로 저온 어닐링이라고도 한다. 스테인리스강의 응력제거 어닐링은 그 종류에 따라 각각 다르다. STS 430 같은 페라이트계는 약 700~900℃에 1~2 h/25 mm의 요령으로 가열 후 공랭하여 사용한다. 400~500℃에서 장시간 가열하면 **475℃ 취성**이라 하여 조직적으로는 변화하지 않지만 경도가 높아지고 특히 충격치가 저하하며 내식성도 나빠진다. 퀜칭·템퍼링하여 사용하는 마르텐사이트계는 기계구조용 합금강과 완전히 같으며 약 650~750℃로 가열한 후 공랭한다. 오스테나이트계에서는 안정화 강이나 극저 C강인 경우에 냉간가공이나 용접 후의 응력 부식균열을 막기 위해 850~900℃에서 2~4시간 가열 후 공랭하는 경우가 있다.

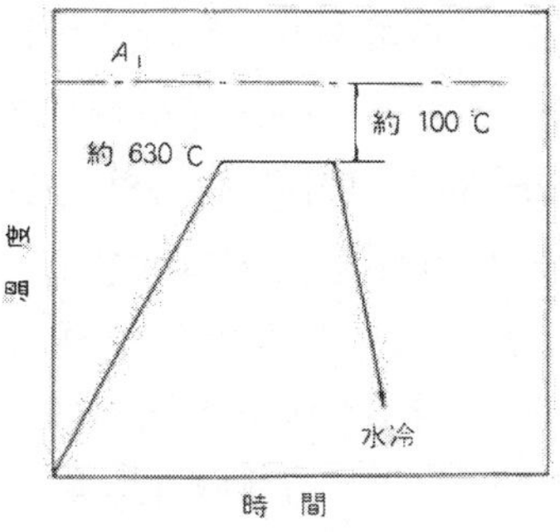


그림 5-7 어닐링 작업도

### 4. 연화 어닐링의 간단한 방법

연화 어닐링은 강재의 경도를 단지 낮추어 기계 가공성을 향상시키는 처리법이다. 방법으로서는 그림 5-7에 나타낸 것처럼 $A_1$변태점보다 약 100℃ 낮은 온도로 10분쯤 가열한 뒤 수냉 또는 공랭한다. 이것은 경도를 신속히 연화하는 간편한 방법이며, 수냉하는 경우를 수인법(water toughening)이라고 한다. 예를 들면 탄소강인 경우는 730℃ − 100℃ = 약 630℃, 하이스인 경우는 900℃ − 100℃ = 약 800℃가 가열온도이며, 수냉 또는 공랭으로도 거의 동일하게 연화된다. 전항과 달리 잔류응력은 고려하지 않았다.

### 5. 구상화 어닐링은 고 C 강 퀜칭의 전처리

특히 과공석강에서 그 피삭성 및 소성가공성을 개선시키고 더구나 기계적 성질의 개선을 꾀하며 또 퀜칭 후의 인성을 증가시켜 퀜칭균열을 방지하기 위해서는 미리 펄라이트 층상조직을 파괴하여 이것을 구상 탄화물로서 페라이트 기지에 분산시키는 것이 유리하다. 그러기 위한 열처리를 **구상화 어닐링**이라 한다.

구상화의 정도는 가공성을 증가시키는 경우에는 비교적 크게 하고, 퀜칭균열방지나 인성을 증가시키기 위해서는 미세하고 균일한 구상화가 바람직하다. 그런 까닭에 목적에 따라 조직상태를 결정할 필요가 있다. 일반적으로는 구상화 탄화물의 크기는 0.5~1.5 $\mu$m 정도가 좋으며, 3 $\mu$m 이상의 탄화물이나 크고 작은 탄화물이 혼재되어 있는 경우는 나쁘다.

구상화 어닐링에는 그림 5-8에 서술하는 여러 방법이 있는데 강종이나 재료의 냉간가공의 정도 또는 목적으로 하는 구상화의 정도에 따라 방법을 선정하는 것이 필요하다.

① $A_1$ 직하인 50~700℃로 장시간 가열유지한 후 천천히 냉각한다. 이 방법은 냉간가공재에 적합하다. 또한 경화능이 좋은 구조용강 등에서 아래에 설명한 ④ 방법으로는 펄라이트 변태의 완료에 장시간을 요하고 구상화하기 어려운 경우 작업성 향상을 위해 이용된다. 그러나 조대한 시멘타이트는 이 방법으로는 구상화시키기 어렵다.

② $A_1$ 변태점을 경계로 하여 그 상하 ±20~30℃ 사이에서 가열, 냉각을 2~3 회 반복한 뒤 천천히 냉각시킨다. 이것은 $A_1$ 변태점 이상으로 가열하여 망상 시멘타이트를 절단하고 그 $A_1$ 직하 온도에서 구상화하는 것이다. 이 방법은 아공석강에도 좋으며, 작은 공구강 등에는 유효하지만 현장작업으로는 작업성에 어려움이 있다.

③ $A_3$ 또는 $A_{cm}$ 선 이상 30~50℃로 가열하여 망상 시멘타이트를 완전히 고용한 뒤

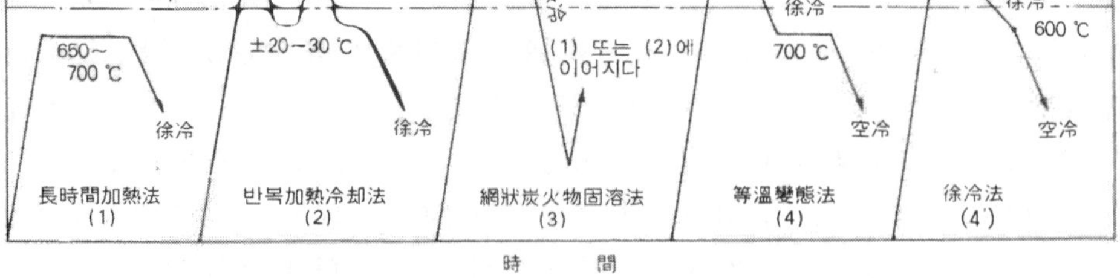


그림 5-8 구상화 어닐링 작업의 여러 가지

표 5-1 베어링강의 구상화 어닐링과 저온 어닐링의 예

| 강 종 | 구상화 온도[℃] | 유지시간 | 냉각속도 | 저온 어닐링 온도[℃] |
|---|---|---|---|---|
| STB 1 | 780~810 | | | 670~720 |
| STB 2 | 〃 | | | 〃 |
| STB 3 | 760~790 | 2 h/25 mm | 10℃/h 이내 | 650~700 |
| STB 4 | 780~810 | | | 670~720 |
| STB 5 | 760~790 | | | 650~700 |

급랭하여 다시 망상 시멘타이트가 석출하는 것을 막고 더욱이 상기한 ① 또는 ②의 처리를 하여 구상화한다.

④ $A_1$ 이상 $A_{cm}$ 이하의 약 760~780℃로 가열한 뒤 약 700℃까지는 서냉하고 이 온도에 약 3시간 정도 유지하여 변태가 끝난 후 공랭한다. 이는 실제로 많이 이용되는 조작으로서 등온구상화 어닐링이라 한다. 이외에 약 600℃까지는 극히 천천히 냉각하고 그후 공랭하는 ④′와 같은 조작도 있다.

구상화 어닐링은 탄소공구강, 합금공구강, 고속도강, 베어링강 등에 퀜칭경화의 전처리로서 반드시 실시되고 있으며, 균일한 퀜칭과 퀜칭균열 방지를 꾀하며, 퀜칭·템퍼링 후의 탄화물 분포를 균일하게 하고 있다. 구조용 탄소강에서도 상온의 소성가공시에 적용되는 일이 있다. 표 5-1은 베어링강의 구상화 어닐링 및 연화를 위한 저온 어닐링의 예이다.

### 6. 등온 어닐링은 단시간 처리가 이점

경화능이 좋은 구조용 합금강(Ni-Cr 강)의 봉강이나 대형 단강품, 또는 고속도강, 다이스강 등의 어닐링으로서 널리 사용되는 것이 등온 어닐링이다. 이런 강종은 완전 어닐링으로 펄라이트 변태시키는데 장시간의 서냉이 필요하지만 이 등온 어닐링에 의하면 비교적 단시간으로 처리할 수 있다. 그것은 그림 5-9에 나타나듯이 TTT 곡선 위에서 펄라이트 변태개시부터 종료까지 최단시간이 되는 온도, 즉 코의 온도를 이용하고 있기 때문이다.

즉, $A_1$변태점 이상의 소요온도로 가열하여 균일한 오스테나이트 조직으로 한 후 TTT 곡선의 코 온도(약 550℃) 바로 위로 유지된 노 내에서 급랭하여 변태가 종료하기까지 노 내에 두며 그 후는 공랭 또는 수냉한다. 이 방법은 일명 **cycle annealing**이라고도 불린다. 등온변태는 펄라이트 층간거리를 균일하게 하여 절삭성을 좋게 하는 이점도 있으며 자동차 부품, 기계구조용 저합금강에도 많이 이용되고 있다.

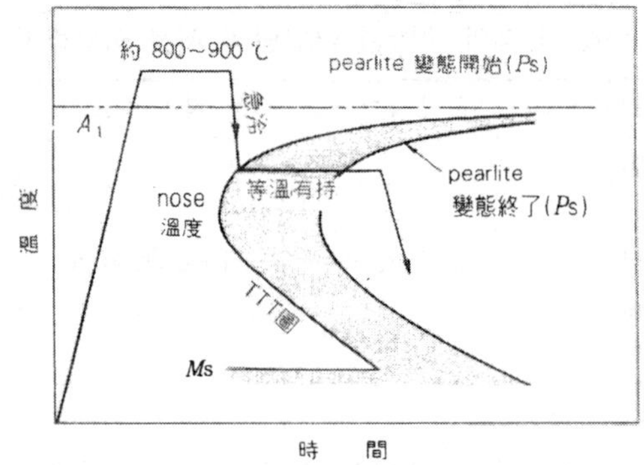


그림 5-9 등온 어닐링 작업도

### 7. 확산 어닐링은 강괴나 주강품에 필요

강 속에 함유된 불순물에는 인, 유황 따위의 화합물이 있다. 이런 불순물은 주강으로 마지막에 응고한 부분, 용융온도가 낮은 공정부분 등에 응집하기 쉽다. 특히 고합금강에서 대형 강괴의 내부에 성분원소의 편석이 생기는 경우가 있다. 이런 편석을 없애고 똑같이 평균화시키는 것이나 수지상정 따위의 주조 조직의 개선을 목적으로 하여 약 1000~1300℃의 매우 높은 온도로 소요시간 가열유지한 뒤 서냉한다. 이것이 **확산 어닐링**인데 이 방법으로 어느 정도의 편석이 확산되는지는 성분 농도차의 크기, 확산 가열온도와 처리시간에 의해 좌우된다. 조강품 외에도 편석 제거를 위해 단조나 압연을 조합하여 행하는 일이 있다. 이 이후에 어닐링 또는 노말라이징을 한다. 이 확산 어닐링을 **균질화 어닐링**이라고 하는 경우도 있다.

### 8. 그 외의 어닐링

**중간 어닐링**은 강을 제품화하는 공정 중 가공경화하여 가공성이 저하하는 일이 있는데 이것을 연화시키기 위한 것이 저온 어닐링이다. 이렇게 전가공에 의한 내부변형을 제거한 다음 가공을 쉽게 하는 데는 보통 550~650℃로 어닐링하면 좋다. 그 외의 어닐링으로서 재결정 어닐링, 광휘 어닐링, 혹은 주물에 실시되는 가단화 어닐링, 흑연화 어닐링 등이 있다.

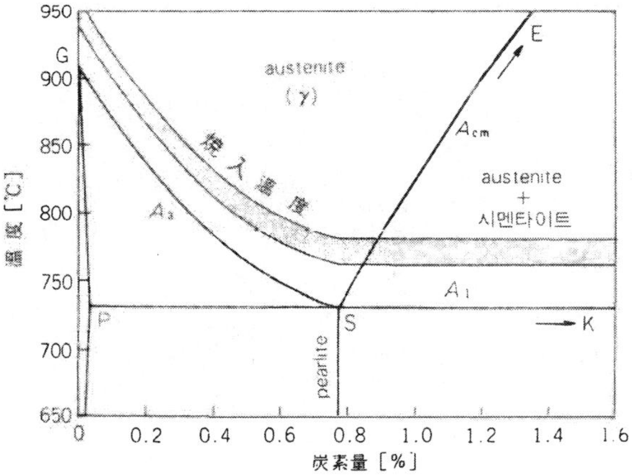


그림 5-10 퀜칭온도도 $A_3$ - $A_1$점 이상으로 된다.

## 5-3 퀜칭(HQ)

### 1. 냉각속도가 강의 경도를 결정한다.

**퀜칭**이란 그림 5-10에 나타나듯이 아공석강은 $A_3$변태점 이상 30~50℃, 과공석강은 $A_1$변태점 이상 30~50℃로 가열하여 이 온도에서 탄화물을 고용시켜 균일한 오스테나이트가 되도록 충분한 시간을 유지한 후 이것을 급랭하여 마르텐사이트 조직으로 변태시켜 경화시키는 조작이다. 또한 급랭의 정도는 강종에 따라 각각 다르다.

퀜칭을 위한 가열온도를 **퀜칭온도** 또는 **오스테나이트화 온도**($T_A$) 라고 한다. **유지시간**은 합금원소의 다소에 따라 틀리며 기계구조용강이나 탄소공구강에서는 두께 25 mm 당 20~30분, 다이스강인 경우 45분, 스테인리스강은 60분 전후가 된다. 이 유지시간은 가열속도에 의해서도 변하며 가열이 느리다면 승온 중(물론 $A_1$점 이상)에서도 서서히 변태가 진행하기 때문에 짧아도 좋으며 급속가열의 경우는 다소 길게 유지하는 것이 좋다.

냉각방법은 그림 5-11에 나타나듯이 퀜칭온도($T_A$)에서 550℃까지의 **임계구역**을 가능한 한 빨리 냉각하고, 반대로 마르텐사이트 변태개시온도($Ms$ 또는 $Ar''$) 이하의 **위험구역**은 반드시 천천히 냉각하는 것이다. 550℃란 등온변태(TTT) 곡선의 코에 상당한 온도($Ar'$)이며, 화색이 소멸되어 버린 온도이기도 하다.

그림 5-12는 등온변태 곡선에 굵은 선으로서 연속 냉각변태(CCT) 곡선을 병기하며, 이것에 퀜칭온도 $T_A$에서 냉각속도를 바꾸어 여러 개의 연속 냉각곡선을 함께 표

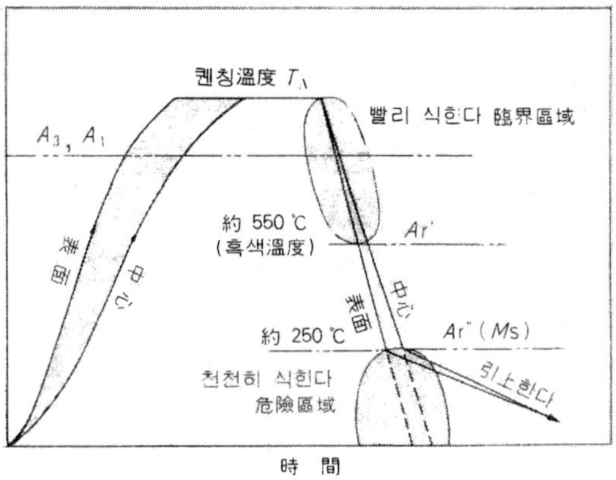


그림 5 - 11 퀜칭의 가열 · 냉각 작업도

시한 것이다. 곡선 ①은 냉각속도가 가장 빠른 경우로서 550℃ 부근에서 급속히 냉각된 오스테나이트는 **과냉 오스테나이트** 상태로 $Ms$점에 도달하여 마르텐사이트 변태를 시작하는 **완전퀜칭**되는 상태이다. 곡선 ②는 냉각속도가 조금 느리며 펄라이트 변태개시 선을 A 점에서 스치지만 펄라이트 변태는 하지 않으며 $Ms$점에서 비로소 변태가

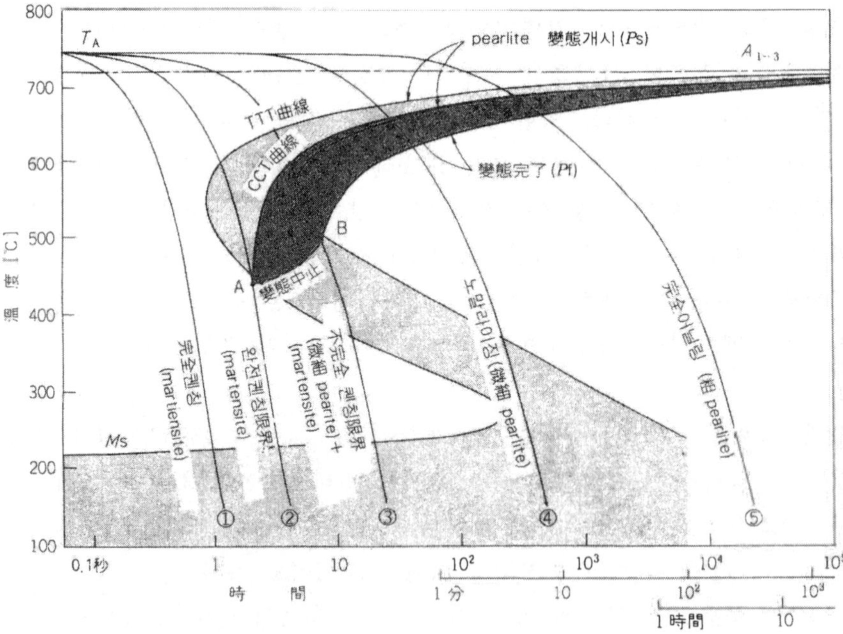


그림 5 - 12 냉각속도는 빠르면 빠를수록 경도가 높다.

일어난다. 이 냉각속도를 **상부 임계냉각속도**라 하며, 이 이상의 속도에서는 마르텐사이트만이 나타난다. 그렇지만 곡선 ③은 펄라이트 변태도 하지만 마르텐사이트 변태도 한다. 그러나 보다 더 느리면 펄라이트 변태만 일어나는 **하부 임계냉각속도** 곡선이며, **불완전 퀜칭**의 한계이기도 하다.

이상의 설명에서 퀜칭시 **급랭**의 의미는 냉각곡선이 변태곡선에 걸리지 않고 코의 왼편을 빨리 움직이는 것이라고 이해했을 것이다. 단, 경화능을 좋게 하기 위해 합금량을 늘릴수록 코는 오른편으로 이동하므로 급랭을 의미하는 냉각속도는 강종에 따라 다르게 된다.

또한 냉각곡선 ④는 미세 펄라이트 변태를 하는 노말라이징 처리이며, 또 ⑤는 약간 조대한 펄라이트 변태를 하는 완전 어닐링 처리이다.

마르텐사이트 변태 개시온도의 $Ms$점은 강의 화학성분과 오스테나이트화 온도에 따라 결정되지만 기계구조용강에 대해서 실험적으로 구한 것은 다음 식과 같다. 탄소량이 많을수록 $Ms$점이 저하하는 것을 알 수 있다. 예를 들면 0.8%C강에서는 270℃, 0.9%C강에서는 235℃이다.

$$Ms(℃) = 550 - 350 \times C\% - 40 \times Mn\% - 35 \times V\% - 20 \times Cr\% - 17 \times Ni\% - 10 \times Cu\% - 10 \times Mo\% - 5 \times W\% + 15 \times Co\% + 30 \times Al\%$$

그런데 $Ms$점 이하의 온도에서 변태가 시작하며 냉각에 의한 수축과 마르텐사이트 변태에 의한 팽창 등이 동시에 일어나며 더구나 제품의 내외에 온도차가 있고, 두께의 대소가 있고, 냉각속도도 부분적으로 다른 까닭에 내부응력이 강의 인장강도를 넘는 부분이 생기며 따라서 소위 **퀜칭균열**이 발생하기 쉽다. 열처리상의 품질결함에서 가장 곤란한 것은 이 퀜칭균열이며, $Ms$점 이하는 퀜칭균열 위험구역이다. 그 대책은 위험구역에서는 천천히 냉각하는 것으로 끝나지만 그외에도 휨이나 치수변형, 변형, 경도불균일 등 여러 가지 결함이 생긴다. 그래서 이전부터 다음에 기술하는 각종 퀜칭방법이 고안되어 있다.

### 2. 시간퀜칭은 수냉의 경우 3 mm 당 1 초

퀜칭온도에서 물품을 냉각액 중에 급랭하여 퀜칭균열 위험온도가 되기 직전에 인상하여 그림 5-11과 같이 천천히 냉각한다. 인상하는 시기를 냉각액에 담근 순간부터 초읽기로 결정하는 것이 **시간퀜칭**이며, 수냉이면 두께 3 mm 당 1초, 유냉이라면 3초로 하고, 수냉일 때는 인상한 후 유냉 또는 온수 중에 침투시키고, 유냉일 때는 인상시켜서 공랭한다. 또한 진동이나 물의 울림소리가 그쳤을 때를 끌어올리는 시기로 해

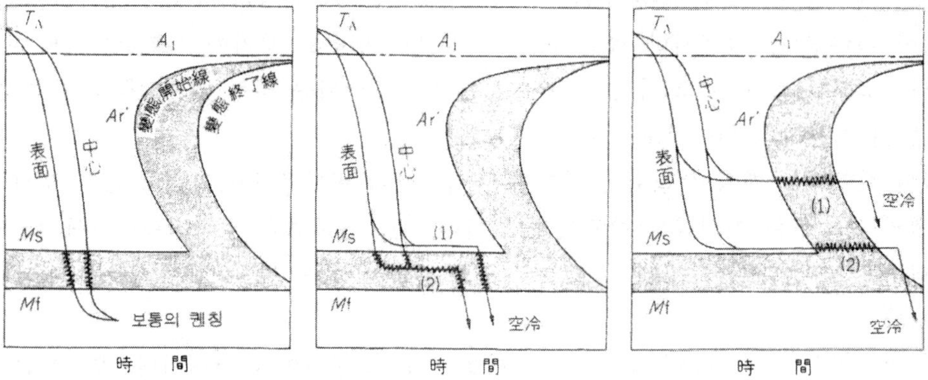


(a) 보통의 퀜칭 (b) 마르템퍼링(마르퀜칭) (c) 오스템퍼링

그림 5-13 보통퀜칭과 등온퀜칭 2종의 작업도

도 좋다. 이것을 **인상퀜칭**, **2단퀜칭**, **계단퀜칭**이라고도 한다.

### 3. 마르템퍼링은 등온퀜칭

$Ms$점의 직전에서 인상하지 않으면 퀜칭균열이 생기는 것은 그림 5-13(a)에 나타내는 것과 같이 $Ms$점 이후도 물품의 표면과 중심이 다른 냉각곡선을 갖기 때문이다. 이 점에 착안한 것이 **열욕퀜칭**이며, **마르템퍼링**도 그 중 하나이다. 즉 (b) 그림 (1)과 같이 $Ms$점의 바로 위 온도로 유지된 염욕에 퀜칭하여 물품의 표면과 중심이 동일온도가 되기까지 등온유지한다. 두께 25 mm당 약 4분 비율이며, 다음 항에서 서술할 베이나이트 변태를 일으키기 이전에 공랭한다.

이 공랭시에 마르텐사이트 변태가 일어난다. 변형이 적고, 퀜칭균열을 일으키지 않으며, 형상이 복잡하고, 두께가 동일하지 않은 소형 부품에 적합하다. 또 그림 중 (2)와 같이 $Ms$점의 약 50℃ 아래에서 행하는 경우도 있지만 온도가 낮은 까닭에 유조(oil bath)가 이용가능한 점은 편리하다. 마르템퍼링한 뒤에는 템퍼링 처리를 하여야 한다.

### 4. 오스템퍼링은 베이나이트 퀜칭

그림 5-13(c)와 같이 300~500℃ 사이에 유지한 염욕 또는 금속용 속으로 열욕퀜칭하는 것이 **오스템퍼링**이며, 등온변태가 끝난 후 공랭한다. 템퍼링 처리가 필요 없으며 경도와 인성을 가진 **베이나이트 조직**이 된다. 따라서 **베이나이트 퀜칭**이라고도 한다. 높은 온도 (1)에서는 인성이 높은 **상부 베이나이트**가 되며, 낮은 온도 (2)에서는

경도가 높은 하부 베이나이트가 된다. 퀜칭변형이나 퀜칭균열을 꺼리는 소형 부품에서 퀜칭효과를 기대할 수 있다.

### 5. 그외의 퀜칭방법

#### (1) 분사퀜칭

금형, 해머, 펀치 등에 적용되는 방법으로 전체를 퀜칭온도로 가열한 뒤 경화시키고 싶은 부분에만 냉각제를 분사한다. Jominy 시험과 같으며 이상적인 퀜칭을 실현할 수 있다. 혹은 경화능이 나쁜 강에 대해서는 냉각실 내에서 물품을 회전시키면서 냉각제를 분사급랭하는 경우도 있다. 이 방법은 고주파 퀜칭에서 많이 이용되고 있다.

#### (2) 프레스 퀜칭

기어나 스프링 등 퀜칭변형이 나타나기 쉬운 물품을 금형으로 눌린 채 유중 퀜칭을 한다. 톱날이나 안전면도날 등 두께가 얇은 물건의 **금형 퀜칭**(die quenching)도 같은 것이다.

#### (3) 단조 퀜칭

오스테나이트 영역에서 단조한 뒤 그대로 퀜칭하는 것으로서, 에너지 절약의 이점 이외에도 경화능, 내충격성, 내피로성이 좋다.

### 6. 냉각제의 냉각능력과 물품의 냉각형태

가열물을 퀜칭액에 담그면 그림 5-14에서처럼 4개 단계로 나뉘어 냉각된다. 실선으로 나타낸 표면의 냉각곡선에서 보면 침적한 직후인 AB 사이에서는 급속히 냉각한다. BC 사이는 가열물의 주변에 다량의 수증기막이 생성되어 물품을 둘러 쌓으므로 냉각이 일시 느려진다. 따라서 냉각액을 교반한다든지 가열물을 흔들어서 표면의 증기

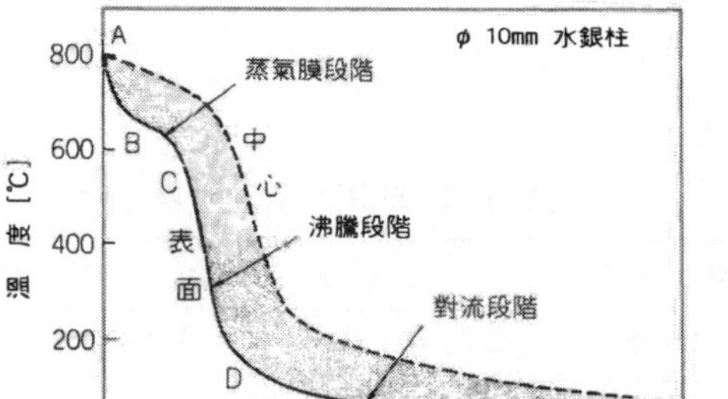


그림 5-14 수(水)퀜칭인 경우의 냉각곡선 예

막을 제거하는 것이 좋다. CD 사이는 증기막이 파열되어 가열물의 표면에서 기포가 벗겨져 비등상태가 된다. 액이 증기잠열을 빼앗으므로 이 구간에서의 온도강하는 가장 빠르다. 최후의 DE 사이는 온도가 내려가서 기포의 발생이 멈추며 가열물 표면과 액과의 열전도로 대류에 의해 냉각되어간다.

C 점을 냉각제의 특성온도, D 점을 대류단계 개시온도라 하며, 냉각제의 냉각능력을 나타내는 지표이다. 이는 임계구역, 즉 급속냉각을 원하는 TTT 곡선의 코 부근과 위험구역 즉 완만한 냉각을 기대하는 $Ms$ 점 부근에 상당하고 있다.

냉각제로서의 공기는 냉각능력이 가장 적고, 대류단계밖에 존재하지 않는다. 물은 냉각능력이 가장 크지만 수온이 30℃를 넘으면 냉각능력은 급격히 저하하므로 반드시 30℃ 이하로 유지한다. 한편 기름의 냉각능력은 60~80℃에서 가장 크다. 따라서 퀜칭할 때의 온도는 물에서는 15~25℃, 기름에서는 50~70℃가 적당하다. 수냉은 경화능이 낮은 탄소강에, 유냉은 경화능이 좋은 합금강에 이용된다.

냉각제의 냉각능력은 교반정도에 따라 변화한다. 표 5-2에 나타나듯이 정지상태에서 물의 냉각능력을 1로 하면 공기 0.02, 기름 0.3, 식염수 2.2이며, 이것을 교반하면 약 2배로 되며 분사하면 기름은 약 4배, 물에서는 약 8배가 된다.

탄소량 1.38%인 강을 750~1000℃ 사이의 여러 퀜칭온도에서 수냉, 유냉, 공랭한 경우의 경도를 그림 5-15에 나타내었다. 수냉인 경우는 750℃에서 최고 경도가 얻어지며, 퀜칭온도의 상승과 함께 경도가 저하한다. 반대로 유냉과 공랭의 경우는 퀜칭온도의 상승과 함께 경하게 되어 950℃ 부근에서 최고 경도가 된다. 이런 점에서 볼 때 동일강종이라도 냉각방법에 적합한 퀜칭온도가 있다고 할 수 있다.

냉각제의 양은 물이나 기름의 경우 충분해야 한다. 퀜칭인 경우는 열처리품 중량의 6배~10배의 기름이 필요하다. 다음에 배스(bath)처리 경우의 계산 예를 제시하였다.

표 5-2 퀜칭액의 冷却能

| 냉각제 또는 강재의 움직이는 정도 | | $H$ : 냉각능(정지수를 1로 해서 비교) | | | |
|---|---|---|---|---|---|
| 퀜칭액 | 강 재 | 공 기 | 유 | 수 | 식염수 |
| 정 지 | 정 지 | 0.02 | 0.3 | 1.0 | 2.2 |
| 〃 | 약하게 움직인다 | — | 0.4 ~ 0.6 | 1.5 ~ 3.0 | — |
| 〃 | 강하게 움직인다 | — | 0.6 ~ 0.8 | 3.0 ~ 6.0 | 7.5 |
| 분 사 | — | — | 1.0 ~ 1.7 | 6.0 ~ 12.0 | — |

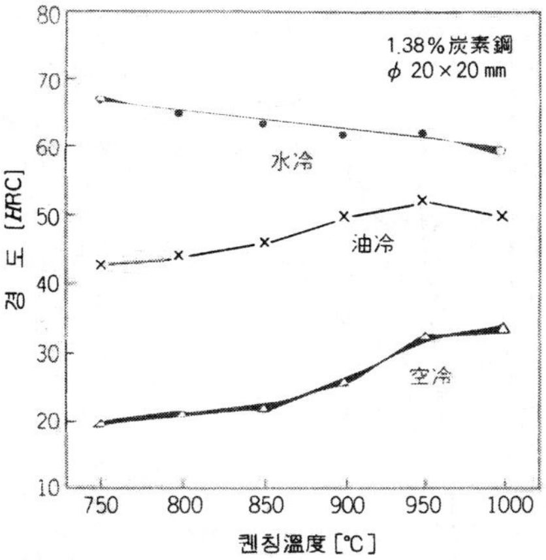


그림 5-15 냉각온도별 퀜칭온도와 퀜칭경도

[문제] 강의 퀜칭온도를 830℃, 실온을 20℃, 퀜칭 전의 기름온도를 40℃, 퀜칭 후의 기름온도를 80℃, 강 및 기름의 평균비열을 각각 0.16 및 0.43 kcal/kg℃로 하고, 1회에 퀜칭하는 강 부품의 중량을 50 kg으로 하면, 소요냉각유량은 몇 $l$ 인가?

[답] 강이 보유하는 열량 50 kg(830℃ − 20℃) × 0.16 kcal/kg℃

= 6480 kcal

기름의 온도상승 80℃ − 40℃ = 40℃

1$\ell$의 유온을 40℃ 상승시키는 데 요하는 열량

1 kg/$l$ × 40℃ × 0.43 kcal/kg℃ = 17.2 kcal/$l$

소요냉각유량 6480 kcal ÷ 17.2 kcal/$l$ = 377 $l$

### 7. 퀜칭 최고 경도는 탄소량이 결정

강을 퀜칭했을 때 얻어지는 최고 경도는 거의 탄소량에 의해 결정되며 다른 합금원소의 영향은 거의 없다. 그림 5-16은 탄소량이 다른 5종의 강을 여러 퀜칭온도에서 수냉했을 때의 경도를 나타낸 것이다. 이렇게 강은 퀜칭온도로 730℃ 이상 가열하지 않으면 경화되지 않는다. 또 1장에서 이미 제시한 그림 1-17은 강의 탄소량에 대한 퀜칭 최고 경도의 곡선으로서 탄소량 0.5% 정도까지는 탄소량의 증가와 함께 퀜칭경도가 상승하고 그 이상은 거의 증가되지 않는다.

그러나 이것은 어디까지나 완전한 퀜칭의 경우이며 실제의 열처리 부품은 여러 가지 이유에서 반드시 그렇지는 않다. 일반적으로 동일조건에서 켄칭해도 퀜칭경화가 가장

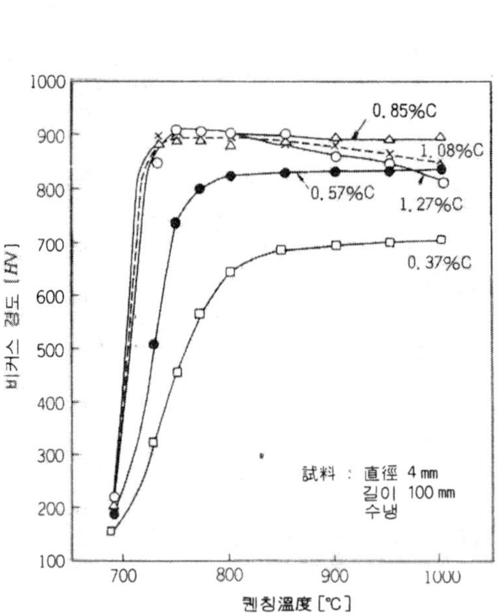


그림 5-16 각종 탄소강의 퀜칭온도와 퀜칭경도

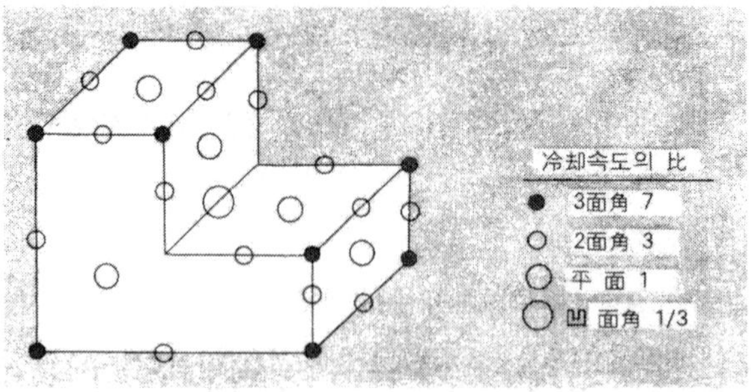


그림 5-17 동일품이라도 장소 따라 냉각속도가 다르다.

되기 쉬운 형상은 구(球)이며, 경화되기 힘든 것은 판이다. 또한 복잡한 형상일 때는 각 위치에 따라 냉각정도가 다르다. 凸부는 퀜칭되기 쉽고, 凸부는 잘되지 않는다. 대개의 비율은 구 : 환봉 : 판재 = 4 : 3 : 2 라고 일컫고 있다. 그림 5-17에 동일한 물품의 장소에 따른 냉각도 차이의 개념을 나타내었다. 이렇게 냉각방법과 처리품의 형상에 따라 냉각속도가 상당히 달라지므로 각각의 처리품에 대해 균일하게 냉각되도록 주의하여 불균일 경화, 휨 등의 결함이 생기지 않도록 하여야 한다.

## 5-4 템퍼링 처리

### 1. 퀜칭상태로서는 결함품

강을 퀜칭한 채 장시간 방치하면 **자연균열**(season cracking)이라 하여 저절로 균열이 생기는 일이 있다. 이것은 퀜칭 후 잔류 오스테나이트가 일부 존재하여 혹한기 등에 이것이 마르텐사이트화 하여 팽창에 의해 그때까지 유지하던 큰 잔류응력의 균형이 파괴되기 때문이라 한다. **연삭균열**도 같은 종류이며 이것은 냉각과는 반대로 열충격에 의한 것과 같다. 이렇게 퀜칭한 상태의 강은 불안정하므로 퀜칭 물품을 손으로 만질 수 있는 정도, 즉 40~60℃로 냉각되면 바로 템퍼링을 해서 안정화하는 것이 상식이다. 그러나 그날 중에 소정의 템퍼링을 할 수 없는 경우는 적어도 100℃의 온탕에 물품을 담궈두는 것만으로도 안정화에 효과가 있다고 한다.

표 5-3 템퍼링의 종류

| 종 류 | 온도[℃] | 목 적 | 적 용 강 종 |
|---|---|---|---|
| 저온 템퍼링 | 100~250 | 응력제법, 성상안정화 | 공구강, 베어링강 |
| 고온 템퍼링 | 450~680 | 강인화(조질이라고도 한다) | 기계구조용강 |
| 템퍼링 경화 | 550~600 | 2차 경화 | 고합금공구강(SKH, STD) |

이렇게 퀜칭한 상태로는 조직적으로나 내부응력적으로 불안정하며 경하지만 취약하기 때문에 항복점과 탄성한계도 그다지 크지 않다. 따라서 이 조직을 안정화하고 기계적 성질을 더욱 향상된 것으로 개선하고자 하는 열처리가 **템퍼링**이라는 조작이다. 강종과 목적에 따라 템퍼링에는 3개의 종류가 있으며, 표 5-3과 같이 가열온도는 $A_1$ 변태점 이하의 온도로 각각 설정한다.

가열장치로서는 저온 템퍼링에는 기름이 최적이며, 고온 템퍼링에는 염욕이나 전기로가 이용된다. 템퍼링 후의 냉각은 공랭이 원칙이다. 형상이나 두께가 복잡한 것은 템퍼링 온도로 유지된 욕조나 노에 급히 넣으면 균열이 발생하는 경우가 있으므로 서서히 승온하든지, 80~150℃ 부근에서 예열을 하는 것이 좋다.

### 2. 템퍼링의 3단계

템퍼링에 의해 강조직은 어떻게 변화할 것인가? 그림 5-18은 공석탄소강을 퀜칭·템퍼링하는 경우 각 온도에 대한 팽창수축의 모양을 도식적으로 나타낸 것이다. 즉 노말라이징 또는 어닐링 상태(펄라이트)에 있는 A점에서 B→C의 $A_{C_1}$ 변태점을

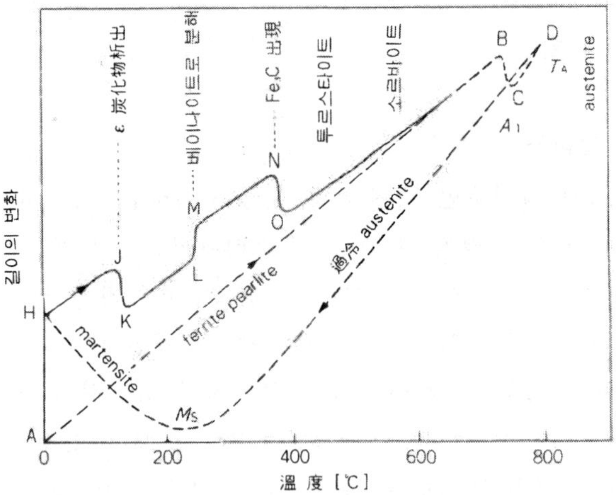


그림 5-18 공석탄소강의 템퍼링에 의한 길이의 변화

거쳐 퀜칭온도인 D점(오스테나이트)까지 가열한다. 이것을 수중에서 퀜칭하면 과냉 오스테나이트 상태로 250℃ 부근의 $M$s 점까지 냉각된다. 이것을 인상하여 유냉하면 마르텐사이트화의 진행과 함께 체적이 팽창하여 H점에 이른다. H점이 퀜칭상태이다. 이것을 템퍼링로에 넣어 온도를 연속적으로 상승시키면 탄소를 과포화 고용한 마르텐사이트가 분해하여 계속해서 석출이 일어나고 평형조직에 근접해 간다. 그 사이 조직의 변화에 의해 비체적이 변하며, 수축·팽창·수축현상이 계속된다.

제 1 단계는 80~160℃의 수축으로 정방정(bct) 마르텐사이트가 변화하여 입방정(bcc)의 저탄소 마르텐사이트가 되어 ε탄화물($Fe_{2\sim1.5}C$)을 석출한다. 제 2 단계는 230~280℃의 팽창으로 잔류 오스테나이트가 하부 베이나이트로 변태하여 체적이 증가한다. 베이나이트 변태는 마르텐사이트 변태와 유사하며 베이나이트는 페라이트와 탄화물 혼합조직이 된다. 제 3 단계는 300℃ 이상에서 나타나는 수축으로 각종 조직이 페라이트와 시멘타이트가 된다. 시멘타이트는 페라이트 소지 중에 미세한 입상으로 다수 분산하고 있는데 온도가 증가함에 따라 큰 입자로 응집하므로 입자간격이 넓어지며 강으로서의 경도, 강도는 감소해 가지만 반대로 인성은 증가해 간다. 노말라이징, 어닐링에 의해 얻어진 조직이 층상 펄라이트인 것과 비교해 뛰어난 인성을 갖고 있는 이유는 이때문이다.

이상 예시한 온도범위는 강종에 따라 다른 점은 물론, 가열속도에 따라서도 틀리다. 템퍼링의 기구는 원자의 확산이므로 가열속도가 빠른 만큼 고온측으로 옮겨간다.

**3. 템퍼링에는 고·저 2종류가 있다.**

(1) 저온 템퍼링

탄소공구강이나 합금공구강(열간 금형용강은 제외) 또는 침탄용강 등, 경도와 내마모성이 요구되는 강종에 적용되며, 가열온도는 150~200℃이며, 유조(oil bath)가 통상 이용된다. 냉각은 공랭이다. 저온 템퍼링에서도 내부응력은 경감되며, 절삭용으로서 혹사에 견딜 수 있지만 조직적으로는 전자 현미경이라도 ε 탄화물이 겨우 확인될 정도이다. 이 조직을 **템퍼드 마르텐사이트**(약 *H*V 800)라고 한다.

(2) 고온 템퍼링

기계구조용강 등 강인성을 요구하는 강종에 적용된다. 가열온도는 400~680℃에서 사용목적에 따라 여러 온도로 설정하며 승온시간은 두께 25 mm에서 30분, 50~70 mm에서 1시간, 모두 약 1시간 유지한 뒤 급랭한다. 템퍼링 온도가 높아짐에 따라 항복강도, 인장강도는 연속적으로 저하하지만 연신율, 단면수축률, 충격치는 향상한다.

400℃ 정도까지의 템퍼링에서 얻어지는 조직을 **트루스타이트**(약 *H*V 400)라 하며, 광학현미경으로 탄화물은 보이지 않는다. 이것이 500~600℃의 템퍼링에서는 식별할 수 있으며, 이 조직을 **소르바이트**(약 *H*V 280)라 한다. 소위 **조질(調質)**이라는 것은 강을 소르바이트 조직으로 하는 것을 말한다.

주의해야 할 점으로서 탄소강에서는 250~350℃, Cr강이나 Ni-Cr강에서는 450~550℃에서 템퍼링을 하면 충격치가 매우 저하한다. 이것을 각각 **저온 템퍼링 취성**, **고온 템퍼링 취성**이라 하며, 이 온도영역에서의 템퍼링은 피해야 한다. 또한 550~650℃에서 템퍼링하여 500℃ 부근을 서냉하여도 역시 취성이 일어난다. 따라서 템퍼링 후의 냉각은 반드시 급랭이어야 한다.

## 5-5 서브제로 처리(영하처리)

**1. 잔류 오스테나이트는 시간이 지나면 변화를 일으킨다.**

일반적으로 퀜칭 후의 고탄소강은 마르텐사이트 중에 10~30%의 과냉 오스테나이트가 잔류해 있으며 이것이 시간의 경과와 함께 변화하므로 설령 퀜칭 후 즉시 템퍼링한 것이라도 치수 정밀도가 엄격한 게이지, 베어링, 정밀기계 부품 등에 있어서는 경년변화에 의한 결함 발생의 우려가 있다.

그림 5-19는 여러 종류의 탄소강에 대해 유냉 및 수냉한 경우의 퀜칭온도와 잔류

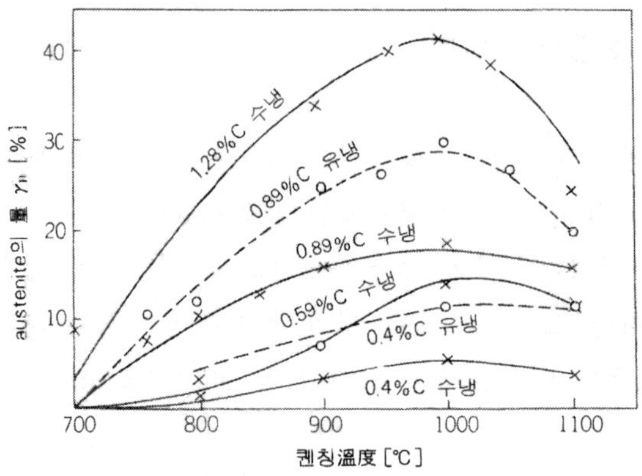


그림 5-19 탄소량에 따른 퀜칭온도와 $\gamma_R$ 량

오스테나이트 생성량과의 관계를 나타낸 것이다. 탄소량이 같은 경우는 수냉에 비해 유냉쪽이 오스테나이트가 많이 잔류하며, 탄소함유량이 많아질수록, 퀜칭온도가 상승할수록 잔류 오스테나이트는 많아진다.

**2. 서브제로 처리(영하처리) 방법**

서브제로 처리는 이 잔류 오스테나이트를 감소시키기 위해 행하는 것이며, 퀜칭 후 즉각 0℃ 이하의 온도로 냉각시키므로 영하처리라고도 한다. 구체적으로는 에테르, 아세톤, 알코올 등의 유기용제와 드라이아이스(−78℃)에서 냉각한다든지, 탄산가스(−13℃), 액체질소(−196℃) 등도 이용된다. 그러나 서브제로 처리의 온도로서 −190℃에서 처리하더라도 수 %의 잔류 오스테나이트가 남으므로 일반적으로는 −80 ~ −100℃로 충분하다. 액체산소(−183℃)는 위험하므로 사용하지 않는다.

이 서브제로 처리는 퀜칭 후 신속히 행하는 것이 중요하며 그 효과도 크다. 퀜칭 후 장시간 실온으로 방치한다든지 또는 템퍼링처리 후에는 잔류 오스테나이트가 그대로 안정화되면, 마르텐사이트화하기 어려워지므로 서브제로 처리의 효과가 적어진다.

고합금강인 경우는 템퍼링과 서브제로 처리 등을 반복하여 균열이나 변형을 막는 경우도 있다. 서브제로 처리에서 퀜칭부품에 탈탄층이 있으면 서브제로 균열이 발생하기 쉬우므로 탈탄층을 제거하든지 혹은 100℃에서 가템퍼링을 행해 탈탄층의 인장응력을 감소시킨 후에 서브제로 처리를 하면 좋다. 퀜칭에서 서브제로 처리하는 조작의 예를 그림 5-20에 나타내었다.

서브제로 처리는 극저온욕에서 처리하므로 급격히 냉각되면 균열의 발생이나 변형이

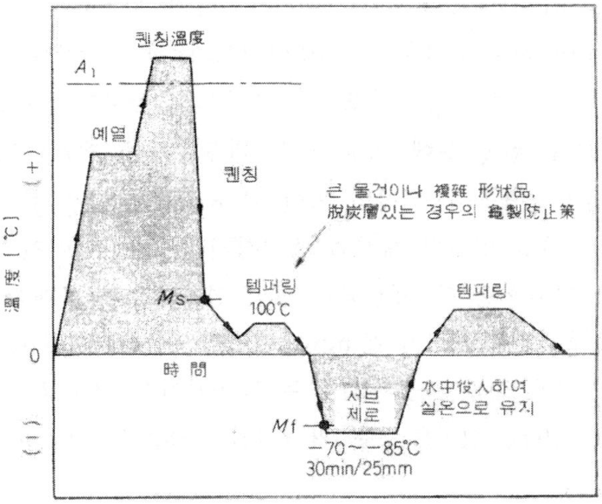


그림 5-20 퀜칭·서브제로·템퍼링의 열처리 작업도

커질 우려가 있으므로 천천히 냉각하는 것이 좋다. 예를 들면 처리부품을 2~3 단계로 나누어 냉각시키든지 또는 처리품을 피복하여 냉각시키며 서브제로 처리시간으로서는 30~90 분 정도가 충분하다. 처리 후에는 공랭보다는 오히려 수중이나 유중에 투입하는 편이 서브제로 균열을 방지할 수 있다.

## 5-6 고용화 열처리

### 1. 오스테나이트계 스테인리스강

스테인리스강 중 내식성이 가장 뛰어난 것이 STS 304 가 대표하는 오스테나이트계

표 5-4 오스테나이트 스테인리스강의 고용화 열처리(KS D 3706)

| 강 종 | 고용화 열처리 온도[℃] |
|---|---|
| STS 201, 202 | 1010 ~ 1120 급랭 |
| STS 301, 302, 303, 304, 304 L, 305, 316, 316 L, 316 J 1, 316 J 1 L, 317, 317 L, XM 15 J 1 | 1010 ~ 1150 급랭 |
| STS 309 S | 1030 ~ 1150 급랭 |
| STS 310 S | 1030 ~ 1180 급랭 |
| STS 321 | 920 ~ 1150 급랭 |
| STS 347 | 980 ~ 1150 급랭 |

인데 그것은 고용화 열처리를 필요로 한다. 즉 표 5-4에 나타나듯이 약 1100℃로 가열하여 일정시간 유지하여 전체가 같은 오스테나이트가 된 시점에서 이것을 급랭하면 원자가 확산할 여유가 없으므로 상온에서도 오스테나이트 상태가 된다.

이 처리에 냉간가공이나 용접 등에 의해 생긴 내부응력을 제거하고, 열간가공이나 용접에 의해 석출한 **Cr** 탄화물(입계부식의 원인)과 σ상(Cr 45% 전후인 Fe-Cr 합금으로서 약하다)을 고용시키면 연성의 개선과 내식성의 향상이 얻어진다.

처리온도가 높을수록 탄화물은 잘 고용되는 반면 결정입도가 조대화한다든지 표면에 산화물이 생긴다. 가열유지시간은 1 h/25 mm, 얇은 판이라면 1.5 min/1 mm를 표준으로 한다. 이 표준은 STS 304, 316, 321에는 적용되지만 탄소량이 많은 STS 301, 302나 Cr, Ni이 많은 309 S, 310 S 등은 확산시간이 필요하므로 약 20% 증가가 적절하다.

냉각속도는 빠를수로 좋다. 느리면 고용된 탄소가 다시 탄화물로서 석출하기 때문이다. 그러나 너무 빨라도 열응력에 의해 변형되므로 처리부품의 형상, 두께, 치수 등을 충분히 고려한 후에 수냉, 유냉 또는 공랭 등을 선택한다. 일반적으로 비교적 두께가 얇은 것 또는 작은 것은 공랭하고 두께가 두꺼운 것은 수냉한다.

550~850℃의 온도범위에서 탄소와 Cr은 결합하여 Cr 탄화물을 만들기 쉽고, 입계부식의 원인이 되어 내식성이 현저히 나빠진다. 이것을 방지하는 데는 500~900℃의 온도구역을 가능한 한 빨리 냉각시킬 필요가 있다. 입계 부식시험을 하기 위해 이 온도범위로 가열하는 것을 예민화 열처리라고 한다.

### 2. 고 Mn 강은 수인처리

고 **Mn** 강(**Hadfiled** 강)은 내마모강의 대표적 강종이며, 주성분은 0.9%~1.4% **C**, 10~15 %**Mn** 이다. 주조, 단조 또는 압연에 의해 만들어진 그대로의 상태에서는 탄화물이 결정입계에 석출하여 취약한 상태에 있다. 이 석출탄화물을 고용시키기 위해 1050~1100℃로 가열하고 일반적으로 1.5 **h**/25 **mm**를 유지한 뒤 급랭(수냉)한다. 이 열처리에 의한 조직은 균일한 오스테나이트가 되며, 단단해지지 않고 강인성과 내마모성이 향상된다. 이 처리를 수인성 처리라고 한다.

수인처리된 고 **Mn** 강은 $H$B 200 정도의 경도인데 타격, 가압 등의 상온 가공에 의해 $H$B 600~700 정도까지 가공 경화되어 내마모성이 증가되는 것이 특징이다.

고 Mn 강은 열전도가 매우 나쁘며, 열팽창계수도 보통강에 비해 약 50%나 크므로 열변형 발생이 많다. 이런 까닭에 가열시 균열이 발생하기 쉬우므로 특히 800℃까지의 가열에는 40℃/1 h 정도의 서열이 필요하다.

## 5-7 주된 기계부품용강의 열처리 작업

기계구조용강에는 탄소강과 합금강 등이 있으며, 특수용도강에는 스테인리스강, 공구강, 스프링강, 쾌삭강, 베어링강, 초합금 등이 있다. 여기서는 기계부품용으로 사용되고 있는 기계구조용강이나 스프링강, 베어링강의 열처리 방법에 대해 서술하겠다.

### 1. 기계구조용 탄소강의 열처리

기계구조용 탄소강은 KS D 3752에 규정되어 있듯이 킬드강으로 만들어지며, 기계부품으로서 뛰어난 성질을 요구받는 경우에 많이 사용되고 있다.

SM 10 C에서 SM 25 C까지 비교적 탄소량이 적은 강은 퀜칭해도 높은 경도가 얻어지기 어렵고 질량효과도 크므로 일반적으로 노말라이징하고 나서 기계가공을 실시한다.

SM 28 C 이상인 중탄소강은 퀜칭·템퍼링에 의해 현저히 기계적 성질이 개선된다. 그러나 경화능이 나쁘므로 두께 또는 지름이 25 mm 이상인 것은 수냉할 필요가 있다. 유냉으로는 불완전 퀜칭이 되며 소정의 기계적 성질이 얻어지지 않는다. 단 수냉인 경우는 냉각이 빠르므로 퀜칭변형이 크며 퀜칭균열 발생의 위험성도 크므로 사용할 강종 혹은 형상, 치수에 따라 물과 기름을 분류하여 사용하는 것이 바람직하다.

피삭성을 좋게하는 열처리로서는 저탄소강인 경우 어닐링으로는 너무 연해져서 절단면이 찢어지기 쉬우므로 노말라이징이 좋으며, 중·고 탄소강에서는 어닐링이 좋다. 일반적으로 피삭성에 적합한 경도는 $H$B 190~229 정도이다.

표 5-5에 각종 강의 표준시험편에 의한 열처리 조건과 기계적 성질과의 관계를 나타내었다. 이것은 KS 규정의 표준시험편($\phi$ 25 mm의 환봉시험편, 상세한 것은 9장, 9-2절을 참조할 것)에 대한 것이며, 특히 탄소강의 경화능은 좋지 않으므로 실제의 열처리품에서는 그 형상, 크기에 따라 상당한 차이가 나타나는 점을 알아둘 필요가 있다.

또한 SM 09 CK, SM 15 CK, SM 20 CK는 침탄용 탄소강으로서 규정된 강종이며, 불순물을 약간 엄격하게 억제하고 있다.

### 2. 기계구조용 합금강의 열처리

기계구조용 합금강은 각종 기계, 차량, 그외 경도보다 오히려 인성이 요구되는 부품에 다량으로 사용되고 있다. 따라서 이것을 강인강이라 부르는 일이 많다. 통상 인성

표 5-5 기계구조용 탄소강의 표준시험편에 의한 열처리와 기계적 성질

| 기 호 | 주요화학성분[%] | | 변태온도[℃] | | 열 처 리 [℃] | | | |
|---|---|---|---|---|---|---|---|---|
| | C | Mn | $Ac_1 \rightarrow Ac_3$ | $Ar_3 \rightarrow Ar_1$ | 노말라이징 (N) | 어닐링 (A) | 퀜칭 (H) | 템퍼링 |
| SM 10 C | 0.08~0.13 | 0.30~0.60 | 720~880 | 850~780 공 랭 | 약 900 노 랭 | — | — | |
| SM 12 C<br>SM 15 C | 0.10~0.15<br>0.13~0.18 | 〃 | 720~880 | 845~770 | 880~930 공 랭 | 약 880 노 냉 | — | — |
| SM 17 C<br>SM 20 C | 0.15~0.20<br>0.18~0.23 | 〃 | 720~845 | 815~730 | 870~920 공 랭 | 약 860 노 냉 | — | — |
| SM 22 C<br>SM 25 C | 0.20~0.25<br>0.22~0.28 | 〃 | 720~840 | 780~730 | 860~910 공 랭 | 약 850 노 냉 | — | — |
| SM 28 C<br>SM 30 C | 0.25~0.31<br>0.27~0.33 | 0.60~0.90 | 720~815 | 780~720 | 850~900 공 랭 | 약 840 노 냉 | 850~900 수 냉 | 550~650 급 랭 |
| SM 33 C<br>SM 35 C | 0.30~0.36<br>0.32~0.38 | 〃 | 720~800 | 770~710 | 840~890 공 랭 | 약 830 노 냉 | 840~890 수 냉 | 〃 |
| SM 38 C<br>SM 40 C | 0.35~0.41<br>0.37~0.43 | 〃 | 720~790 | 760~700 | 830~880 공 랭 | 약 820 노 냉 | 830~880 수 냉 | 〃 |
| SM 43 C<br>SM 45 C | 0.40~0.46<br>0.42~0.48 | 〃 | 720~780 | 750~680 | 820~870 공 랭 | 약 810 노 냉 | 820~870 수 냉 | 〃 |
| SM 48 C<br>SM 50 C | 0.45~0.51<br>0.47~0.53 | 〃 | 720~770 | 740~680 | 810~860 공 랭 | 약 800 노 냉 | 810~860 수 냉 | 〃 |
| SM 53 C<br>SM 55 C | 0.50~0.56<br>0.52~0.58 | 〃 | 720~765 | 740~680 | 800~850 공 랭 | 약 790 노 냉 | 800~850 수 냉 | 〃 |
| SM 58 C | 0.55~0.61 | 〃 | 720~760 | 730~680 | 800~850 공 랭 | 약 790 노 냉 | 800~850 수 냉 | 〃 |
| SM 09 C | 0.07~0.12 | 0.30~0.60 | 720~880 | 850~780 | 900~950 공 랭 | 약 900 노 냉 | 1차 880~920 유(수)냉 2차 750~800 수냉 | 150~200 공 랭 |
| SM 15 C | 0.13~0.18 | 〃 | 720~880 | 845~770 | 880~930 공 랭 | 약 800 노 냉 | 1차 870~920 유(수)냉 2차 750~800 수냉 | 〃 |
| SM 20 C | 0.18~0.23 | 〃 | 720~845 | 815~730 | 870~920 공 랭 | 약 860 노 냉 | 〃 | 〃 |

| 기 호 | 열처리 | 기계적 성질<br>항복점 [kgf/$mm^2$] | 인장강도 [kgf/$mm^2$] | 신 율 [%] | 단면 수축률 [%] | 샤르피 충격치 [kgf m/$cm^2$] | 경 도 [$H$B] | 유효직경 [mm] |
|---|---|---|---|---|---|---|---|---|
| SM 10 C | N | 21 이상 | 32 이상 | 33 이상 | — | — | 109~156 | — |
| | A | — | — | — | — | — | 109~149 | — |
| SM 12 C<br>SM 15 C | N | 24 이상 | 38 이상 | 30 이상 | — | — | 111~167 | — |
| | A | — | — | — | — | — | 111~149 | — |
| SM 17 C<br>SM 20 C | N | 25 이상 | 41 이상 | 28 이상 | — | — | 116~174 | — |
| | A | — | — | — | — | — | 114~153 | — |
| SM 22 C<br>SM 25 C | N | 27 이상 | 45 이상 | 27 이상 | — | — | 123~183 | — |
| | A | — | — | — | — | — | 121~156 | — |
| SM 28 C<br>SM 30 C | N | 29 이상 | 48 이상 | 25 이상 | — | — | 137~197 | — |
| | A | — | — | — | — | | 126~156 | — |
| | H | 34 이상 | 55 이상 | 23 이상 | 57 이상 | 11 이상 | 152~212 | 30 |
| SM 33 C<br>SM 35 C | N | 31 이상 | 52 이상 | 23 이상 | — | — | 149~207 | — |
| | A | — | — | — | — | — | 126~163 | — |
| | H | 40 이상 | 58 이상 | 22 이상 | 55 이상 | 10 이상 | 167~235 | 32 |
| SM 38 C<br>SM 40 C | N | 33 이상 | 55 이상 | 22 이상 | — | — | 156~217 | — |
| | A | — | — | — | — | — | 131~163 | — |
| | H | 45 이상 | 62 이상 | 20 이상 | 50 이상 | 9 이상 | 179~255 | 35 |
| SM 43 C<br>SM 45 C | N | 35 이상 | 58 이상 | 20 이상 | — | — | 167~229 | — |
| | A | — | — | — | — | — | 137~170 | — |
| | H | 50 이상 | 70 이상 | 17 이상 | 45 이상 | 8 이상 | 201~269 | 37 |
| SM 48 C<br>SM 50 C | N | 37 이상 | 62 이상 | 18 이상 | — | — | 179~235 | — |
| | A | — | — | — | — | — | 143~187 | — |
| | H | 55 이상 | 75 이상 | 15 이상 | 40 이상 | 7 이상 | 212~277 | 40 |
| SM 53 C<br>SM 55 C | N | 40 이상 | 66 이상 | 15 이상 | — | — | 183~255 | — |
| | A | — | — | — | — | — | 149~192 | — |
| | H | 60 이상 | 80 이상 | 14 이상 | 35 이상 | 6 이상 | 229~285 | 42 |
| SM 58 C | N | 40 이상 | 66 이상 | 15 이상 | — | — | 183~255 | — |
| | A | — | — | — | — | — | 149~192 | — |
| | H | 60 이상 | 80 이상 | 14 이상 | 35 이상 | 6 이상 | 229~285 | 42 |
| SM 09 CK | A | — | — | — | — | — | 107~149 | — |
| | H | 25 이상 | 40 이상 | 23 이상 | 55 이상 | 14 이상 | 121~179 | — |
| SM 15 CK | A | — | — | — | — | — | 111~149 | — |
| | H | 35 이상 | 50 이상 | 20 이상 | 50 이상 | 12 이상 | 143~235 | — |
| SM 20 CK | A | — | — | — | — | — | 114~153 | — |
| | H | 40 이상 | 55 이상 | 18 이상 | 45 이상 | 10 이상 | 159~241 | — |

의 향상을 위해서는 Ni, Cr, Mo, Mn, V, Al, B 따위의 원소를 필요량과 종류를 조합하여 첨가한다. 그 종류나 첨가량은 목적, 용도에 따라 다르다.

구조용 합금강은 강재 혹은 단조 소형재의 상태에서 각각 강종에 따라 어닐링, 노말라이징 혹은 노말라이징 후 템퍼링하여 기계적 성질을 조정하여 피삭성을 개선하고 나서 기계가공을 실시하며, 그 후에 퀜칭·템퍼링을 한다. 표 5-6에 노말라이징, 어닐링 온도와 경도를, 표 5-7에는 표준시험편에 퀜칭·템퍼링를 행한 경우의 기계적 성질을 나타냈다. 또한 템퍼링 성능곡선은 강인강에서 강도와 인성의 균형상 중요하므로 그림 5-21에 예시해 둔다.

(1) **Mn 강, Mn-Cr 강**

탄소강의 Mn을 약 2배인 1.5% 전후로 증가시켜 경화능을 향상시킨 것이 **Mn 강**이며, 이것에 Cr을 0.5% 전후로 가하여 더욱 경화능을 좋게 하고 값이 합금강의 대용으로 사용하는 것이 **Mn-Cr 강**이다. 값이 싼 까닭에 건설기계나 자동차 등 차량용에 많이 이용되고 있다.

표 5-6 기계구조용 합금강의 노말라이징 및 어닐링 온도

| 강 종 과 기 호 | | | 노말라이징 | 어 닐 링 | |
|---|---|---|---|---|---|
| 종 류 | 신 기 호 | 구 기 호 | [℃] | 방 법 | 경도[$HB$] |
| Cr 강 | SCr 430 | SCr 2 | 830~880 공랭 | 약 830℃ 노냉 | 170~207 |
| | SCr 435 | SCR 3 | 〃 | 〃 | 174~212 |
| | SCr 440 | SCr 4 | | 〃 | 179~217 |
| | SCr 445 | SCr 5 | 〃 | 〃 | 〃 |
| Cr-Mo 강 | SCM 432 | SCM 1 | 830~880 공랭 | 약 830℃ 노냉 | 174~212 |
| | SCM 430 | SCM 2 | 〃 | 〃 | 〃 |
| | SCM 435 | SCM 3 | 〃 | 〃 | 〃 |
| | SCM 440 | SCM 4 | 〃 | 〃 | 179~217 |
| | SCM 445 | SCM 5 | 〃 | 〃 | 〃 |
| Ni-Cr 강 | SNC 236 | SNC 1 | 820~880 공랭 | 약 820℃ 노냉 | 170~212 |
| | SNC 631 | SNC 2 | | | 183~223 |
| | SNC 836 | SNC 3 | | | 192~229 |
| Ni-Mo 강 | SNCM 431 | SNCM 1 | | 약 820℃ 노냉 | 187~2 35 |
| | SNCM 625 | SNCM 2 | 820~870℃ 공랭 | 820~870 공랭 | 212~262 |
| | SNCM 630 | SNCM 5 | 약670℃ 공랭·노냉 | 〃 | 〃 |
| | SNCM 240 | SNCM 6 | 〃 | 〃 또는 | 170~207 |
| | SNCM 439 | SNCM 8 | 850~950 공랭 | 약670℃ 공냉·노냉 | 174~212 |
| | SNCM 447 | SNCM 9 | | | 217~269 |

표 5-7 기계구조용 합금강의 표준 시편의 퀜칭, 템퍼링시의 기계적 성질

| 종류의 | 열처리[℃] | | 인장시험(4호 시험편) | | | | 충격시험(3호시험편) | 경도시험 |
|---|---|---|---|---|---|---|---|---|
| 기호 | 퀜칭 | 템퍼링 | 항복점 [kgf/mm²] | 인장강도 [kgf/mm²] | 신율 [%] | 단면수축률 [%] | 샤르피 충격치[kgf·m/cm²] | 경도[$HB$] |
| SCr 430 | 830~880 유냉 | 520~620 급랭 | 65 이상 | 80 이상 | 18 이상 | 55 이상 | 9 이상 | 229~293 |
| SCr 435 | 830~880 유냉 | 520~620 급랭 | 75 이상 | 90 이상 | 15 이상 | 50 이상 | 7 이상 | 255~321 |
| SCr 440 | 830~880 유냉 | 520~620 급랭 | 80 이상 | 95 이상 | 13 이상 | 45 이상 | 6 이상 | 269~331 |
| SCr 445 | 830~880 유냉 | 520~620 급랭 | 85 이상 | 100 이상 | 12 이상 | 40 이상 | 5 이상 | 285~352 |
| SCM 432 | 830~880 유냉 | 530~630 급랭 | 75 이상 | 90 이상 | 16 이상 | 50 이상 | 9 이상 | 255~321 |
| SCM 430 | 830~880 유냉 | 530~630 급랭 | 70 이상 | 85 이상 | 18 이상 | 55 이상 | 11 이상 | 241~302 |
| SCM 435 | 830~880 유냉 | 530~630 급랭 | 80 이상 | 95 이상 | 15 이상 | 50 이상 | 8 이상 | 269~331 |
| SCM 440 | 830~880 유냉 | 530~630 급랭 | 85 이상 | 100 이상 | 12 이상 | 45 이상 | 6 이상 | 285~352 |
| SCM 445 | 830~880 유냉 | 530~630 급랭 | 90 이상 | 105 이상 | 12 이상 | 40 이상 | 4 이상 | 302~363 |
| SNC 236 | 820~880 유냉 | 550~650 급랭 | 60 이상 | 75 이상 | 22 이상 | 50 이상 | 12 이상 | 217~277 |
| SNC 631 | 820~880 유냉 | 550~650 급랭 | 70 이상 | 85 이상 | 18 이상 | 50 이상 | 12 이상 | 248~302 |
| SNC 836 | 820~880 유냉 | 550~650 급랭 | 80 이상 | 95 이상 | 15 이상 | 45 이상 | 8 이상 | 269~321 |
| SNCM 431 | 820~870 유냉 | 570~670 급랭 | 70 이상 | 85 이상 | 20 이상 | 55 이상 | 10 이상 | 248~302 |
| SNCM 625 | 820~870 유냉 | 570~670 급랭 | 85 이상 | 95 이상 | 18 이상 | 50 이상 | 8 이상 | 269~321 |
| SNCM 630 | 850~950 유냉 | 550~650 급랭 | 90 이상 | 110 이상 | 15 이상 | 45 이상 | 8 이상 | 302~352 |
| SNCM 240 | 820~870 유냉 | 580~680 급랭 | 80 이상 | 90 이상 | 17 이상 | 50 이상 | 7 이상 | 255~311 |
| SNCM 439 | 820~870 유냉 | 580~680 급랭 | 90 이상 | 100 이상 | 16 이상 | 45 이상 | 7 이상 | 293~352 |
| SNCM 447 | 820~870 유냉 | 580~680 급랭 | 95 이상 | 105 이상 | 14 이상 | 40 이상 | 6 이상 | 302~368 |

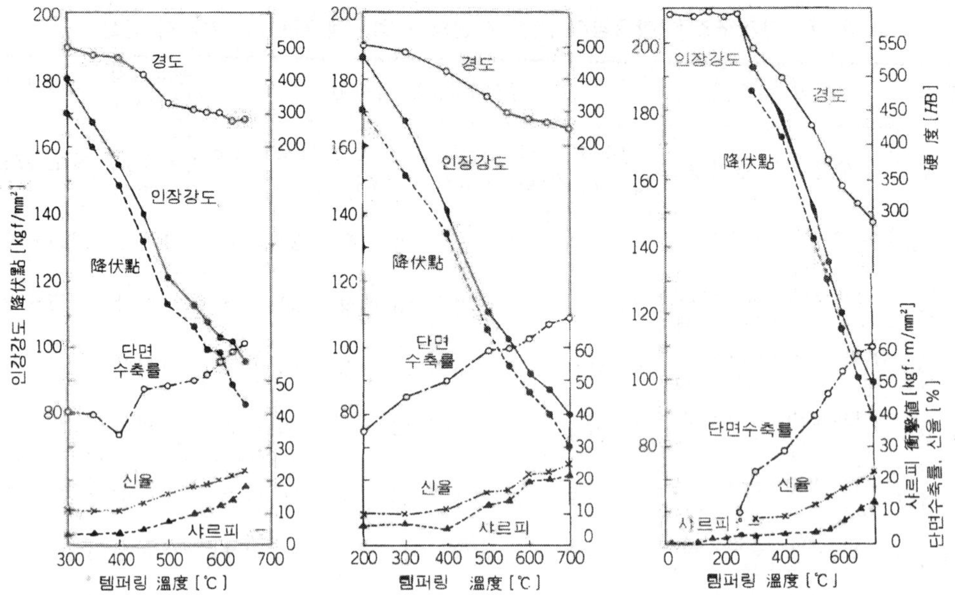


(a) SCM 435 (b) SNC 236 (c) SNCM 447

그림 5-21 기계구조용 합금강의 템퍼링 곡선

**(2) Cr 강**

중탄소강에 Cr 을 0.90~1.20 % 첨가하고 Mn 이 0.60~0.85 %인 것으로 중탄소강의 경화능을 개선한 강이다. 이 강은 경화능이 좋으므로 탄소강보다 상당히 큰 부품에도 사용되며 비교적 가격도 싸고 기계부품이나 차량부품용에 널리 이용된다. 그러나 템퍼링 취성을 일으키기 쉬우므로 템퍼링 가열 후의 냉각은 수냉이나 유냉으로 급랭한다.

**(3) Cr-Mo 강**

Mo 을 약 0.15~0.30 % 첨가하여 Cr 강보다 경화능을 향상시키고 Cr 강이나 Ni-Cr 강보다도 고온 템퍼링 취성을 경감하고 템퍼링 연화 저항성을 크게 한 것이다. 따라서 같은 경도 또는 인장강도에서는 템퍼링 온도도 높아지고 인성도 크다.

**(4) Ni-Cr 강**

강인강의 대표적인 강종이며, Ni 은 페라이트에 고용하여 인성을 주며 Cr 은 탄화물을 만들어 경도를 높인다. 더욱이 Ni 과 Cr 의 상승작용으로 경화능을 좋게 하고 있다. 그러나 Ni 과 Cr 량이 많은 것은 템퍼링 취성에 민감하므로 템퍼링 가열온도에서의 냉각은 급랭(수냉 또는 유냉)할 필요가 있다. 원래 병기용으로 개발된 것이며, 값이 비싼 까닭에 현재 그 대부분은 강도가 비슷한 Cr-Mo 강으로 대치되고 있다. 그러나 저온인성의 양호함과 또는 고온가열에 의해서도 결정입자의 조대화가 잘 일어나지 않고 열간가공이 쉬운 점은 높이 평가되고 있다.

(5) **Ni-Cr-Mo 강**

Ni-Cr 강에 Mo 를 첨가하여 경화능을 현저히 개선함과 동시에 템퍼링 연화 저항성을 증가시키며 템퍼링 취성을 적게 만들었다. Ni-Cr 강에 비하면 같은 경도인 것에서 템퍼링 온도가 높으므로 인성이 보다 높으며 구조용강 중에서 가장 우수한 강이다.

### 3. 스프링강의 열처리는 강인강과 동등

대형 스프링은 주로 열간 마무리 가공에 의해 제조되는데 탄성한도가 높고 피로한도가 큰 것이 필요하며, 퀜칭·템퍼링에 의해 강인성을 갖게 한다. 퀜칭에 의해 재료의 중심부를 50% 마르텐사이트 조직으로 할 수 있는 치수를 환봉인 경우는 **임계직경**이라 하며, 판재인 경우에는 **임계두께**라고 한다. 표 5-8은 이것을 나타낸 것이며, 임계두께는 거의 임계직경의 60%가 되고 있다. 표에는 실제의 스프링의 예를 참고하기 위해 병기하였다. 또한 여기서 말하는 임계직경은 냉각제를 심하게 교반하는 경우이며 무한대의 냉각능력을 가진 냉각제를 상정한 **이상임계직경**은 아니다. 또한 스프링인 경우는 최대 응력이 반드시 표면에 나타나므로 탈탄, 표면 흠, 표면의 거침 따위의 표면 결함은 스프링의 피로나 강도에 크게 영향을 주므로 열처리 공정에서 이런 결함이 발생하지 않도록 충분히 주의할 필요가 있다.

그림 5-22에 탄소 스프링강의 템퍼링 온도에 의한 기계적 성질의 변화 예를 나타냈다. 피로강도는 템퍼링 온도가 높아지면 내려가는데 400℃ 전후에서 최고치가 된다. 이제부터 최적 스프링 경도는 $H$RC 47로 읽을 수 있지만 실제로는 $H$RC 37~47 사이에서 사용되고 있다. 표 5-9에 스프링강의 4호 시험편을 이용한 경우의 열처리 조건과 기계적 성질을 나타내었다.

**표 5-8 스프링강의 임계치수와 실제의 스프링의 예**

| 강 종 | 임계직경 [mm] | | | 임계두께 [mm] | | |
|---|---|---|---|---|---|---|
| | 수 냉 | 유 냉 | 유냉의 실례 | 수 냉 | 유 냉 | 유냉의 실례 |
| C 강(SPS 3) | 33 | 18 | 10 | 19 | 11 | 6 |
| Si-Mn 강(SPS 6) | 53 | 30 | 20 | 31 | 18 | 12 |
| Mn-Cr 강(SPS 9) | 87 | 55 | 34 | 52 | 33 | 20 |
| Cr-V 강(SPS 10) | 92 | 60 | 40 | 56 | 36 | 25 |
| B 강(SPS 11 A) | 104 | 67 | 45 | 63 | 41 | 30 |

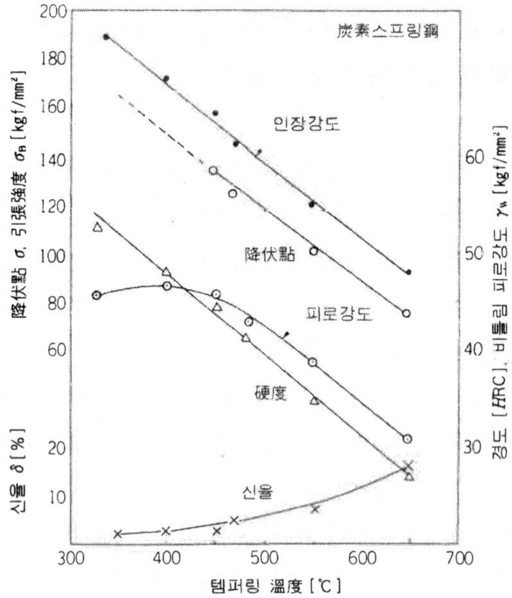


그림 5-22 탄소 스프링강의 템퍼링 온도와 기계적 성질

표 5-9 스프링강의 표준시편에 대한 열처리 조건과 기계적 성질

| 기 호 | 열 처 리 [℃] | | 기 계 적 성 질 | | | | |
|---|---|---|---|---|---|---|---|
| | 퀜칭 | 템퍼링 | 내력 0.2% [kgf / mm²] | 인장강도 [kgf / mm²] | 신율 4 호 또는 7 호 시험편 | 단면수축률 [%] 4 호시험편 | 경도 [HB] |
| SPS 3 | 830～860 유 냉 | 450～500 | 85 이상 | 110 이상 | 8 이상 | — | 341～401 |
| SPS 4 | 〃 | 〃 | 90 이상 | 115 이상 | 7 이상 | 10 이상 | 352～415 |
| SPS 6 | 830～860 유 냉 | 480～530 | 110 이상 | 125 이상 | 9 이상 | 20 이상 | 363～429 |
| SPS 7 | 〃 | 490～540 | 110 이상 | 125 이상 | 〃 | 〃 | 〃 |
| SPS 9 | 〃 | 460～510 | 110 이상 | 125 이상 | 〃 | 〃 | 〃 |
| SPS 9 A | 〃 | 460～520 | 110 이상 | 125 이상 | 〃 | 〃 | 〃 |
| SPS 10 | 840～870 유 냉 | 470～540 | 110 이상 | 125 이상 | 10 이상 | 30 이상 | 〃 |
| SPS 11 A | 830～860 유 냉 | 460～520 | 110 이상 | 125 이상 | 9 이상 | 20 이상 | 〃 |

용도는 중복 판스프링, 코일 스프링 등이며, SPS 3에서 SPS 11 A로 숫자가 커짐에 따라 경화능이 좋아지므로 하중이 커지는만큼 숫자가 큰 강종이 선택된다.

**4. 베어링강의 열처리는 공구강과 같다.**

볼 베어링은 내외의 레이스와 볼 또는 굴림대로 이루어져 있다. 이들은 매우 높은 내압성, 내마모성, 내피로성이 요구되므로 일반적으로 1% C - 1% Cr의 고탄소 Cr강이 이용된다.

단조, 압연 등에 의해 만들어진 베어링 강재는 과공석강인 까닭에 초석망상 시멘타이트가 결정립계에 석출하고 있다든지 층상 펄라이트 조직으로 형성되어 있다. 이것들을 소멸시켜 다음의 구상화 어닐링을 쉽게 하기 위해서 우선 노말라이징하는 것이 보통이다. 이를 위해서는 $A_{cm}$변태점 바로 위 890~920℃로 소요시간 가열 후 공랭시킨다. 노말라이징 경도는 $H$RC 25~38이다. 다음에 구상화 어닐링을 하여 기계가공성을 좋게하고 퀜칭·템퍼링으로서 양호한 조직과 기계적 성질, 내마모성을 얻도록 한다. 어닐링 경도는 $H$RB 95 이하이다.

그림 5-23에 베어링강의 열처리 작업도의 일례를 나타냈다. 베어링강은 탄소량이 약 1%로 많으므로 탈탄이나 산화방지를 위해 무산화분위기 중에서 가열한다. 템퍼링은 120~200℃에서 소요시간 유지한 뒤 공랭한다. 템퍼링 경도는 $H$RC 60~64 정도이다.

또한 구상화 어닐링에 대해서는 이미 서술한 바와 같이 베어링강인 경우에는 서냉법 또는 그림과 같은 등온유지법이 채택되고 있다. 어닐링 후의 구상화 탄화물의 평균직

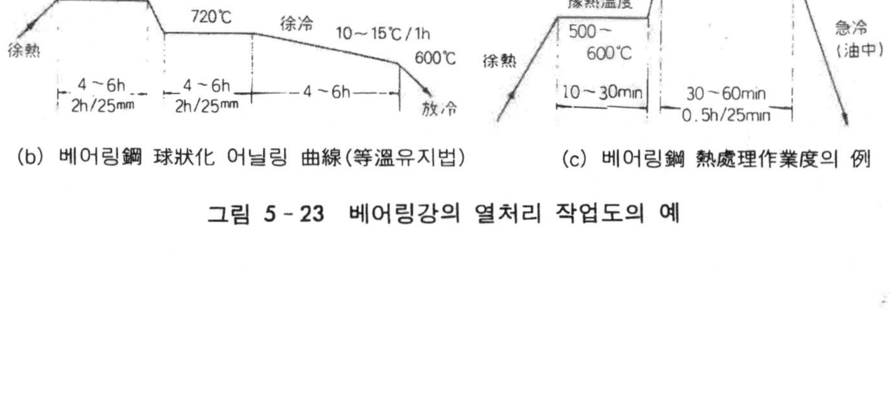


(b) 베어링鋼 球狀化 어닐링 曲線(等溫유지법)　　(c) 베어링鋼 熱處理作業度의 例

그림 5-23 베어링강의 열처리 작업도의 예

경은 0.4~0.5 $\mu$m 인 것이 좋으며, 그러기 위해서는 부품의 형상이나 크기, 장입량 등에 따라 각각에 상응하는 엄격한 가열냉각곡선이 택해진다.

노말라이징 후의 베어링강은 균일한 미세 펄라이트 조직이 되고 있다. 이것을 $Ac_1$ 변태점을 넘는 온도로 가열하면 미세한 탄화물은 오스테나이트 중에 고용되지만, 완전히 고용시키는 것은 아니며 나중에 구상화 시멘타이트가 되는 핵으로서 적량의 탄화물을 남겨둔다.

이것을 냉각하여 $Ar_1$ 변태점 부근을 서냉하면 전기의 잔존탄화물을 핵으로 하여 오스테나이트 중의 과포화한 탄소가 응집 석출하는데 이 서냉구역에서 충분한 시간을 취함에 따라 희망하는 크기의 구상화 탄화물의 균일한 분포가 얻어진다. 이것을 다시 $Ac_1$ 변태점을 넘어 가열하면 구상화 탄화물은 다시 오스테나이트 중으로 고용하고자 하나, 형태가 안정한 구상인 점과 Cr 의 존재 때문에 이번에는 고용되는 속도가 완만해져 그림의 퀜칭온도와 유지시간에서 미 용해된 구상화 탄화물이 남는다. 한편 기지 쪽은 C 량이 0.5~0.6 %의 적정량이 되므로 이것을 일반적으로 유냉함에 따라 최고의 퀜칭경도를 얻을 수 있다. 이것을 저온 템퍼링이라 한다.

퀜칭 후의 현미경 조직에서 구상화 탄화물이 면적률의 7~8 %일 때 가장 베어링 수명이 길다고 한다. 구상화 어닐링 후의 면적률은 약 15 %이므로 이것을 퀜칭하여 7~8 % 남기기 위해서는 어닐링 후의 구상화 탄화물의 크기를 엄격하게 0.4~0.5 $\mu$m 으로 조정해 두어야 한다. 그런 까닭에 노의 유효길이가 예를 들면 120 m 에 달하는 연속로에서 구상화 어닐링이 행해지고 있다.

# 제 6 장
# 표면열처리 작업

## 6-1 표면열처리의 종류

침탄처리, 질화처리, 고주파 경화처리 등은 종래부터 표면경화처리라고 불리고 있으나 최근에는 처리 방법이 여러 가지로 다양하며, 윤활성이나 내식성을 목적으로 하는 처리법마저 포함하게 되었으므로 여기서는 표면열처리란 표현을 이용하기로 한다.

표면열처리는 다음과 같은 종류로 나뉜다.

① 퀜칭을 수반하여 경도를 얻는 처리법－침탄, 침탄침질, 고주파 퀜칭, 화염퀜칭

② 질화물에 의해 경도를 얻는 처리법－가스질화, 산질화, 염욕질화, 이온 질화, 가스연질화, 침류질화.

③ 높은 경도를 얻는 처리법－탄화물(TiC, VC 등) 피복법, 붕화처리, 크로마이징

④ 마찰면의 융착억제작용을 이용한 처리법－수증기 처리, 침류처리

⑤ 내식성을 목적으로 한 처리법－알루미나이징, 칼로라이징, 실리코나이징

## 6-2 침탄처리

### 1. 침탄처리의 종류

침탄처리는 가공성이 좋은 저탄소강 또는 저합금강을 기계가공한 뒤, 그 표면층의 탄소를 증가시켜 급랭경화하는 처리이다. 그 내부는 유연한 조직 그대로이므로 처리품은 인성이 강하고 표면층은 내마모성을 유지할 수 있다. 자동차 부품, 자전거 부품 등

표 6-1 각 침탄법의 특징

| | 전경화층깊이 [mm] | 장 점 | 단 점 |
|---|---|---|---|
| 固體浸炭 | 0.25～3.0 | 大物의 처리가능<br>소량생산 위주<br>설비비가 싸다 | 경화도 분포 크다<br>과잉침탄하기 쉽다<br>작업환경 조금 나쁘다 |
| 液體浸炭 | 0.05～1.0 | 小物의 처리유익<br>얇은 경화층이 가능<br>설비비가 싸다 | 배수처리 설비가 필요<br>침탄방지 곤란 |
| 가스浸炭 | 0.25～3.0 | 탄소농도의 조절가능<br>자동화 용이<br>다량생산 위주 | 설비비 비싸다<br>대량 생산되지 않으면<br>처리비가 조금 비싸다 |

을 비롯해 각종 기계부품에 널리 응용되며, 가장 널리 보급되고 있는 표면열처리이다.

새로운 방법도 개발되어 그 분류는 복잡하지만 처리방법에서 표 6-1에 나타난 고체침탄, 액체침탄, 가스침탄으로 크게 나뉜다. 이 표는 극히 일반적인 특징을 나타낸 것이며 실제로는 처리품의 형성, 처리 후의 치수정밀도, 처리량, 처리비, 설비비 등 모든 면에서의 검토가 필요할 것이다. 최근에는 가스침탄 이용이 크게 증가하고 있는데 이것은 흡열형 변성 가스에 의한 방법과 적하식 분해 가스에 의한 방법으로 나뉜다. 새로운 방법으로는 진공기술을 가미한 진공침탄, 이온 충격열처리의 일부인 이온침탄, 자원절약면에서 질소 베이스 분위기에 의한 침탄 등도 실용화 되고 있는 단계이다.

## 2. 고체침탄법

고체침탄법(固形浸炭이라고도 부른다)은 가장 오래 전부터 행해지고 있는 방법으로, 다른 침탄법과 비교해 간단한 설비로서 손쉽게 처리할 수 있는 점과 다른 처리로 설비에 장입(裝入)할 수 없는 대형 부품에도 적용할 수 있다는 점에서 앞으로도 계속 이용될 것이라고 생각한다.

고체침탄제의 주성분은 목탄(C)인데 처리품을 침탄제와 함께 침탄상자에 채워 밀폐하고 일정시간 900～1000℃로 가열하여 침탄시키고 침탄상자와 같이 냉각한다. 처리품은 냉각 후에 다시 퀜칭된다. 지금 [Fe-C]에서 오스테나이트 중에 탄소가 고용한 상태를 나타낸다면

$$C + O_2 \rightarrow CO_2 \qquad (6-1)$$

$$C + CO_2 \rightarrow 2\,CO \qquad (6\text{-}2)$$

$$2\,CO + Fe \rightarrow [Fe\text{-}C] + CO_2 \qquad (6\text{-}3)$$

침탄반응은 위의 반응식이 나타내듯이 침탄상자 속의 산소($O_2$)와 목탄에 의해 생긴 일산화탄소(CO)에 의한 것이다.

침탄반응을 활발히 하기 위해 **침탄촉진제**로서 탄산바륨($BaCO_3$), 탄산칼륨($K_2CO$), 탄산스트론듐($SrCO_3$)이 목탄에 혼합되는데 함유량은 10~50 %이다.

고체침탄의 결점 중의 하나는 **과잉침탄**되기 쉬운 점인데, 특히 Cr을 함유한 강종에서는 표면층의 탄소농도가 높아지고 때로는 그림 6-1에서와 같이 시멘타이트가 생성된다. 통상 인성이 결여되므로 촉진제의 함유량을 감소시킨다든지, 오래된 침탄제를 이용하는 방법 등에 의해 침탄성을 저하시킨다. 이 방법을 **완화침탄**이라 부른다. 그러나 예외적으로 표면층의 시멘타이트의 존재가 유효한 기계부품도 있다. 경화층의 불균일이 생기는 것은 침탄제의 열전도가 나쁜 점과, 침탄상자 내의 외측과 중심부 등에서 승온시간에 차가 있는 것에 기인하는 까닭으로 침탄상자에 충전할 때 주의가 필요하다.

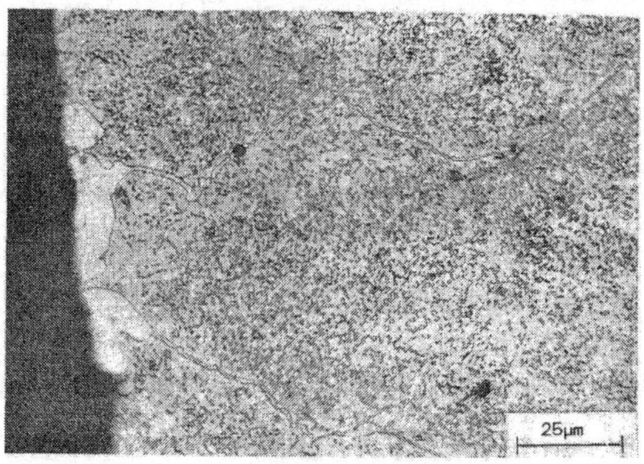


그림 6-1 고체 침탄부품 표면층의 시멘타이트

### 3. 액체침탄법

액체침탄법은 표 6-2에 나타나듯이 시안화소다(NaCN)를 주성분으로 하는 염욕에 의해 행해지며, 처리품은 침탄과 동시에 질화도 일어나므로 정확하게는 **침탄침질처리**와 같은 방법이다. 그러나 종래부터 침탄법의 일종으로서 분류되는 경우가 많으므로 여기서도 침탄항에서 다루기로 하였다.

표 6-2 액체 염욕 조성의 예

| | 조 | 성[wt %] | | | | 사용온도 |
|---|---|---|---|---|---|---|
| | NaCN | $Na_2CO_3$ | $BaCl_2$ | NaCl | KCl | [℃] |
| 고농도 | 60~70 | 15~25 | | 15~25 | | 800~870 |
| 중농도 | 40~50<br>35~45 | 5 ~10 | <br>40~50 | 40~50 | <br>5 ~10 | 800~900<br>850~900 |
| 저농도 | 17~23<br>8 ~12 | 10~30<br>10~30 | 15~40<br>45~55 | 20~30<br>5 ~15 | <br>6 ~20 | 850~900<br>900~930 |

처리품을 염욕 중에 침적하여 침탄한 뒤 유냉하는 간단한 공정으로 행해지는데 이때의 반응을 설명하겠다. 공기 중의 산소나 탄산가스($CO_2$)와 접촉하여 NaCN의 일부는 NaCNO(시안산소다)로 변한다.

$$2\,NaCN + O_2 = 2\,NaCNO \qquad (6-4)$$

$$NaCN + CO_2 = NaCNO + CO \qquad (6-5)$$

이 NaCNO는 고온측 반응과 저온측 반응으로 나뉘어 CO와 원자상 질소(N)를 만들어 침탄과 질화가 행해진다. [Fe-N]을 강에 질소가 고용된 상태로 나타낸다고 하면

고 온 측 $4\,NaCNO = 2\,NaCN + Na_2CO_3 + CO + 2(N)$ (6-6)

저 온 측 $5\,NaCNO = 3\,NaCN + Na_2CO_3 + CO_2 + 2(N)$ (6-7)

침탄반응 $Fe + 2\,CO = [Fe\text{-}C] + CO_2$ (6-8)

질화반응 $Fe + (N) = [Fe\text{-}N]$ (6-9)

위와 같이 반응은 복잡하며 900℃ 전후의 처리에서는 거의 침탄반응 뿐이지만 그보다 저온으로 이동함에 따라 질화반응이 활발해지며, 처리품 표면층 내에 질소량이 증가한다.

NaCN은 유독한 점에서 공해문제가 발생하며 최근에는 고가인 배수처리설비를 부착시키지 않으면 처리가 허용되지 않는다. 이 점에서 NaCN을 함유하지 않는 염욕의 개발도 행해지고 일부에서는 실용화되고 있다 한다.

**4. 침탄성 분위기와 그 조절법**

가스침탄에 이용되는 대표적인 침탄성 분위기는 흡열형 변성가스이며, 이들은 $O_2$, $CO_2$, CO, $H_2$, $H_2O$, $CH_4$, $N_2$, Ar 따위의 혼합가스형으로 이용된다. 이들 중 $N_2$ 및 Ar은 불활성가스로서 일반적으로 Fe과는 반응하지 않지만, 다른 가스는 고온에서 표

표 6-3 각 가스의 고온에 대한 성질

| 가스명(화학번호) | 還元性 | 酸化性 | 浸炭性 | 脫炭性 | 그 외 |
|---|---|---|---|---|---|
| 산 소($O_2$) | | ◎ | | ◎ | |
| 탄산가스($CO_2$) | | ◎ | | ◎ | |
| 일산화탄소($CO_2$) | ◎ | | ○ | | |
| 수 소($H_2$) | ◎ | | | ○ | |
| 물($H_2O$) | | ◎ | | ◎ | |
| 메 탄($CH_4$) | ◎ | | ◎ | | |
| 프로판($C_3H_8$) | ◎ | | ◎ | | |
| 부 탄($C_4H_{10}$) | ◎ | | ◎ | | |
| 질 소($N_2$) | | | | | 불활성 |
| 아르곤(Ar) | | | | | 불활성 |
| 암모니아($NH_3$) | | | | | 질화성 |

[주] ◎ 강함 ○ 약함을 의미한다.

6-3과 같이 환원성, 산화성, 침탄성, 탈탄성, 질화성 등을 나타낸다.

Fe에 대한 각 가스 반응 및 가스상호간의 반응을 다음에 나타내었다.

산화환원반응 $2Fe + O_2 \rightarrow 2FeO$ (6-10)

산화환원반응 $Fe + CO_2 \rightleftarrows FeO + CO$ (6-11)

산화환원반응 $Fe + H_2O \rightleftarrows FeO + H_2$ (6-12)

탈탄침탄반응 $[Fe\text{-}C] + CO_2 \rightleftarrows Fe + 2CO$ (6-13)

탈탄침탄반응 $[Fe\text{-}C] + H_2O \rightleftarrows Fe + CO + H_2$ (6-14)

탈탄침탄반응 $[Fe\text{-}C] + 2H_1 \rightleftarrows Fe + CH_4$ (6-15)

수성가스반응 $CO + H_2O \rightleftarrows CO_2 + H_2$ (6-16)

Boundouard 반응 $CO_2 + C \rightleftarrows 2CO$ (6-17)

Sooting $CH_4$ 2F18 C+ 2 $H_2$ (6-18)

침질반응 $2Fe + 2NH_3 \rightarrow 2[Fe\text{-}N] + 3H_2$ (6-19)

각 식의 $\rightleftarrows$는 반응이 어느 방향으로도 진행하는 것을 나타내는 것이며, 그 방향은 가스혼합비에 의해 결정된다. 식 (6-10)~(6-12)는 산화환원반응이라 하며, 강이 열처리 중에 광휘상태나 산화상태인 것을 나타내는 반응이며, 오른쪽으로 진행하면(→)

산화되고, 왼쪽으로 진행하면(→) 환원된다. 여기서 FeO는 산화철의 한 종류를 든 것이며, 실제로 $Fe_2$, $O_3$, $Fe_3O_4$가 생성되는 경우도 있다.

식 (6-13)~(6-15)는 **탈탄침탄반응**이며, 상기와 같이 왼쪽으로 진행하는 방향이 침탄처리이다. 식 (6-16)은 **수성가스반응**, 식 (6-17)은 **Boundouard**반응으로 불리며, 모두 가스 상호간 반응이며 침탄반응의 기초가 되고 있다. 식 (6-18)은 메탄의 열분해이며 노내에 그을음을 발생시키는 경우는 **sooting**이라 말하고 있다. 또 식 (6-19)는 **침질반응**의 일례를 나타낸 것이다.

실제의 침탄성 분위기는 혼합가스이므로 전술한 침탄 혹은 탈탄반응이 진행하면 이윽고 강 중의 탄소량은 증가하지도 감소하지도 않고 일정해진다. 이것을 **평형**에 달한다고 하여, 이 반응을 **평형반응**이라 부른다. 이때의 탄소량을 **평형탄소농도**(Carbon potential이라고도 불린다)라 하여 침탄성 분위기의 성능은 이 형으로 표현된다. 평형탄소농도의 측정은 두께 0.05~0.1 mm 등을 분위기에서 처리한 후 분석에 의해 구하는 것이 보통이다.

가스 침탄에 있어서 그림 6-2에 나타내듯 얇은 물품에서는 비교적 단시간에 평형에 도달하지만 두께가 두꺼운 부품에서는 거의 평형에도 달하지 않는 것이 보통이다. 0.1 mm 박의 0.8%C가 평형탄소농도이지만 일반적으로 침탄성 분위기의 평형탄소농도와 강의 표면탄소량은 다른 경우가 많다. 따라서 최적의 분위기의 조절은 그림 6-3

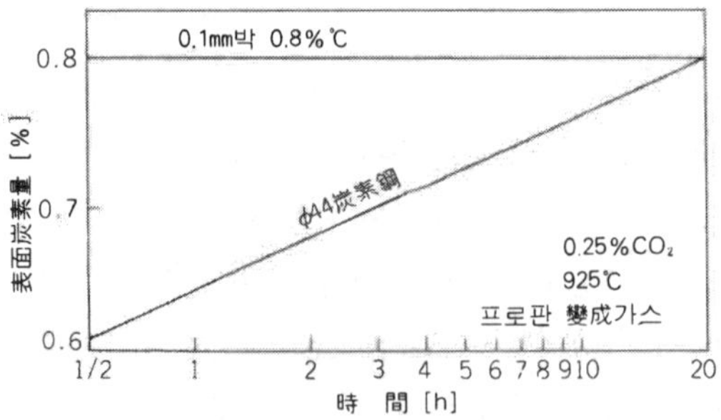


그림 6-2 강의 표면탄소량에 미치는 처리시간의 영향

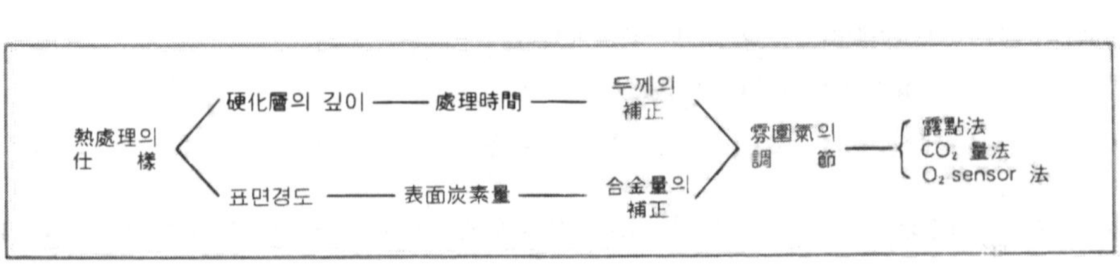


그림 6-3 분위기조절의 순서

과 같은 순서로 행해진다.

즉 열처리 방법은 보통 경화층 깊이와 표면경도로 규정된다. 이 중 경화층 깊이는 열처리 시간에 좌우되며 표면경도는 표면탄소량이 결정한다. 그 모두가 노내 분위기 가스의 평형탄소농도를 어떻게 조절할 것인가에 의해 결정된다. 그때 피처리품의 두께에 의해 경화층 깊이가 영향받는 점과 합금 원소량에 의해 표면경도가 영향받는 점 등을 고려하여 보정할 필요가 있다. 또한 평형탄소농도를 관리하기 위해서는 보통 노점법, $CO_2$ 량법이나 기전력치($O_2$ 센서)법이 이용된다.

표 6-4 각종 노점계의 측정원리와 성능

| 기기명칭 | 측 정 원 리 | 측정범위 [℃] | 자동제어에의 적용 |
|---|---|---|---|
| 듀컵 | 냉각한 경면의 노에 의한 발생 | 실온~-50 | 불능 |
| 아르노 | 압축 gas 의 급속팽창에 의한 노에 발생 | 실온~-60 | 불능 |
| 듀 셀 | 특수 전극선의 전기저항의 변화 | 실온~-40 | 가 |
| 쇼 | 특수 엘리먼트의 전기용량의 변화 | 실온~-80 | 가 |

표 6-5 분위기 조절기기의 성능

| 원 리 | 기 계 명 칭 | 감 도 | 응 답 속 도 | 노온 10℃에 대한 변동 |
|---|---|---|---|---|
| 노 점 법 | 듀셀 노점계 | 0.05%C | 12~15 분 | ±0.04%C |
| $CO_2$ 분석법 | 적외선 가스분석계 | 0.02%C | 9 초 | ±0.06%C |
| $O_2$ Sensor 법 | 질코니아셀 | ±0.015%C | 1 초 | ±0.04%C |

일본에 분위기 열처리가 도입된 초기에는 조작이 간단한 점에서 표 6-4에 나타낸 노점계에 의한 노점측정법이 행해지고 있었다. 노점이란 기체 중의 수분량($H_2O$)을 나타낸 값이며, 수증기의 포화상태 온도로 나타내는데, 표에 각 기기(상품명을 포함)의 측정원리와 성능을 나타냈다. 저노점의 측정 등 특수한 경우를 빼고 응답속도면에서 노점계의 이용은 차츰 감소하는 경향에 있다.

현재 사용되고 있는 각종 분위기 조절기기의 성능을 비교한 것을 표 6-5에 나타내었다. 노점법에 비해 감도가 높고 응답속도도 빠른 까닭에 최근에는 적외선 가스분석계에 의한 $CO_2$량 제어법이 큰폭으로 이용되며, 또 질코니아셀($O_2$ sensor)에 의한 기전력 측정법도 실용화되고 있는 중이다. 그외에 처리 후의 직경 0.05~0.1 mm 강선에 의한 전지저항측정법, 가스 크로마토그라피에 의한 분위기 조성 분석에 의한 방법, 앞에서 기술한 박(foil)에 의한 평형탄소농도 측정법 등이 있는데 이들은 가스 조성의 자동제어 응용에 난점이 있다.

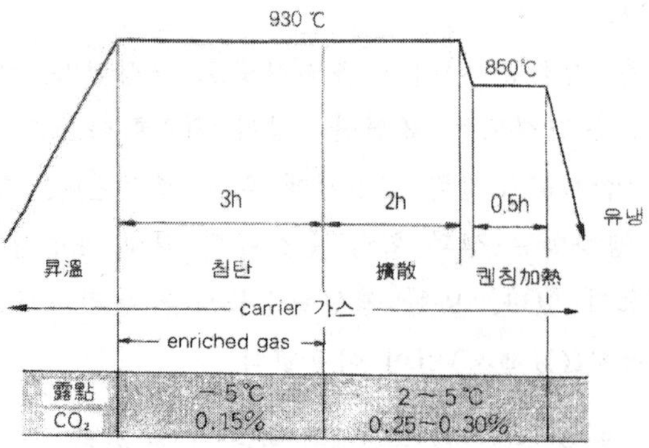


그림 6-4 흡열형 변성가스에 의한 가스침탄 예

### 5. 흡열형 변성가스에 의한 가스침탄

프로판($C_3H_8$)을 원료가스로 하는 이상적인 변성반응을 식 (6-20)으로 나타냈다.

$$2\,C_3H_8 + 3\,O_2 + 11.28\,N_2 = 6\,CO + 8\,H_2 + 11.28\,N_2 \qquad (6-20)$$

식 중의 $N_2$는 공기 중의 $O_2$량을 21%로 하여 계산한 것이며, 이때의 공기와 원료가스의 비율(공기/원료 가스 공기비라고도 한다)은 7.14가 되며 생성가스 조성은 계산으로는 CO 23.7%, $H_2$ 31.7%, 나머지는 $N_2$가 된다. 그러나 실제로는 원료가스에 불순물이 포함되며 공기비는 이론치에 어긋나고 가스 상호간의 반응이 존재하는 등의 이유에서 소량의 $CH_4$(0.02～0.1%), $CO_2$(0.1～0.5%), $H_2O$(노점에서 0～5℃, 0.60～0.86%에 상당)가 함유되며, 상기의 값은 약간 달라진다.

변성가스는 **carrier** 가스라고도 불리며 처리로(爐) 내에 송입되며 그림 6-4에 가스침탄처리의 일례를 나타내었다. 가열은 침탄과 확산처리로 나뉘어지며 침탄시에는 침탄성의 상승을 목적으로 하여 **enrich**(증탄가스)라 불리는 생가스가 첨가된다. enrich량은 $C_3H_8$으로 0.5～1.0%이지만 이것으로서 노점 및 $CO_2$량은 저하한다.

노내 노점과 평형탄소농도의 관계를 그림 6-5에 나타내었는데 그림 중 2의 접선과 화살표에서 나타내듯이 870℃에서 노점 0℃인 평형탄소농도는 0.78%로 구해진다. 더욱이 $CO_2$량과 평형탄소농도의 관계를 그림 6-6에, $O_2$센서에 의한 기전력과 평형탄소농도의 관계를 그림 6-7에 나타내었다.

$O_2$센서법은 질코니아셀에 의해 대기 중의 산소분압 $p'_{O_2}$(0.21 기압)와 노내 산소분압 $p_{O_2}$의 차에 따른 기전력 $E$를 측정하는 것으로서, 식 (6-12)의 반응을 기초로 하여 식 (6-22)에서 구해진다. 대기 중 산소분압 $p'_{O_2}$는 0.21기압이지만, 노내 산소분압 $p$

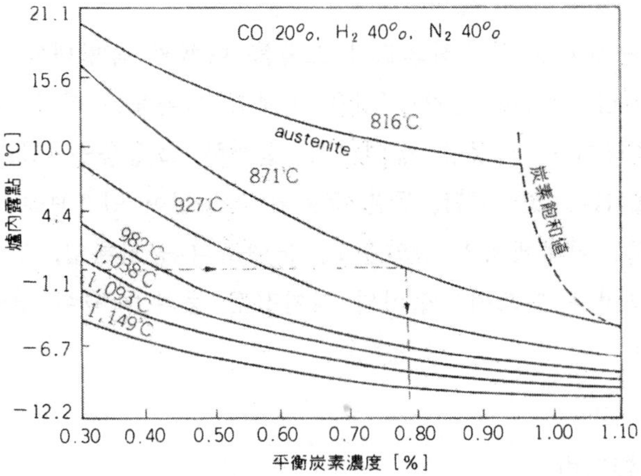


그림 6-5 흡열형 변성가스의 노내 노점과 평형탄소농도

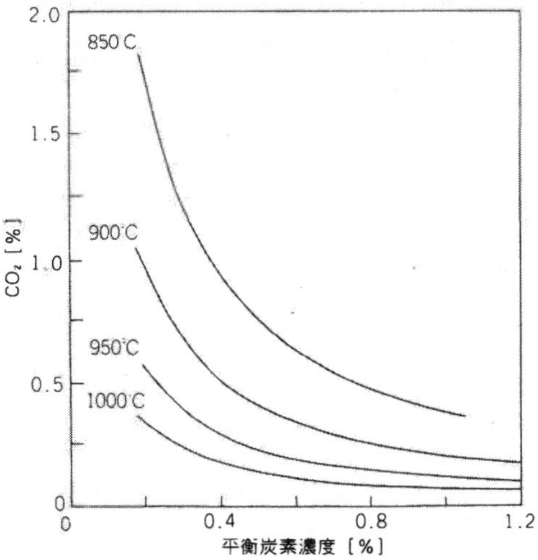


그림 6-6 흡열형 변성가스의 $CO_2$ 량과 평형탄소 농도($CO + CO_2 = 24\%$)

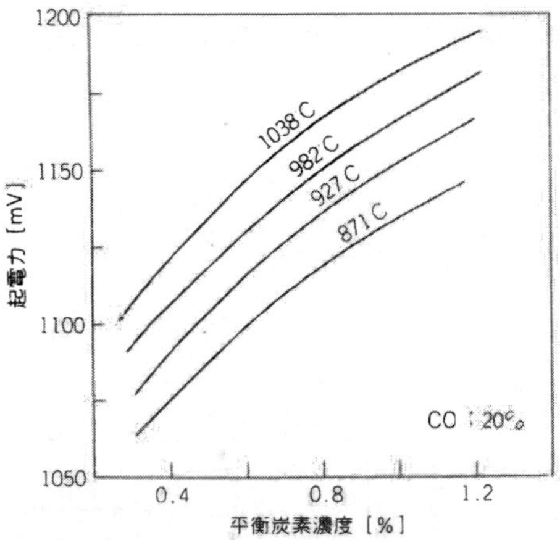


그림 6-7 $O_2$ 센서에 의한 기전력과 평형탄소농도

$_{O_2}$는 $1 \times 10^{-29}$ 기압의 미량으로 $O_2$ 센서에 의해서만 측정이 가능하다.

$$CO + 1/2\,O_2 \rightleftarrows CO_2 \tag{6-21}$$

$$E\,(\mathrm{mV}) = 4.96 \times 10^{-2}\,T \log(p'_{O_2}/p'_{O_2}) \tag{6-22}$$

$O_2$ 센서에 의한 조절법은 실용화된지 얼마 안 되며, 원료가스 종류의 영향, 검출부

의 수명 등 확실하지 않은 점도 많다.

가스 침탄조직에 수반되는 문제점으로서 그을음 대책과 폭발대책이 있다. 변성로의 저온부나 다량의 enrich 가스를 첨가한 경우 등에서 그을음은 피할 수 없는 현상이다. 따라서 정기적으로 공기를 적정량 송입하여 발생한 그을음을 연소시키는 일(burn out)이 필요하다. 또 $H_2$, CO, $CH_4$ 등은 폭발의 가능성이 있으므로 충분한 주의가 필요하다. 폭발은 800℃ 이하에서의 가열온도, 노내로의 공기혼입, 발화원이 중복된 경우 등에서 일어날 우려가 있으며, 설비의 정기점검 등의 대책이 결여되어서는 안 된다.

### 6. 그외의 가스 침탄처리

적하식 분해가스는 중소규모에 적합한 분위기 열처리 기술로서 1965년경에 개발되어 실용화 된 방법이다. 알코올 등을 주체로 한 액체연료를 직접 노내에 적하하여 그 분해생성가스 중에서 열처리를 행하는 것으로서, 침탄, 침탄침질, 광휘열처리에 널리 이용되고 있다. 적하액의 주가 되고 있는 메탄올($CH_3OH$)의 분해반응을 식 (6-23)에, 분해가스 조성과 평형탄소농도를 그림 6-8에 나타냈다.

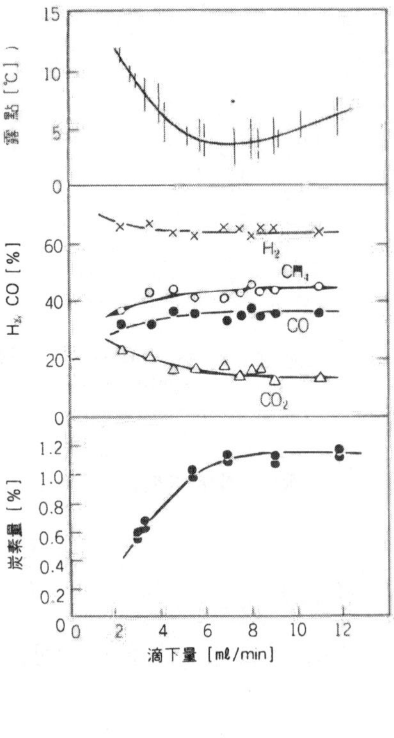


그림 6-8 메탄올의 분해가스 조성과 평형탄소농도(900℃)

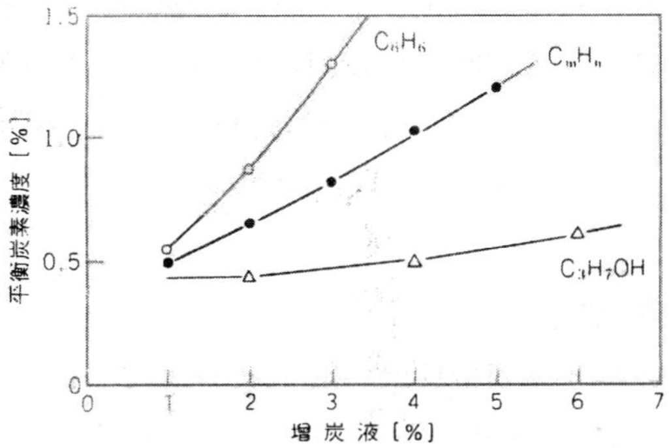


그림 6-9 적하식 분해가스에서 증탄제의 영향

$$CH_3OH = CO + 2H_2 \quad (6-23)$$

그림 6-8에서 알 수 있듯이 생성가스 중에는 $CH_4$, $CO_2$ 등의 미량가스가 확인된다. 흡열형 가스와 같이 침탄성을 상승시킬 목적으로 증탄액이 첨가되며 그림 6-9에 그 예를 나타냈다. 이것은 0.4%의 탄소 포텐셜의 분위기에 대한 결과로서 증탄제의 효과는 벤젠($C_6H_6$), 등유(여기서는 $C_mH_n$이라 표현한다), 이소프로파놀($C_3H_7OH$) 순으로 되어있다.

가스 침탄의 변형의 한 방법으로서 pit 로의 주변부에 특수한 고체침탄제를 장입하여 그 생성가스(CO와 $CO_2$의 혼합가스)에 의한 침탄처리도 행해지고 있다. 이것은 서독에서 개발되어 도입된 기술로서 침탄반응은 고체침탄과 유사하며, 가스침탄과 고체침탄의 중간적인 처리법이다.

에너지절약, 자원절약을 가미한 열처리 기술로서 주목되고 있는 것이 질소 베이스 분위기로 구미의 연구보고도 많으며 일본에서도 실용화가 확대되고 있다. 종래의 보고 및 실시 예를 참고로 하여 표면 열처리에 대한 질소 베이스 분위기의 종류와 적응 예를 표 6-6에 나타냈다. 표 중의 탄화수소는 $CH_4$, $C_3H_8$, $C_4H_{10}$ 등을, 산소함유 가

표 6-6 표면열처리에 대한 질소 베이스 분위기의 이용

| | $N_2$ + 탄화수소 + 산소함유 gas | $N_2 + NH_3$ | $N_2$ + 적하액 |
|---|---|---|---|
| 침 탄 | ○ | | ○ |
| 침탄침질 | ○ | | ○ |
| 연 질 화 | ○ | | |
| 질 화 | | ○ | |

스는 CO, $CO_2$ 등을 의미하며, ○표한 것은 처리가능하다고 하는 것이다. 이점으로서 불활성가스가 주성분인 까닭으로 안정한 $C_3H_8$이나 $C_4H_{10}$ 따위의 LPG 절감, 유량이 가변함으로의 경제성, 조작의 간편성 등이 있는 반면 $N_2$ 중의 불순물의 영향 경감, 분위기 제어기술의 확립 등이 금후의 과제로 되어있다.

## 7. 진공침탄과 진공이온침탄

**진공침탄**이란 진공조작과 고온침탄의 이점을 조합하여 개발된 기술로서 한 번 노내를 진공으로 한 뒤 조금 감압된 $C_3H_8$ 등의 침탄성가스(300～400 Torr)를 송입하여 행해진다. 처리 후의 탄소농도 분포의 측정 예를 그림 6 - 10에 나타내었으며, 단시간으로 소정의 침탄층이 얻어지며 에너지 절약에도 적합하다고 일컫는다. 그러나 고온처리이므로 열처리 후의 변형이나 결정입자의 조대화에 주의가 필요하다.

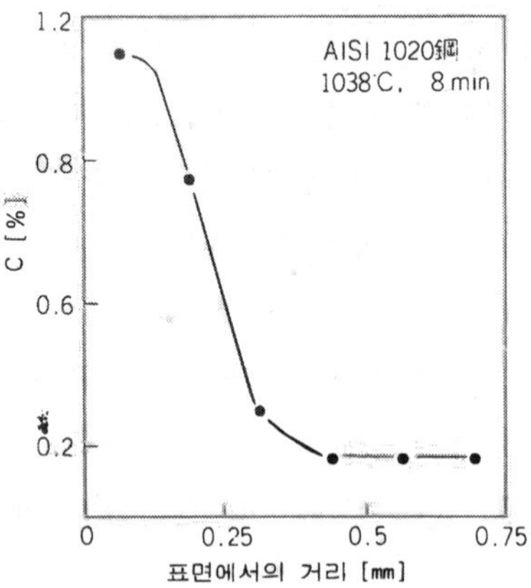


그림 6 - 10 진공 침탄물의 탄소농도 분포 예

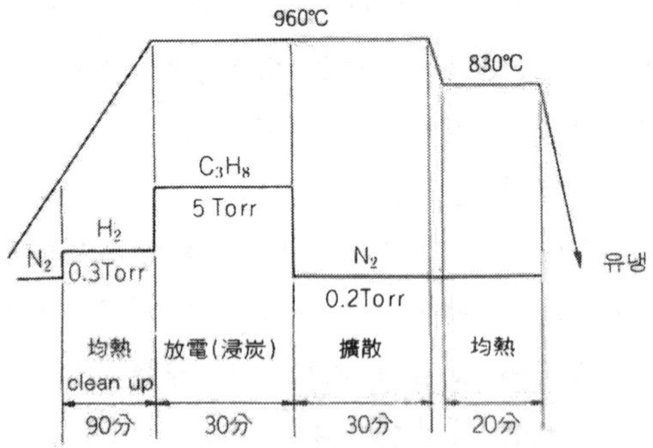


그림 6 - 11 진공이온 침탄공정의 예

**진공이온침탄**은 피처리품을 가열실에 장입하여 탄화수소계 가스(주로 $C_3H_8$)의 감압 분위기 중에서 가열과 동시에 피처리품(음극)과 방전전극 사이에 글로방전을 일으키게 한다. 이 때 발생하는 탄소이온을 가속하여 피처리품 표면에 충돌침입시켜 침탄을 하는 방법이다. 침탄공정의 일례를 그림 6 - 11에 나타냈다. 최초 노내를 $10^{-2}$～$10^{-3}$ Torr까지 배기하여 피처리품을 가열하고, $H_2$를 도입하여 표면을 청정화한다. 일정시간 예열 후 노내에 미량의 $C_3H_8$을 도입하여 침탄을 실시한다.

## 8. 침탄 후의 열처리 조건과 경화층

동일 시료의 침탄 후 서냉 및 퀜칭·템퍼링 후의 침탄층(단면부)의 현미경 조직을

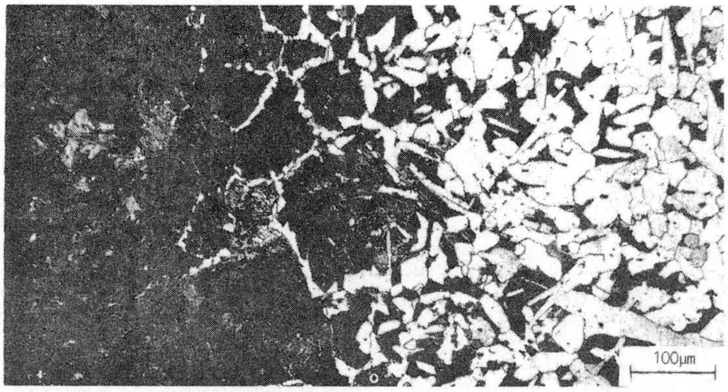


(a) 浸炭後徐冷

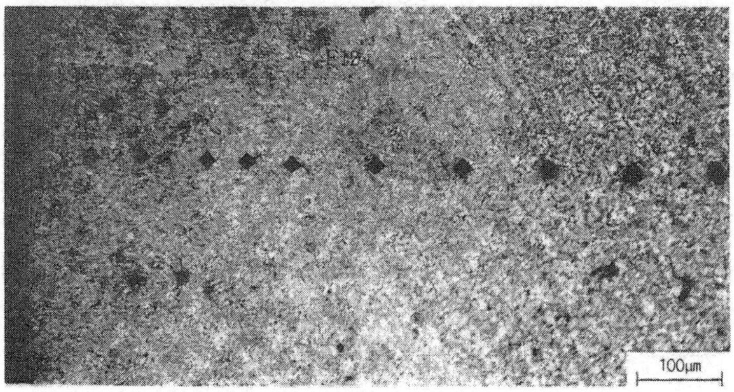


(b) 퀜칭 템퍼링(3%나이탈 腐蝕)

그림 6 - 12 **SM15C** 침탄층(900 ℃)의 현미경 조직

그림 6 - 12 에 나타내었다. 침탄 후의 서냉조직으로부터 개략적 탄소농도 분포를 판단할 수 있으며, 표면부의 조직은 일반적으로 공석강 정도의 농도로 관찰된다. 퀜칭·템퍼링 후의 경화층은 마르텐사이트 혹은 마르텐사이트 + 페라이트이며, 서냉조직의 펄라이트에 대응하고 있음을 알 수 있다. 또한 ◆부는 경도분포 측정시의 미소 비커스 경도계의 압흔이다.

침탄 후, 본격적으로 열처리할 경우는 다음 순서로 한다.

① 1차 퀜칭(조대화한 결정입자의 미세화) 850～920℃ 유냉(수냉)
② 탄화물의 구상화(침탄부의 인성회복)
③ 2차 퀜칭(침탄부의 경화) 750～800℃ 유냉(수냉)
④ 영하처리(잔류 오스테나이트의 마르텐사이트화)
⑤ 템퍼링 150～200℃ 공랭

표 6-7 침탄 후의 퀜칭법과 경도

| 처 리 방 법 | 침탄층의 경도 [*H*RC] | | | |
|---|---|---|---|---|
| | 탄 소 강 | | 2% Ni-0.5%Cr 강 | |
| | 침탄표면 | 0.5 mm 내측 | 침탄표면 | 0.5 mm 내측 |
| 950 ℃에서 직접 퀜칭 | 56.4 | 62.3 | 47.6 | 53.4 |
| 950 ℃에서 780 ℃의 노에 옮긴후 퀜칭 | 60.3 | 63.5 | 61.8 | 62.9 |
| 950 ℃에서 직접 퀜칭 후 780 ℃에서 재퀜칭 | 60.0 | 62.0 | 62.9 | 62.8 |
| 서냉 후 780 ℃에서 퀜칭 | 63.0 | 63.7 | 62.5 | 62.9 |
| 서냉 후 900 ℃에서 퀜칭 그후 780 ℃에서 2차 퀜칭 | 64.5 | 65.1 | 63.7 | 64.2 |

탄소강 및 2% Ni-0.5 Cr 강을 950℃에서 침탄했을 때의 퀜칭법과 경도 관계를 표 6-7에 나타내었다. 950℃에서 직접 퀜칭한 경우는 두 강종 모두 경도가 낮으며 특히 표면경도가 낮은 것은 잔류 오스테나이트가 다량으로 발생한 결과라고 생각된다. 서냉한 뒤 퀜칭한 경우는 비교적 양호한 경도가 얻어지고 있으나 1차·2차 퀜칭을 실시한 정규조건에서는 경도가 양호하며 결정입자의 조정도 행해지고 있으므로 기계적 성질도 양호하다. 그러나 2회의 퀜칭은 변형을 증가시키고 처리비의 상승에도 결부되므로 실제로는 앞의 그림 6-4 및 그림 6-11과 같이 1차 퀜칭이 생략되는 경우가 많다.

또 전에 침탄 후의 본격적인 열처리로서 설명한 탄화물의 구상화 및 영하처리도 특수한 부품에 적용된다고 생각하는 편이 타당할 것이다.

침탄온도는 광범위에 걸쳐 채용되고 있으며, 그림 6-13은 800~1000℃의 각 온도에서 한 시간 침탄 뒤 직접 퀜칭한 시료를 **EPMA**(X선 micro analyzer)에 의해 탄소농도 분포를 측정한 예이다. 더욱이 동일 시료를 2차 퀜칭(800℃ 수냉)·템퍼링(180℃ 공냉)한 것의 경도 분포를 그림 6-14에 나타내었다. 여기서 EPMA란 1$\mu$m 이하로 집속한 전자선을 시료 표면에 조사하여 미소면적에서 방출되는 특성 X선의 파장 및 강도에서 정성·정량분석 하는 장치이다.

전반적으로 최표면층의 탄소농도는 1.3~1.5%로 높고 더구나 침탄온도가 낮을수록 이 경향이 강하며 잔류 오스테나이트의 발생에 수반하여 최표면층의 경도저하를 가져오고 있음을 알 수 있다. 또 저온처리인 만큼 탄소농도 분석, 경도분포 등 모두 기울기가 급해지고 있는 점도 이해할 수 있다.

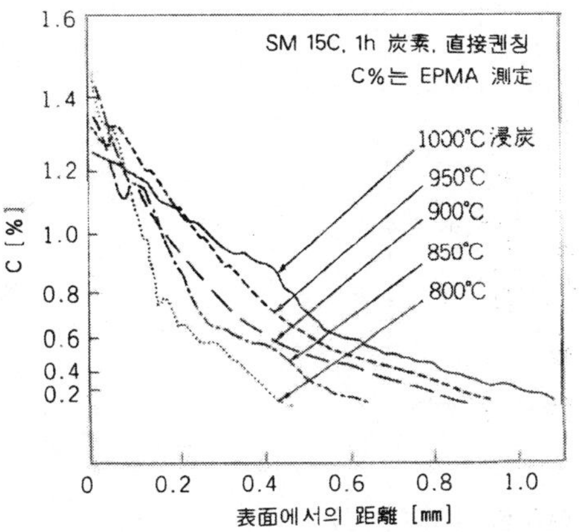


그림 6-13 각 온도에서 침탄한 SM15C의 경도분포

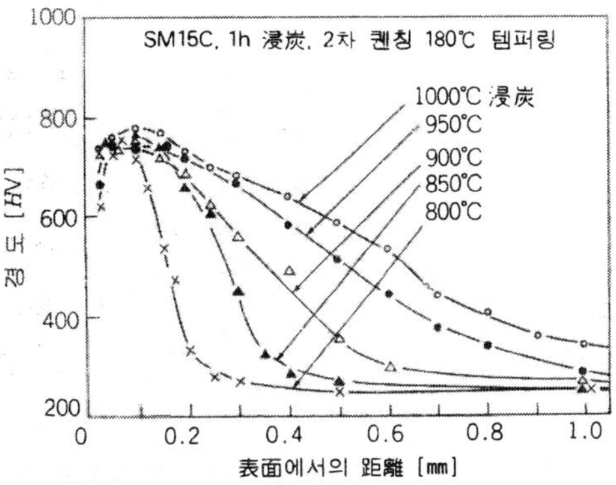


그림 6-14 각 온도에서 침탄한 SM15C의 탄소농도분포

최표면 탄소량의 저하, 경도분포의 개선, 유효 경화층의 증가를 목적으로 하여 가스 침탄 등에서 실시되고 있는 확산처리이다. 그림 6-15에 침탄만의 경우와 확산처리를 포함한 경우의 탄소농도 분포와 경도분포를 나타냈는데 확산처리는 enrich 가스 또는 증탄제를 첨가하지 않고 침탄성을 저하시킨 조건에서 가열하여 행해진다.

여기서 **유효경화층 깊이**란 침탄 후 퀜칭 그대로나 혹은 200℃ 이하에서 템퍼링한 경화층의 표면에서 그림 6-15에 나타내듯이 단면 경도가 $HV$ 550($H$RC 50)인 위치까지의 거리이다. 이것에 대해 경화층의 표면에서부터 경화층과 심부사이에서 경도 또는 조직의 차이를 구별할 수 없는 위치까지의 거리를 **전경화층 깊이**라 부른다.

침탄은 확산현상에 의해 성립되고 있으므로 침탄방법에 관계없이 전침탄층 깊이는 F.E.Harris의 식에 의해 계산으로 구해진다. 이것을 식 (6-24)에 나타냈는데 $D$는

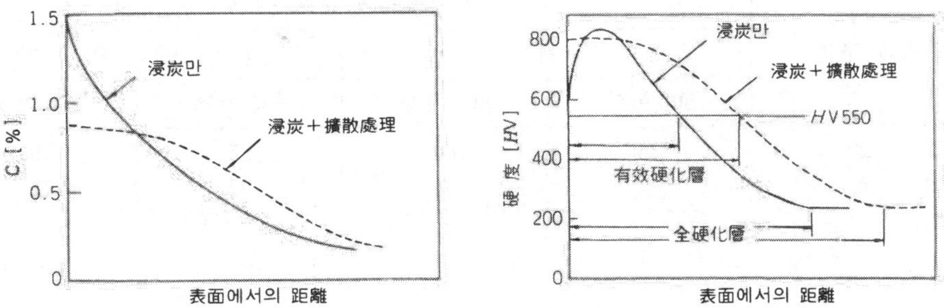


그림 6-15 침탄의 확산처리와 경화층 깊이

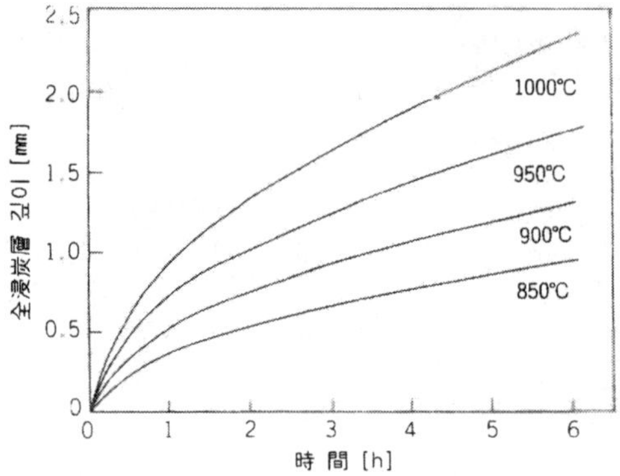


그림 6-16 각 침탄온도에 대한 전침탄 깊이(계산)

침탄깊이[in], $T$는 Rankine의 절대온도(°F + 460), $t$는 처리시간[h]이다.

$$D = 31.6\sqrt{t}/10^{(6700//T)} \qquad (6-24)$$

계산에 의한 850～1000℃에서의 전침탄 깊이를 그림 6-16에 나타냈으며, 전경화층 깊이는 이 결과와 거의 일치한다. 그러나 유효경화층 깊이는 퀜칭·템퍼링 조건에 의해 좌우되므로 어느 정도 적어진다.

침탄 퀜칭·템퍼링 가공에 대해서는 KS가 제정되어 있지만 표면경도의 불균일 허용치를 비커스 경도로서 표 6-8에, 로크웰 경도는 표 6-9에 나타내었다. 표 중의 1호는 특히 좋은 품질을 요하는 것, 2호는 일반용도의 것을 가리킨다. 또 경화층 심도의 불균일 허용치는 표 6-10과 같다.

표 6-8 침탄가공품의 표면경도($HV$)의 불균일 허용치 (JIS B 6914)

| 가공품의 구분 | 표면경도의 분포 [$HV$] | | | |
|---|---|---|---|---|
| | 단 체 내 | | 동 일 한 것 | |
| | 500 이하 | 500 이상 | 500 이하 | 500 이상 |
| 1 호 | 35 | 60 | 55 | 100 |
| 2 호 | 45 | 80 | 80 | 140 |

표 6-9 침탄가공품의 표면경도($H$RC)의 불균일 허용치 (JIS B 6914)

| 가공품의 구분 | 표면경도의 분포 [$H$RC] | | | |
|---|---|---|---|---|
| | 단 체 내 | | 동 일 lot 내 | |
| | 500 이하 | 500 이상 | 500 이하 | 500 이상 |
| 1 호 | 3 | 3 | 5 | 5 |
| 2 호 | 4 | 4 | 7 | 7 |

표 6-10 침탄경화층심도의 불균일 허용치 (JIS B 6914)

| 경화층 깊이 [mm] | 깊 이 의 분 포 | | | |
|---|---|---|---|---|
| | 유효경화층 깊이 [mm] | | 전경화층 깊이 [mm] | |
| | 단 체 내 | 동일 lot 내 | 단 체 내 | 동일 lot 내 |
| 0.5 이하 | 0.1 | 0.2 | 0.2 | 0.3 |
| 0.5 이상 1.5 이하 | 0.2 | 0.3 | 0.3 | 0.4 |
| 1.5 이상 2.5 이하 | 0.3 | 0.4 | 0.4 | 0.5 |
| 2.5 이상 | 0.5 | 0.6 | 0.6 | 0.7 |

## 6-3 침탄침질처리

침탄침질처리는 $A_1$ 변태점 이상의 온도에서 강 표면에 탄소와 질소를 동시에 침입시키는 처리로서, 염욕에 의한 방법과 가스에 의한 방법이 있다. 액체 침탄침질처리는 침탄항에서 서술했으므로 여기서는 가스 침탄침질처리에 대해 서술하겠다.

가스 침탄침질은 침탄성 분위기에 $NH_3$ 또는 질화성 화합물을 첨가하여 행하며 그 이점은 다음과 같다.

① 침입질소의 영향에 의해 $A_1$ 변태점이 저하하므로 침탄보다 낮은 퀜칭온도의 채용이 가능해지며 퀜칭변형이 감소한다.

② 침입질소의 영향에 의해 경화능이 좋아지므로 탄소강에서도 퀜칭이 쉬워지며 냉각속도가 느리다는 까닭에 퀜칭변형이나 퀜칭균열면에서 유리하다.

③ 침탄과 비교해 표면경도 및 경화층의 균일성이 좋아진다.

④ 슈팅(sooting)이 적고 가공품 표면이 광휘상태이다.

그러나 반면에 다음의 각 점에 주의를 요한다.

① 표면층의 탄소 및 질소농도가 상승하기 쉽고, 잔류 오스테나이트가 발생한다든지 화합물층이 생성하기 쉽다.

② 트레이, 콘베이어 등 노내 내열부품의 수명이 저하한다.

③ 분위기의 조절이 복잡해지고 시료가스 채취용 배관에 백색 생성물을 만들기 쉽다.

흡열형 변성가스를 사용한 경우의 가스 침탄처리의 일례를 그림 6-17에 나타냈는데 침탄성 분위기에 5% 이하의 $NH_3$를 첨가하여 800~900℃로 처리하는 것이 보통이다. 또 적하식 분해가스에 의한 경우는 메탄올에 요소($(NH_2)_2CO$)나 포름아미드($HCONH_2$) 등을 첨가한 적하액이 사용된다.

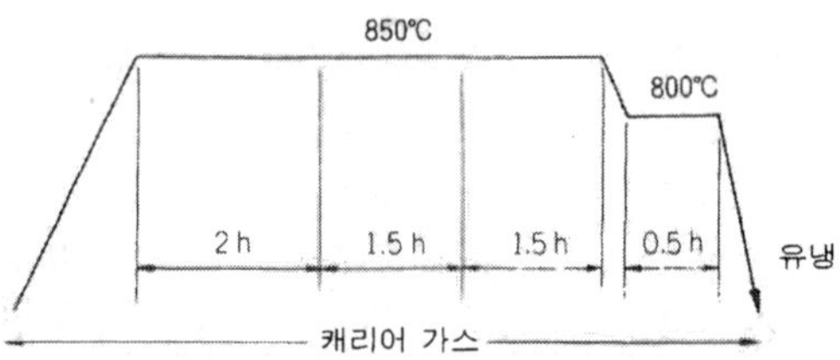


| enriched 가스($C_3H_8$) | 0.8% | 0.5% | 0 | 0 |
|---|---|---|---|---|
| $NH_3$ | 2.5% | | | 0 |

그림 6-17 가스 침탄침질처리의 일례

가스 침탄침질에서 0.2% 탄소강의 경도분포에 미치는 노점과 $NH_3$ 첨가량의 영향을 그림 6-18에 나타내었다. $NH_3$ 첨가량이 많은 경우는 전반적으로 경화층 심도가 크고, 또 노점이 낮을수록 잔류 오스테나이트 생성에 의한 표면경도의 저하를 나타낸다. 그러나 $NH_3$량이 낮은 경우는 침탄성, 침질성 모두 비교적 낮으므로 표면경도의 저하는 적으나 경화층 전체가 감소하고 있다.

그림 6-19는 침탄침질한 SM 15 C의 탄소 및 질소의 농도분포와 경도분포를 비교대조한 것이다. 화학분석에 의한 농도분포는 표면에서 절삭한 시료를 채취하여, 채취한 층의 중간값으로 도시한 것이다. 동일시료의 현미경 조직에서는 표면에서 0.15 mm까지의 층이 백색으로 관찰되었으나 이 부분의 EPMA(X선 micro analyzer)에 의한 측정에서는 질소가 많은 부분과 일치하며 화합물층이라고 생각된다. 또 이 층 중의 탄소량이 비교적 적은 점에서 강 중의 탄소와 질소는 서로 영향을 미치고 있다고 생각된다.

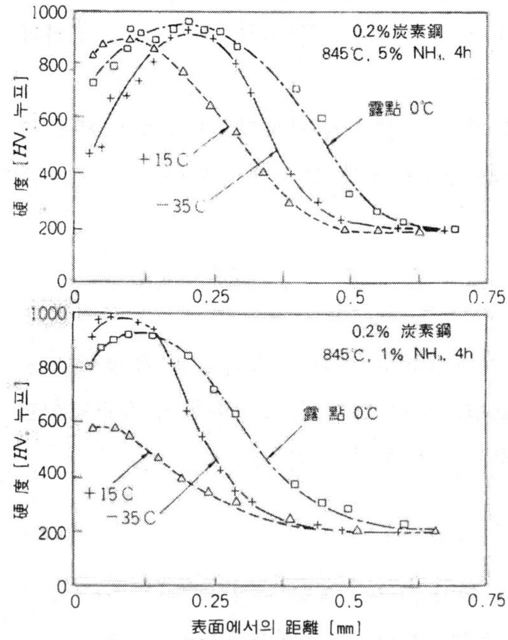


그림 6-18 가스 침탄침질에서의 노점과 경도분포

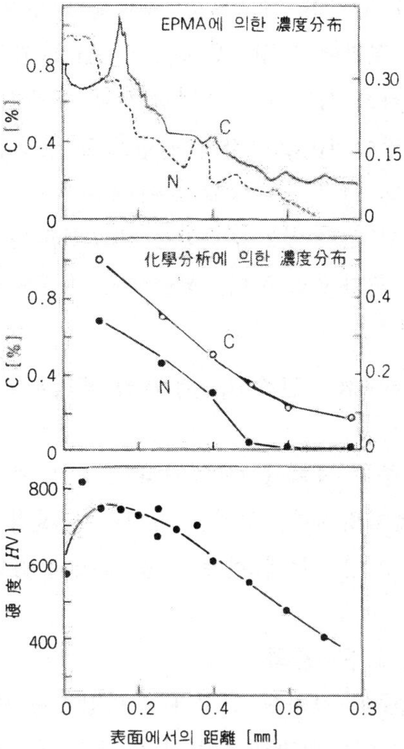


그림 6-19 침탄침질처리한 **SM15C** 의 **C %**, **N %** 와 경도분포(600℃, 4 h)

침탄침질 경화층 속에는 내부산화(입계산화라고도 한다)라 불리는 이상층이 발생하는 경우가 있다. 내부산화는 침탄처리에서도 생성되며 특히 다량으로 생성된 예를 그림 6-20 에 나타내었다. 이것은 시료를 경면연마(鏡面硏磨) 그대로(부식시키지 않은

그림 6-20 **SM15C** 침탄침질층 (800℃, 3 h 부식하지 않음)의 현미경 조직

상태) 관찰한 것으로서 흑색물이 일부 입계상으로 확인되고 있다. 이것들은 EPMA 등의 결과에서 Si, Mn, Cr, Al 따위의 산화물인 것이 확인되고 있으므로 내부산화의 일례라고 생각된다. 내부산화에 대해서는 아직 불분명한 점도 많으나 여기에서는 $NH_3$ 첨가량이 10%인 점이 원인으로 추정된다. 이 점에서 가스 침탄처리에서 $NH_3$ 첨가량은 5% 이하가 타당할 것이다.

표면 열처리에 수반되는 내부산화는 문헌에 의하면 13 $\mu$m 이상일 때 피로강도에 영향을 준다고도 하며, 최근에는 일본에서도 많은 연구보고가 발표되고 있다.

## 6-4 고주파 경화와 화염 경화

고주파 경화와 화염 경화는 주로 중탄소강을 대상으로 하여 급속가열을 특징으로 하는 경화법이다. 그리고 침탄이나 질화 등은 표면조성이 변화하므로 **화학적 표면경화법**이라고 불리는데 반해 이를 물리적 **표면경화법**이라고 불리고 있다.

### 1. 고주파경화

고주파 경화는 고주파 유도전류는 주파수가 높아질수록 금속 표면에 가까운 부분으로 흐르는 성질을 이용하여 강을 경화시키는 조작으로서 그 특징은 다음과 같다.

① 직접가열로 인해 열효율이 매우 좋다.
② 국부적인 경화가 가능하다.
③ 처리시간이 짧고 작업능률을 향상시킬 수 있다.
④ 작업환경이 다른 표면열처리법에 비해 양호하다.
⑤ 피처리품의 피로강도가 우수하다.

그러나 그 반면 설비비가 고가인 점, 조작에 전문기술이 필요한 어려움 등이 있다.

고주파 전류를 발생시키는 3종류의 장치를 비교한 것이 표 6-11이다. 전동발전기(모터 제너레이터, MG)는 주파수가 일정하며, 안정된 출력과 대용량을 얻기 쉽고, 널리 이용되고 있으며 회전부분이 있으므로 소음이나 진동 등에 대한 고려가 필요하다. 진공관발진기(Valve 제너레이터, VG)는 높은 주파수가 얻어지므로 소부품의 경화에 적합한데 장치에 부수되는 고전압과 누설전파의 대책이 필요하게 된다. 사이리스터인버터는 용량에 비해 경량 소형이며, 고주파 전력으로의 변환율이 높은(85~95%) 점이 유리하지만 주파수에 제한이 있으므로 그다지 광범위한 이용을 할 수 없다.

표 6-11 고주파 경화용 발진장치의 비교

| 항 목 | 전동발전기 | 진공관발진기 | Thyristor inverter |
|---|---|---|---|
| 주 파 수 | 1～20 kHz | 35～500 kHz | 1～50 kHz |
| 출 력 | 300～600 kHz | 150 kW | 100～700 kW |
| 설치면적 | 대 | 중 | 소 |
| 경화층깊이 | 3～10 mm | 1～3 mm | 3～10 mm |

표 6-12 고주파 경화법의 분류

| 대 분 류 | 소 분 류 |
|---|---|
| 정치단발경화법 | 정 지 식 |
| | 주 사 식 |
| | 요 동 식 |
| 이동경화법 | 직 선 식 |
| | 회 전 식 |
| | 모 방 식 |
| 특수경화법 | 직접통전가열식 |
| | 액 중 가 열 식 |
| | 저 변 형 식 |

고주파 경화법은 정치단발경화법, 이동경화법, 특수경화법으로 나뉘어지며, 더욱이 퀜칭조작에 의해 표 6-12와 같이 분류되고 있다. 각 방식에서는 각각 특징이 있으나 금후 자동화, 노동력 절약 및 에너지 절약면에서 개선이 행해질 것이다.

고주파 경화를 할 때 가열용 유도자(coil)를 통해 가열되므로 피가공품의 치수·형상에 적합한 코일제작이 가장 중요하다. 유도 코일 형상의 예를 그림 6-21에 나타냈으나 피가공품과의 관계는 경험적인 요소가 크다고 한다. 퀜칭시의 냉각은 코일 냉각을 겸한 냉각제에 의하며, 물(사용온도 10～35℃), 냉각유(40～80℃), 수용성 냉각제(10～40℃, 폴리비닐 알코올 수용액이 많다)가 사용된다.

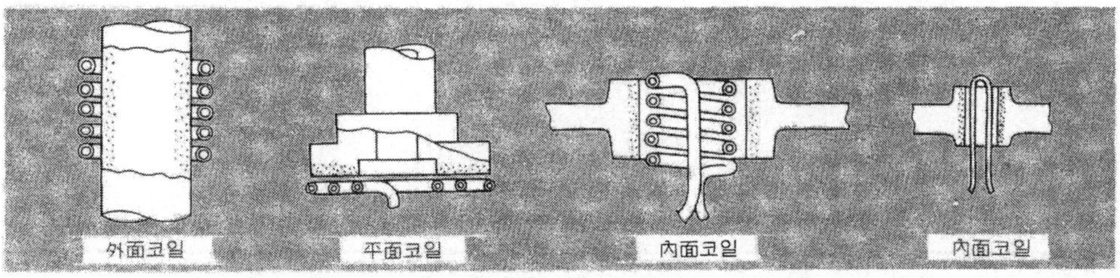


그림 6-21 퀜칭용 코일 형상의 여러 종류

고주파 경화는 기계구조용 탄소강 및 저합금강에 실시되는 경우가 많으나 급속가열인 까닭에 강 중의 탄소확산이 불충분해지기 쉽다. 이런 까닭에 미리 조질을 행해 소르바이트 조직으로 해 두는 것이 바람직하다. 그림 6-22에 보통 경화 및 고주파 경

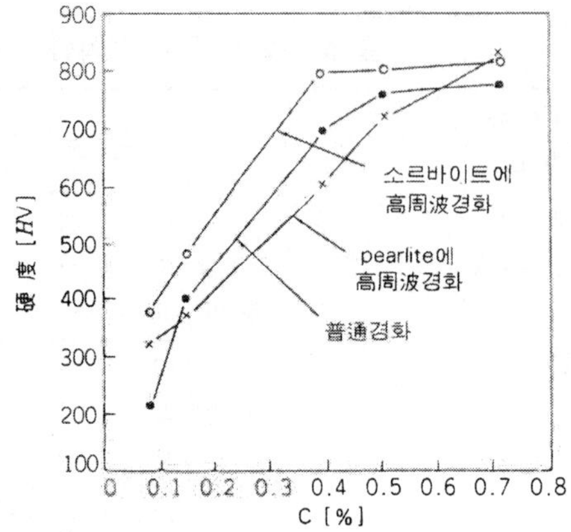


그림 6-22 보통 경화 및 고주파 경화에서 얻어지는 최고 경도

화에 의해 얻어지는 최고 경도를 나타냈는데, 소르바이트 조직과 펄라이트 조직(어닐링) 재료에 고주파 경화를 행하면 양자사이에는 명료한 차가 확인된다.

소르바이트 조직을 고주파 경화한 경우의 경도는 보통 경화와 비교해서 높은 데 이것은 급랭·급열에 수반하는 잔류응력에 의한 것이라 한다. 그 설명의 예로서 고주파 경화한 각 봉강을 절단하면 절단 전의 경도에 비해 절단 후의 경도는 $H$RC 에서 2 이상 저하한 실험 결과가 보고되고 있다. 따라서 고주파 경화한 것을 템퍼링하면 경도 저하가 비교적 크지만 잔류응력은 균열이나 파손의 원인이 되기 쉬우므로 템퍼링은 반드시 실시하지 않으면 안 된다.

KS 규격의 고주파 경화·템퍼링 가공에 의한 표면경도의 불균일 허용치를 표 6-13에, 그리고 경화층 깊이의 불균일 허용치를 표 6-14에 나타내었다. 표 6-13 중의 A급은 자동차 보안부품이나 냉연용 롤 등 고도의 경도 균일성을 요하는 것에, B급은 A급 이외의 일반부품에 적용된다.

표 6-13 고주파 퀜칭·템퍼링에서 표면경도의 불균일 허용치 (JIS B 6912)

| rockwell 의 경도 [$H$RC] | 표 면 경 도 의 분 류 | | | |
|---|---|---|---|---|
| | A 급 | | B 급 | |
| | 단체내 | 동일 lot 내 | 단체내 | 동일 lot 내 |
| 60 이상 | 4 | 5 | 5 | 6 |
| 50 이상 60 이하 | 4.5 | 5.5 | 5.5 | 6.5 |
| 40 이상 50 이하 | 5 | 6 | 6 | 7 |

표 6-14 고주파 경화·템퍼링에서 경화층 깊이의 불균일 허용치

(JIS B 6912)

| 경 화 층 깊 이 [mm] | | 깊이의 분포 [mm] | |
|---|---|---|---|
| | | 단 체 내 | 동일 lot 내 |
| 유효경화층깊이 | 1.5 이하 | 0.2 | 0.4 |
| | 1.5 이상 2.5 이하 | 0.4 | 0.6 |
| | 2.5 이상 3.5 이하 | 0.6 | 0.8 |
| | 3.5 이상 5 이하 | 0.8 | 1.0 |
| | 5 이상 | 1.0 | 1.5 |
| 전경화층깊이 | 1.5 이하 | 0.3 | 0.5 |
| | 1.5 이상 3 이하 | 0.5 | 0.8 |
| | 3 이상 4 이하 | 0.8 | 1.2 |
| | 4 이상 6 이하 | 1.2 | 1.5 |
| | 6 이상 | 1.5 | 2.0 |

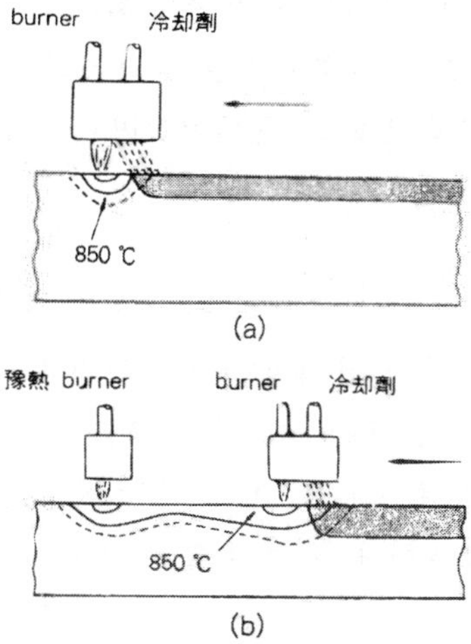


그림 6-23 화염 경화

### 2. 화염 경화

화염 경화(flame hardning 이라고도 부름)는 아세틸렌이나 프로판 가스와 산소와의 화염에 의해 급속가열하여 급랭경화하는 방법이다. ① 피가공품의 크기·형상에 관계없이 경화할 수 있다. ② 부분경화가 가능하다. ③ 설비비가 싸다는 이점에 반해 ① 온도측정이 곤란하다. ② 화염조절이 어렵다는 점 등의 결점이 있다. 특히 품질관리가 곤란한 점에서 최근 양산품 등에 대한 이용이 감소하고 있다.

그림 6-23에 화염 경화의 실시 예를 나타냈는데 ① 보다도 ②와 같이 예열 버너를 이용한 경우는 경화층 깊이가 두터워지고 경도분포의 구배가 완만한 경향이 있다. 화염 경화에서 경도분포가 급격한 구배일 때는 경화층의 박리와 같은 열처리 결함이 일어나기 쉬우므로 주의할 필요가 있다.

## 6-5 질화 및 그의 관련처리

질화처리는 A. Fry 에 의해 1923년에 개발된 방법으로서 그후 공업화가 급속히 진행하여 가스에 의한 방법, 염욕에 의한 방법, 이온충격에 의한 방법 등이 행해지고 있고 현재에도 기술개발이 활발한 분야이다.

### 1. 가스질화 및 산질화처리

가스 질화처리는 질화관련처리 중에서 가장 오래 전부터 행해져 항공기나 선박용 엔진의 실린더 표면경화법으로서 이용되어 왔다. $NH_3$를 사용하는데 그 반응은 다음과 같다.

$$2\,NH_3 = 2(N) + 3\,H_2 \qquad (6-25)$$

식 중의 (N)은 강 표면에 접촉하여 생긴 원자상태의 질소이며, 강 중에 침입하여 표 6-15에 나타낸 질화물을 생성한다. 한편 강 중의 합금원소의 질화물은 AlN, CrN, $Cr_2N$, VN, $Mo_2N$, $Mo_2N$ 등이 있으나 합금원소량이 적으므로 통상의 현미경 조직이나 X선 회절로 확인할 수 있는 것은 Fe 질화물 뿐이다.

표 6-15 Fe의 질화물

| 질 화 물 | 질소량 [%] |
|---|---|
| $\xi$ $Fe_3N$-$Fe_2N$ | 9~11.3 |
| $Fe_3N$ | 7.7 |
| $\gamma'$-$Fe_4N$ | 5.9 |

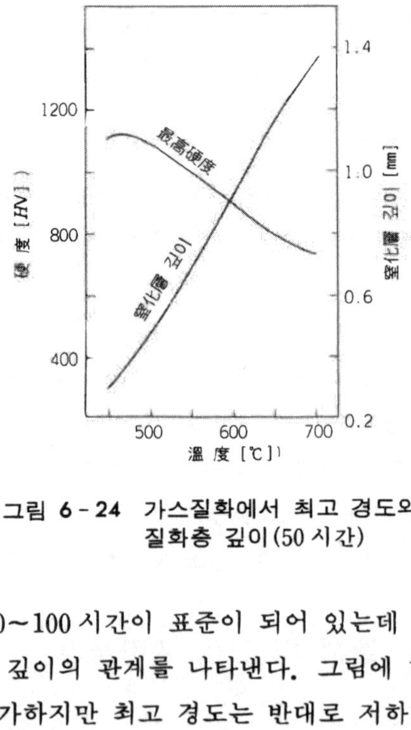


그림 6-24 가스질화에서 최고 경도와 질화층 깊이(50시간)

예로부터 질화처리조건은 500~550℃, 20~100시간이 표준이 되어 있는데 그림 6-24에는 가스 질화에서 최고 경도와 질화층 깊이의 관계를 나타낸다. 그림에 나타나듯이 질화온도 상승과 함께 질화층 깊이는 증가하지만 최고 경도는 반대로 저하한다. 경도가 높은 질화층을 얻기 위해서는 Al, Cr, Ti, V, Mn 등 안정된 질화물을 만드는 합금원소가 강에 함유되어 있어야 한다. 특히 Al과 Cr을 함유하는 강은 경화하기 쉽고 질화강 외에 다이스강, Cr-Mo강을 질화해도 비교적 높은 경도가 얻어진다.

가스 질화한 질화강(SACM 645)의 현미경 조직을 그림 6-25에 나타낸다. 조직의

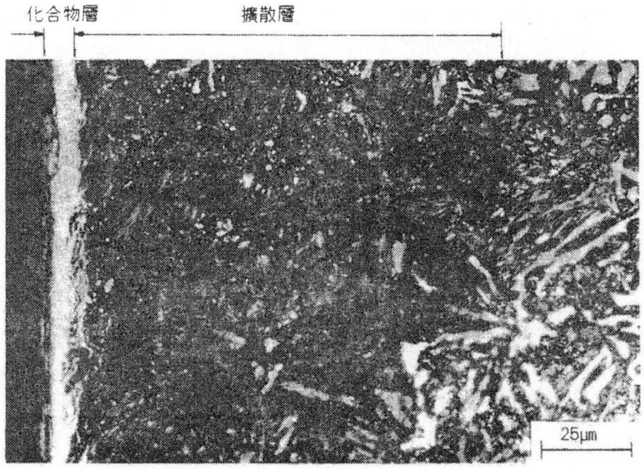


그림 6-25 **SACM 65** 질화층(500℃, 5h)의 현미경 조직

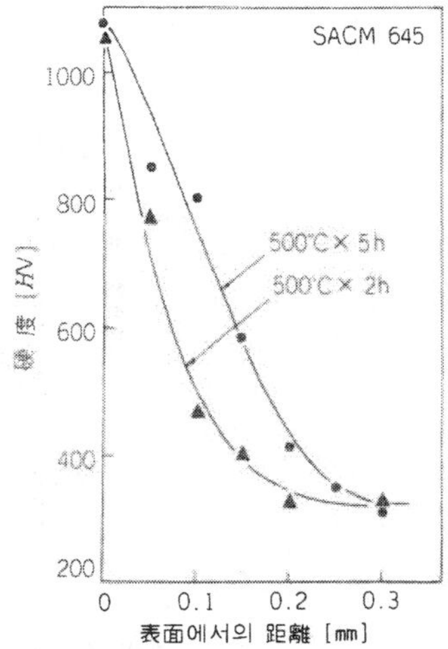


그림 6-26 질화처리 시료의 경도분포

최표면은 화합물층(백색층, 백층, ε상이라고도 표현)이라 불리며, 앞의 표 6-15의 질화물로서 구성되어 있다. 그 내측의 확산층은 조금 부식되기 쉬우나(3% 나이탈 부식) 화합물층보다 질소농도가 낮은 층으로서 질화처리의 영향부이다.

가스 질화 시료의 경도 분포의 일례가 그림 6-26이며, 이런 예는 처리방법이 적당하다면 가스 질화에서도 단시간 처리가 가능하다는 것을 나타내고 있다.

종래 두꺼운 질화층을 얻기 위한 50~100시간이란 장시간 처리는 가스 질화처리의 문제점의 하나이며, 질화반응을 촉진시켜 단시간 질화를 목적으로 하는 시도가 여러 가지로 행해지고 있다. **2단질화법**이 그 하나이며, 처리 예로서는 500~510℃ × 24h, 600~610℃ × 24h의 2단계 질화를 행함에 따라 경화층을 대폭적으로 증가시키고 있다. 또 500℃, 590~650℃, 500℃의 3단계 처리방법이 좋다는 소련의 보고서도 있다.

신속질화법으로서 최근 개발된 기술이 **산질화법(酸窒化法)**이다. 이 방법은 종래의 가스 질화에 사용되는 $NH_3$에 소량의 공기 혹은 산소를 첨가하여 처리하는 것으로서 일부에서는 실용화되고 있다. 산질화처리에서 공기 첨가량의 영향을 그림 6-27에 나타내었으며, 동일조건하에서 화합물층 깊이 및 침질량은 대폭으로 증가하고 있다. 공기첨가량 1~5% 범위에서는 산화층없이 화합물층이 얻어지는데, 더욱 첨가량을 증가시켜 생성되는 수 μm의 산화층은 내마모를 필요로 하는 부품의 초기 친밀성 향상에 유효하다고 한다. 또 SM 40 C부터 STC 3의 탄소강에 적용한 경우의 화합물층 경도

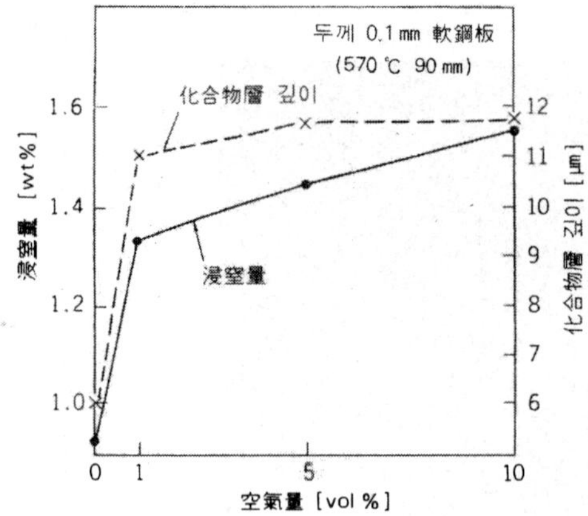


그림 6-27 산질화처리에서 공기 첨가량의 영향

표 6-16 가스 질화에서 전경화층 깊이의 불균일 허용치 (JIS B 6915)

| 경화층깊이 [mm] | 깊 이 분 포 [mm] | |
|---|---|---|
| | 단체 내 | 동일 lot 내 |
| 0.3 이하 | 0.05 | 0.10 |
| 0.3 이상 0.6 이하 | 0.10 | 0.15 |
| 0.6 이상 | 0.15 | 0.20 |

는 $HV$ 600~650 범위에서 안정되어 있다고 보고되고 있다.

JIS 에서는 가스 질화의 가공품의 표면경도 불균일 허용치는 $HV$ 로 단체 내에서는 80 이내, 동일 lot 내에서는 140 이내로 비교적 넓으나 전경화층 깊이의 불균일은 JIS 에 의하면 표 6-16 과 같이 규정되어 있다.

## 2. 염욕질화처리

염욕질화처리는 1940 년경, 청화염(KCN, NaCN)을 주체로 하여 개발된 방법이며, 그후 몇 번의 개량이 가해졌으며 일부에서는 **Tufftride** 법이라고 부르며 널리 이용되고 있다. 염욕은 청화염과 시안산염(KCNO, NaCNO)의 혼합물로서 욕 중에 공기를 불어넣어 시안산염의 농도를 일정하게 유지하며, Ti 로 내장된 pot 를 사용하는 등의 조작으로 행해지고 있다. 가열온도는 가스 질화보다 높게 570~580℃에서 행하는데 어떤 강종에도 적용할 수 있는데다가 단시간 처리(0.5~3 h)로 끝내는 이점이 있는데 반해 배수 중의 시안이 공해문제를 발생하여 고가인 배수처리설비를 필요로 하는 것이 단점이다. 질화반응은 전술한 액체침탄법의 저온측 반응식(6-7)이 적용된다.

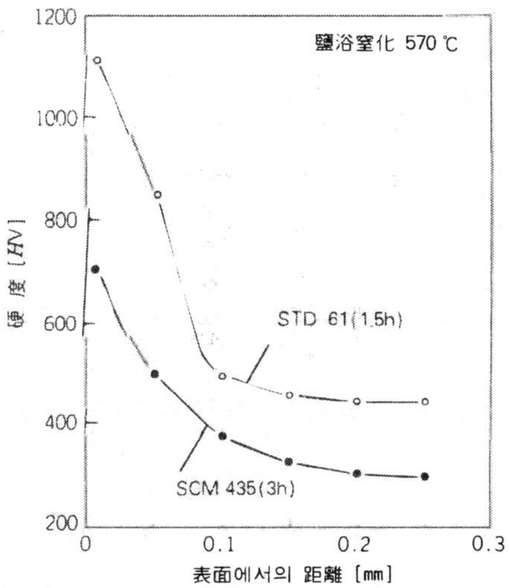


그림 6-28 염욕질화처리 시료의 경도분포

염욕질화처리 시료의 경도분포 예를 그림 6-28에 나타내었으며, SCM 435와 같은 구조용강에 실시된 경우는 피로강도의 향상에 유효하다. STD 61과 같은 공구강에서는 표면경도는 높고 내마모성도 우수하지만 많이 이용되고 있는 공구류나 금형에 적용하는 경우에는 특히 다음과 같은 조건을 만족하는 것이 바람직하다.

① 내구성을 중시하는 경우에는 사전에 조질(調質)처리를 실시한다.

② 변형 및 심부경도의 관계에서 처리온도는 조질시의 템퍼링온도보다 낮은 편이 좋다.

③ 박리를 방지하기 위해 경도분포의 구배를 가능한 완만하게 한다.

④ 표면의 거칠을 적게 한다.

### 3. 이온질화처리

이온질화법은 1967년 서독에서 기업화된 질화처리로서 이온충격열처리의 중심적 기술이며, 일본에서도 급속히 이용되고 있는 중이다. $N_2$ 또는 $N_2+H_2$를 유입한 1~10 Torr 정도의 저압하에서 피처리품을 음극으로 하고 노벽을 양극으로 하여 글로 방전(glow discharging) 하에서 이온화된 질소를 강 중에 침입확산시키는 것이다. 가스이용 효율이 좋고 무공해이며, 강 중 질소농도를 어느 정도 조절할 수 있는 등의 이점에 반해 설비비가 고가이고, 처리시의 온도를 정확히 측정할 수 없는 단점이 있다.

Cr-Mo 강(독일규격, C : 0.38~0.45, Cr : 0.90~1.20, Mo : 0.15~0.25)에 의한

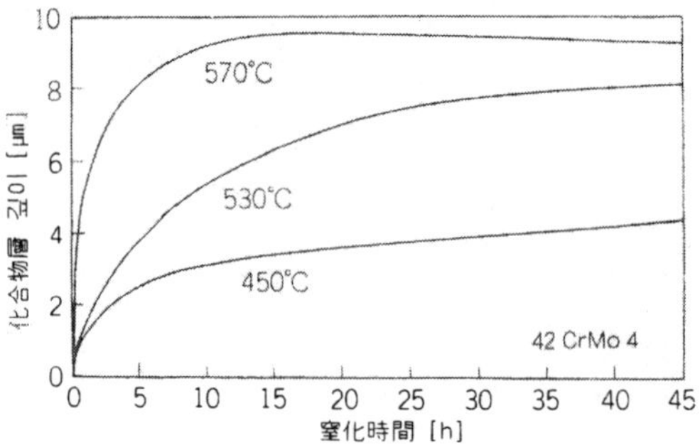


그림 6-29 **Cr-Mo** 강의 처리조건과 화합물층 깊이

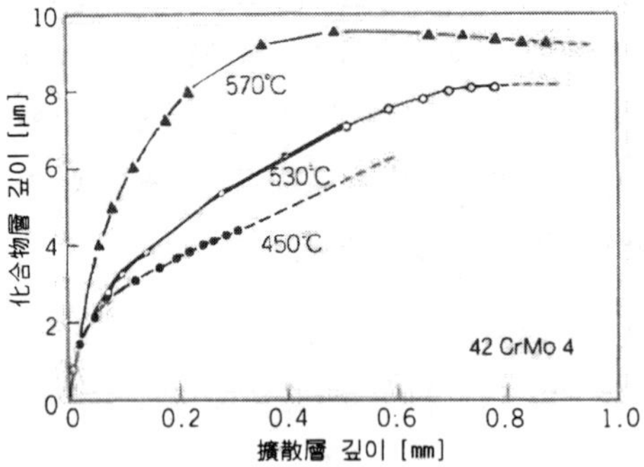


그림 6-30 **Cr-Mo** 강에서의 화합물 깊이와 확산층 깊이의 관계

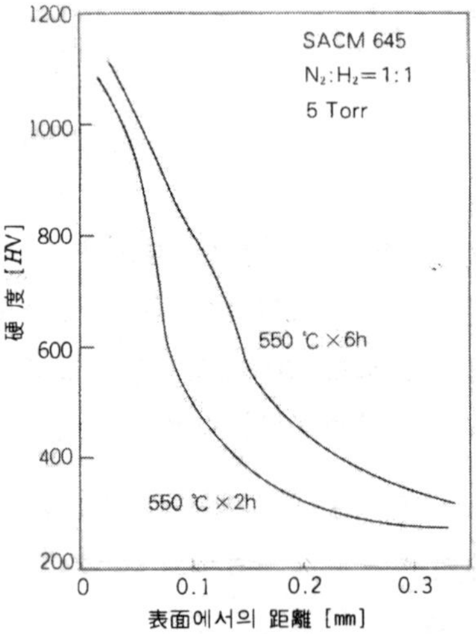


그림 6-31 이온질화한 질화강의 경도분포

처리조건과 화합물층 깊이의 관계를 그림 6-29에, 화합물층 깊이와 확산층 심도의 관계를 그림 6-30에 도시하였으며, SACM 645에 실시한 경우의 경도분포 측정 예를 그림 6-31에 나타냈으나 경화층의 생성속도가 빠르다는 점과 온도측정의 문제점 등에 대해서는 상세한 것이 알려져 있지 않다.

이온충격열처리는 현재도 연구가 활발한 기술분야이며 이온질화에 관련한 이온연질화, 이온침탄침질처리로의 발전도 고려된다.

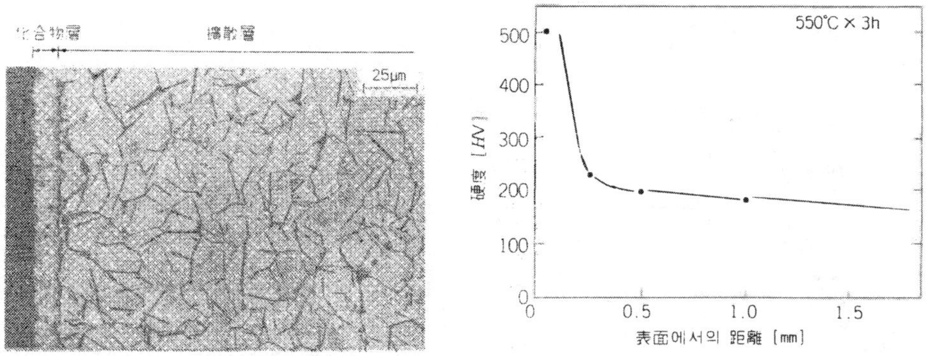


그림 6 - 32 가스 연질화 시료의 현미경 조직과 경도분포

### 4. 가스 연질화처리

염욕질화처리의 대체 처리로서 개발된 것이 가스 연질화처리이며, 흡열형 변성가스 혹은 적하식 분해가스 따위의 침탄성 분위기에 $NH_3$을 30～70% 첨가하여 550～600℃, 1～5h 가열로서 행해진다. 대상 강종은 연강에서 고합금강까지 폭넓고, 표면경도는 강종에 의해 좌우되며, $H$V는 450～900의 범위이다.

피처리품의 표면층에서는 질소와 동시에 탄소도 확산되며 가스 연질화처리의 일례로서 550℃ × 3h 처리한 연강(0.04%C)의 현미경 조직과 경도분포를 그림 6 - 32에 나타내었다. 최표면층은 다른 질화처리와 같이 화합물층이며 $Fe_3N$, $\gamma'$-$Fe_4N$의 Fe의 질화물이 주성분이며 경도가 높은 층이다. 탄소강의 경우 그 내부의 확산층에서 침상조직($\gamma'$-$Fe_4N$이라 불림)이 나타나는 것이 특징인데 경도는 비교적 낮으며 내부로 들어감에 따라 비경화층과의 차는 거의 확인되지 않게 된다. 처리목적은 피로강도, 내식성 향상이며, 일반적으로 구조용강을 이용한 경하중 부품에 적용된다.

### 5. 침유질화처리

침유질화처리의 공업적인 이용법은 1953년에 프랑스에서 발표되었으며 그후 각 방면으로 연구되어 일본에서도 이미 실용화되고 있다. 질소를 칩입확산시킴에 따라 내마모성 및 내피로성을 향상시키고 동시에 유황을 침입시킴에 따라 윤활성을 가미한 점이 특징이 되고 있다. 또 신속 질화처리로서도 유효하다고 하며, 미량의 유황 화합물을 첨가한 염욕에서 570℃로 1～5h 가열하여 행해진다.

그림 6 - 33에 나타내듯이 최표면에 현저히 연한 화합물층이 생성되고 화합물층과 확산층과의 경계부근에서 최고 경도를 나타내고, 다시 확산층 내부를 향해 경도가 저

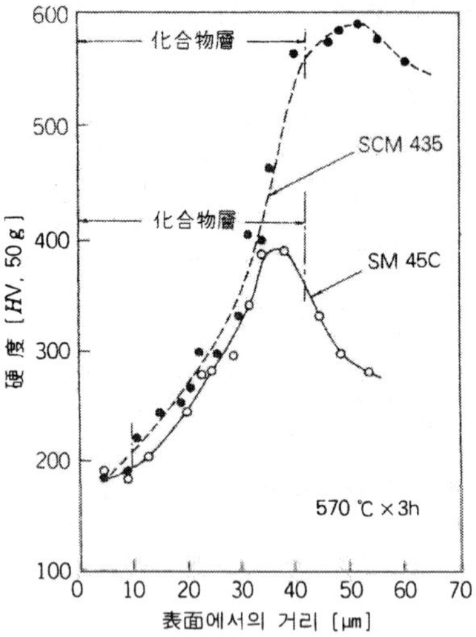


그림 6 - 33 침유질화 최표면층의 경도분포

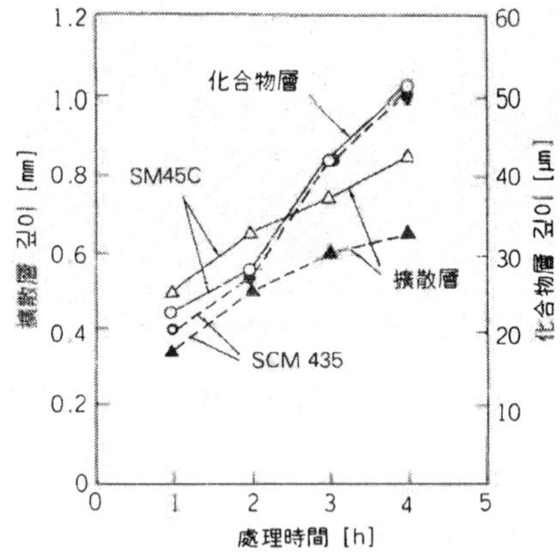


그림 6 - 34 침유질화에서 처리시간과 생성층의 깊이

하하고 있다. 또한 그림 6 - 34 에 각 처리시간에서의 화합물층 깊이와 확산층 깊이를 나타냈다.

## 6 - 6 그외의 표면열처리

종래 철강 부품의 표면층에 아연, 알루미늄, 크롬, 실리콘 등을 침입확산시키는 방법을 **침투확산법(cementation)** 이라 부르고 있었으나 최근 이 분야의 기술개발은 눈부시며 그 정도도 불명확해져 있으므로 여기서는 그 명칭에 구애받지 않고 뛰어난 처리법을 문제삼아 설명하기로 하였다.

또한 그 종류가 많고 복잡하므로 처리조작면에 따른 분류법을 표 6 - 17 에 나타낸다.

### 1. 탄화물 피복법과 관련처리

표 6 - 17 중에서 특히 최근 주목되고 있는 것은 매우 높은 경도가 얻어지는 탄화물 피복법인데 공업적으로는 용융염법, PVD 법, CVD 법이 많이 이용되고 있다. 침투한 합금원소와 강중 탄소 또는 공급된 탄소가 결합하여 탄화물 피막이 형성된다.

그림 6 - 35 는 각 처리방법에 따라 비교한 탄화물 피막의 경도로서 모두 각 처리방법에 의해 얻어진 최고 경도로서 표현한 것이다. 즉 퀜칭의 경우는 0.6 % 이상의 탄

표 6-17 확산을 이용한 표면열처리의 분류

| 대 분 류 | 방식에 의한 분류 | |
|---|---|---|
| 고 체 법 | 고체가열법 | |
| | 도금확산법 | |
| | 증착확산법 | Plasma<br>용 사 법<br>PVD 법(물리증착법)<br>CVD 법(화학증착법) |
| 용융염법 | 용융염법<br>전해확산법 | |
| 가 스 법 | 분말 pack 법<br>직접가스확산법 | |

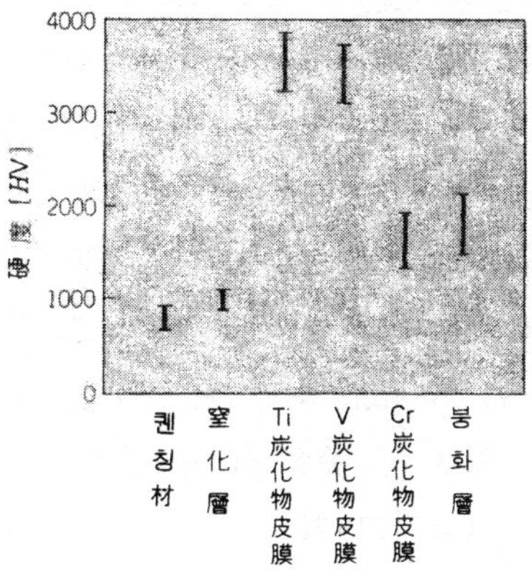


그림 6-35 탄화물 피막의 경도

소량을 함유한 강의 퀜칭경도, 질화층은 질화강에 가스질화시의 표면경도이다. 그림 6-35에 나타내듯이 탄화물 피막의 경도는 최고가 $HV$ 3800 이나 이 숫자에서 내마모성 향상을 주목적으로 하는 기술개발에 큰 기대를 얻고 있다. 또한 탄화물 피막은 비교적 얇으므로(20 $\mu$m 이하) 여기서 예시한 경도는 측정조건과도 관계되며 경도 측정치의 정밀도는 낮은 것으로 생각된다.

전체적으로 처리 명칭과 그 내용, 피막의 성질 등에 불명확한 점이 많으나, 금형이나 절삭공구류에 응용한 경우 그 내구도가 2~500 배로 향상하였다는 등의 보고도 보이지만 부품의 용도에 따라 반대로 수명이 단축된 예도 있으므로 주의가 필요할 것이다.

### (1) 용융염법

여기서 열거한 용융염에 의한 탄화물 피복법은 **TD process** 라고도 불리는 방법으로서 금속분말을 첨가한 붕사(硼砂)를 주로 한 염욕 중에 처리품을 침적유지함에 따라 VC 를 주체로 한 피막이 형성된다. 처리조건은 일반적으로 800~1000℃, 2~10 h 이라 하는데 실제로는 처리품의 재질, 피막의 목표 두께에 의해 결정된다.

특징으로서는 욕의 조성을 바꿈에 따라서 탄화물의 종류를 선택할 수 있다. 붕화처리도 가능하고, 부분처리도 가능하다. 생성피막은 비교적 두터우나 처리에 수반된 변형이 조금 큰 것 등을 들 수 있다.

### (2) PVD 법

PVD(Physical Vapor Deposition, 물리증착)법은 증착, 스파터링, Ion plating 등 물리적으로 피막을 생성시키는 방법의 총칭이다. PVD 의 하나인 **ARE** 법(활성화

**반응증착법**)은 일반적으로 200~600℃의 비교적 저온에서 행해지며, 이온충격 열처리와 도금과의 중간적인 존재이다. $C_2H_2$, $N_2$를 첨가한 진공($10^{-4}$Torr 부근)하에서 TiC 피막, TiN 피막을 생성시키는 처리가 주로 실시되고 있다. 반도체와 같은 전자부품, 플라스틱으로의 코팅 시계나 장식품(TiN 피막의 금색을 이용) 등 광범위하게 걸쳐 실용화가 실시되고 있다. ARE법 이외에 HCD(Hollow Cathode Discharge)법, 마그네트론 등의 방법도 개발되고 있다.

이점(利點)으로서는 처리온도가 낮은 까닭에 변형이 적으며 폭넓은 재료에 응용할 수 있는 점 등을 들 수 있으나 반대로 처리재와의 밀착성의 개선이 금후의 문제점으로서 지적되고 있다.

**(3) CVD법**

CVD(Chemical Vapor Deposition, 화학증착)법은 고온에서 기상부터 화학반응에 의해 순금속, 탄화물, 질화물, 붕화물, 규화물, 산화물을 석출시키는 기술이다. 반응식의 예를 다음에 나타낸다.

$$2\,WCl + H_2 \rightarrow 2\,W + 2\,HCl \tag{6-26}$$

$$7\,TiCl_4 + C_6H_5CH_3 + 10\,H_2 \rightarrow 7\,TiC + 28\,HCl \tag{6-27}$$

$$SiH_4 + 2\,B_2H_6 + 8\,O_2 \rightarrow SiO_2 + 2\,B_2O_3 + 8\,H_2O \tag{6-28}$$

반응온도는 180~2000℃로 극히 폭넓으며 많은 종류의 피막생성이 가능하다고 한다. 전자부품, 공구류, 미술공예품 등에 이용되고 있으며, 사용하는 약품 및 기체가 유해하며 폭발성인 것이 많으므로 취급에 주의가 필요하다.

## 2. 붕화처리와 그외의 확산처리

**붕화처리**는 **보로나이징** 또는 **보론화 처리**라고도 부르고 있으며, 표 6-18에 나타난 종류가 있다. 단단한 경화층은 뛰어난 내마모성을 나타내며, 내식성, 내고온산화성도 뛰어나다고 한다. 표면경도는 FeB층에서 $HV$ 1700~2000, $Fe_2B$층에서 1400~1600인데, 경화층이 박리되기 쉬운 것이 결점이며, 방지책으로는 붕화처리 후 확산처리가 고려된다.

**크로마이징**은 Cr의 확산을 분말 팩법 또는 직접 가스확산법으로 실시하는 것으로서 표면경도는 $HV$ 1800 전후에서 내마모성, 내식성에 유효하다. 또 내열성, 내식성의 증가를 목적으로 한 것에는 용융 Al 욕에 강을 침적하는 **알루미나이징**, 분말 Al 또는 이것을 포함한 혼합분말 중에서 강 표면에 Al을 확산시키는 **카로라이징** 등이 있다. 그외에 **침규처리**는 규소를, **세라다이징**은 아연을 각각 강의 표면에 확산시켜 내식성

표 6-18 붕화처리법의 종류와 내용

| 포 화 법 | 포 화 제 | 붕 화 조 건 | | |
|---|---|---|---|---|
| | | 온 도 [℃] | 시 간 [h] | 붕화층의 깊이 [mm] |
| 분말붕화법 | boron 또는 ferro boron 과 alumina 및 염화암모늄의 혼합분말 | 950~1050 | 3~5 | 0.1~0.3 |
| 기체붕화법 | 너보론 또는 3 염화 boron 과 수소의 혼합분말 가스 | 750~950 | 2~6 | 0.05~0.25 |
| 용융붕화법 | 용융붕사와 탄화 boron 또는 ferro boron | 900~1000 | 1~5 | 0.06~0.38 |
| | 용융붕사와 산화 natrium 및 산화 kalium 및 산화가륨 | 700~850 | 1~4 | 0.08~0.15 |
| 전해붕화법 | 용융붕사 | 900~950 | 2~4 | 0.15~0.35 |
| | 용융붕사와 산화 natrium 및 산화 kalium | 700~800 | 1~4 | 0.01~0.06 |

피막을 생성시키는 처리법이다.

### 3. 수증기 처리와 침유처리

이상 내마모성의 향상에 대해서 침탄이나 고주파 경화를 필두로 하여 표면경도를 증가시키는 방법에 대해 서술해 왔으나 충분한 표면경도가 얻어지지 않음에도 불구하고 우수한 내마모성을 나타내는 처리법도 있다. 수증기처리, 침유처리, 가스 연질화처리 등이 이것에 해당하며 이것은 피처리품 표면의 융착억제 작용에 의한 것이라 생각된다.

수증기 처리는 **Homo** 처리라고도 부르며, 500~560℃, 1~2.5 h 수증기의 기류 중에서 가열하여 행해진다. 얻어진 피막은 $Fe_3O_4$ 이며, 밀착성이 좋고 다공질이며, 그

표 6-19 수증기 처리에 의해 얻어진 **SM45C** 의 산화물(2 h 가열)

| 처리온도 | 400℃ | 450℃ | 500℃ | 550℃ | 600℃ | 650℃ | 700℃ |
|---|---|---|---|---|---|---|---|
| 산 화 물 | $Fe_3O_4$ | $Fe_3O_4$ $\alpha \cdot Fe_2O_3$ | $Fe_3O_4$ $\alpha \cdot Fe_2O_3$ | $Fe_3O_4$ $\alpha \cdot Fe_2O_3$ | $Fe_3O_4$ FeO $\alpha \cdot Fe_2O_3$ | FeO $Fe_3O_4$ | FeO $Fe_3O_4$ |
| 산화층의 두께 | 3μm | 5μm | 6μm | 8μm | 15μm | 42μm | 71μm |
| 적 요 | | | | | 처리 직후 표면탈락 | | |

두께는 10 μm 이하이다. 퀜칭·템퍼링한 고속도강 공구 등에 이용되며, 붉은 녹($\alpha$·$Fe_2O_3$)이 혼합되지 않는 것이 바람직하다. X 선 회절에 의한 생성산화물의 검토 예를 표 6-19 에 나타냈다.

**침유처리**는 마찰특성(내마모성, 내 scalping, 내소착) 및 윤활 특성의 개선을 목적으로 하여 개발된 방법(코벳법)이며, 저온처리인 까닭에 변형발생 및 기계적 강도의 저하가 적은 것이 특징이다. 처리는 190℃의 용융염욕 중에서 피처리품을 양극, 욕조를 음극으로 하여 10~20 분 전해하여 피처리품 표면에 유화철의 확산층을 생성시키는 것이다. 침탄, 고주파 경화, 일반적인 퀜칭·템퍼링품 등의 최종 연마 부품에 적용되고 있다.

# 제 7 장
# 열처리결함과 대책

## 7-1 가열에 수반되는 결함

강재는 단조, 열처리를 위해 가열한다. 또 단조한 것은 조직의 조정, 변형을 없애기 위한 예비 열처리로서 노말라이징 혹은 어닐링을 행한다. 이 경우에 일어나는 결함은 산화에 의한 스케일, 강재 표면의 거칠음, 탈탄 등이며, 현미경 조직도 거칠고 가열온도가 너무 높으면 결정립계에 산화물이 생긴다.

이러한 결함은 가열온도, 유지시간, 분위기 등에 따라 다르다. 또 온도가 너무 높으면 강의 기계적 성질이 나빠지며, 1200℃ 정도의 온도에서는 노말라이징 또는 어닐링에 의해 회복시키는 일이 가능하다.

### 1. 산 화

산화는 공기 등의 산화성 분위기 중에서 가열할 때 생기며, 그 정도는 가열장치, 가열방식, 사용연료 등에 의해 크게 다르다. 강재의 가열에 의한 표면 거침은 단조균열을 일으키는 일이 많으며, 스케일 부착은 급랭경화할 때 soft spot 나 퀜칭균열 등의 원인이 되는 일이 많다. 스케일을 제거하는 데는 황산 혹은 염산온수액 혹은 shot blast 등을 이용하며, 산세(酸洗)한 것은 수소취성(수소의 흡수로 인성이 저하하는 현상)이 발생하기 쉬우므로 주의가 필요하다.

그림 7-1은 SM 50 C 시료를 전기로를 이용하여 온도 900~1200℃ 사이에서 50℃ 간격으로 3시간 대기 중에서 가열한 것의 외부 모양이다. 가열온도가 높아짐에 따라

그림 7-1 **SM 50 C**의 고온가열에 의한 표면산화의 상황(전기로, 대기가열, 가열 3 h)

박리된 스케일의 두께도 두꺼워지며, 박리 후의 표면 거칠도 거칠어진다.

## 2. 탈 탄

탈탄(脫炭)은 산화성 분위기, 용융염 중의 슬러지 등에 의해 일어난다. 탈탄에는 수분이 중요한 역할을 하는 일이 많으므로 수분을 함유하지 않은 $H_2$에는 탈탄성이 없으나 일반적으로 0.05% 정도만 $H_2O$가 존재하면 탈탄이 일어난다. 따라서 염욕 열처리하는 경우 염욕제가 수분을 흡수하지 않도록 주의해야 한다. 산화나 탈탄을 완전히 방지하기 위해서는 중성 분위기를 사용하여야 한다.

탈탄된 강재를 그대로 급랭경화하면 퀜칭경도가 떨어지거나 불균일한 냉각이 되며, 표면에 탈탄이 일어나서 페라이트 조직이 많이 보이게 되며, 기계적 성질 특히 피로강도가 현저히 저하한다.

표 7-1은 그림 7-1에 나타낸 SM 50 C의 각 시료에서 박리된 스케일의 두께와 스케일이 박리된 후 표면으로부터의 탈탄깊이를 표시한 것이다. 이로부터 가열온도가 높아지면 스케일의 두께와 탈탄깊이도 커짐을 알 수 있다.

표 7-1 **SM 50 C**의 공기가열(전기로, 3 h)에 의한 **scale** 두께와 탈탄깊이

| 가열온도 [℃] | 900 | 950 | 1000 | 1050 | 1100 | 1150 | 1200 |
|---|---|---|---|---|---|---|---|
| scale의 두께[mm] | 0.06 | 0.07 | 0.15 | 0.32 | 0.33 | 0.35 | 0.42 |
| 탈탄깊이[mm] | — | 0.01 | 0.02 | 0.03 | 0.03 | 0.05 | 0.05 |

## 3. 고온가열과 연소

강재를 산화성 분위기 중에서 1100℃ 이상의 온도로 가열하면 표면은 거칠어지며, 조직은 **Widmannstäten** 조직(오스테나이트 기지의 특정 결정면을 따라 기하학적인 모양으로 성장한 냉각변태조직)이 된다. 이것을 연마하여 $HNO_3$ 알코올 용액으로 부식하여 현미경 조직을 보면 페라이트는 하얗고 펄라이트는 검게 나타나며, 침상 페라이트가 보인다. 이러한 강재는 취약하며 인성이 작다.

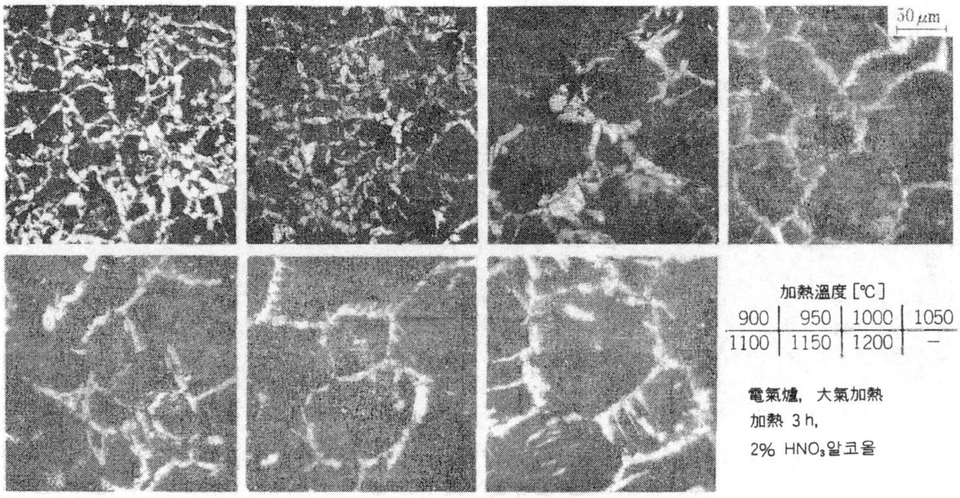


그림 7-2 **SM 50 C** 를 고온가열했을 때의 현미경 조직

산화성 분위기 중에서 1200℃ 이상의 고온으로 가열하면 국부적으로 연소를 일으키는 일이 많으며 현미경 조직은 조대해지고, 입자사이에 산화물이 보이며 고온이 되면 용융마저 일어난다. 이러한 강재를 단조하면 균열이 생긴다. 이것을 방지하는 데는 가열온도 및 시간에 주의할 필요가 있다.

그림 7-2는 그림 7-1의 **SM** 50 **C**를 900~1200℃의 각 온도로 가열한 경우의 현미경 조직을 나타낸 것이며, 가열온도의 상승에 따라 조직이 거칠어져가는 것을 알 수 있다.

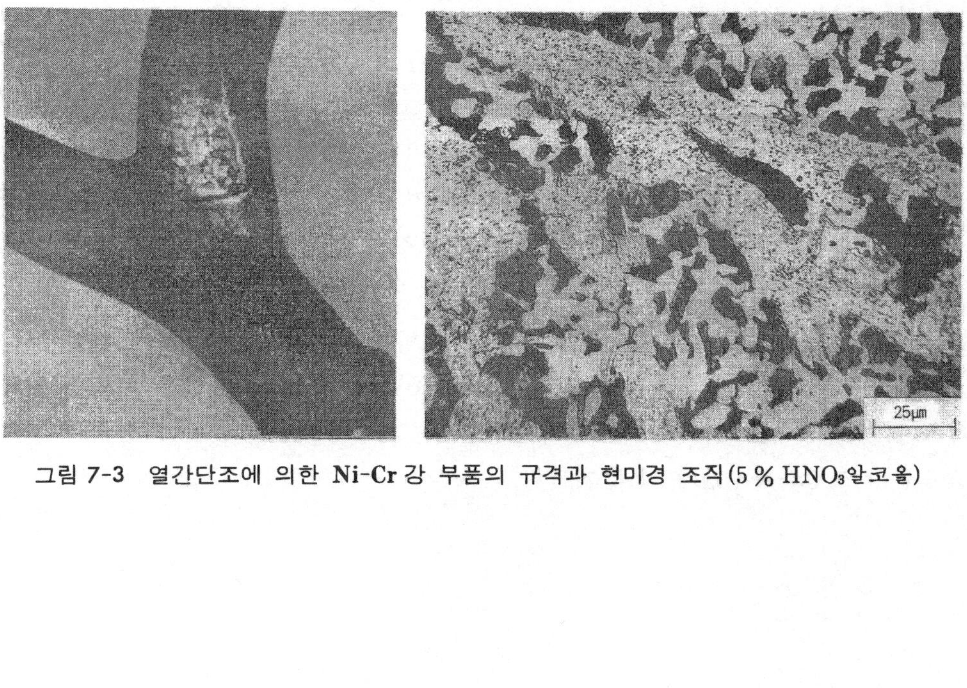


그림 7-3 열간단조에 의한 **Ni-Cr** 강 부품의 규격과 현미경 조직(5 % $HNO_3$알코올)

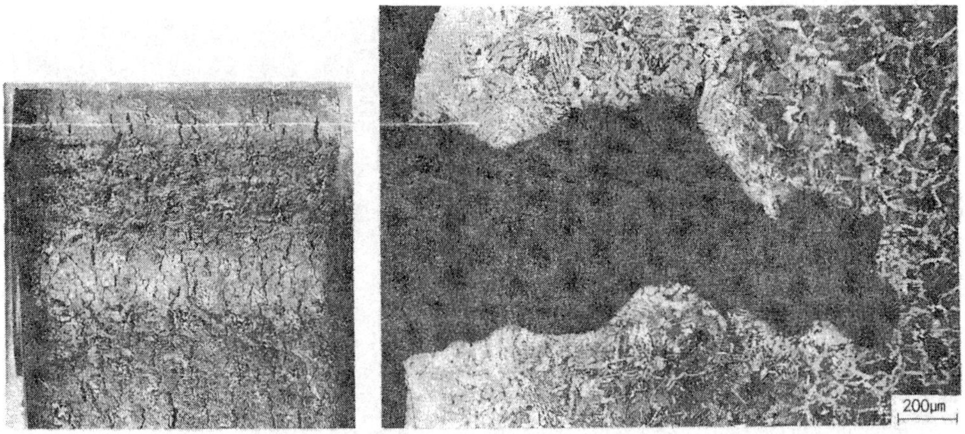


그림 7-4 **SM 40 C** 로 만든 열간단조부품의 표면거침과 표면균열
(우측이 표면 2 % $HNO_3$ 알코올)

강재를 고온가열했을 경우의 단조품에 발생하는 결함의 실례를 나타낸 그림 7-3은 **Ni-Cr** 강(0.36%**C**, 1.4%**Ni**, 0.72%**Cr**)을 추정온도 1200℃ 이상으로 가열하여 단조한 경우에 발생한 단조균열이다. 우측 사진은 균열부근의 현미경 조직이며, 페라이트 중에 산화물이 존재하는 것이 보인다. 그림 7-4는 **SM** 40 **C** 의 열간단조에 의한 결함이다. 왼쪽 사진은 표면의 거침을 나타내고, 오른편은 표면에서 내부에 걸친 균열 상황을 나타내고 있으며, 표면 가까운 곳에 탈탄된 것이 보인다.

### 4. 고온가열재에도 퀜칭·템퍼링은 효과가 있다.

(1) 고온(1200℃)가열시의 실험

사용된 강재는 SM 40 C 강이며, 직경 25 mm, 길이 160 mm 의 환봉을 전기로에서 920℃×2 h 대기 가열하여 노말라이징하였다.

이것을 3군으로 나누어 1군은 노말라이징한 그대로, 2군은 1200℃×2 h 가열공랭한 것, 3군은 1200℃×2 h 가열공랭한 것을 920℃×2 h 노말라이징을 하여 기계적 성질을 구하였다. 또 1~3군을 다시 850℃×1 h 가열하여 수냉한 후, 500℃×2 h 공랭하는 템퍼링을 하여 기계적 성질을 구하였다. 인장시험편으로는 4호, 충격시험편으로는 3호를 이용하였다. 결과는 표 7-2에 나타낸 바와 같다.

퀜칭·템퍼링을 하지 않은 것에서는 1군의 노말라이징한 상태의 것이 전체에서 가장 양호한 값을 나타내며, 또 2군의 고온가열 공랭의 경우 가장 낮은 값을 나타내며 특히 충격치가 낮다. 그러나 3군의 고온가열 후 노말라이징한 것은 시험치의 저하가 작고 1군의 노말라이징만의 값에 가깝다.

표 7-2 열처리 조건을 바꾼 경우의 **SM 40C** 의 기계적 성질

| 처 리 방 법 | | 인장강도 [kgf/mm²] | 항복점 [kfg/mm²] | 신 율 [%] | 단면수축률 [%] | 충 격 치 [kgfm/cm²] | 경 도 |
|---|---|---|---|---|---|---|---|
| 1군 | 노말라이징 그대로<br>(이후 퀜칭·템퍼링) | 62<br>(94) | 38<br>(80) | 34<br>(21) | 53<br>(61) | 6.4<br>(14.1) | *H*RB 81<br>(*H*RC 27) |
| 2군 | 1200℃×2h 가열공랭<br>(이후 퀜칭·템퍼링) | 55<br>(92) | 27<br>(79) | 31<br>(20) | 43<br>(57) | 3.2<br>(12.2) | *H*RB 77<br>(*H*RC 28) |
| 3군 | 1200℃×2h 가열공랭<br>920℃×2h노말라이징<br>(이후 퀜칭·템퍼링) | 59<br>(93) | 35<br>(80) | 33<br>(22) | 53<br>(60) | 4.4<br>(13.6) | *H*RB 82<br>(*H*RC 28) |

[주] 1. SM 40 C 의 성분은 C 0.41%, Si 0.18%, Mn 0.68%, P 0.017%, S 0.021%, Al 0.054%
2. 각군 모두, 미리 920℃×2h 에서 노말라이징해 있다.
3. 괄호 내의 숫자는 각각을 850℃×1h 수냉경화, 500℃×2h 공랭 후 템퍼링한 경우의 data.

그렇지만 상기의 것을 각각 퀜칭·템퍼링한 경우인 괄호내 숫자를 보면 1군·2군·3군 모두 상기와 같은 경향은 다소 있다해도 기계적 성질의 차가 그만큼 크지는 않다. 또 고온가열한 그대로의 현미경 조직은 결정입자가 조대화하고 있음이 당연하지만 퀜칭·템퍼링한 2군과 3군 등에서는 현미경 조직에 큰 차가 확인되지 않는다.

(2) 가열온도를 바꿔본 실험

다음에 SM 35 C 로 지름 25 mm, 길이 160 mm 의 환봉을 각각 950, 1000, 1100, 1150, 1200, 3000℃의 각 온도로 가열하여 2h 유지 후 공랭하여 이것을 다음의 4군으로 나눠 열처리하고, 경도, 인장, 충격 등 각 실험을 한 결과를 그림 7-5 에 정리하였다. 즉 그림 중에 나타나듯이 1군은 가열 후 공랭한 그대로, 2군은 가열공랭 후에 노말라이징, 3군은 가열공랭 후에 퀜칭·템퍼링, 4군은 공랭 후에 노말라이징한 뒤 퀜칭·템퍼링하였다.

그림 7-5 에서 1군의 가열공랭한 상태의 것과, 2군의 가열공랭 후 노말라이징한 것을 비교하면 경도, 인장강도 및 항복점에서 양자의 차는 거의 없다. 그러나 연신율, 단면수축률, 충격치에서는 차가 보이며 가열만의 1군은 1000℃ 이상에서의 저하가 크다. 또 가열공랭 후에 노말라이징을 하지 않는 3군과 노말라이징을 한 4군과의 경도, 인장강도, 항복점은 둘 다 거의 차가 없으며, 또 연신율, 단면수축률 및 충격치의 차도 크지 않다. 단지 충격치는 가열온도 1100℃ 이상에서 3군의 저하가 조금 확인되는 정도이다. 이렇게 가열공랭 후에 퀜칭·템퍼링한 것의 기계적 성질에는 가열공랭 후의 노말라이징의 영향이 그다지 없는 듯하다. 그러나 급랭 후의 변형에 대해서는 7-2절

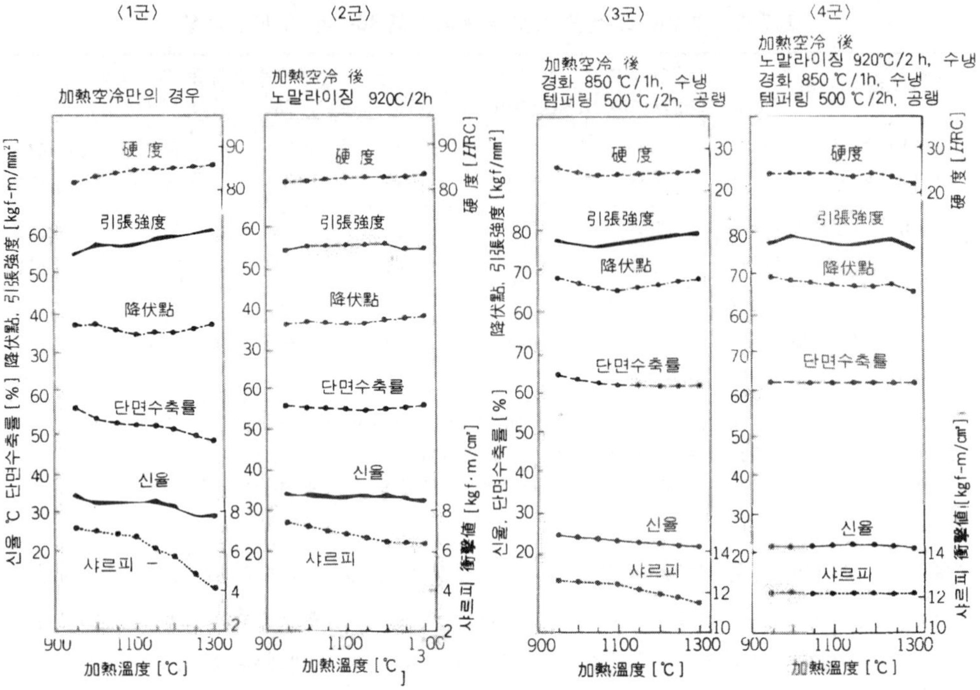


그림 7-5 **SM 35 C** 강을 고온가열 후, 각종 열처리한 경우의 기계적 성질

2 에 서술하듯 큰 영향이 나타난다.

## 7-2 퀜칭·템퍼링에 수반되는 결함

경화처리에 있어서 급격한 가열 등에 의해 불균일한 온도가 되지 않도록 주의해야 한다. 이것은 퀜칭균열, 변형, 연화점 등의 원인이 되기 때문이다.

### 1. 퀜칭균열

경화처리할 때는 퀜칭에 의해 부품의 내부에 온도차가 생긴다. 이 때문에 열응력이 발생하고 *M*s 점 이하에서는 마르텐사이트와 오스테나이트의 비체적의 차에 의한 변형응력도 발생하고 형상에 따라서는 이들 2 개가 복잡하게 뒤엉킨다. 그들 합이 인장응력이 되며 강재의 인장강도보다 큰 경우에 균열이 발생한다고 생각된다.

형상에서 보면 두께가 급변하고 있는 곳 혹은 예각인 곳에 퀜칭균열이 생기기 쉽다. 또 퀜칭균열은 퀜칭할 때에 *M*s 점에서 인상처리하지 않고 완전냉각될 때까지 식혔을 때, 퀜칭 직후에 템퍼링을 하지 않을 때, 표면의 거칠음이 심할 때, 혹은 단조 후 어닐링을 하지 않고 급랭처리한 경우 등에서 생기기 쉽다. 그외 퀜칭균열의 원인으로는 가열온도가 높을 때, 가열이 불균일할 때 강재의 재질이 냉각능에 대하여 부적당한 경우, 강재의 질량에 대해 냉각속도가 너무 빠를 때, 급랭처리 전의 어닐링이 불충분한 때, 열응력, 변태응력이 집중하기 쉬운 형태일 때 등이 있다.

퀜칭균열이 부품의 작은 부분에 생겨 표면을 조금 절삭하는 것만으로서 제거할 수 있는 정도라면 우선 문제는 없을 것이다. 그러나 대개의 경우 퀜칭균열이 일어나면 그 부품은 못쓰게 되어 큰 손실이 된다. 또 퀜칭균열을 검출할 수 없었던 까닭에 최종적으로는 사용 중에 파손의 원인이 되며 때로는 인명에 관한 사고까지 발생하므로 부품에 따라서는 magnaflux 법, 형광탐상법을 통해 균열의 검출에 세심한 주의를 해야 한다. 사용될 강종, 품질 등에도 주의할 필요가 있다. 예를 들면 탄소강과 같이 수냉되는 경우가 많은 것은 C%가 0.4~0.5 정도이며, 강 중에 함유되어 있는 불순물로서의 Ni, Cr 따위의 함유량이 많으면 퀜칭균열의 원인이 된다.

그림 7-6은 퀜칭균열의 실례이며, SM 40 C를 열간단조 후 단조 귀(flash)를 따낸 후 수냉한 결과 단조 귀를 따낸 곳에 퀜칭균열이 발생하였다. 이러한 경우는 단조 귀를 따낼 때 주의깊게 행해야 하며, 단조 귀를 따낸 후 표면이 거칠지 않음을 확인할 필요가 있다. 또 이 부분에 곧잘 슬래그가 박혀 있는 일이 많다. 이 사진에도 슬래그가 탈락했다고 생각되는 흔적이 보이므로 사용 강재의 품질에도 주의가 필요하다.

그림 7-7은 SCM 4의 열간단조 노말라이징재의 퀜칭균열이다. 균열은 표면에서 내부로 향해 깊이 들어가 있다. 또한 SCM 4는 현행의 SCM 440에 해당되는 것으로 본 장에서 언급하는 문제점의 예는 1946~1956년대의 것으로 질적인 차이도 생각되므로 문제점의 예만 굳이 옛기호 그대로 하고 있다.

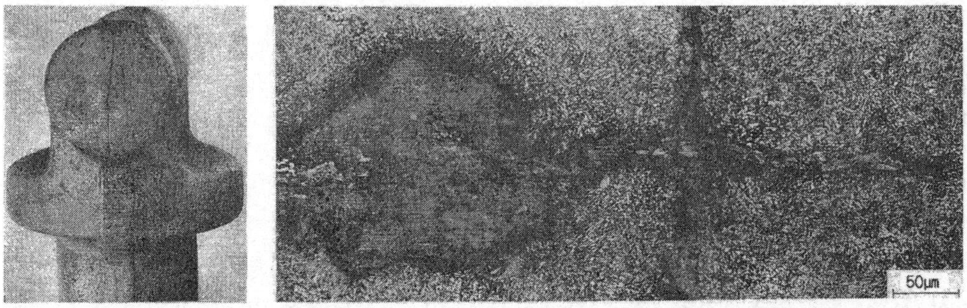


그림 7-6 **SM 40 C**의 열간단조 조형재에 나타난 퀜칭균열과 현미경 조직(2 % $HNO_3$ 알코올)

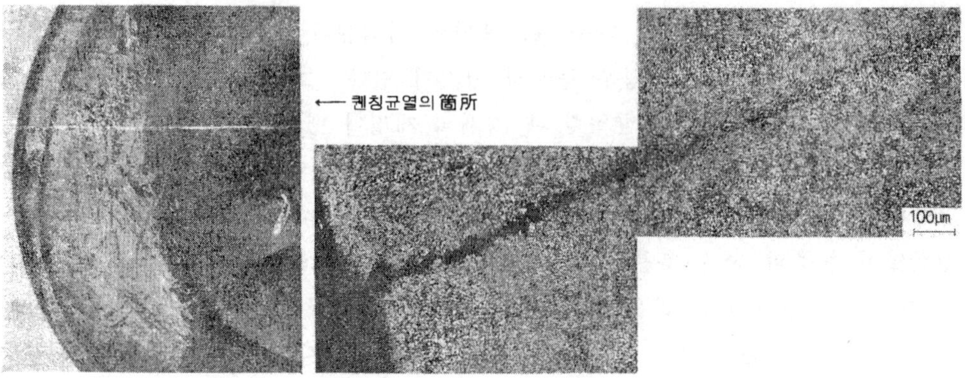


그림 7-7 **SCM 440**의 열간단조 노말라이징 소형재의 퀜칭균열(2% $HNO_3$ 알코올)

**2. 변　　형**

퀜칭가열할 때 가열이 불균일하여 변형되는 것도 있는가 하면 가열로 내에서 부품이 부적당하게 놓이는 까닭에 변형되는 것도 있다. 특히 shaft 류와 같이 긴 것은 굽힘, 비틀림 등이 나타난다. 이런 것을 퀜칭할 때 열변형, 변태변형 등이 중복되어 더욱 커진다.

여하간 퀜칭은 경화를 목적으로 오스테나이트를 마르텐사이트로 만드는 것인 이상, 체적, 치수의 변화는 피할 수 없다. 따라서 필요한 경도를 얻기 위해서는 필요한 열처리온도와 적절한 강재를 선택하여 변형을 가능한한 균일하게 또한 적게 하면 나중에 수정도 쉽다.

또한 단조품의 단류선(flow line)이 중심선에 대해 대칭이면 변형이 적다고 한다. 그림 7-8은 SCM 4 열간단조품의 단류선의 예이다. 이미 그림 7-5에서 1200℃로 가열하여 노말라이징한 것과 노말라이징하지 않은 것을 퀜칭·템퍼링하여 구한 기계적 성질에는 그다지 차가 없음을 나타내었다. 그러나 변형은 노말라이징한 것이 일반적으로 작다. 그림 7-9는 SM 40 C 재를 1200℃에서 단조한 그대로인 것과 단조 후에 노말라이징한 것의 현미경 조직을 나타낸 것이다. 전자는 결정입자가 조대화되어 있으며, 후자는 미세하다. 그 때문인지 퀜칭 후의 변형은 후자쪽이 작다.

**3. 연화점(soft spots)**

급랭처리에서 종종 경도가 불균일하며 소위 연화점이 생성되는 일이 있다. 이것은 가열시 노내 온도분포, 가열온도, 가열시간 등이 부적당함에 따라 균일하게 가열되지 않음에 의한 것이다. 또 균일하게 가열되어도 수냉할 때의 기포부착, 냉각액의 교반

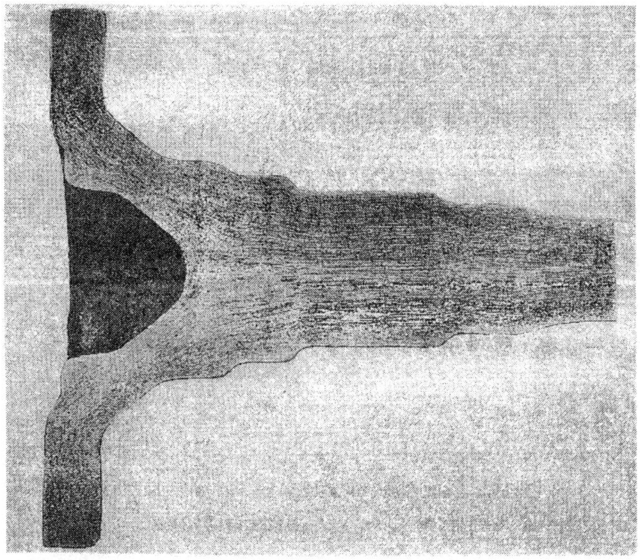

그림 7-8 **SCM 4**의 열간단조품의 단류선(염화동암몬)

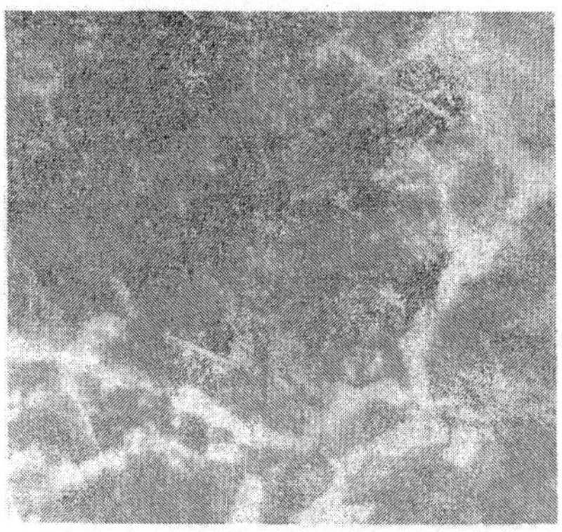

(a) 1200℃ 鍛造, 냉각한 그대로
硬度 *H*RB 84

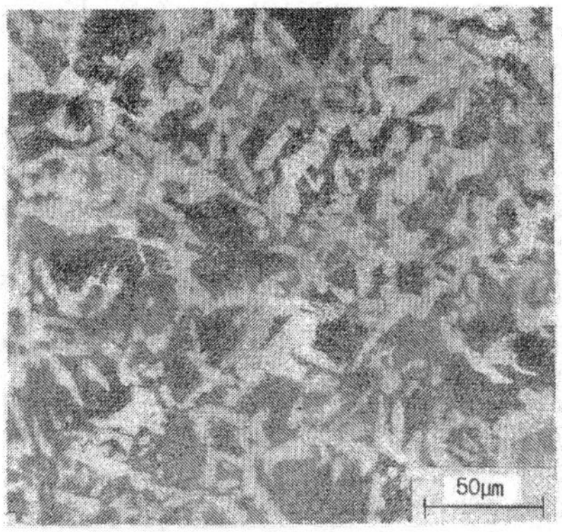



(b) 1200℃ 鍛造, 空冷 後, 920℃×2 h 의
소준 硬度 *H*RC 84

그림 7-9 **SM 40 C**의 열간단조 후의 현미경 조직(2 % $O_3$ 알코올)

불량에 따른 냉각의 불균일, 표면 스케일, 탈탄층 등도 연화점 발생의 원인이 된다. 사용강이 림드강인 경우에도 일어나기 쉽다.

### 4. 경도부족

급랭처리에서 전체적으로 경도가 낮은 경우가 있다. 그 원인은 3의 경우와 거의 같다. 또한 주의해야 할 일은 사용될 강의 경화능이 부품의 크기, 퀜칭장치의 냉각능력에 대해 충분한지 어떤지 하는 점이다. 불충분하다면 잘 되지 않으며 경도부족이 되는 것은 당연하다. 또 퀜칭 전의 강의 탄화물의 미세화, 구상화 등에도 주의하고 아울러 결정입자의 크기에도 유의해야 할 것이다.

### 5. 템퍼링에 의한 균열, 경도 불균일

부품은 퀜칭·템퍼링을 하여 사용한다. 예각이 있으면 균열이 생기기 쉬우며, 퀜칭 후에 장시간 방치하고 나서 템퍼링하면 갈라지는 일이 있으므로 가능한 한 조기(早期)에 템퍼링을 해야한다. 또 템퍼링을 위해 가열을 급격히 하면 온도가 불균일해져 경도 불균일이 발생하기 쉬워진다.

### 6. 템퍼링 취성

퀜칭한 강을 템퍼링할 때, 템퍼링 온도를 올리면 충격치는 차츰 개선되는 경향이 있는데 실제 300℃ 부근에서 또는 강종에 따라서는 500℃ 부근에서 저하한다. 300℃ 부근의 것을 **저온 템퍼링 취성**이라 하고, 강에 함유되어 있는 P와 N이 이것을 촉진하며, Al, Ti, Ni, B 등은 억제한다고 한다. 또 500℃ 부근의 것을 **고온 템퍼링 취성**이라 하며, P, Sb 등이 오스테나이트 기지 입계에 석출하기 때문에 일어나므로 Cr, Ni, Mn은 그 석출을 촉진하고 Mo는 반대로 억제한다고 한다.

SCr 440, SCM 440, SNCM 240 및 SNCM 439의 저온 템퍼링 취성의 예를 그림 7-10에 나타내었다. SCr 440, SCM 440 및 SNCM 240은 840℃에서 SNCM 439는 820℃에서 유냉하고 템퍼링 가열을 100~600℃까지 100℃마다 행해 유냉한 후 샤

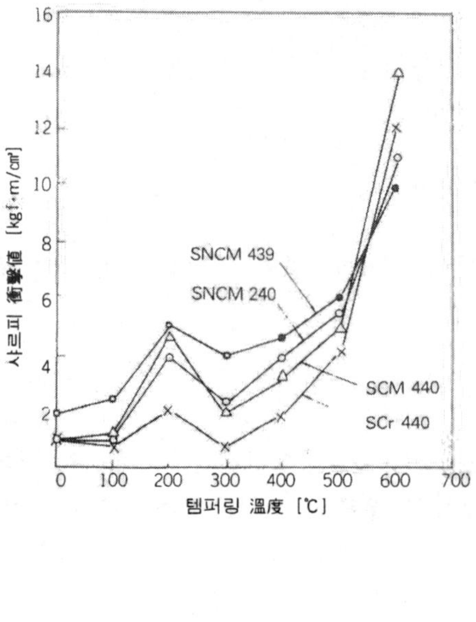


그림 7-10 저온 템퍼링 취성

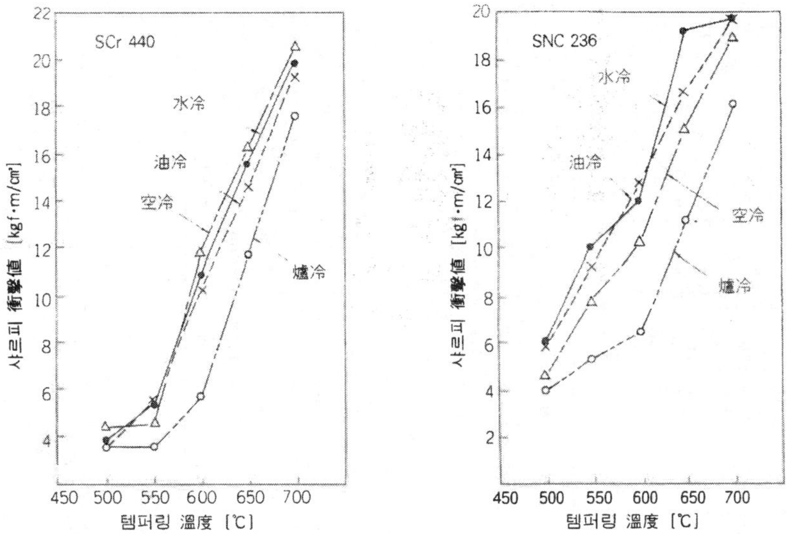


그림 7-11 고온 템퍼링 취성

르피 충격치를 구하였다. 각종 모두 300℃ 템퍼링한 점에서 낮은 값을 나타내고 있다.

또 고온 템퍼링일 때 냉각속도에 의해서도 충격치가 변화한다. 이 실례로서 SCr 440은 840℃에서, Ni-Cr 강은 830℃에서 유냉하고, 템퍼링을 500~700℃의 각 온도에 2시간 유지하여 수냉, 유냉, 공랭 및 노냉하여 냉각속도를 바꾼 것의 충격치를 그림 7-11에 나타내었다. SCr 440인 경우 수냉, 유냉 및 공랭에서는 거의 같은 값을 나타내며, 노냉의 경우에는 낮은 값을 나타낸다. Ni-Cr 강의 경우에는 수냉과 유냉의 경우는 차가 없고, 공랭과 노냉의 경우 낮은 값을 갖는다. 이와 같은 템퍼링 취성은 함 Ni 강과 같은 강종에서 보다 크게 나타난다.

이러한 템퍼링 취성은 열처리 결함이라기 보다도 오히려 강의 열처리 특성이란 편이 적절할지도 모른다. 이러한 특성이 있음에 주의하지 않으면 때로는 이것이 결함의 원인이 되는 일이 있다.

### 7. 잘 경화된 강은 기계적 성질이 양호하다.

퀜칭·템퍼링된 강의 기계적 성질을 고찰할 때 중요한 것은 퀜칭·템퍼링 된 강쪽이 경화가 잘못된 강을 템퍼링 온도를 낮춰서 경도를 똑같이 한 강보다도 기계적 성질이 양호하다는 점이다. 이 예로서 SCr 440에 대해 기술한다.

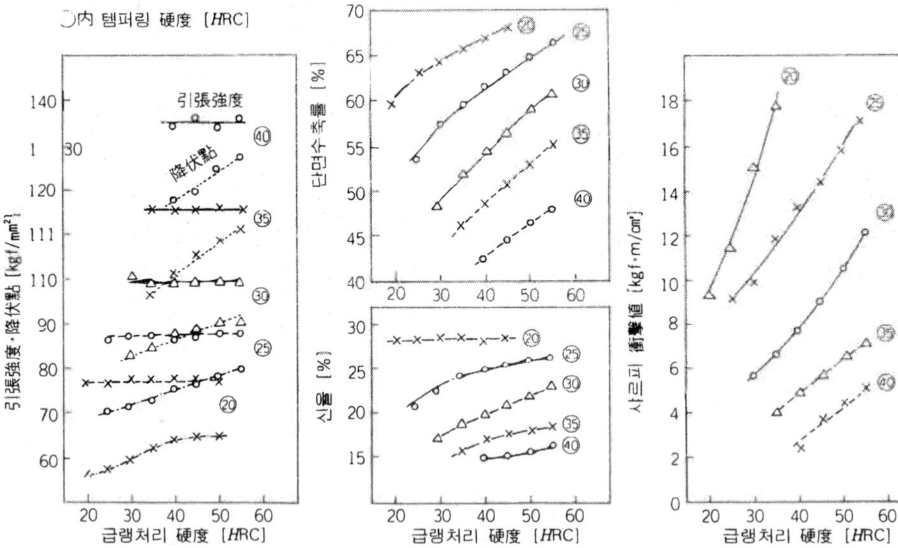


그림 7-12 SCr 440(830°유퀜칭)의 퀜칭정도에 따른 기계적 성질의 변화

SCr 440의 시험편을 이 강의 적정 가열온도로 생각되는 830℃로 가열하고 퀜칭속도를 여러 가지로 바꿔 냉각하여 각종 퀜칭경도의 것을 만들어 이것을 여러 템퍼링 온도에서 템퍼링하면 각종 템퍼링 경도의 시험편이 생긴다. 그 기계적 성질을 구하여 정리한 것이 그림 7-12이다. 횡축에 퀜칭경도, 종축에 기계적 성질을 나타낸다. ○내에 나타낸 것이 템퍼링 경도($HRC$)이다. 이것에 의하면 인장강도는 최종 템퍼링 경도로서 결정되며 퀜칭경도에는 거의 영향받지 않는다. 그러나 항복점, 연신율, 단면수축률, 충격치등은 퀜칭 후, 템퍼링 때의 경도는 같아도 퀜칭경도가 높을수록 양호한 값을 나타내고 있다.

SM 40 C, SCr 440 및 SCM 440의 각 시험편을 적정 퀜칭온도 840℃와 760℃에서 급랭처리하여 퀜칭경도가 다른 것을 만들었다. 이것을 템퍼링 온도를 바꿔 템퍼링 경도를 대체로 동일하게 하였다. 이것을 Schenk의 비틀림 피로시험기에서 실험한 결과를 표 7-3에 나타내었다. 각 강 모두 급랭경화 상태가 양호한 것이 높은 피로강도를 나타내고 있다.

이와 같은 정적, 동적인 기계적 성질은 잘 경화된 강이 양호한 값을 나타내는 것이다. 이것은 부품의 강도, 파손 및 그 대책을 고려할 경우에 항상 염두에 두어야 할 것이라고 생각된다. 물론 실제 부품은 시험편보다 큰 경우가 많으므로 치수에 의한 영향, 즉 질량효과를 고려하는 것은 당연한 일이다. 그림 7-12 및 표 7-3에 나타낸

표 7-3 퀜칭경도의 높고 낮음과 비틀림 피로강도

| 급랭경화 정도 | 강 종 | 퀜칭 | | 템퍼링 | | 비틀림 피로 한도 [kgf/mm²] |
|---|---|---|---|---|---|---|
| | | 온도[℃] | 경도[$HRC$] | 온도[℃] | 경도[$HRC$] | |
| 양 호 | SM 40 C | 840 수냉 | 56 | 450 유냉 | 35 | 37 |
| | SCr 440 | 840 유냉 | 56 | 550 유냉 | 33 | 43 |
| | SCM 440 | 840 유냉 | 57 | 550 유냉 | 36 | 44 |
| 불 량 | SM 40 C | 760 수냉 | 46 | 200 유냉 | 34 | 33 |
| | SCr 440 | 760 유냉 | 47 | 460 유냉 | 35 | 27 |
| | SCM 440 | 760 유냉 | 48 | 500 유냉 | 36 | 31 |

것도 열처리 결함이 아니고 오히려 강의 일반적인 열처리 특성이라 하겠다. 그러나 열처리에 있어서 소요강도를 얻을 수 없는 열처리를 하면 이것은 역시 열처리 결함이라 해야 하며, 퀜칭균열 혹은 변형과 같이 눈으로 볼 수 있는 결함만이 결함은 아니다.

## 7-3 고주파 경화처리에 수반되는 결함

고주파 경화처리는 강 부품에 유도되는 고주파 전류의 Joule 열에 의해 부품의 표면을 급속히 가열하여 퀜칭하는 것이다. 따라서 내부는 가열되는 일이 적고 거의 원래의 상태 그대로 유지되는 것이라 생각해도 좋다. 따라서 고주파 경화처리된 것의 모든 성질의 특징은 거의 원래 그대로의 것이라 할 수 있겠다. 그러나 퀜칭할 때 발생하는 퀜칭균열, 변형, 연화점 따위의 결함은 일반 급랭경화의 경우와 경향이 같다.

### 1. 퀜칭균열

퀜칭균열의 원인으로는 과열, 과냉, 고주파 경화처리 전의 현미경 조직 부적합 등 여러 가지 것이 생각된다. 또 사용 강의 C 함유량이 0.3% 정도라면 퀜칭균열은 적으나 0.5% 정도가 되면 퀜칭균열은 일어나기 쉬워진다. 이 외에도 결정입자의 조대화와 강의 탄화물 상태에도 주의를 요한다. 그림 7-13은 SCM 440에 의한 Crank shaft의 퀜칭균열의 예를 나타낸다. 퀜칭균열을 방지하는 데는 부품의 형상에 주의하고 각진 곳, 움푹한 곳, 두께가 다른 것 등에 주의해야 한다. 또 사용되는 강에 슬래그가 끼어 있으면 당연히 균열에 영향을 준다.

그림 7-13 **SCM 440 crank shaft** 의 고주파 퀜칭균열
(경도는 표면 $H$RC 50, 심부 $H$RC 30)

### 2. 변 형

고주파 처리는 경화시키고 싶은 곳을 부분 가열하여 경화한다. 따라서 변형은 부품 전체를 가열하여 퀜칭하는 일반퀜칭법에 비해 적지만 실제로 반드시 그렇지는 않은 것 같다. 형상이 복잡한 것, 치수가 급격히 변화하는 것 등은 가열냉각에 수반되어 생기는 열응력, 변태응력이 복잡하게 영향을 주어 때로는 큰 변형을 가져온다.

또 강종의 선택, 고주파 경화처리 전의 열처리, 기타 냉각방법 등에 대한 판단방법은 보통 열처리의 경우와 같다.

### 3. 연화부(soft spot), 경화층의 부족

연화부, 경화층의 부족은 가열온도, 가열시간, 냉각방법 등 많은 원인이 고려되며, 또 주파수, 가열코일 형상에도 주의를 요한다. 고주파 경화처리 전 강의 망상 탄화물이나 구상 탄화물의 대소에 의해 퀜칭경도, 경화층의 두께 등이 다르다. 결합을 방지하는 데는 사용 강의 노말라이징 혹은 퀜칭·템퍼링 등의 전열처리에 주의해야 한다. 또 요구받는 경화층의 두께에 따라 적당한 주파수를 택하는 일도 중요하다.

#### 4. 용융결함

부품의 형상, 코일형상, 주파수 등과 관련하여 과열이 생기므로 용융결함을 일으키는 일이 있다. 이것을 방지하는 데는 key 홈, 구멍각, 코일과 부품과의 간격 등에 주의할 필요가 있다.

#### 5. 연삭균열

고주파 경화처리만이 아니라 보통 경화처리에서도 퀜칭상태의 것이나 저온에서 템퍼링한 것을 연삭하면 국부적으로 발생하는 연삭열에 의해, 제 1, 2 과정의 **템퍼링 수축**(그림 5-18 참조)에 의해 주위보다 인장되어 균열이 발생한다. 이것을 **연삭균열**이라 부르고 있다. 또 연삭열에 의해 연화점이 생기는 일도 있다. 이때 템퍼링색(temper color)을 띠는 까닭에 이것을 **템퍼링 그을음**이라고 한다. 또 잔류 오스테나이트가 마르텐사이트로 되는 경우나 연삭열이 높아져서 표면이 국부적으로 재경화되는 경우가 있으면 이것도 균열의 원인이 된다.

연삭열에 의해 180℃ 정도의 온도에서 연삭 이송방향과 수직되는 방향으로 평행으로 갈라지는 것을 템퍼링 제 1 과정에 대응하여 제 1 종 연삭균열, 또 250~300℃ 정도 온도에서 거북등 무늬로 갈라지는 것을 제 2 과정에 대응하여 제 2 종 연삭균열이라 부르는 일이 있다. 연삭균열은 산에 의한 부식에 의해 검출되며, 현미경 조직에는 트루

**그림 7-14 SM 45 C 조질 후, 고주파 경화 및 템퍼링한 carank shaft 의 연삭균열**

스타이트 혹은 소르바이트 조직이 되어 있다.

연삭열은 연삭숫돌과 강의 접촉에 의해 발생하는 것이므로 연삭숫돌의 종류나 입도, 또 강종에 의해서도 크게 영향받는다. 강의 경도가 높고 단단한 탄화물을 다량으로 함유했을 때 그리고 열전도율이 작을 때 등이 고온으로 되기 쉽다. C가 높고 Cr이나 Mo 등을 함유한 합금강은 연삭열이 다량으로 발생하여 온도가 높아진다. 그림 7-14는 SM 45 C의 전열처리에서 조질처리한 것을 고주파 경화처리 및 템퍼링했을 때 발생한 연삭균열(제 1종)의 실례이다. 제 2종의 연삭균열에 대해서는 이후 7-4절 7에 서술하였다.

## 7-4 침탄경화에 수반되는 결함

### 1. 과잉침탄

과잉침탄이 되면 침탄층의 C량이 과다해져 탄화물이 다량으로 생긴다. 주된 원인 중의 하나는 고체침탄의 경우라면 침탄제의 침탄성이 너무 강하든지, 가스침탄이라면 분위기의 가스 농도가 너무 높은 데 있다. 재질적으로 Cr, Mo과 같이 탄화물을 만들기 쉬운 원소를 함유하고 있는 Cr강이나 Cr-Mo강 등에 일어나기 쉽다. 그림 7-15

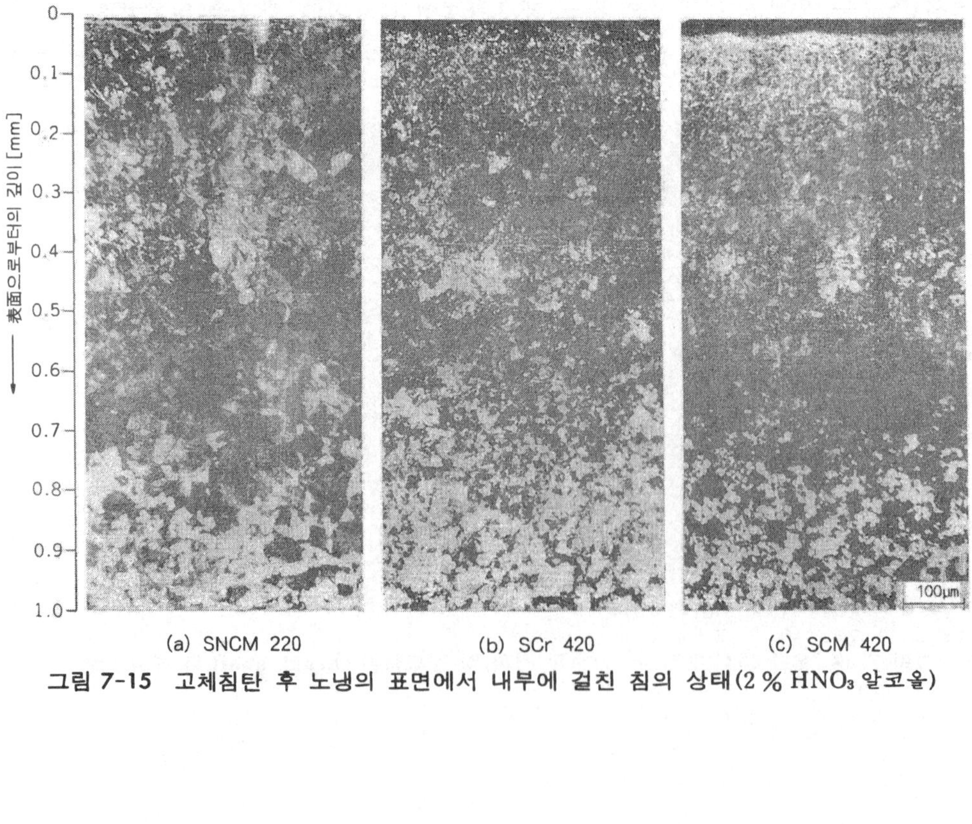


그림 7-15 고체침탄 후 노냉의 표면에서 내부에 걸친 침의 상태(2% $HNO_3$ 알코올)

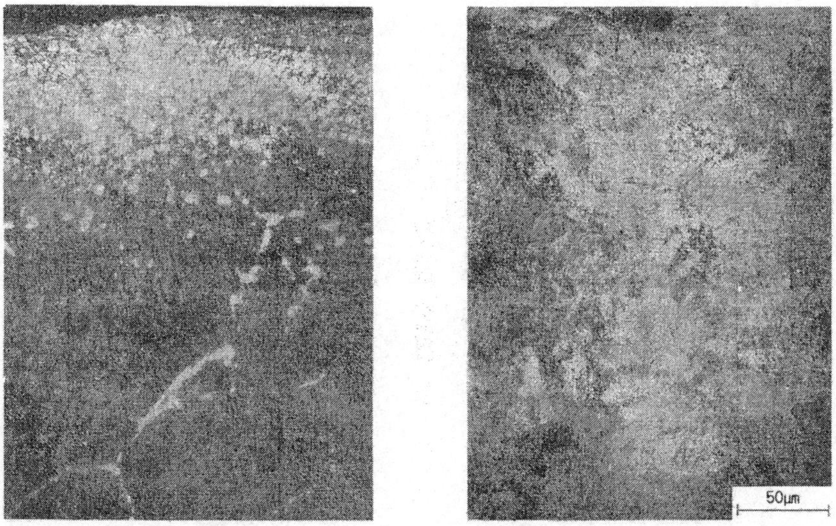


그림 7-16 굽힘제거로서 파손한 SCr 420 부품의 침탄층과 심부조직(2% $HNO_3$ 알코올)

는 저 Ni-Cr-Mo 강인 SNCM 220 과 Cr 강의 SCr 420 과 Cr-Mo 강인 SCM 420 을 동일조건에서 고체침탄 냉각했을 때 각 강의 표면에서 내부에 걸쳐 침탄된 상태를 나타내는 것이다. 표면의 백색부는 탄화물이며 내부의 백색부는 페라이트이다. SNCM 220 은 Cr 의 함유량이 다른 강에 비해 적은 까닭에 탄화물은 다른 2 개 강에 비해 소량이며 Cr 및 Mo 를 모두 함유하고 있는 SCM 420 은 가장 많다.

일반적으로 침탄 후 경화처리하는 shaft 류는 휨이 생기는 성향이 있으므로 경화 후에 바로잡기를 행한다. 과잉 침탄의 경우는 휨이 특히 큰 까닭에 휨을 교정하는 경우에 곧잘 파손이 일어난다. 그림 7-16 은 SCr 420 재의 파손한 shaft 의 침탄부와 심부의 현미경 조직이다. 침탄표면의 경도는 $H$RC 62, 침탄깊이는 1.8 mm 로 좀 지나치게 깊으며 심부는 $H$RC 38 이다. 침탄층에는 구상 탄화물이 많이 보이며 심부와 같이 결정입자가 조대화 되어 있다.

### 2. 이상조직

일반적으로 탈산효과가 있는 킬드강을 침탄노냉하면 현미경 조직이 펄라이트의 망상 탄화물의 조직이 되며, 탈산의 효과가 없는 림드강을 침탄노냉하면 망상 또는 괴상 탄화물과 이것을 둘러싼 페라이트 조직이 된다. 이러한 조직을 이상조직이라 부르고 있다. 그림 7-17 에 킬드강(상)과 림드강(하)의 실례를 나타냈다. 이상조직인 것을 급랭처리하면 페라이트의 오스테나이트화와 탄화물의 고용화가 일어나기 어렵고 급랭처

그림 7-17 킬드강(상) 및 림드강(하)의 침탄 노냉조직(3% $HNO_3$ 알코올)

리경도가 낮은 연화점을 만들며 전체적으로 경도가 불균일해진다. 그림 7-18은 침탄 후 경화처리한 것으로서 킬드강은 (a)에서 처럼 표면은 미세한 마르텐사이트, 내부는 소르바이트와 페라이트의 균일조직이 되고 있다. 그러나 림드강 (b)에서는 표면에는 검은 트루스타이트가 있으며, 내부에는 소르바이트와 페라이트가 불균일하게 분포되어 있다. 이러한 조직은 내마모성이 나쁘다. 그림 7-19는 림드강을 침탄경화하여 제작한 킹핀이며, 사용 중 마모가 심하고, 마침내 파손된 것이다. 침탄표면의 경도는 전체적으로 낮고 또한 불균일하며, 부분적으로 *H*RC 52~54, *H*RC 34~42로 경화 불균일이 심하며, 내부도 경도 *H*RC 15와 같이 낮은 값을 나타내고 있다.

### 3. 입계산화

이 문제는 RX가스(상품명, 표준조성은 $H_2$ 40%, $N_2$ 40%, CO 20%)에 의한 가스 침탄이 행해지고 나서부터 관심을 모아왔으며 미국에서는 이미 1940년경 잡지에 발표되고 있다. 일본에서는 가스침탄 보급에 수반하여 관심을 가지게 되었다.

이 현상은 RX가스에 의한 침탄시 미량의 $H_2O$ 및 $CO_2$가 함유되어 있으면 이것이 강과 반응함에 따라서 결정립계에 산화물을 만든다. 강 중의 Cr이나 Mn은 산화되기 쉬우므로 산소가 강의 표면부터 침입하면 결정립계에 가까운 다른 Cr이나 Mn은 다른 원소보다 우선하여 결정립계로 진행하여 거기서 산소와 결합하여 산화물을 만든다.

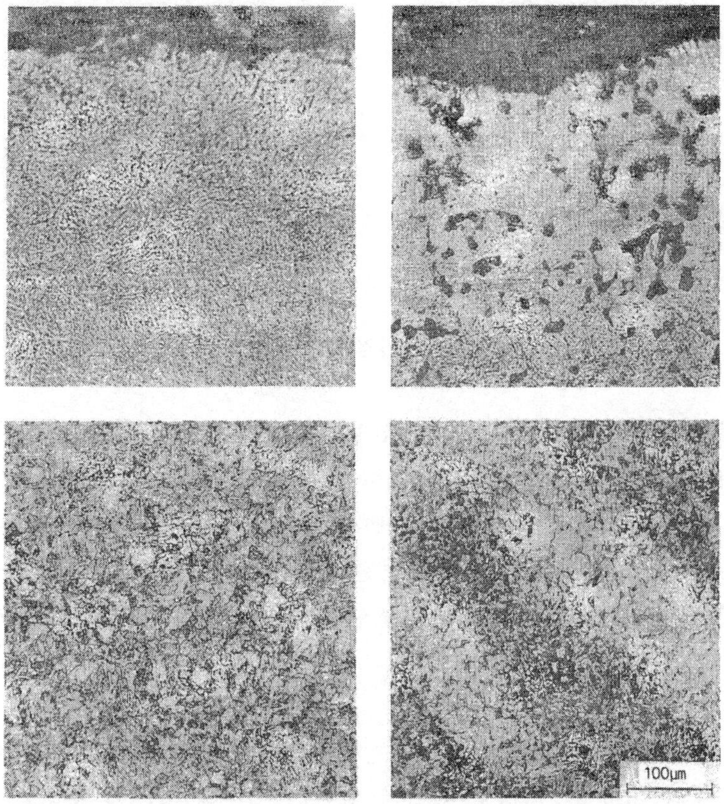


(a) 킬드鋼의 浸炭部(上)와 心部(下) (C 0.15%, Mn 0.59%, Si 0.20%)
(b) 림드鋼의 侵炭部(上)와 心部(下) (C 0.22%, Mn 0.44%, Si 흔적)

그림 7-18 킬드강과 림드강의 침탄경화조직(3% $HNO_3$ 알코올)

그림 7-19 침탄경화한 림드강의 **king pin** 이 마모 파손한 것

강 표면에서도 마찬가지로 산화물을 만든다고 생각된다. 현미경으로 보면 입계산화는 망상을 이루고 있다. 입계산화의 깊이는 침탄시간에 의존하며 보통 0.01~0.02 mm 정도이다. Cr, Mn 이 우선적으로 산화되므로 다른 Cr, Mn 이 감소하여 강의 경화능이

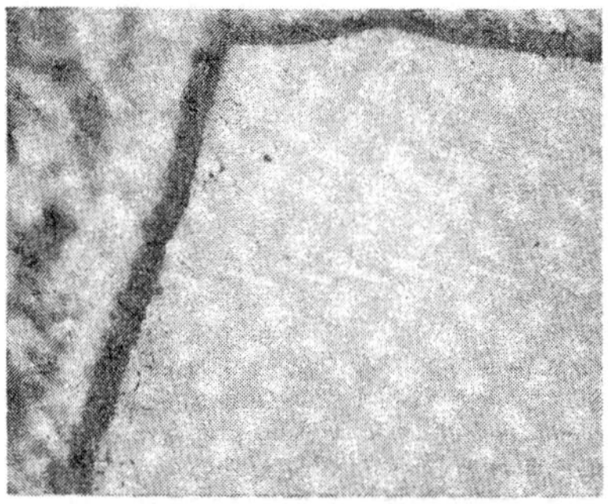

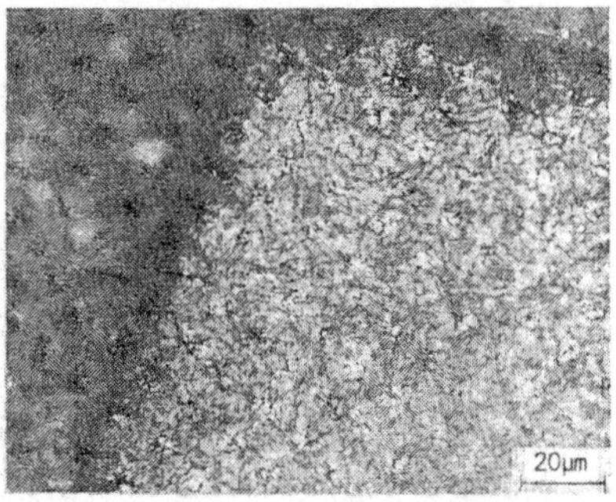


그림 7-20 SNCM 220의 침탄경화 기어의 모서리부의 입계산화

저하하여 불완전경화가 되기 쉽다. 그 개선방법으로서는 $NH_3$ 가스를 RX 가스에 첨가하여 경화능의 저하를 질소 첨가로서 보충하는 방법이 구상되고 있다.

그림 7-20은 입계산화의 실례를 나타냈다. 이것은 SNCM 220의 기어를 가스침탄경화한 것으로서 연마한 상태의 것에서 곧잘 확인되며 연마 후 부식한 것에서는 오히려 확인하기가 어렵다. 또한 입계산화의 현상은 고체침탄인 경우에도 종종 보인다.

### 4. 변 형

일반적으로 C 0.2% 정도의 저탄소강은 C %가 높은 강에 비해 퀜칭에 의한 강의 변형은 적다. 그러나 저탄소강이라도 표면에 침탄한 경우에는 C가 높아져 있으므로 변형량도 크고 형상에 따라서는 복잡해진다. 침탄 후 1차, 2차 퀜칭한 것은 1차 퀜칭을 생략한 것보다 변형이 크다. 변형을 가능한 한 적게 하기 위해서는 침탄가열 경화가 균일하도록 주의하고, 부품설계상 두께의 급변이 없도록 해야한다.

또 부품의 단조에 있어서는 단류선이 대칭이 되도록 노력해야 하며, 이것은 7-2절에서 이미 기술하였으나 침탄경화할 기어에 대해서는 특히 주의해야 할 점이다. 그림 7-21은 SCr 420에 의한 기어의 단조 조형재의 단류선을 나타낸 것이다.

침탄경화 부품의 변형 일례로서 SNCM 220으로 만든 기어의 변형측정 결과를 설명하겠다. 기어제작에 있어서는 강재로부터 기어 조형재로 열간단조하여 어닐링을 하고 나서 톱니를 가공하고 고체침탄으로 900℃×4 h 침탄하여 노냉 후 재가열하여 840℃에서 유냉하고, 180℃×2 h 템퍼링 가열 후 유냉하였다.

측정에 사용한 톱니수는 20개이다. 측정장소는 그림 7-22에 나타낸 대로이며 ① 내경(A, B 2방향), ② 외경(A, B 2방향), ③ 오버 볼 피치 다이아(OBP 다이아 A, B 2방향) 및 ④ 톱니형을 측정하였다. 측정은 절삭가공·연삭 후, 침탄 후나 퀜칭·템퍼링 후 3회 행하였다. 측정기는 micrometer와 bore gauge를 사용하였다. 절삭가

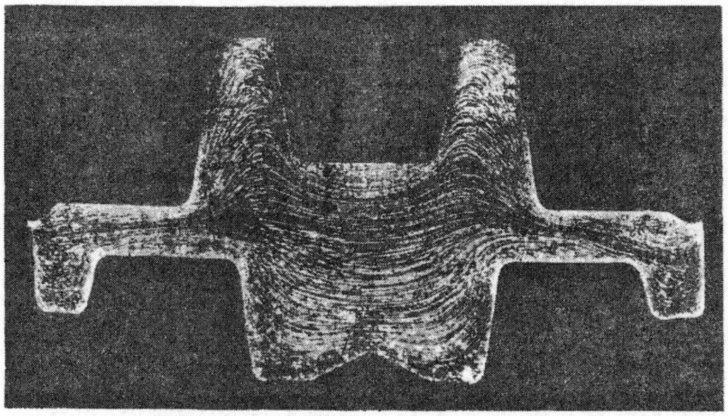

그림 7-21 **SCr 420 의 단조기어 조형재의 단류선(염화동암몬)**

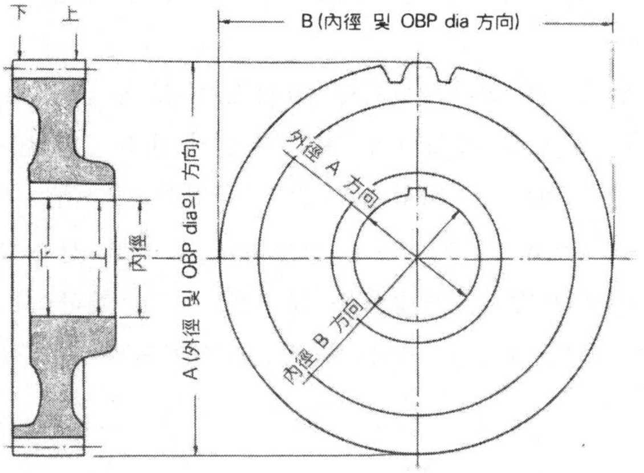


그림 7-22 기어의 변형 측정

공·연삭 후의 치수를 원형으로 하여 이것을 기준으로 치수증감을 구하였다. 또한 치형은 lnvolute tester 로 측정하였다. 측정 결과는 다음과 같다.

① 내경…침탄 후는 0.03~0.04 mm 감소하고, 또 퀜칭·템퍼링 후에는 0.05~0.06 mm 감소하고 있다. 또한 측정한 톱니 20 개 중 10 개에는 상하로 다소의 차가 있었다.

② 외경…침탄 후는 0.05 mm 퀜칭·템퍼링 후는 0.04 mm 모두 감소하였다.

③ OBP 다이아…침탄 후 0.01 mm, 퀜칭·템퍼링 후 0.06 mm 모두 증가하였다.

④ 톱니형…퀜칭·템퍼링 후 치저부분이 다소 부풀어난다.

### 5. 경도 부족과 불균일 경도

불균일 경도의 원인으로서는 불균일 침탄인 경우가 많다. 이것을 방지하는 데는 침탄작업 중에 균일하게 가열하는 일이 중요하며, 가스침탄이라면 노내 기류, 고체침탄이라면 침탄상자의 크기, 침탄제를 채우는 법 등에 주의하는 것이 중요하고 퀜칭시의 냉각에도 주의를 요한다. 경도 부족에도 대체로 같은 점에 주의해야 하지만 이외에 침탄제, 가스분위기 중의 C 농도에 주의해야 하며, 잔류 오스테나이트에도 유의할 필요가 있을 것이다.

잔류 오스테나이트의 문제점에 대해서는 최근에 곧잘 논의되고 있으나 아직 결론적으론 말할 수 없는 듯하다. 기계 제조자로서 침탄부품을 제작시 그 문제점을 운운하기 전에 침탄부품의 잔류 오스테나이트가 어느 정도의 양인 가를 아는 것도 중요하다고 생각한다.

그림 7-23은 SCr 420에 고체침탄하여 침탄깊이 $D$를 0.3, 0.6, 0.8 mm로 하고 각각을 침탄 노냉 후 880℃로 가열하여 유냉한 것에 대해 표면에서 내부까지 잔류 오스테나이트 분포를 구한 예이다. 시험편의 크기는 직경 12 mm, 길이 20 mm이며, 표면을 1회당 0.05～0.20 mm씩 제거하고 그때마다 표면의 잔류 오스테나이트를 측정(3%$HNO_3$ 알코올 부식)하였다. 측정에는 Mo-Ka 선(Zr 휠터 사용)을 이용해 디프랙토미터에 의해 자동기록된 오스테나이트와 마르텐사이트와의 회절선의 적분강도에 의

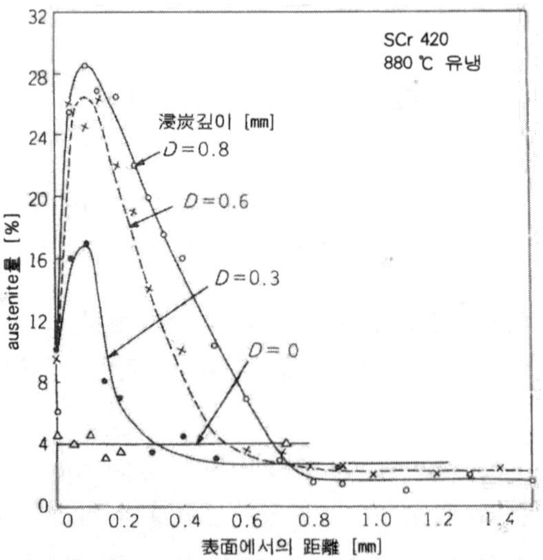


그림 7-23 침탄경화강의 잔류 오스테나이트량

표 7-4 급랭경화강의 함유 잔류 오스테나이트와 탄화물(%)

| 침탄깊이 [mm] | 함유물 | SM 20 C 수냉 | | SCr 420 유냉 | | SNCM 220 유냉 | |
|---|---|---|---|---|---|---|---|
| | | C 0.20<br>Mn 0.63 | | C 0.20<br>Mn 0.70<br>Cr 1.10 | | C 0.20, Cr 0.61<br>Mn 0.63, Mo 0.20<br>Ni 0.71 | |
| | | 고체침탄 | 가스침탄 | 고체침탄 | 가스침탄 | 고체침탄 | 가스침탄 |
| 0.3 | 잔류 austenite | 5 | 4 | 22 | 4 | 26 | 14 |
| | 탄화물 | 0 | 0 | 6 | 0 | 4 | 0 |
| 0.6 | 잔류 austenite | 8 | 6 | 26 | 6 | 34 | 26 |
| | 탄화물 | 0 | 0 | 14 | 0 | 8 | 0 |
| 0.8 | 잔류 austenite | 14 | 10 | 22 | 8 | 40 | 28 |
| | 탄화물 | 0 | 0 | 20 | 0 | 20 | 0 |

[주] 각 강 모두 880℃ 퀜칭

해서 정량화 하였다. 각 시료 모두 표면보다 조금 내부로 들어간 곳에서 최대치가 나타나고 있다.

또 각종 강에서 탄화물과 잔류 오스테나이트를 측정하였다. 측정에는 SM 20 C, SCr 420 및 SNCM 220의 직경 15 mm, 길이 70 mm의 환봉을 침탄깊이 0.3, 0.6 및 0.8 mm로 하여 고체와 가스침탄을 행해 880℃에서 SM 20 C는 수냉, 다른 강은 유냉하였다. 경화된 것의 긴변의 중앙에서 수직단면의 현미경 사진(3% $HNO_3$ 알코올, ×1000)을 찍어 Point count법으로 표면에서 0~0.05 mm 사이의 탄화물을 측정하였으며, 잔류 오스테나이트도 그림 7-23의 경우와 같은 방법으로 측정하였다. 이들 결과를 표 7-4에 나타내었다.

각강 모두 탄화물과 잔류 오스테나이트 모두 고체침탄인 경우는 가스침탄의 경우보다 큰 값을 나타내고 있다. 이것은 고체침탄의 경우에는 C농도가 1.3% 정도라고 생각되며, 가스침탄인 경우는 0.9% 정도로 조정하고 있기 때문이라 생각한다. 탄화물은 각 강 모두 가스침탄인 경우에 거의 확인되지 않는 것도 이 때문일 것이다.

### 6. 퀜칭균열

침탄부품의 퀜칭균열은 조질부품의 경우와 대체로 같다고 생각해도 좋다. 침탄부품은 표면의 C농도가 높으므로 냉각시 주의를 요한다. 또 사용 강의 경화능이 너무 좋

그림 7-24 **SCM 420 침탄경화된 Main shaft 의 퀜칭균열**(길이 230 mm)

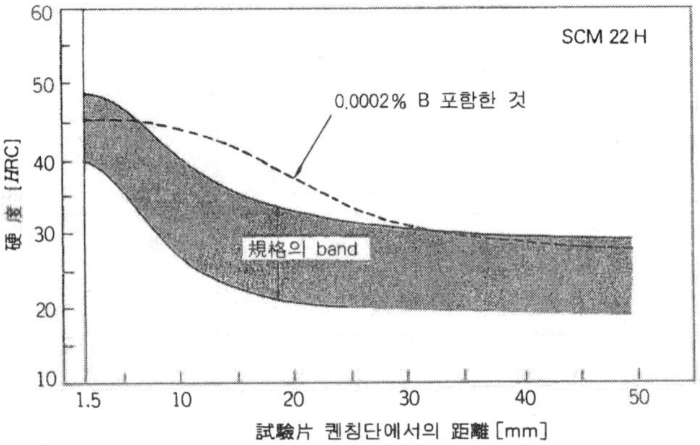


그림 7-25 **SCM 415 H 의 경화도**

아서 퀜칭균열이 일어나는 경우가 있다. 그림 7-24 는 SCM 420 에 침탄경화한 shaft 의 퀜칭균열을 나타내는 것이다. 이 강에는 종종 B 가 0.0002% 함유되어 있어 그림 7-25 에 나타나듯이 규격인 H band 에 비해 경화능이 너무 좋은 까닭에 갈라진 것이라 생각된다.

## 7. 연삭균열

Cam shaft 의 연삭균열 실례를 그림 7-26 에 나타내었다. 사진에 나타났듯이 거북등 모양의 균열이며, 7-3 절 5 에서 기술한 제 2 종 연삭균열이라 생각된다. 이 shaft 는 SM 20 C 를 열간단조로 노말라이징한 후 기계가공을 하고 침탄, 급랭경화·템퍼링을 한 뒤 연삭한 것이다. 균열은 사진에서처럼 망상 시멘타이트를 따라 발생되었다. 연삭균열 방지를 위해 2 개의 다른 대책을 세워 각각의 실험을 해 보았다.

**<제 1 의 대책>** 망상 시멘타이트 발생을 방지할 생각으로 다음과 같은 열처리를 하였다. 침탄 : 900℃ × 4 h, 상자 속에서 냉각, 정립 : 900℃ × 0.5 h, 유냉, 퀜칭 :

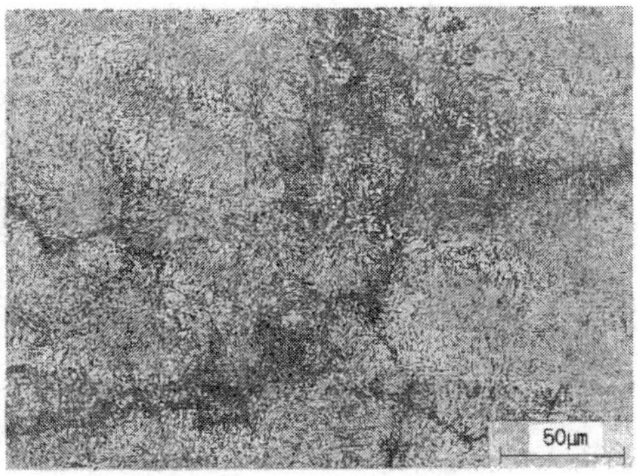


그림 7-26 **SM 20 C** 침탄경화한 **Cam shaft** 의 연삭균열과 현미경 조직(2% $HNO_3$ 알코올)

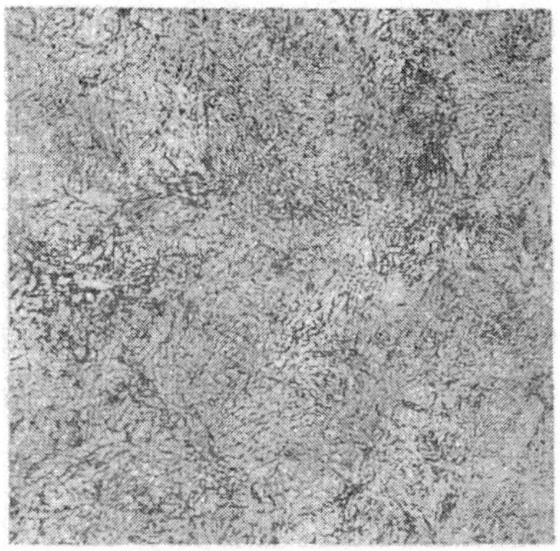

(a) 제 1 의 대책 - 조직 양호, 변형 크다 (b) 제 2 의 대책 - 조직 약간 불균일, 변형 작다

그림 7-27 연삭균열 방지대책의 현미경 조직(2% $HNO_3$ 알코올)

780℃ × 0.5 h, 수냉, 템퍼링 : 220℃ ×2 h, 공랭. 이때의 현미경 조직을 그림 7-27 (a)에 나타냈다.

<제 2 의 대책> 망상 시멘타이트 분산을 목적으로 다음과 같은 열처리를 하였다. 침탄 : 900℃ ×4 h, 상자 속 냉각, 어닐링 : 800℃ × 1.5 h, 상자 속 냉각, 퀜칭 : 780℃ × 0.5 h, 수냉, 템퍼링 : 220℃ × 2 h 공랭. 이때의 현미경 조직은 그림 7-27 (b)와 같다.

이 2 개의 대책에 의해 제작된 cam shaft 에는 연삭균열이 발생하지 않았다. 현미경 조직에서 시멘타이트 석출은 모두 보이지 않는다. 그러나 조직 (a)쪽이 조직 (b)보다 세밀하고 균일하며 양호하다. 그러나 cam shaft 의 변형(휨)은 제 1 대책의 경우에는 0.8~1.1 mm 이며, 제 2 대책에서는 0.3~0.5 mm 이었다.

그림 7 - 28 침탄부품의 표면이 부식된 곳

제 1 대책과 같이 정립 및 급랭하는 공정이 많아지면 현미경 조직은 좋아지지만 변형에 대해서는 악영향이 나타난다. 그러므로 현장에서 제 2 대책에 의해 제작했으며 이렇게 하여 제작된 shaft 에서는 사용상의 문제가 일어나지 않았다. 현재는 C 농도 조절효과가 있는 가스침탄이 보급되어 있으므로 이러한 문제는 거의 일어나지 않는다.

## 8. 부 식

침탄제에 침탄촉진제로서 가하는 탄산염 중 융점이 낮은 것이 있으면 침탄시에 융착물이 부품 표면에 부착하여 침탄을 저해한다. 또 그림 7 - 28 에 나타나듯이 침탄 부품의 표면이 부식되는 일이 있다. 이것은 침탄열처리 후 샌드블러스터 등의 공정 뒤에 발견되는 경우가 많다. 원인은 확정적으로 말할 수 없으나 이것을 방지하기 위해서는 부품절삭 후의 표면 녹, 절삭유의 잔류, 침탄촉진제로서의 탄산염량과 혼합상태, 목탄 속의 S, 침탄제 중의 수분 등에 충분히 주의해야 할 것이다.

## 9. 침탄 후 2 회 급랭경화와 1 회 급랭경화의 경우의 가열온도

표면경화강에 침탄하여 부품을 만들 경우 표면은 C 농도가 높고, 심부의 비침탄부는 C 농도가 낮다. 따라서 C 이외의 함유원소는 같더라도 C 량이 다르므로 일반적으로 2 종강의 복합재료라 생각된다. 따라서 침탄열처리 1 차, 2 차 급랭경화를 하든지 혹은 1 차 급랭경화를 생략하든지 하여 2 종의 강을 같은 온도로 동시에 열처리하게 된다. 따라서 이 경우 침탄부와 심부 양쪽에 대한 적합한 온도를 선택할 필요가 있다. 이러기 위해서는 침탄층에 대해서 바람직한 현미경 조직을 얻을 수 있는 가열온도를 구할 필요가 있다.

침탄층의 열처리로서 직경 15 mm, 길이 50 mm 의 SCM 420 을 900 ℃ × 4 h 으로 침탄 노냉하여 다음과 같이 처리하였다.

① 1차, 2차 퀜칭처리한 것…1차 급랭경화 : 880℃×2h 유냉, 2차 급랭경화 : 780℃~860℃ 사이를 20℃당 각 온도로 2h 유지 유냉, 템퍼링 : 180℃×2h, 공랭

② 1차 퀜칭처리 생략한 것…급랭경화 : 800~880℃까지 20℃당 각 온도에서 2h 유지 유냉, 템퍼링 : 180℃×2h 공랭

침탄층의 현미경 조직에 대해 서술하겠다. 1차, 2차 경화처리했을 때 2차의 가열온도 760~780℃인 것은 입상 탄화물립이 조금 조대화되어 있으며, 820~880℃인 것은 미세입상 탄화물이며 경도는 $H$RC 64를 나타내고 있다. 따라서 침탄층에 대해서

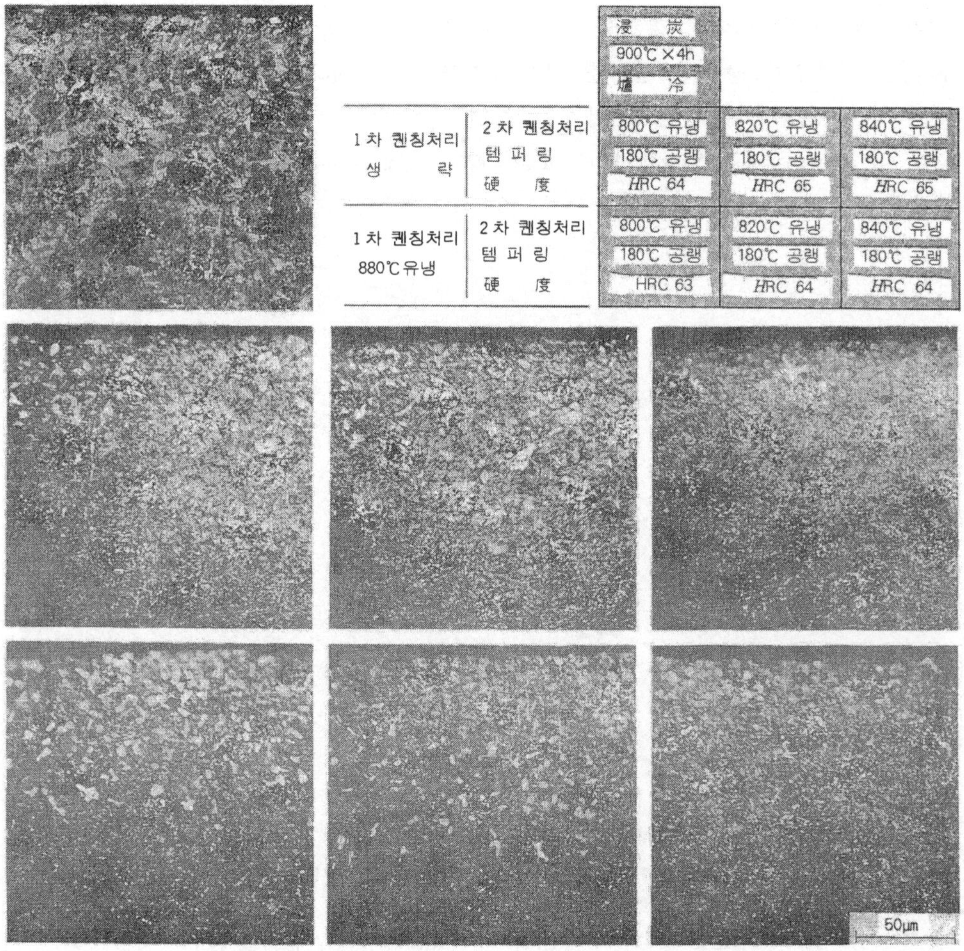


그림 7-29 침탄경화처리 및 템퍼링한 **SCM 420**의 침탄층 조직(3% $HNO_3$ 알코올)

880℃의 1차 경화한 경우에는 2차 가열온도로는 820~880℃가 적당하다.

1차 경화를 생략한 경우에는 가열온도 780℃에서 망상 탄화물, 800~840℃에서는 입상 탄화물, 860℃에서는 미량의 입상 탄화물이 보이며, 경도는 $H$RC 65를 나타내고 있다. 따라서 1차 경화를 생략한 경우에는 가열온도 840~860℃가 적당하다. 그림 7-29는 침탄한 그대로인 것과 퀜칭·템퍼링한 것의 현미경 조직에 의한 예이다.

비침탄부 즉 심부의 기계적 성질을 파악할 목적으로 인장시험편 및 충격시험편에 침탄과 같은 열이력을 부여하기 위해 시험편을 900℃×4h 가열 노냉 후에 침탄층의 열처리 ①과 ②에 해당하는 열처리를 하여 기계적 성질을 구하였다. 그림 7-30에 그 결과를 나타냈다. 1차, 2차 경화한 것은 2차 가열온도 820~840℃에서 기계적 성질이 전체적으로 보아 양호한 결과를 나타내고 있다. 또 1차 경화처리를 생략한 것은 840~860℃의 경우가 양호한 결과를 나타내고 있다. 그림 7-31은 각 온도에서 경화처리한 충격시험편의 현미경 조직 예를 나타낸 것이다.

침탄층 및 비침탄부의 열처리 결과 침탄 후의 가열온도는 1차, 2차 경화할 경우에

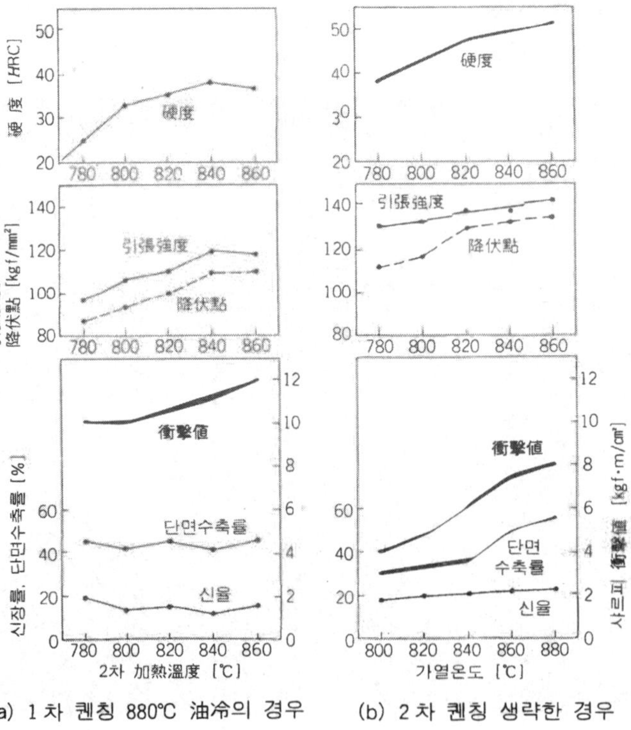


그림 7-30 SCM 420의 2회 퀜칭처리와 1회 급랭경화의 기계적 성질의 차이

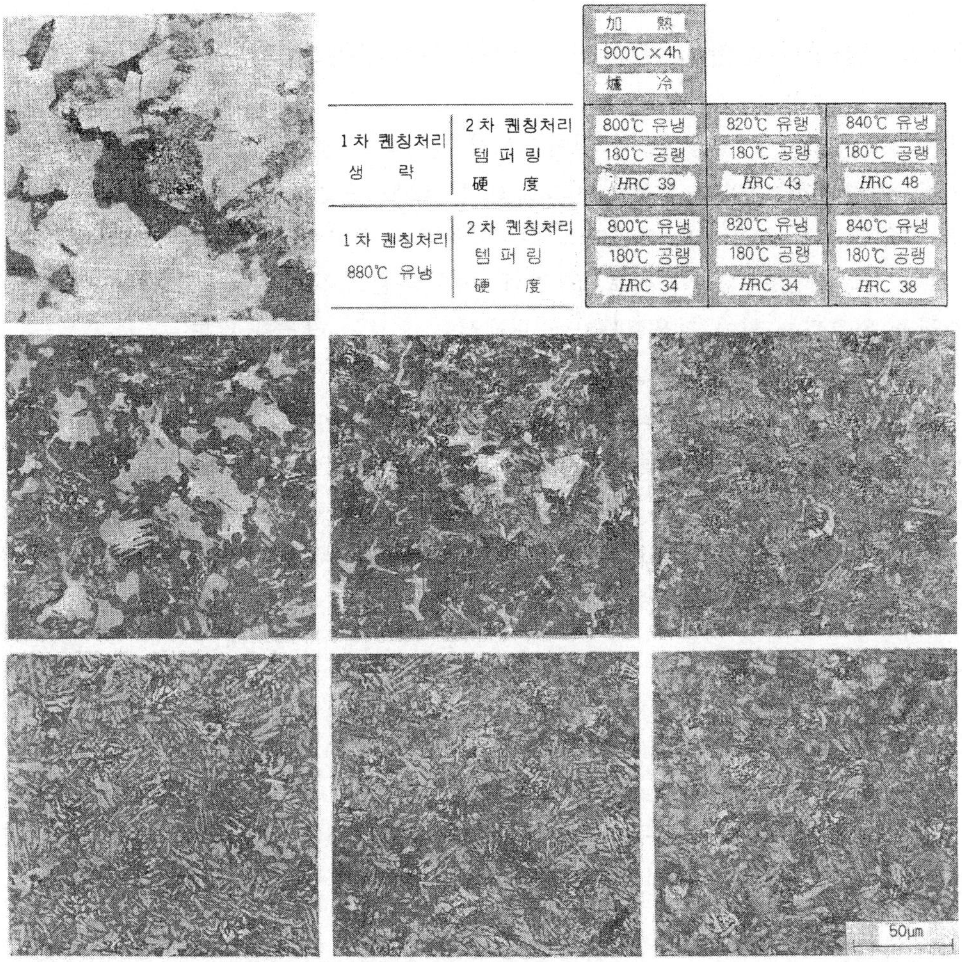


그림 7-31 급랭경화 및 템퍼링한 **SCM 420**의 비침탄부의 조직(3% $HNO_3$ 알코올)

1차 가열온도를 880℃로 하면 2차 가열온도는 820~840℃가 적당하며, 1차 가열을 생략할 때는 840~860℃가 적당하다는 결론을 얻었다.

이 결과는 작은 시험편에 의한 것이다. 실제 부품에 있어서는 형상이 복잡해지고 치수도 다르므로 이 시험 결과가 그대로 적용될 수 있다고는 할 수 없다. 그러나 침탄열처리 작업 중의 결함, 혹은 침탄부품 파손 등의 원인 조사를 위해서 혹은 강도를 논할 때에는 반드시 알아 두어야 할 문제라 생각된다.

## 7-5 열처리 결함이 원인이라 생각되는 부품의 파손 예

일반적으로 사용시에 부품파손의 원인으로서 생각되는 것은 설계상 문제, 사용한 강종, 가공 및 열처리 그리고 부품의 사용조건 등 많은 문제가 있으며, 매우 복잡하다. 실제로 파손된 부품을 보아도 외관적으로는 아무런 결함이 없는 것이 파손되는 경우가 많이 있다. 그 중에는 파손이 피로, 충격에 의한 파손으로 아는 경우도 있으나 왜 피로, 충격을 일으키는 힘이 작용했는가에 대해서는 모르는 경우가 많다.

자동차 부품을 예로 들면 똑같은 파손이 장소, 시기에 상관없이 어디서라도 발생되면 파손의 원인은 설계가 잘못되었다고 할 수 있을 것이다. 또 산간의 험한 길에서 자갈이나 목재운반 중에만 곧잘 파손된다면 이것은 사용조건이 너무 가혹했다고 일단 생각해도 좋을 것이다. 여하간 제조자로서는 그 대책을 세우는 것이 당연한 일이지만 참된 원인을 발견한다는 것은 쉬운 일이 아니다. 다음은 파손의 주된 원인이 열처리 결함에 의한 것으로 생각되는 실예이다.

### 1. 급랭경화 및 템퍼링 부품

#### (1) 경도부족에 의한 비틀림 피로파손

그림 7-32는 강을 열간단조, 어닐링한 후 급랭경화 및 템퍼링하여 제작된 shaft가 직경 40 mm의 스프라인(spline)부에서 비틀림 피로파손한 것의 실례이다. 왼쪽 사진은 SCr 440을 사용하여 표면경도는 $H$RC 23~26이었다. 그래서 파손의 대책으로서

그림 7-32 전형적인 비틀림 피로파손을 한 스프라인축(왼쪽은 SCr 440, 오른쪽은 SCM 440)

SCM 440을 사용하여 표면경도를 $H$RC 32~35로 하였으나 오른쪽 사진에 나타나듯이 역시 비틀림 피로파손을 일으켰다. 어느 경우에도 균열은 외주부에서 축심을 향해 늘어나고 있으며 이는 스프라인 shaft의 특징적인 비틀림 피로파손이다. 이 파손의 대책으로 우선 치수, 형상을 바꾸지 않고 표면경도만을 변화시킨 shaft를 만들어 주행시험을 한 결과 경도 $H$RC 40 이상인 것은 파손되지 않았고 이하인 것은 파손되었다. Ni 함유 강인 SNCM 439라도 경도가 $H$RC 40 이하인 것은 파손되고 또 SCr 440도 $H$RC 40의 것은 파손되지 않았다. 이 결과에 의하면 강종보다도 경도가 더 큰 영향을 주는 것을 알 수 있다. 단지 여기서 문제가 되는 것은 경도 $H$RC 40이 되면 기계공장에서의 스프라인 절삭에 어려움이 생기는 점이다(이는 일단 감수해야 함).

결국 SCr 440 H로서는 직경 40 mm 환봉의 shaft를 만든다는 것은 경화능이 부족하므로 이보다 경화능이 좋은 SCM 440 H로 바꿔보자. 이 경우에는 표면 및 중심의 퀜칭경도가 각각 $H$RC 46~57, 39~55이며, 표면은 대부분 $H$RC 48 이상이 되므로 SCM 440 H를 사용하기로 하였다.

이 shaft와 같이 외부에 눈으로 볼 수 있는 균열이나 그외의 결함도 없고 급랭경화처리 및 템퍼링시의 경도를 $H$RC 40 이하인 값으로 규정했다면 이것은 열처리 결합으로 혹은 열처리 기술자가 고려해야 할 문제라기 보다는 오히려 설계기술자가 강도와의 관계로서 고려해야 할 문제가 될 것이다. 그러나 $H$RC 40 이하인 것은 파손된다는 것이 확신되고 $H$RC 40이 규정치로서 규정되었다면 열처리를 하여 이 규정치 이하가 된다는 것은 열처리 결함이라고 해야 할 것이다.

### (2) 탈탄을 기점으로 한 굽힘 피로파손

그림 7-33은 장기간에 걸쳐 사용 중 파손된 부품이다. 사용 강은 SM 55 C로서 열

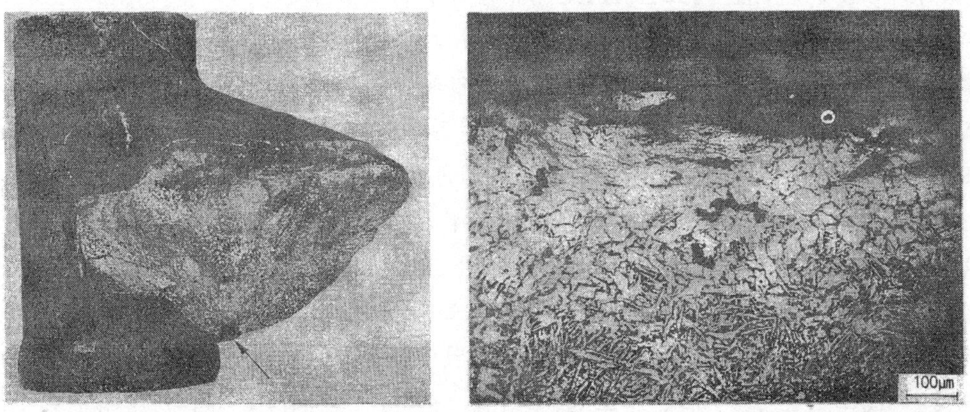


그림 7-33 굽힘 피로파손된 SM 55 C 부품과 파손기점 부근의 탈탄조직(2% $HNO_3$ 알코올)

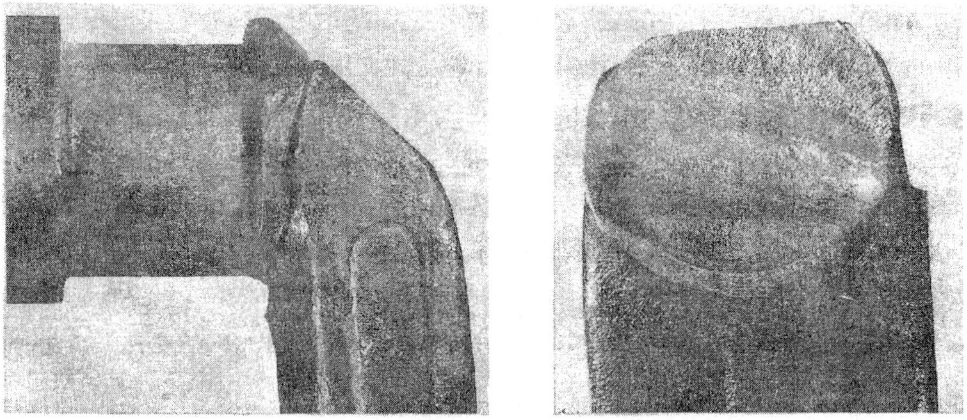

그림 7-34 SCr 440 Crank shaft 의 굽힘 피로파손과 파면

간단조하여 노말라이징 후 급랭경화와 템퍼링한 것으로서, 경도는 $H$RC 20 전후이다. 파손은 파면 최하부의 화살표를 가정으로 하여 생긴 굽힘에 의한 피로파손이다. 파손 가까운 곳의 현미경 사진에서 보듯이 탈탄이 심하다.

### 2. 고주파 급랭경화 부품

원래 초기의 소형차 엔진의 crank shaft 에는 Cr 강인 SCr 440 을 열간단조하여 어닐링한 후 급랭경화 후 템퍼링하여, 표면경도를 규정치인 $H$RC 40 으로 하여 사용하고 있었다. 장기간 사용한 것은 때로는 파손되는 일이 있었다. 파손의 모양은 그림 7-34 에 나타나듯이 각진 부위를 기점으로 하여 굽힘요소가 강한 피로파손면을 나타내고 있다. 기점에 가까운 경도는 $H$RC 35 전후이며 규정치보다 낮다.

파손에 대한 대책으로서 우선 shaft 의 형상 치수 및 강종을 바꾸는 일 없이 고주파 경화를 하며, 전열처리로서 ① 열간단조, 노말라이징 후 급랭경화와 템퍼링하고 표면경도를 $H$RC 38 로 하였다. ② 다른 방법으로는 열간단조, 노말라이징한 상태로 표면경도는 $H$RC(18)이었다. 이 2 가지 고주파 경화처리한 shaft 를 엔진에 설치하여 우선 10 시간의 벤치 테스트를 하고 나서 실제 차에 설치해 주행시험을 하였다. ①의 경우에는 아무런 파손이 일어나지 않았으나, ②의 경우에는 그림 7-35 에 나타나듯이 고주파 경화단에서 파손되고, 파면은 굽힘의 요소가 강한 피로파손면을 나타내었다.

일반적으로 Cr 이나 Mo 를 함유한 합금강의 경우에는 ①의 경우가 ②의 경우보다 경화층의 경도, 깊이에 대해 양호한 결과를 나타내지만 shaft 제작의 공정수로 보면 공정수가 한개 증가하게 되어 바람직하지 않다. ②의 경우에서도 형상 치수를 바꾼다

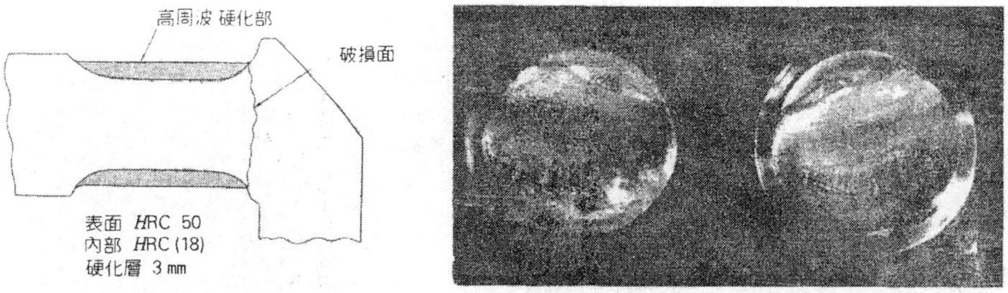


그림 7-35 SCr 440 Crank shaft 의 파손과 파단면

면 파손은 일어나지 않을 것이나 실제문제로서 간단하게 실행할 수는 없다. 단지 생각할 수 있는 것은 가열용 코일을 연구하여 shaft 의 모서리부분에도 잘 경화되게 한다면 혹시 파손은 일어나지 않을지도 모른다. ②의 경우는 언제나 파손되는 것은 아니며 형상 치수는 다르지만 대형 엔진의 crank shaft 로 SM 45 C 를 사용하여 ②의 경우인 노말라이징만으로서 고주파 경화처리를 하여도 파손이 일어나지 않는 예는 얼마든지 있다.

결국 소형차용 엔진에 대해서는 강종을 바꿔 경화능이 좋은 SCM 440 을 사용하여 열간단조, 노말라이징 후에 일반적인 경화처리 후, 템퍼링으로 표면경도를 *H*RC 42 로 하여 사용하기로 하였다. 그후 이 형상의 shaft 파손은 일어나지 않게 되었다.

### 3. 침탄경화 부품

#### (1) 경화처리 불량에 의한 파손

그림 7-36 은 SCr 420 에 의한 king pin 이며, 열간단조, 어닐링한 것을 절삭가공하여 침탄, 급랭경화 템퍼링한 것이 사용 중에 파손된 것이다. 이미 기술하였듯이 파손원인은 복잡해서 일률적으로 단정할 수 없다. 그러나 침탄부의 현미경 조직에는 망상 탄화물이 많이 보이며 경도는 *H*RC 56 이고, 침탄경화층의 경도로서는 낮다. 비침탄부의 현미경 조직에는 무늬상의 페라이트가 보인다. 이것은 열처리 결함 뿐 아니라 강재 그 자체의 결함이라고도 생각된다. 또 퀜칭 후 경도는 *H*RC 15 로 너무 낮다.

이런 점에서 이 부품은 침탄 후의 가열온도가 낮고 따라서 퀜칭경도가 낮아져서 전체가 약하고 또 강도도 낮아진 것이라 생각된다.

#### (2) 과잉침탄에 의한 파손

그림 7-37 은 데프피니온메트로서 SCr 420 을 열간단조, 어닐링, 톱니 절삭 후, 침탄, 경화템퍼링한 것이 사용 중에 파손된 것이다. 사용한 강의 C%는 규정치보다 조금 높은 0.25%이다. 표면의 침탄층에는 탄화물입자가 많이 보이며 경도는

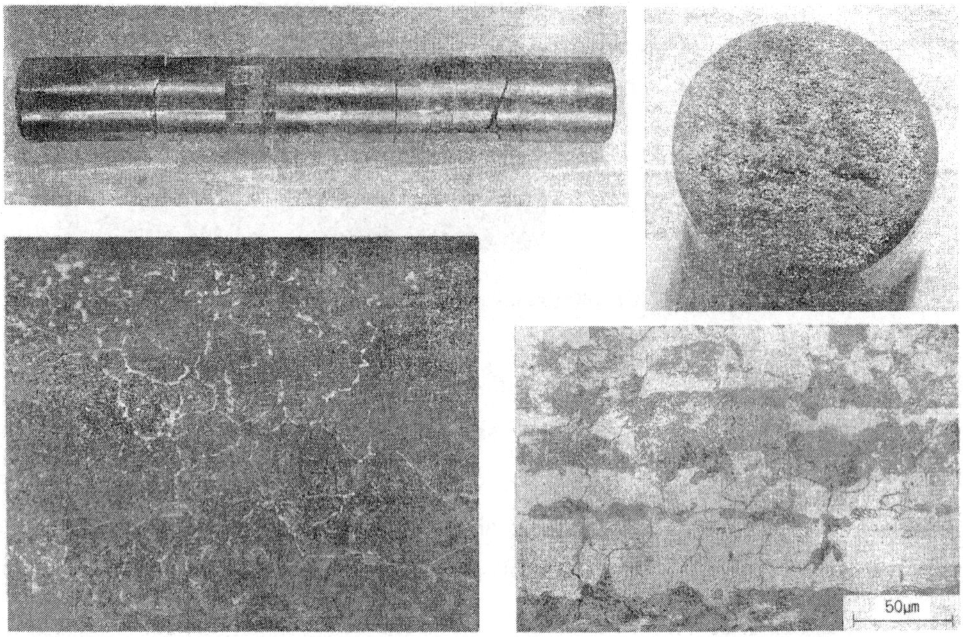


그림 7-36 **SCr 420 king pin** 의 파손과 침탄부와 심부의 현미경 사진 (2% $HNO_3$ 알코올)

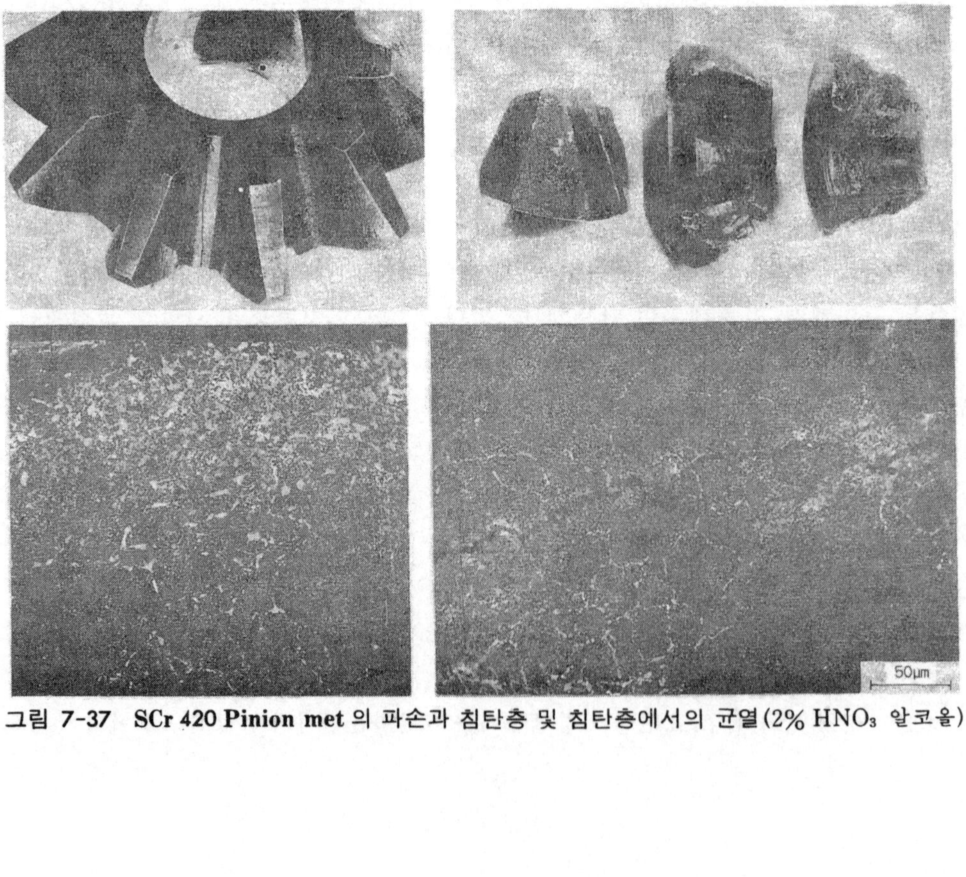


그림 7-37 **SCr 420 Pinion met** 의 파손과 침탄층 및 침탄층에서의 균열 (2% $HNO_3$ 알코올)

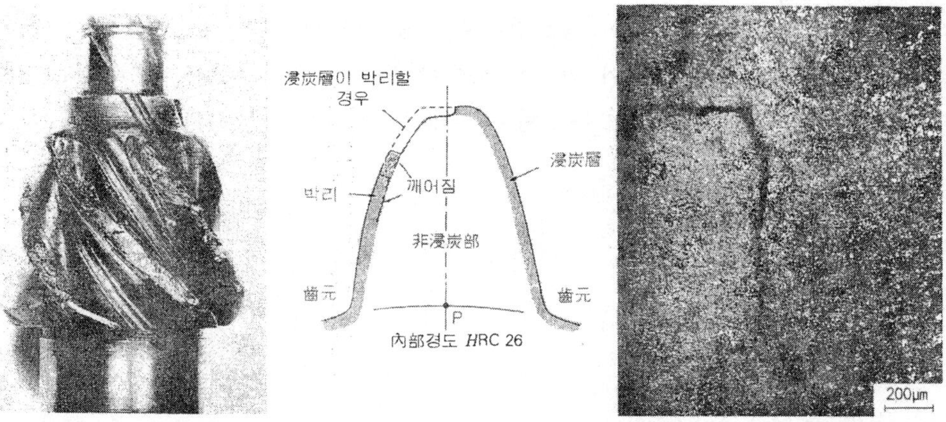


그림 7-38 **SNCM 220 Drive pinion** 의 톱니면 파손과 박리하기 시작하는 침탄층 (2% $HNO_3$ 알코올)

*H*RC 60~62 이며, 침탄층의 두께는 1.4 mm 로서 조금 두껍다. 침탄층의 균열은 대체로 입계를 따라 발생하고 있으며 치저 내부의 심부경도는 *H*RC 37 로서 높다. 파손원인은 과잉침탄에다 가열온도가 낮은 까닭에 전체가 취약하고, 강도도 약하기 때문이라 생각된다.

(3) 적정경도를 벗어난 경우의 파손

그림 7-38 은 SNCM 625 에 의해 drive pinion 을 열간단조, 어닐링한 뒤, 톱니 절삭하여 침탄경화, 템퍼링한 것이 사용 중 파손된 것이다. 침탄층 표면은 경도 *H*RC 61 이며, 두께는 1.2 mm 이고 치저원부의 내부 경도는 *H*RC 35 이다. 이 경도는 drive pinion의 내부 경도로서는 너무 낮다.

현미경 사진에 침탄층과 비침탄부와의 경계균열의 모양을 나타냈다. 균열은 경계에 발생하고 경계 침탄층 표면에 평행하게 진행하여 마침내 표면에 직각으로 나와서 박리하게 된다고 생각된다. 이와 같은 파손은 우리들의 경험으로 보면 비침탄부의 경도가 낮을 때 발생하기 쉽다. 침탄 표면의 경도는 보통 *H*RC 60 이상이 된다. 내부 경도로서 편의상 그림과 같이 치저부의 원주와 톱니의 중심선과의 교점 P 를 잡고 이 점의 경도를 본다. 지금까지의 경험에서 보면 승용차인 경우 *H*RC 30~35 라면 파손은 일어나지 않는다. 이보다 낮아도 높아도 파손된다. 가장 낮은 것과 높은 것의 파면 양상은 다르다. 트럭의 pinion 인 경우에는 훨씬 높은 것이 좋을 듯하다. 여기서 나타낸 파손의 예는 SNCM 220 강의 경우인데 내부 경도가 *H*RC 30~35 범위라면 SCr 420 이나 SCM 420 이라도 파손은 거의 일어나지 않는다.

또 기어의 종류에 따라서는 이 경도범위보다 높거나 낮아도 파손되지 않는 것이 어느정도 있으므로 모든 기어가 이 범위가 되어야 하는 것은 아니다. 또 사용조건이 가혹하지 않고 환경도 좋아지면 이 경도범위 그대로 할 필요가 없을지도 모른다.

# 제 8 장
# 공구강의 열처리

## 8-1 공구강의 열처리는 수준이 높다

공구강의 열처리는 타 강종의 열처리와는 큰 차이가 있다. 그것은 열처리 방식에 따라 공구수명이 크게 영향받는다는 것과 일반적으로 열처리 수단의 수준이 높으며 더구나 모양이 복잡한 제품, 길이가 긴 것, 대형품 등도 포함되며, 열처리 사고(퀜칭균열, 변형, 경도 불균일) 방지에 충분한 배려를 요하는 점 등에서 구조용 합금강 등을 이용한 기계부품의 열처리와 비교하면 공구강은 고도의 열처리 기술이 요구되는 것이다.

공구강의 열처리에는 어닐링, 노말라이징, 퀜칭, 템퍼링의 4종류가 있다. 통상 어닐링과 노말라이징은 공구강 제조자, 퀜칭과 템퍼링은 사용자에서 주로 시행되는 셈이지만, 공구수명이나 열처리 사고의 발생에 큰 영향을 미치는 것은 퀜칭작업과 템퍼링작업이다.

공구수명에 관해서 예를 들면 그림 8-1, 그림 8-2에 금형파손 및 마모에 대해 나타냈듯이 다수 요인이 관계되며 특히 적용 공구강 종류와 열처리 이력이 큰 비중을 차지한다. 더욱이 열처리가 불충분하다면 공구수명의 본질조차도 충족되지 않으므로 이후의 대책(수명개선)에는 효과적인 방법이 없다.

공구의 손모현상으로서는 마모(응착, 갉아먹음), 균열, 파손, 박리(flaking), 영구변형(휨, 좌굴, 팽창), 석손(折損), 눌린자국 등이 있으며, 이들의 폐기원인에는 열처리의 양부가 뒤엉켜 있는 경우가 많이 있다. 따라서 실제 퀜칭, 템퍼링을 하는 데 있어서 필요한 열처리 품위(공구수명 수준, 필요 특성)를 충분히 가미하여 구체적인 공

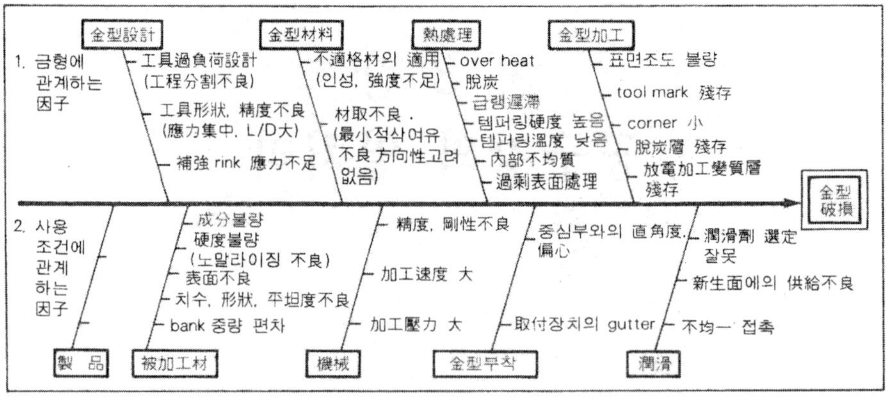


그림 8-1 금형의 파손수명에 영향을 미치는 각종 요인

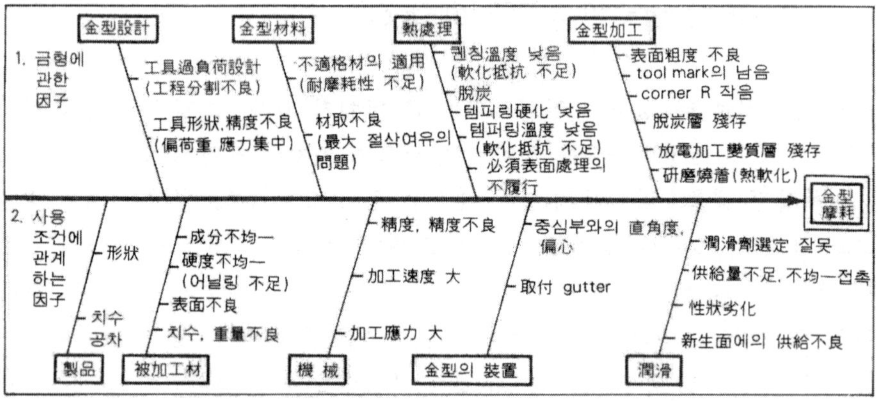


그림 8-2 금형의 마모수명에 영향을 미치는 각종 요인

정을 검토해야 한다.

열처리 사고가 발생하여 공구로서 전혀 사용에 견딜 수 없었다든지, 만일 사용하더라도 변질층의 잔존에 의해 공구의 조기 수명사고에 직결되는 경우가 있으므로 사전에 열처리 사고의 종류를 상정하여 그 발생을 방지하고, 최소한으로 억제하는 열처리 방안을 채택해야 한다.

**1. 열간가공 후의 조대 망상 탄화물은 노말라이징으로 개선한다.**

STC, STS, STD 등은 열간가공 후의 상태에서 망상 탄화물이나 조대화한 결정입자가 있으면 어닐링에서도 완전히 소실되지 않고 잔류하는 일이 있다. 이 경우 어닐링에 앞서 노말라이징을 하여 결정입자를 미세화하고 망목상 탄화물을 고용분산시킨다.

즉 $A_{cm}$ 이상으로 급속히 가열·유지하고 그후 적당한 퀜칭을 함에 따라 조대 입의 분단과 탄화물의 고용확산을 꾀한다. 가열온도로서 STC, STS에서는 850~900(950)℃, 열간 다이스강 STD에서는 1000~1050℃ 정도가 이용되며, 25 mm당 1 h 전후의 유지시간을 채택한 뒤 강종이나 두께에 따라 공랭, 산수냉각(미스트), 유냉 등의 냉각이 행해진다. 경화능이 양호한 STD 61의 공랭강에서는 퀜칭균열을 방지하기 위해 400~300℃의 냉각시점에서 즉각 다음의 어닐링 조작으로 이행하는 것이 필요하다.

### 2. 구상화 어닐링 후 퀜칭한다

어닐링은 ① 절삭성의 향상을 위한 연화, ② 퀜칭의 전처리로서 결정입자나 탄화물의 조정, ③ 기계가공, 용접 등에 의한 잔류응력의 제거가 목적이다. 일반적으로 소재 제조자측에서 어닐링을 하고 나서 출하하므로 사용자측에서 더 어닐링을 할 필요는 없으나 재단조나 재퀜칭시, 혹은 열처리 변형을 꺼리는 경우는 필요에 따라 적당한 어닐링이 행해진다. 어닐링에는 몇가지 종류가 있는데 여기서는 구상화 어닐링과 응력제거 어닐링에 대해 서술하겠다.

공구강은 퀜칭 전의 미세조직으로서 구상화 상태를 나타내고 있는 것이 필요하다. 구상화가 불완전하여 층상(lamella)조직이나 망목상(net상) 탄화물이 잔류하면 퀜칭시의 변형이나 균열의 원인이 되든지, 인성이 부족하여 사용 중 조기 결손에 관계되는 경우가 있다. 또, 상기 불완전 어닐링 조직 이외에도 베이나이트나 마르텐사이트 조직이 남아있으면 딱딱하고 피삭성도 나쁘므로 완전한 구상화 어닐링은 공구강의 퀜칭 전처리전에 뺄 수 없는 열처리이다. 구상화 어닐링에는 다음의 4가지 방법이 있다.

① $Ac_1$ 직하의 온도로 장시간 가열유지 후 냉각한다. 냉간가공재나 퀜칭상태의 재료에 적용되지만 조대한 망상 탄화물이 처음부터 존재하면 어닐링 후에도 남으므로 이 경우는 어닐링을 하여 망상 탄화물을 충분히 고용시킬 필요가 있다.

② $Ac_1$ 직상이나 $Ar_1$ 직하로 가열냉각을 수회 되풀이하는 방법이다. 이 방법은 탄화물을 신속히 구상화하는데 이용된다.

③ $Ac_1$ 이상 $A_{cm}$ 이하온도로 1~2 h 가열한 뒤 $Ar_1$ 이하까지 매우 천천히 노냉한다. 즉 보통 어닐링으로서 이 방법이 가장 많이 사용된다.

④ $Ac_1$ 이상 $A_{cm}$ 이하온도로 가열한 뒤 $Ar_1$ 이하에서 S곡선의 코(鼻)에 해당하는 온도로 퀜칭하여 그 온도로 유지하여 변태가 종료한 후 냉각한다. 이것을 등온

어닐링이라고 부르며, 보통 어닐링법에 비해 어닐링 시간의 단축이 기대된다.

보통 어닐링의 원리는 $Ac_1$ 이상의 적정온도로 가열유지함으로써 탄화물 구상화를 위한 적당한 핵을 형성하게 하고 유지 후의 냉각에 의해 일단 고용한 탄화물을 탄화물의 핵으로서 재석출·응집시키는 점에 있으며, 소정의 구상화 미세조직을 얻는 데는 해당 강종에 맞는 어닐링 온도와 유지시간, 냉각속도, 냉각 마무리 온도의 선정과 실천이 요점이 된다.

실제의 어닐링 조건으로서 어닐링 온도는 탄소공구강인 STC가 740~780℃, 냉간가공용 합금공구강 STS는 750~800℃, STD는 830~880℃ 열간가공용 합금공구강인 STD는 820~870℃, 고속도 공구강 SKH는 800~900℃의 가열온도가 이용되며, 유지시간은 25 mm 당 1~2 h, 10~30℃/h의 냉각속도로서 600℃ 이하까지 서냉되는데 개개의 사용 강종에 따라 적정하고 엄밀한 조건에서 어닐링이 행해지는 것은 말할 나위도 없다.

### 3. 응력제거 어닐링은 퀜칭균열, 변형의 방지

이것은 단조, 기계가공, 용접 등에서 생긴 잔류응력을 제거하기 위한 변형제거 어닐링이다. $Ac_1$ 이하온도로 가열유지 후 서냉한다. 보통 잔류응력은 500℃ 전후의 가열에 의해 소실되기 시작하므로 적당한 온도는 500~700℃이다. 또한 퀜칭 전의 기계가공에 의한 잔류응력 제거는 정밀한 공구의 열처리 변형 방지라는 점에서 효과적이다.

부품을 단조한 후는 반드시 어닐링을 실시하여 퀜칭하지 않으면 안 된다. 또한 한번 퀜칭하고 나서 다시 퀜칭을 반복할 경우 반드시 어닐링을 한다. 그러지 않으면 퀜칭균열 취약화(마크로조직의 조대화)의 원인이 된다.

또 W나 Mo를 다량으로 포함한 공구강을 필요이상 높은 어닐링 온도로 가열하면 오스테나이트로 용해되기 어려운 WC 등이 응집해버려 그 결과 기지에 고용되는 C, W량이 저하되어 원하는 퀜칭경도가 나오기 어렵다.

일반적으로 어닐링 온도가 높을수록 강의 표면에 산화, 탈탄, 표면거침이 생기기 쉬워지므로 주의를 요한다. 이들을 방지하는 데는 상자 어닐링, 분위기 이용한 광휘 어닐링, 진공 어닐링법 등의 광휘 열처리를 이용하는 것이 좋다.

### 4. 공구성능은 퀜칭·템퍼링처리로서 결정된다.

공구나 금형의 성능에 가장 크게 영향을 주는 것은 퀜칭과 템퍼링이다. 요구되는 경도를 만족시키고 또한 충분한 인성을 주며, 더욱이 퀜칭균열, 변형, 탈탄연질부 따위

表 8-1 熱處理條件

| process | 조건 | 요구특성 | 조건선정 | 구체적 방법 |
|---|---|---|---|---|
| 퀜칭 | 유지온도 | 내마모성 | 경화능을 향상, 열처리 경도 증대 | 퀜칭온도 높임($\gamma_R$ 주의) |
| | | 내열성 | 탄화물 고용촉진 | 퀜칭온도 높임(인성 저하) |
| | | 인성 | 결정립의 조대화 방지 | 퀜칭온도 낮춤(경화능주의) |
| | | 경화능 | 탄화물 고용촉진, 결정립 성장 | 퀜칭온도 높임(인성저하) |
| | 냉각 | 인성 | 완전퀜칭조직(마르텐사이트)화 | 급랭, 유냉 등 |
| | | 퀜칭균열, 변형방지 | 균일냉각 | 열욕퀜칭 등(변형에 대한 퀜칭 예열 유효) |
| | | 肌荒방지 | 대기 등과 접촉 불가 | 진공 gas냉각(퀜칭가열로 분위기, 진공유효) |
| | | 경화능(불충분제) | 불완전 퀜칭조직 저지 | 급랭, 유냉 등 |
| 템퍼링 | 유지온도 | 내마모성 | 열처리 경도 증대 | 저온 템퍼링, 고온 템퍼링(2차 경화) |
| | | 내열성 | 템퍼링 조직의 안정화 | 고온 템퍼링 |
| | | 인성 | 경도저하로 조직의 안정화 | 템퍼링온도 높임(저온 템퍼링취성영역에 주의) |
| | 냉각 | 템퍼링균열방지(SKH) | 균일서냉 | 서냉, 공랭 등 |
| | 회수 | 인성 | 조직안정화, 잔류응력저감 | 2회 이상 |

의 열처리 사고를 일으키지 않으려고 하면 각 강종의 열처리 특성을 충분히 파악하여 적당한 퀜칭조건과 템퍼링조건을 설정하는 것이 중요하다. 표 8-1에 기본적인 열처리 조건을 나타낸다.

단적으로 말하면 공구강의 퀜칭은 공구로서 필요한 내마모성, 인성, 연화저항성(내열성) 등의 재질특성을 주어야 하며, $Ac_1$ 이상의 적당한 온도에서 오스테나이트화하여 냉각됨에 따라 마르텐사이트 조직을 얻어 경화되는 조작이며, 템퍼링은 퀜칭에 의한 불안정한 잔류응력을 경감하고, 재질의 안정도를 높여 용도에 적합한 강도와 인성의 좋은 균형이 얻어지도록 $Ac_1$점 이하인 적정온도로 가열처리하는 공정이다.

실제의 열처리에 있어서는 이미 서술하였다시피 적용 강종의 열처리 조건과 경도, 기계적 성질 등의 관계를 사전에 파악한 후 용도에 따른 최적의 퀜칭온도와 템퍼링온도를 결정한다. 다음에 그 강종의 경화능 및 열처리 변형의 문제를 고려하여 퀜칭냉각 방법(냉각제, 냉각중지 온도 등)을 정해 퀜칭예열, 템퍼링예열 조건을 결정한다. 이렇게 하여 기본적 열처리 방식을 작성하며 아울러 피처리품의 형상이나 치수에 따른 열처리설비를 검토하는 일이 필요하다. 열처리를 시작할 때 피처리품의 표면 흠, 모서리의 R, 설치구멍의 상황 따위를 사전검사하여 열처리 사고가 발생하지 않도록 주의해야 한다.

### 5. 공구강의 경화능은 반냉곡선을 참고한다.

여기서 공구강의 경화능에 대해 특기해 둔다. 다른 강종에서는, 동일군에 속하는 강종일 때는 거의 동일한 수준의 경화능을 나타내며, 퀜칭온도도 비교적 동일하다. 그것에 반해 공구강은 경화능이 큰 냉간 다이스강 STD 11 등으로부터 경화능이 작은 STS, STC까지 광범위한 재질을 함유하는 데다가 강종에 따라 퀜칭온도가 저온인 750℃ 정도부터 고온인 1300℃ 근방까지 상당히 광범위하다. 따라서 이러한 공구강의 경화능을 하나의 척도로서 나타내고, 정량적인 평가를 하고 더구나 실제작업에 적용가능한 시험법으로서는 그림 8-3에 나타낸 기존의 일단 퀜칭법(Jominy 시험)이나 그림 8-4의 등온변태(S곡선)로는 불충분하고, 그림 8-5와 8-6에 나타난 **반냉시간-경도곡선(반냉곡선)**을 이용하는 것이 바람직하다. 예를 들면 STD 1과 STD 12는 Jominy 곡선에서 거의 구별이 되지 않으나 반냉곡선에서는 명확한 차이가 나타난다.

반냉시간이란 퀜칭온도에서 실온과의 중간온도 즉(퀜칭온도+실온)×1/2까지 냉각하는데 요하는 시간으로서 냉각속도와 밀접한 관계가 있다. 반냉곡선과 반냉시간을 가로축에, 퀜칭경도(필요에 따라 템퍼링 경도를 쓰는 경우도 있다)를 종축으로 하여 각 강종의 여러 가지 반냉시간에 대한 퀜칭경도를 그린 것이다. 반냉시간이 장시간 걸려

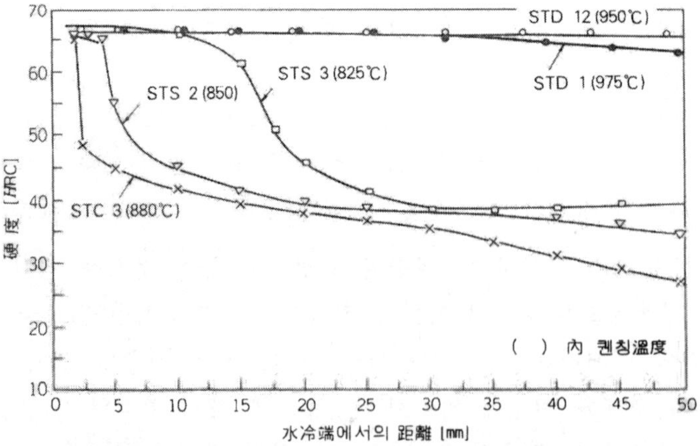


**그림 8-3 냉간가공용 합금공구강의 Jominy 곡선**

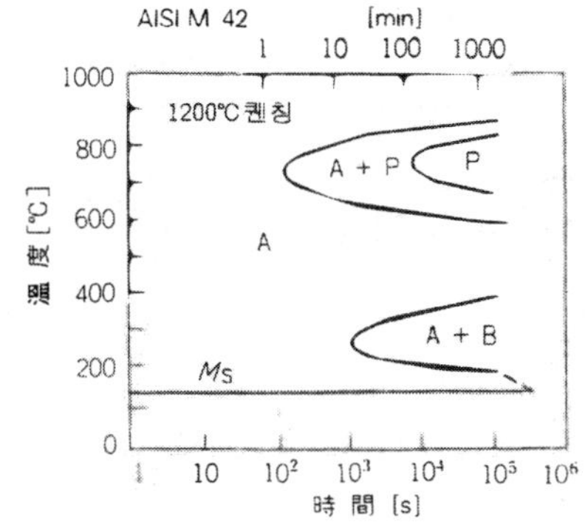


그림 8-4 고속도공구강의 등온변태곡선

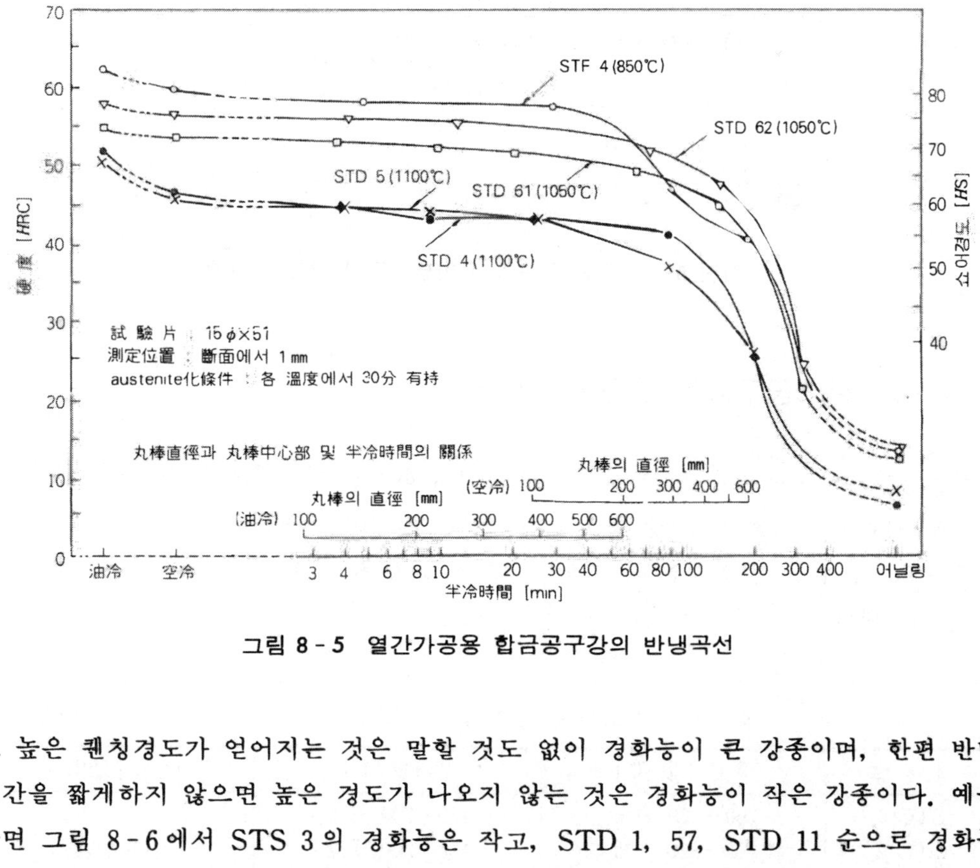


그림 8-5 열간가공용 합금공구강의 반냉곡선

도 높은 퀜칭경도가 얻어지는 것은 말할 것도 없이 경화능이 큰 강종이며, 한편 반냉시간을 짧게하지 않으면 높은 경도가 나오지 않는 것은 경화능이 작은 강종이다. 예를 들면 그림 8-6에서 STS 3의 경화능은 작고, STD 1, 57, STD 11 순으로 경화능이 좋음을 알 수 있다. 따라서 반냉곡선을 이용한다면 각종 공구강의 경화능의 비교, 소정의 냉각속도에서 얻어지는 경도, 그림 중의 환봉의 직경과 반냉시간의 관계에서 물품의 크기가 다른 경우의 경도 추정도 가능하게 된다.

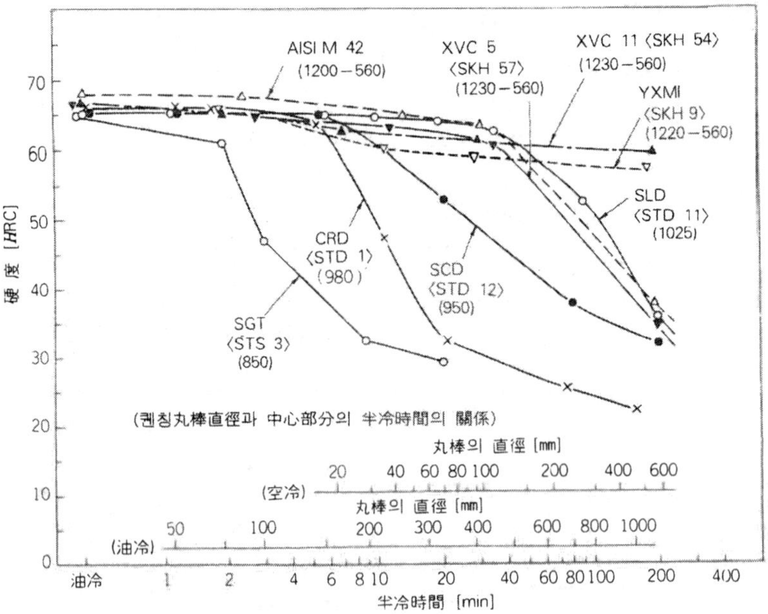


그림 8-6 각종 공구강의 반냉시간과 경도의 관계

## 8-2 탄소공구강의 퀜칭·템퍼링

탄소공구강은 탄소량을 약 0.60~1.50% 함유하지만 합금원소가 첨가되어 있지 않으므로 경화능이 나쁘고, 각종 공구강 중에서는 퀜칭이 어려운 부류에 속한다. 표 8-2에 STC의 퀜칭·템퍼링온도, 그림 8-7에 STC의 퀜칭·템퍼링의 표준 열처리방식을 나타낸다.

표 8-2 탄소공구강의 퀜칭·템퍼링온도 (KS 4401)

| 기 호 | 퀜 칭 [℃] | 템퍼링 [℃] | 경도 [HRC] |
|---|---|---|---|
| STC 1 | 760~820 수냉 | 150~200 공랭 | 63 이상 |
| STC 2 | 760~820 수냉 | 150~200 공랭 | 63 이상 |
| STC 3 | 760~820 수냉 | 150~200 공랭 | 63 이상 |
| STC 4 | 760~820 수냉 | 150~200 공랭 | 61 이상 |
| STC 5 | 760~820 수냉 | 150~200 공랭 | 59 이상 |
| STC 6 | 760~820 수냉 | 150~200 공랭 | 56 이상 |
| STC 7 | 760~820 수냉 | 150~200 공랭 | 54 이상 |

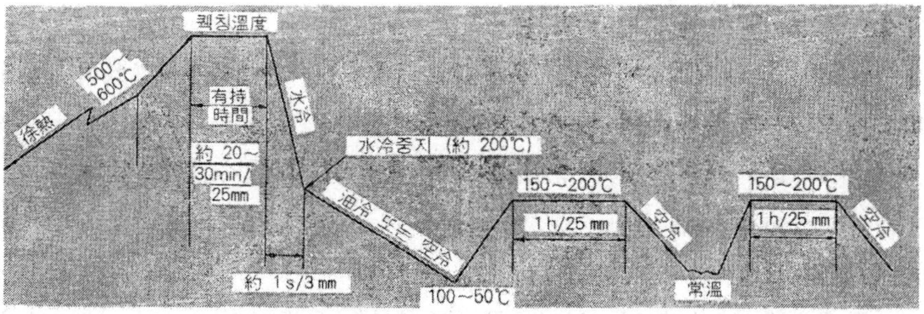

그림 8-7 탄소공구강의 열처리 방식(水→油 2단 퀜칭, 2회 템퍼링)

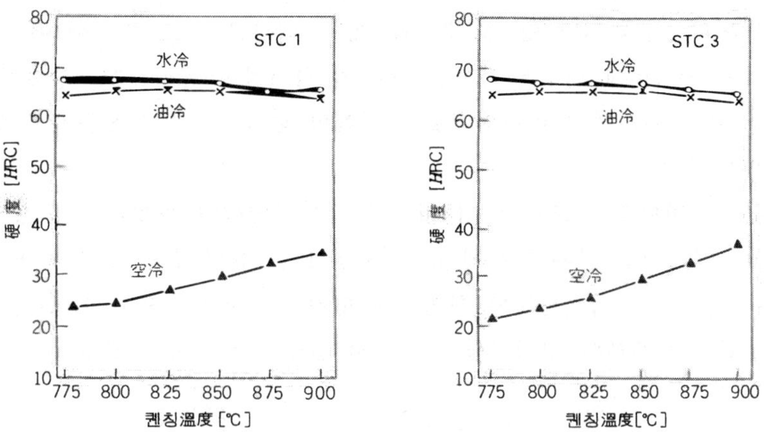

그림 8-8 수냉·유냉·공랭에 대한 퀜칭온도와 경도의 관계

### 1. 퀜칭온도는 가능한 한 낮게 한다.

퀜칭온도는 피처리품의 성질에 지장없는 범위에서 반드시 저온 퀜칭하는 것이 바람직하다. 이것은 온도가 높아지면 조대화하여 약하게 되고, 탈탄되기 쉽고, 변형이 생기기 쉬워지는 까닭이다. 통상 780~800℃의 퀜칭온도가 채택되고 있다. 유지시간은 두께 25 mm에 대해 20~30분 정도가 적당하다. 그림 8-8에 STC 1, STC 3의 퀜칭온도와 경도의 관계를 나타냈다.

퀜칭가열시, 산화와 탈탄은 꼭 피해야 한다. 스케일이 두꺼워지면 강의 질량감소뿐 아니라 경화능에도 크게 영향을 미친다. 그것은 다공질의 스케일로 인해 퀜칭 냉각속도가 느려지기 때문이다. 마찬가지로 가열염이 부착해 있으면 경도 불균일이 발생하기 쉬워진다. 또 탈탄은 경도불량 뿐만 아니라 퀜칭균열과 열처리 변형에도 악영향을 미친다. 산화, 탈탄방지 대책으로서는 통상 분위기 가열, 염욕가열, 진공퀜칭 혹은 산화

탈탄방지제의 도포 등이 행해지고 있다.

형상이 복잡하고 열처리 변형이 우려되는 경우는 가열과정에 있어 퀜칭예열을 500~600℃에서 하면 좋다. 이 단계에서의 유지시간은 물품의 내외부가 균일하게 가열되면 다음의 가열을 개시해도 지장이 없으며 특히 유지시간은 필요없다.

### 2. 수중 퀜칭의 요령

5장의 그림 5-12에 나타냈듯이 탄소공구강에서는 S곡선의 코(nose)가 단시간쪽에 표시되어 있고 최소 복배기(최소 잠복기라고도 하며, 과냉 오스테나이트가 변태를 시작하기까지의 최소 시간)가 극히 작으므로 이 사이를 급격히 냉각해 주지 않으면 불완전한 경화가 된다. 수중 퀜칭할 때 수온을 30℃ 이하로 하고 투입할 때는 그림 8-9와 같이 공기를 끌어넣지 않도록 재빨리 수중에 침적하여 균일하고, 강렬하게, 피처리재를 흔들어 증기막단계에서 비등단계로 냉각해야 한다. 물품의 요동법의 일례를 그림 8-10에 나타낸다.

수중 퀜칭은 간편하고 경도를 얻기 쉽지만 퀜칭균열이나 변형을 일으키기 쉬우므로 수중 퀜칭하여 적당시간 경과한 후에 서냉(공랭 또는 유냉)으로 옮기면 좋다. 이 경우 self-temper(자기 템퍼링) 방지와 퀜칭균열 방지란 점에서, 수조(水槽)에서의 인상시기를 $M$s점 위에서 행해야 한다. 즉 고온에서 인상하면 물품은 표면만 냉각되며 내부

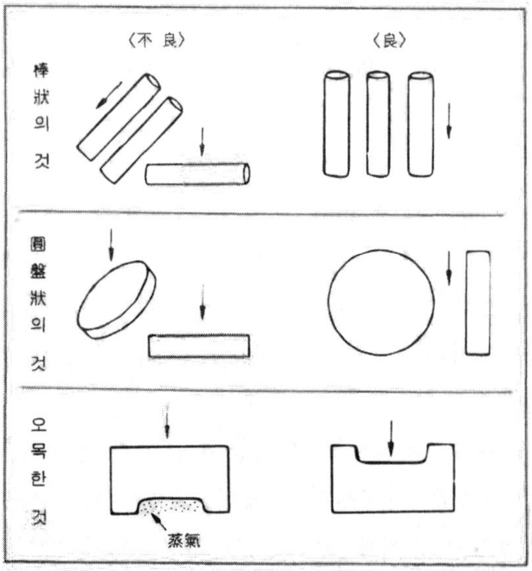


그림 8-9 퀜칭액으로 물품넣는 방법

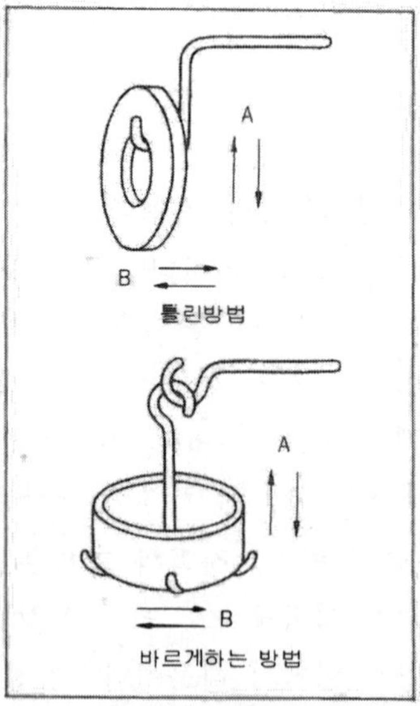


그림 8-10 퀜칭액 중에서 물품 움직이는 法

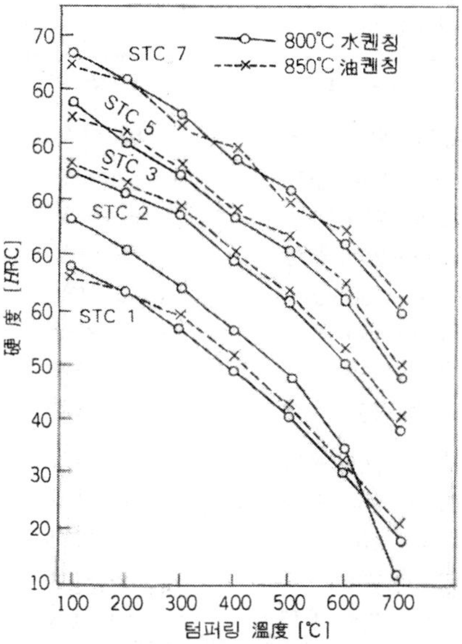


그림 8-11 **STC 재의 템퍼링 온도와 경도**

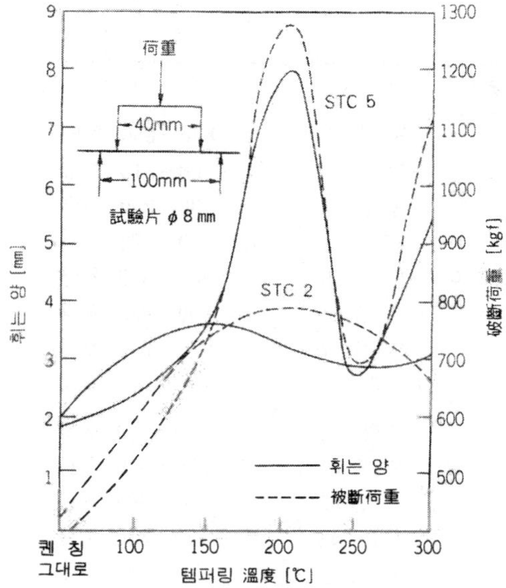


그림 8-12 **STC 재의 템퍼링 온도와 인성**

의 보유열에 의해 템퍼링을 받아 연화하고 $M$s 점보다 너무 낮으면 퀜칭균열의 위험이 있기 때문이다.

### 3. 템퍼링은 150～200℃에서 한다.

STC의 템퍼링에서는 마르텐사이트가 **저탄소 마르텐사이트**와 **ε 탄화물**로 분해하여 템퍼링 제 1 단계인 150～200℃의 저온 템퍼링이 행해진다. 이 이유는 그림 8-11과 같이 300℃ 이상에서는 급격히 템퍼링 연화를 일으키고, 250℃ 부근에서는 그림 8-12와 같이 저온 템퍼링 취성을 나타내는 까닭으로 경도와 인성이 좋은 균형이 150～200℃의 온도에 있다.

또한 STC에서도 퀜칭시의 잔류응력의 감소나 미세조직의 안정화를 도모하기 위해 특히 질량이 큰 경우에는 그림 8-7에 나타났듯이 템퍼링은 1회가 아닌 2회 반복 템퍼링을 해야 한다.

## 8-3 냉간가공용 합금공구강의 퀜칭·템퍼링

합금공구강은 KS 강종만도 32종이 있으며, 제강 각사의 제조자 상표를 포함하면 그 몇배에도 달한다. 그것들은 각종 용도에 이용되며 그것들에 맞는 열처리가 시행되고

표 8-3 냉간가공용 공구강의 퀜칭·템퍼링

| 용도 | 기 호 | 퀜 칭[℃] | 템퍼링[℃] | 경도[$HRC$] |
|---|---|---|---|---|
| 절 삭 공구용 | STS 1 | 830~880 유냉 | 150~200 공랭 | 63 이상 |
| | STS 11 | 760~810 수냉 | 150~200 공랭 | 62 이상 |
| | STS 2 | 830~880 유냉 | 150~200 공랭 | 61 이상 |
| | STS 21 | 770~820 수냉 | 150~200 공랭 | 61 이상 |
| | STS 5 | 800~850 유냉 | 400~450 공랭 | 45 이상 |
| | STS 51 | 800~850 유냉 | 400~450 공랭 | 45 이상 |
| | STS 7 | 830~880 유냉 | 150~200 공랭 | 62 이상 |
| | STS 8 | 780~820 수냉 | 100~150 공랭 | 63 이상 |
| 내충격 공구용 | STS 4 | 780~820 수냉 | 150~200 공랭 | 56 이상 |
| | STS 41 | 850~900 유냉 | 150~200 공랭 | 53 이상 |
| | STS 42 | 850~900 유냉 | 150~200 공랭 | 55 이상 |
| | STS 43 | 770~820 수냉 | 150~200 공랭 | 63 이상 |
| | STS 44 | 760~820 수냉 | 150~200 공랭 | 60 이상 |
| 냉 간 금형용 | STS 3 | 800~850 유냉 | 150~200 공랭 | 60 이상 |
| | STS 31 | 800~850 유냉 | 150~200 공랭 | 61 이상 |
| | STS 93 | 790~850 유냉 | 150~200 공랭 | 63 이상 |
| | STS 94 | 790~850 유냉 | 150~200 공랭 | 61 이상 |
| | STS 95 | 790~850 유냉 | 150~200 공랭 | 59 이상 |
| | STD 1 | 930~980 유냉 | 150~200 공랭 | 61 이상 |
| | STD 11 | 1000~1050 공랭 | 150~200 공랭 | 61 이상 |
| | STD 12 | 930~980 공랭 | 150~200 공랭 | 61 이상 |
| | STD 2 | 970~1020 공랭 | 150~200 공랭 | 61 이상 |

표 8-4 열간가공용 합금공구강의 열처리 온도

| 기 호 | 퀜 칭[℃] | 템퍼링[℃] | 경도[$HRC$] |
|---|---|---|---|
| STD 4 | 1050~1100 공랭 | 600~650 공랭 | 63 이하 |
| STD 5 | 1050~1100 공랭 | 600~650 공랭 | 63 이하 |
| STD 6 | 1000~1050 공랭 | 550~650 공랭 | 63 이하 |
| STD 61 | 1000~1050 공랭 | 550~650 공랭 | 63 이하 |
| STD 62 | 1000~1050 공랭 | 550~650 공랭 | 63 이하 |
| STF 2 | 820~ 880 유냉 | — | — |
| STF 3 | 820~ 880 유냉 | — | — |
| STF 4 | 820~ 880 유냉 | — | — |
| STF 5 | 820~ 880 유냉 | — | — |
| STF 6 | 820~ 880 유냉 | — | — |

있다. 합금공구강은 냉간가공용과 열간가공용으로 대별되는데 각각의 퀜칭·템퍼링온도를 표 8-3, 표 8-4 에 나타내었다.

냉간가공용 공구강의 대표적 강종인 STS 3, STD 11 의 표준 열처리 방식을 그림 8-13, 그림 8-14 에 나타내었다.

STS 3 은 Cr-W 계 저합금 공구강으로 STS 2 보다도 Mn %를 늘여 경화능을 좋게 하고 두께가 두꺼운 공구라도 유중 퀜칭을 가능하게 한 강종으로서 열처리 변형률이 작은 것도 특징이다. 내마불변형강이라고 불리고 있는데 gauge 용으로서는 서브제로 처리가 필요하다. STD 11 은 고 C-고 Cr 계 다이스강으로 알려져, 거대한 성형롤이라도 공기퀜칭을 할 수 있을만큼 경화능이 좋다. 앞에서와 같이 Jominy 곡선에서는 일직선이 되어 사용할 수 없으나 반냉곡선에 의하면 직경이 큰 공구에 대해서도 어느 정도 경화가 될 것인가 쉽게 판단할 수 있다.

| ① 가열 | ② 냉각 | ③ 템퍼링 |
|---|---|---|
| 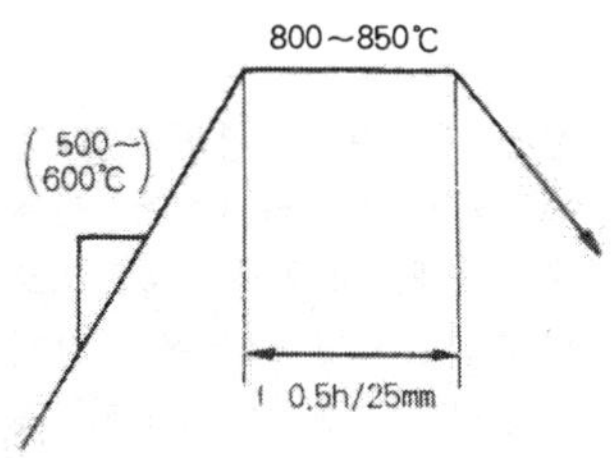 | a. 유냉(40~60℃)<br>인상온도 150~200℃<br>b. 마르퀜칭 유냉<br>유온 100~150℃<br>유지시간 10 min/25 mm<br>c. 마르퀜칭 솔트<br>온도 160~200℃<br>유지시간 10 min/25 mm | 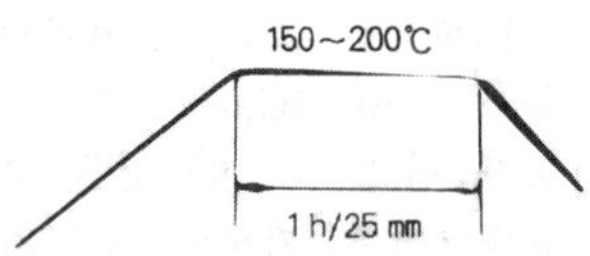 |
| 1. 형상복잡, 질량이 큰 공구는 예열(500~600℃) 또는 서열한다. | 1. 각 퀜칭법 모두 질량이 큰 공구일수록 강하게 교반하고, 300℃ 이하는 완만하게 한다. | 1. 퀜칭 후, 50~100℃ 템퍼링로에 이동해 균열을 막는다. |
| 2. 염욕가열의 경우도 400~600℃에서 예열한다. | 2. 마르퀜칭은 형상복잡, 변형이 나오기 쉬운 것에 효과가 있다. | 2. 공구의 경도에 의해서는 템퍼링 온도를 올리나 250~300℃는 취성때문에 바람직하지 않다. |
| 3. 가열시간 30 min/25 mm 을 목표로, 공구의 표면이 균일가열되면 즉시 퀜칭할 수도 있다. | 3. 마르퀜칭의 경우, 유, 솔트도 온도가 높으므로 노화에 의한 냉각능의 저하에 조심할 것. | 3. 질량이 큰 공구는, 2회 되풀이해서 템퍼링하는 것이 바람직하다. |

그림 8-13 냉간공구강 STS 3 의 열처리 요령

| ① 퀜칭가열 | ② 냉각 | ③ 템퍼링 |
|---|---|---|
| 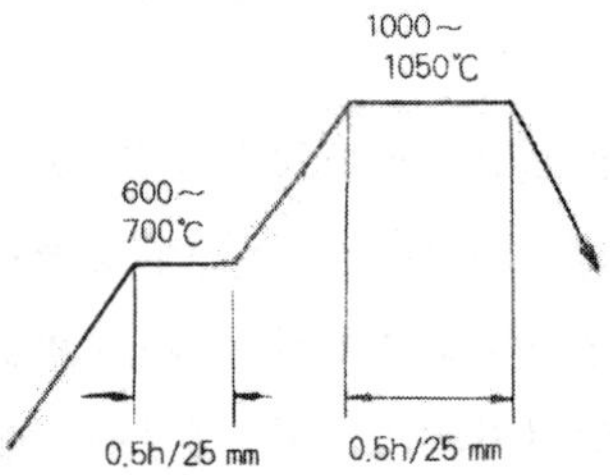<br> | a. 공랭(강제공랭)<br>b. 마르퀜칭(450～500℃)<br>유지시간 10 min/25 mm<br>c. 마르퀜칭(150～250℃)<br>유지시간 10 min/25 mm<br>d. 유냉(40～60℃)<br>인상온도 200～300℃ | 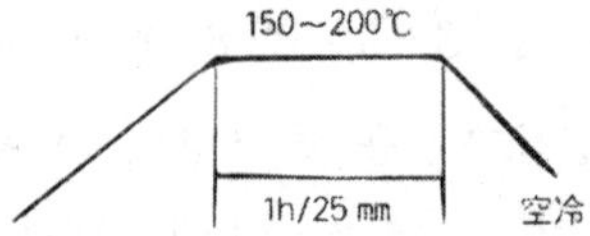<br><br>또는<br>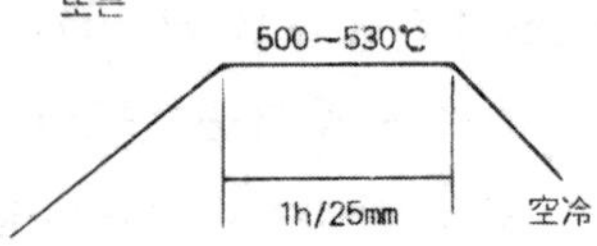<br><br>1. 소품 및 일반으로는 저온템퍼링을 채용한다. |
| 1. 형상복잡, 질량이 큰 공구는 더더욱 1차(600℃)→2차(800℃) 예열이 바람직하다. | | 2. 고온 템퍼링은, 질량이 큰 공구, 사용시 온도가 올라가는 공구, 특히 인성을 중시하는 경우에 적용한다. |
| 2. 대기가열에서는, 1000℃의 고온때문에 공구표면의 산화 및 탈탄을 피할 수 없으므로, 마무리가공·여유와 가열방법에 주의. | 1. 두께 50 mm 이하는 공랭. 500 mm을 넘으면 500℃까지 강제 공랭하고, 이후는 방랭. | 3. 템퍼링은 2회 되풀이하는 것이 바람직하다. 특히 고온 템퍼링시에 그렇다. |
| 3. 저온 템퍼링의 경우 1000～1020℃, 고온 템퍼링의 경우 1030～1050℃. 단 온도가 너무 높으면 잔류 오스테나이트 때문에 경도가 나오기 어렵다. | 2. 마르퀜칭은 형상복잡, 질량이 큰 것에 적용한다.<br>3. 유냉은 형상간단한 것에 적용하고 재빨리 인상 공랭한다. | 4. 퀜칭 후, 저온 템퍼링의 경우 잔류 오스테나이트 분해를 위해 공구가 실온으로 되고 나서 3～4 h 후, 템퍼링한다. 고온 템퍼링의 경우는 50～100℃에서 한다. |

그림 8-14 냉간구공강 STD 11의 열처리 요령

### 1. 퀜칭온도의 고저는 목적에 따라 정해진다.

이 그룹의 퀜칭온도의 범위는 약 50℃이다. 어떤 온도를 택할 것인가는 공구의 용도, 형상, 두께, 경화능, 냉각방법에 의해 결정해야 한다. 다소 높은 온도에서 퀜칭하면 높은 템퍼링 연화저항과 고온경도가 얻어진다. 충격을 받는 공구나 복잡한 형상인 것, 또는 두께가 얇은 부품은 과열이나 변형방지 또는 인성면에서 낮은 퀜칭온도를 이용한다. 퀜칭냉각방법에서 본다면 공랭할 공구에서는 높은 퀜칭온도를, 유냉할 경우에는 낮은 듯한 온도를 채택하면 좋다.

가열유지시간은 두께 25 mm에 대해 전기로 가열 등의 경우 20～30분, 염욕에서는 10～20분 정도 필요하다.

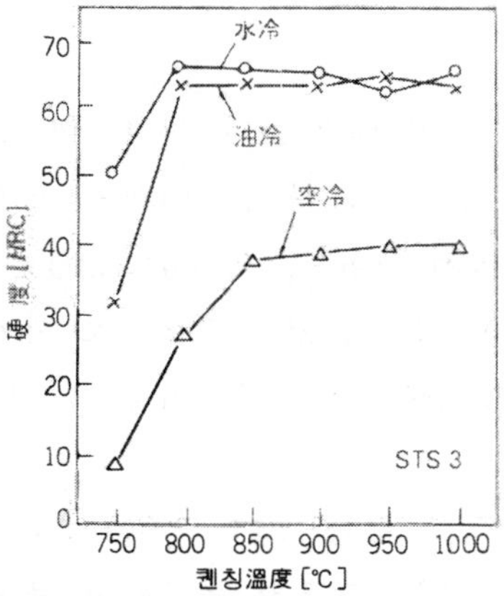


그림 8-15 **STS 3의 퀜칭온도와 경도**

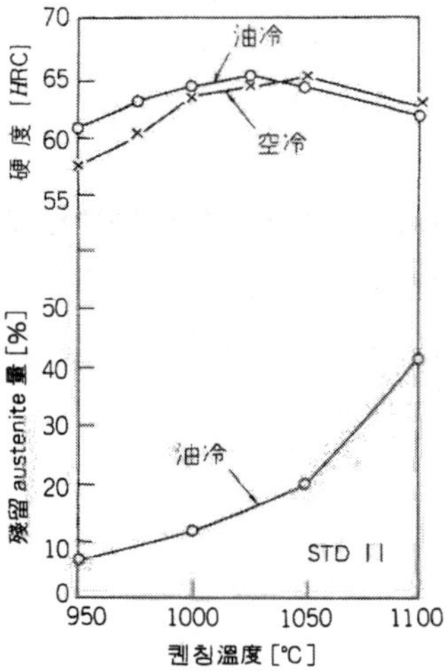


그림 8-16 **STD 11의 퀜칭온도와 경도**

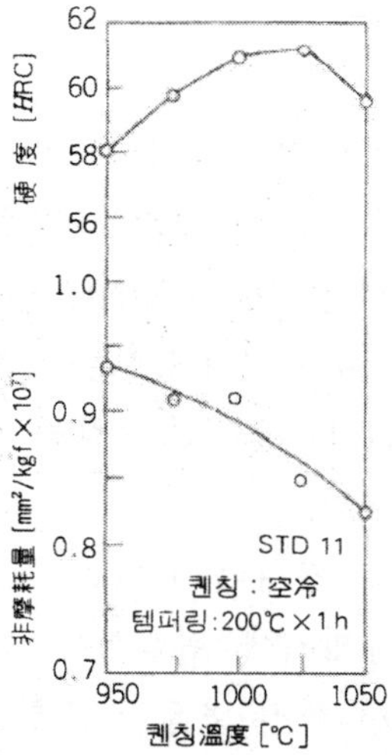


그림 8-17 **STD 11의 퀜칭온도와 내마모성**

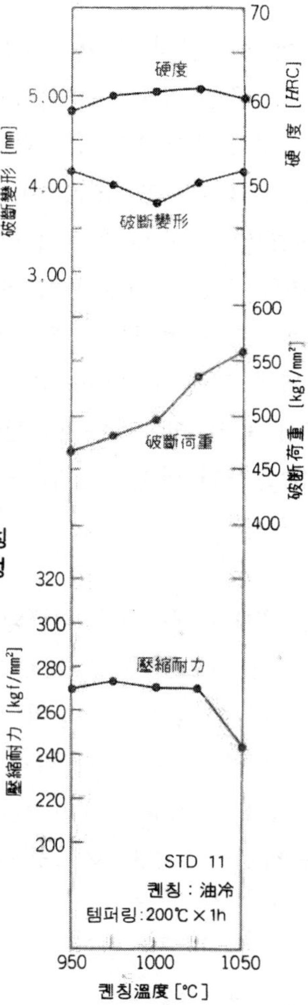


그림 8-18 **STD 11의 퀜칭온도와 압축내력**

가열시의 분위기로서는 염욕가열, 분위기 혹은 진공가열이 이용된다. 그러나 산화나 탈탄방지에는 충분한 배려가 필요하다.

열처리 변형을 방지하기 위하여 1단 또는 2단 **퀜칭 예열**이 필요하다. 퀜칭온도가 800～850℃인 경우에서는 500～600℃, 1000℃ 전후가 되는 다이스강류에서는 500～600℃, 다음에 800～850℃인 제 2 단의 예열을 하는 것이 효과적이다.

그림 8-15에 STS 3의 퀜칭온도와 경도, 그림 8-16에 STD 11의 퀜칭온도와 경도, 잔류 오스테나이트를 나타냈으며, 그림 8-17, 그림 8-18에 STD 11의 내마모성, 압축내력 등의 관계를 나타냈다.

### 2. 퀜칭은 유냉 · 열욕 · 공랭

냉간가공용 공구강은 합금원소의 총합이 1~15% 첨가되어 STC보다 경화능이 크다. 통상은 유냉으로 충분하지만 변형을 꺼리는 경우나 경화능이 큰 강종에서는 공냉을 해도 좋다. 공랭으로 퀜칭이 잘 될 경우에는 **열욕 퀜칭**(일반적으로 400~500℃, 180~250℃ 2종류)을 이용해야 한다. STS계는 경화능이 그다지 크지 않으므로 저온의 열욕 퀜칭이 적합하며, STD 11계의 고경화능 다이스강은 어느 쪽이라도 좋으나 변형방지란 점에서는 고온쪽이 좋다.

유냉인 경우 유온(60~80℃)의 관리와 교반을 효과적으로 하는 것이 저합금공구강계에서 특히 필요하다. 퀜칭균열방지에 관해서는 $M$s + 50℃ 정도의 온도에서 유조(油槽)로부터 인상하여 100~50℃까지 온도가 저하한 후 신속히 템퍼링하는 것이 중요하다.

### 3. STD 11은 고온 템퍼링도 한다.

템퍼링 온도는 통상 STC와 같은 사고방식에서 150~200℃의 저온 템퍼링이다. 그림 8-19에 각종 공구강의 퀜칭 · 템퍼링 경도곡선을 나타냈다. 이 데이터는 작은 시편에 의한 것이며, 피처리재의 크기나 퀜칭 냉각조건이 다르면 퀜칭 현미경의 차이로 인한 템퍼링 거동이 다르므로 실제와 다소 틀리지만 이들 결과를 참고로 하여 용도에 따른 적당한 템퍼링 온도를 선택해야 한다.

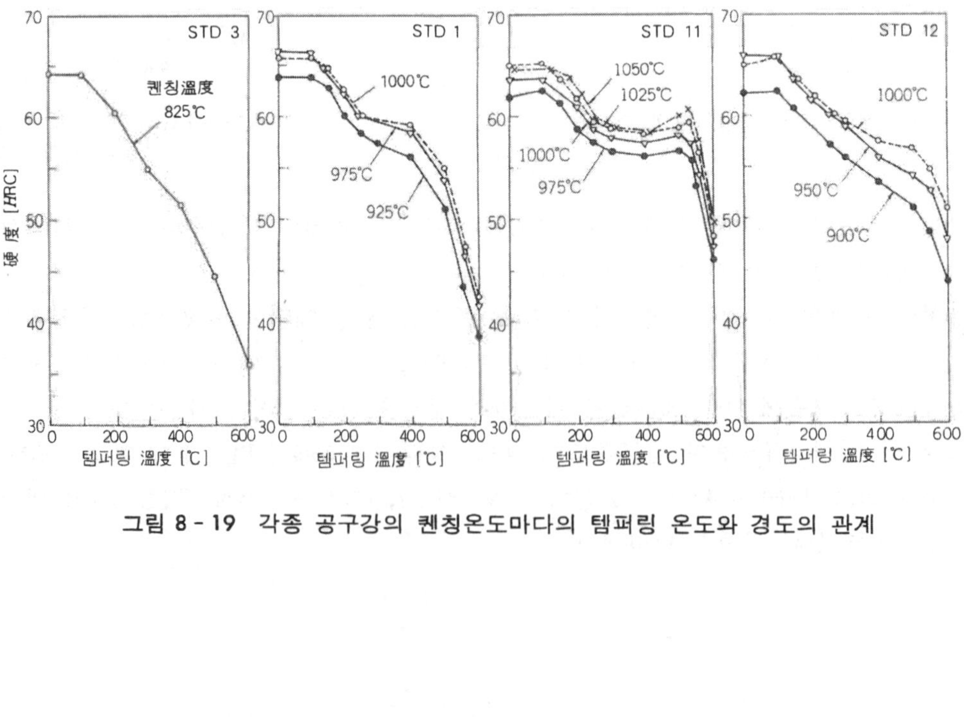


그림 8-19 각종 공구강의 퀜칭온도마다의 템퍼링 온도와 경도의 관계

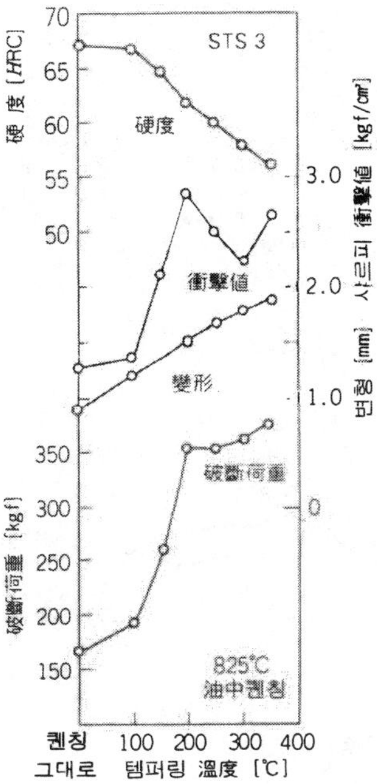


그림 8-20 **STS 3**의 퀜칭온도와 인성

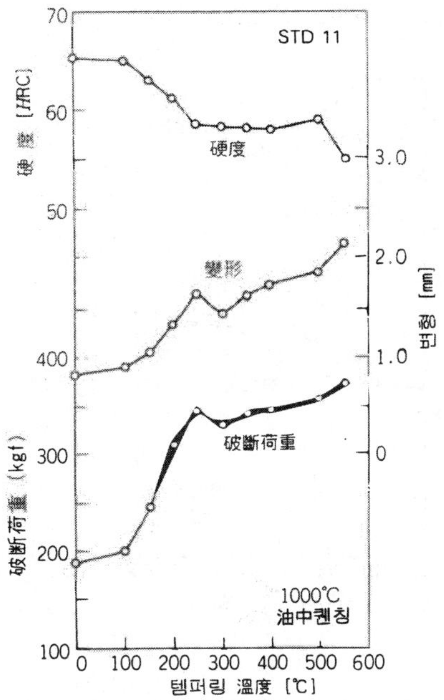


그림 8-21 **STD 11**의 템퍼링 온도와 굽힘시험 결과

템퍼링 유지시간은 두께 25 mm 당 60 분의 비율이 적당하다고 되어있다. 또 반복 템퍼링을 하는 것도 공구의 인성 향상에 유효하다. 그림 8-20, 8-21 에 STS 3, STD 11 의 템퍼링 온도와 인성, 그림 8-22 에 STD 11 의 템퍼링 온도와 내마모성, 인장특성, 압축내력의 관계를 나타냈다.

STD 11 에 관해서는 최근 500~530℃의 고온 템퍼링이 곧잘 이용되고 있다. 이것은 저온 템퍼링이 경도 주체의 내마모성 중시에 기인하는데 반해 고온 템퍼링에서는 인성 등 기계적 성질이 향상될 수 있으며, 절손이나 파편, 균열에 대한 저항이 증대되기 때문이다. 더욱이 방전가공(EDM, WEDH)균열에 대해서도 잔류응력 저감에 의해 그 균열감수성이 작아진다. 단지 500℃ 이상의 고온 템퍼링에서는 그림 8-23과 같이 잔류 오스테나이트의 분해가 진행되므로 열처리 변형의 증대(엄밀하게는 치수문제)에는 충분히 주의를 해야한다. 또한 STD 11 의 템퍼링 온도와 변형률 관계를 그림 8-24 에 도시하였다.

gauge 류에서는 내마모성 이외에 경년변형(secular change)이 발생하지 않는 것이 요구된다. 잔류 오스테나이트 분해책으로서의 고온 템퍼링은 경도저하라는 점에서 부적합하며, 서브제로 처리와 저온 템퍼링의 조합으로 처리한다. 이 실제작업으로서 잔

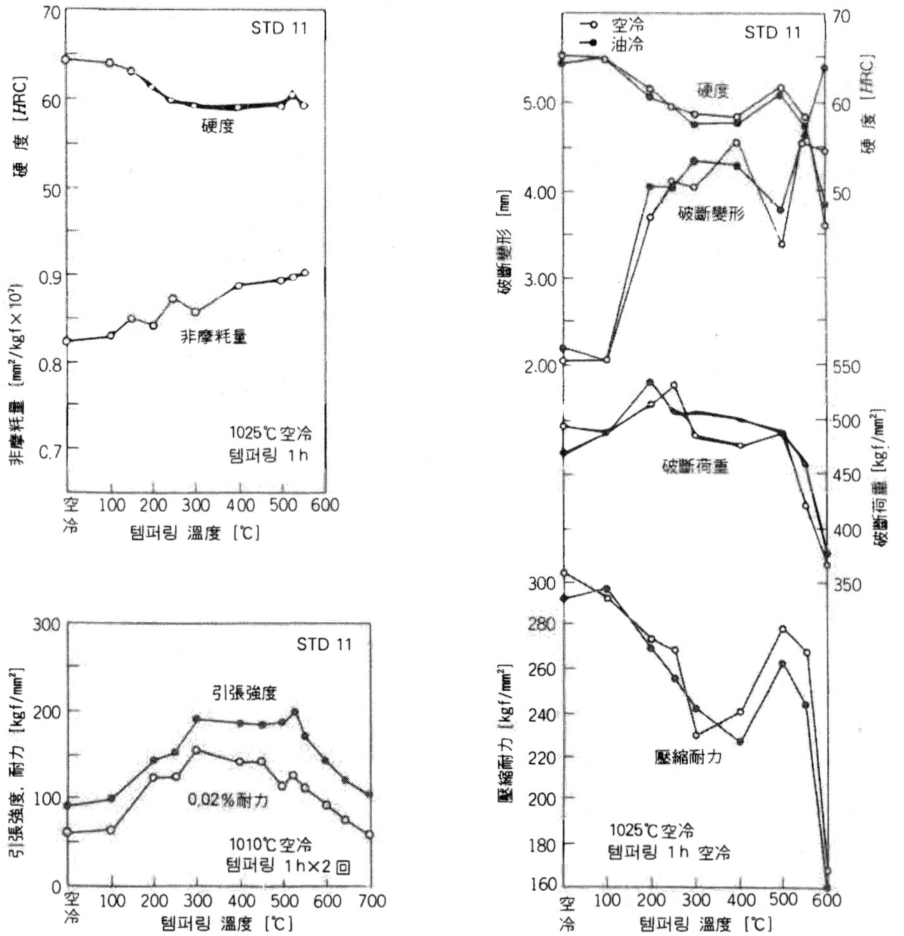


그림 8 - 22 **STD 11**의 템퍼링 온도와 내마모성 인장강도 압축내력의 관계

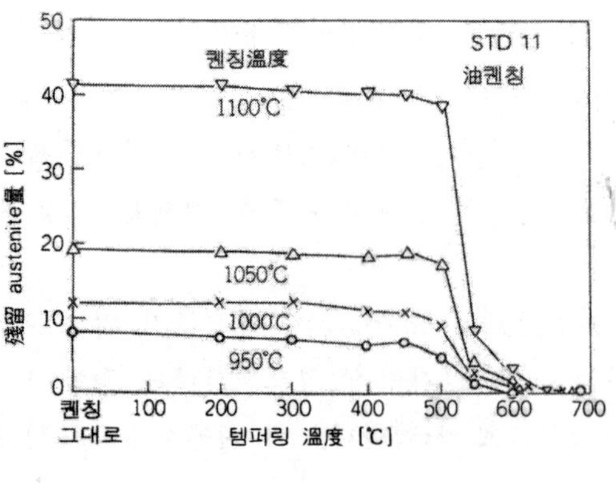


그림 8 - 23 **STD 11**의 템퍼링 온도와 $\gamma_R$ 량의 관계

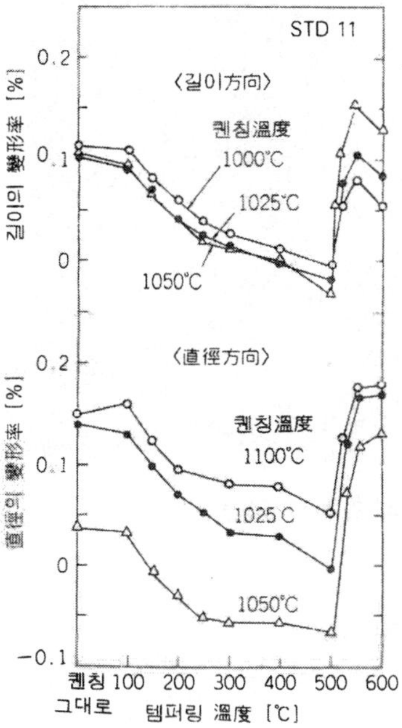


그림 8 - 24 **STD 11의 템퍼링 온도와 변형률**

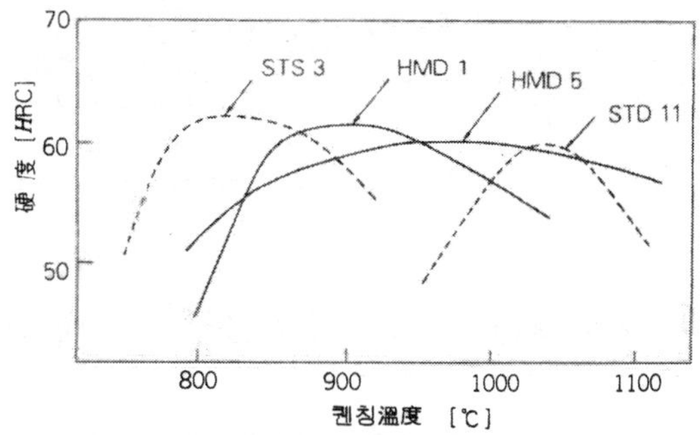


그림 8 - 25 화염퀜칭용 강의 퀜칭경도 특성

류 오스테나이트가 안정화하지 않도록 템퍼링 개시시의 온도 및 방치시간의 관리 등, 현장적이고 세부적인 기술이 필요하다.

퀜칭강의 경년변형은 마르텐사이트의 분해에 따른 수축과 잔류 오스테나이트의 마르텐사이트화에 의한 팽창 등이다. 수축변형은 저온 어닐링으로 저지할 수가 있으며, 팽창변형은 서브제로 처리로서 저지할 수 있다. −70℃의 서브제로에서 잔류 오스테나이트는 STS 3의 경우 퀜칭 직후의 17.9%가 5.9%로, STS 11의 경우 22.6%가 10.5%로 감소했다는 보고가 있다.

현재, 이런 종류의 강종 중에는 특히 자동차 maker에서 많이 이용되는 것이 있다. 이것이 **화염 퀜칭강**(flame-hardning용강)이며, 주로 자동차 차체, 성형용의 브랑크, 드림가공에 응용되고 열처리 작업의 간편성 등 형공수의 대폭 감소가 가능하다는 점에서 큰 이점을 제공하고 있다. 기존의 공구강이 **발크 퀜칭**인데 반해, 본 강은 주성형부의 절단칼날만을 버너 퀜칭하는 것만으로서 *H*RC 60 전후의 고경도가 쉽게 얻어질 만큼 퀜칭온도 범위가 넓고(200℃ 이상), 더구나 경화능이 개량되어 있다. 그 특성의 일례를 STS 3과 STD 11을 비교해 그림 8 - 25에 나타냈다.

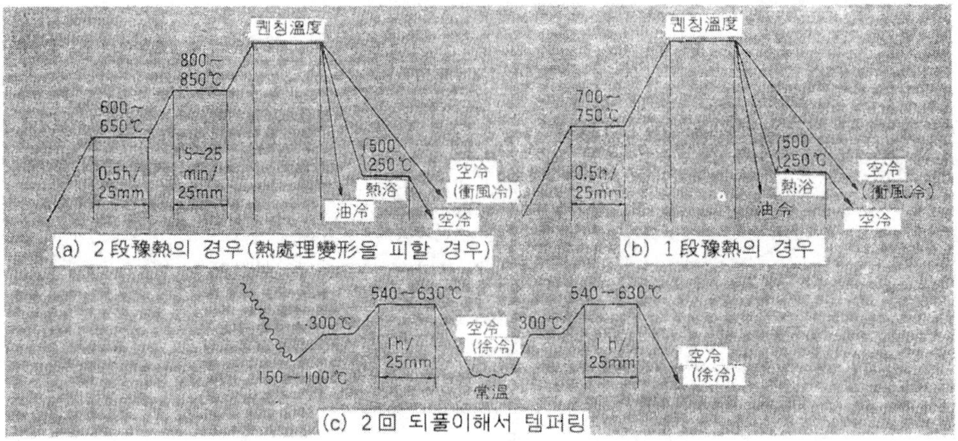


그림 8-26 열간가공용 합금공구강 **STD 61**의 열처리 공정

## 8-4 열간가공용 합금공구강의 퀜칭·템퍼링

열간가공용 합금공구강은 열간단조 프레스형, 다이캐스트형, 압출용 다이스류에 이용되며, 이들은 고온강도, 고온 내마모성, 내 heat-check 성, 내산화성이 요구된다. 열간다이스강의 주요 강종인 STD 61 의 열처리 공정을 그림 8-26 에 나타냈다.

### 1. 퀜칭온도는 고온 특성을 중시

열간금형이므로 사용시 고온 특성을 중시하여 퀜칭을 하는데 통상 이용되는 퀜칭온도는 STD 4 에서 1050 ~ 1070℃, STD 5 에서 1080 ~ 1100℃, STD 6 ~ 62 는 1010 ~ 1030℃, STF 류는 840 ~ 860℃이다. 유지시간은 냉간가공용 공구강과 같은 기준이다. 단 어떤 강종이라도 모두 C%가 낮아서, 적은 탈탄이라도 전면적으로 그 악영향이 나타나므로 탈탄방지 관리에는 특히 주의가 필요하다.

퀜칭 예열의 요령도 대개 냉간공구강에 준하는데 특히 열처리 변형이 문제가 되는 다이캐스트형에서는 저온인 350 ~ 400℃ 예열을 하여 3 단계 작업으로 하며, 더욱이 각 예열에서 50 ~ 100℃/h 의 서열을 행하는 등, 신중한 수법이 이용된다.

### 2. 공랭이라도 충분히 경화 가능

열간가공용 합금공구강은 전체가 매우 경화능이 좋으므로 공랭으로도 충분히 경화가 되며 허용치수는 반냉곡선을 표준으로 한다. 유냉 또는 열욕퀜칭의 작업요령은 냉간가공용의 경우에 준한다.

**3. STD 는 템퍼링으로 2 차경화시킨다.**

STC 나 STS 에서는 템퍼링 온도가 높아짐에 따라 템퍼링 경도는 저하한다. 이것에 대해 고합금계의 냉간 및 열간다이스강의 경우 500℃ 이상의 템퍼링 온도에서 반대로 경화하는 현상을 나타낸다. **퀜칭경화(1 차 경화)**에 대해 이것을 **템퍼링 2 차 경화**라고 한다. 고온 템퍼링 단계에서는 W, Mo, V 등에 의한 합금 탄화물이 미세하게 석출하므로 경화하는 것인데 STC 나 STS 에서는 경화에 기여하는 합금원소가 포함되지 않는 까닭에 2 차 경화 현상을 나타내지 않는다. 또한 2 차 경화의 경도, 경도의 최고점을 나타내는 템퍼링 온도는 동일 강종이라도 퀜칭조건, 특히 퀜칭온도에 따라 다소 변화한다.

열간다이스강의 템퍼링은 2 차 경화의 최고값을 나타내는 템퍼링 온도보다 약간 높은 온도에서 행해지는데 용도와 목적에 따라 즉, 고온 내마모성을 필요로 하는지, 고온인성을 필요로 하는지 등에 따라 다소 템퍼링 온도의 선정에 배려를 요한다.

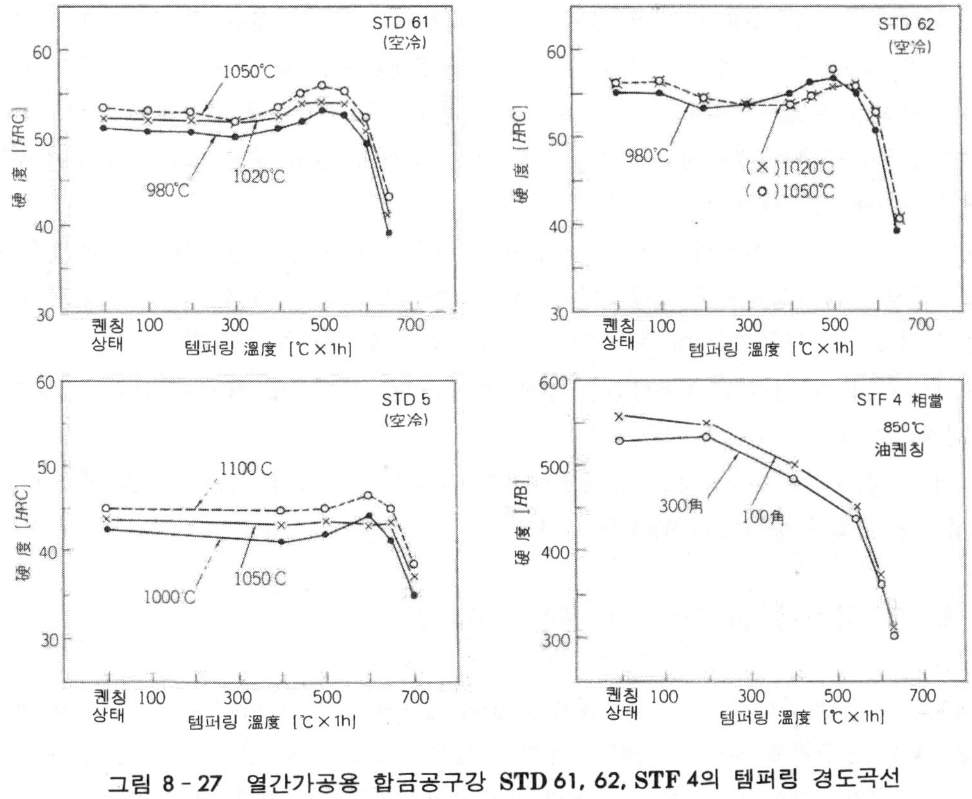


그림 8 - 27 열간가공용 합금공구강 **STD 61, 62, STF 4**의 템퍼링 경도곡선

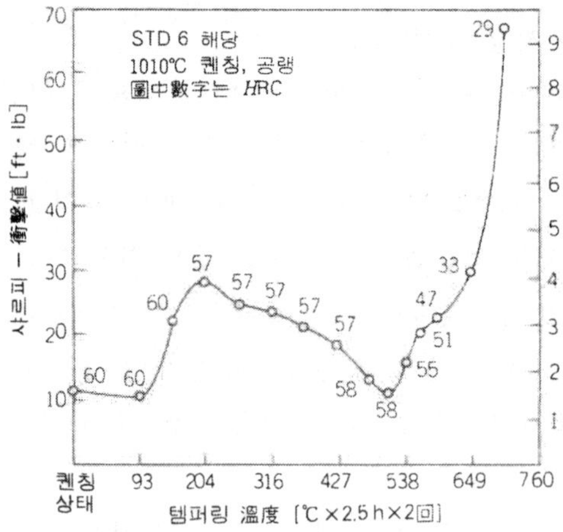


그림 8 - 28 **STD 6**의 템퍼링 온도와 충격치의 관계

고온경도와 고온 내마모성을 중시할 경우, 템퍼링 온도는 사용 중에 열영향을 받는 온도 이상에서 높은 경도에 템퍼링하는 것이 바람직하다. 이 점은 고온경도가 초기경도(열처리 경도)에 영향함이 명확하다. 이 경우 퀜칭온도를 높게 하여 규정 경도가 얻어지는 템퍼링 온도가 고온측으로 이동하는 퀜칭조건을 편성하여 고려해야 한다. 한편 고온인성이 요구되는 경우에는 원칙적으로 낮은 템퍼링 경도 수준으로 하고 고온측의 템퍼링 온도를 이용하는 것이 좋다.

해머형용강으로서 이용되는 STF는 550℃ 이상에서 현저히 인성이 향상되므로 이 온도영역에서 템퍼링하는데 엄밀하게는, 해머능력, 형치수, 형수명, 제품 정밀도 등으로부터 결정되는 적정 경도에 맞춰 템퍼링 온도를 설정하는 경우가 많다.

STD, STF의 템퍼링 유지시간은 두께 25 mm에 대해 1 h, 템퍼링 횟수는 2~3 회를 원칙으로 하고 있다.

그림 8 - 27에 STD 61, 62, 5, STD 4의 템퍼링 경도곡선, 그림 8 - 28에 STD 6의 템퍼링 온도와 충격치의 관계를 나타냈다.

## 8 - 5 절삭용 하이스강의 퀜칭 · 템퍼링

고속도 공구강(하이스)은 드릴, 절단기 등의 절삭공구 뿐만 아니라 펀치, 다이 등의 퀜칭가공용 공구에도 최근 수없이 적용되고 있다. 표 8 - 5의 퀜칭 · 템퍼링 온도(KS)는 절삭공구용, 각종 칼 몸체의 열처리 온도이며, 퀜칭 가공용은 요구 특성이 다르므

표 8 - 5 고속도공구강의 종류와 열처리 온도

| 기 호 | 퀜 칭 [℃] | 템퍼링 [℃] | 경도 [$H$RC] |
|---|---|---|---|
| SKH 2 | 1260~1300 유냉 | 550~580 공랭 | 62 이상 |
| SKH 3 | 1270~1310 유냉 | 560~590 공랭 | 63 이상 |
| SKH 4 A | 1280~1330 유냉 | 560~590 공랭 | 64 이상 |
| SKH 4 B | 1300~1350 유냉 | 580~610 공랭 | 64 이상 |
| SKH 5 | 1300~1350 유냉 | 500~630 공랭 | 64 이상 |
| SKH 10 | 1200~1260 유냉 | 540~580 공랭 | 64 이상 |
| SKH 9 | 1200~1250 유냉 | 540~570 공랭 | 62 이상 |
| SKH 52 | 1200~1250 유냉 | 540~570 공랭 | 63 이상 |
| SKH 53 | 1200~1250 유냉 | 540~570 공랭 | 63 이상 |
| SKH 54 | 1200~1250 유냉 | 540~570 공랭 | 63 이상 |
| SKH 55 | 1200~1260 유냉 | 530~570 공랭 | 63 이상 |
| SKH 56 | 1200~1260 유냉 | 530~570 공랭 | 63 이상 |
| SKH 57 | 1220~1260 유냉 | 550~580 공랭 | 64 이상 |

[주] 각 강종 모두, 템퍼링은 2~3 회 되풀이 한 것으로 한다.

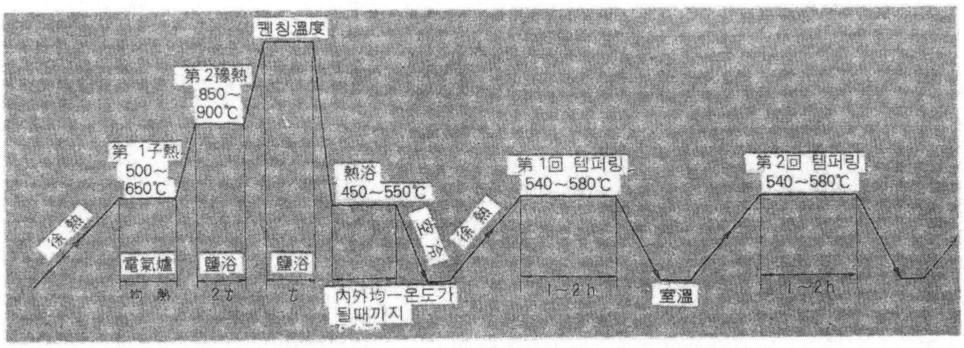


그림 8 - 29 고속도공구강의 열처리 공정 예

로 다소 그 온도를 바꿀 필요가 있다.

퀜칭에 의해 합금탄화물이 고용되었다가 이들이 템퍼링할 때 극히 미세한 탄화물로서 다시 석출하여 2 차 경화현상을 일으키는 것이지만 일반적으로 퀜칭온도가 높으면 탄화물의 고용량은 증가하고, 따라서 2 차 경화의 정도도 커진다. 그러나 온도가 높으면 용융상을 만들고, 반대로 취화된다. 그 때문에 용융개시 온도보다 조금 낮고, 반드시 많은 탄화물을 고용하는 온도에서 퀜칭하는 것이 보통이며, 그림 8 - 29 에 고속도공구강의 표준 열처리공정을 나타냈다.

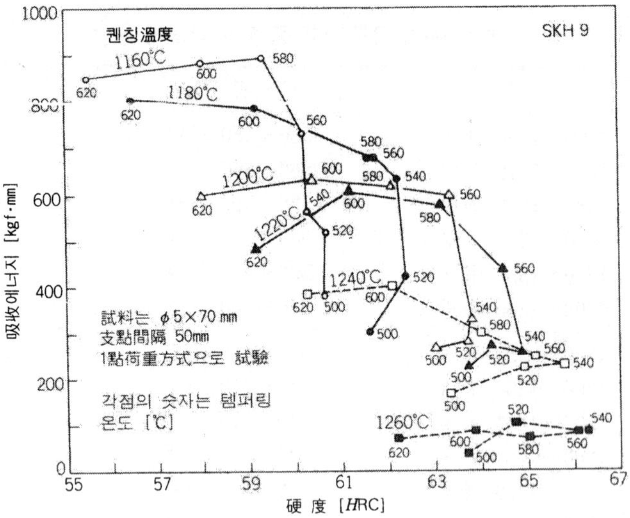


그림 8-30 SKH 9의 켄칭온도에 대한 경도와 흡수 에너지

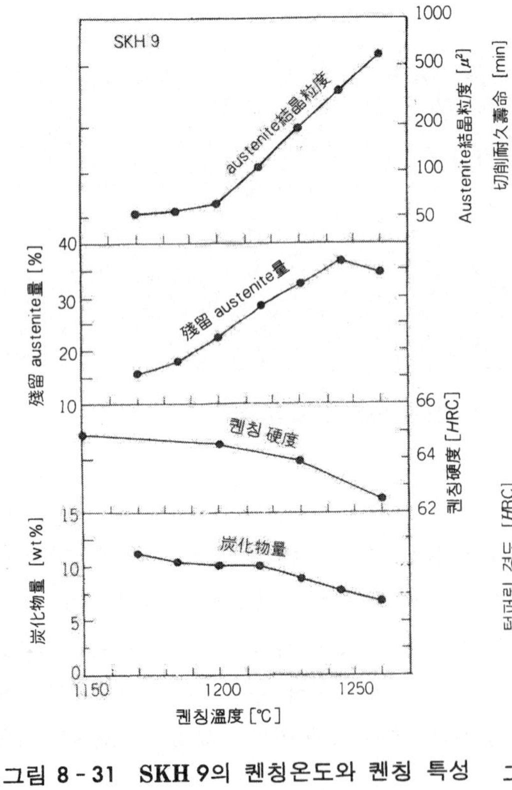


그림 8-31 SKH 9의 켄칭온도와 켄칭 특성

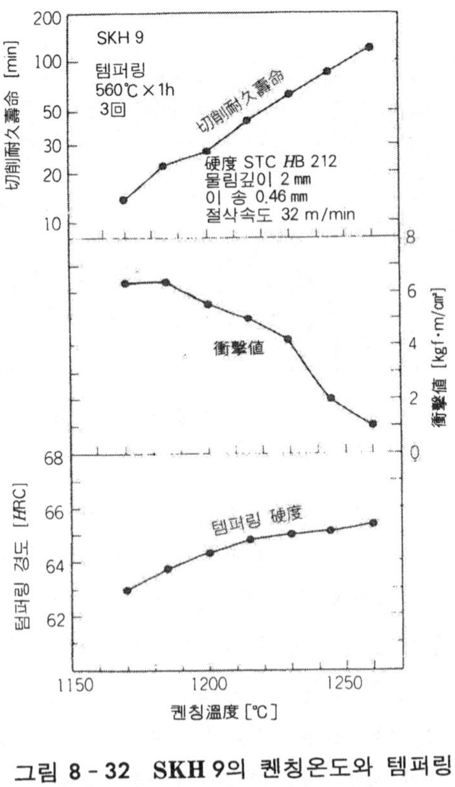


그림 8-32 SKH 9의 켄칭온도와 템퍼링

### 1. 퀜칭온도로 하이스의 성능이 결정된다.

하이스 공구의 성능은 특히 퀜칭온도로 결정된다고 해도 과언이 아니다. 절삭공구의 종류, 사용조건, 손상상황 등을 근거로 하여 최적인 조건을 결정하는 것이 중요하다. 예를 들면 그림 8 - 30 은 퀜칭온도와 항절시험의 흡수에너지 관계이며, 동일경도라도 퀜칭온도의 영향이 매우 큰 점을 알 수 있다. 또 그림 8 - 31, 8 - 32 에서 명확하듯이 퀜칭온도의 상승에 수반된 잔류 탄화물량의 감소, 퀜칭경도의 저하, 잔류 오스테나이트량의 증가, 결정입자의 조대화, 템퍼링 경도의 상승, 인성저하, 절삭내구수명(연속절삭 성능, 내마모성)의 향상이 확인된다.

각종 절삭 공구용의 퀜칭온도를 그림 8 - 33 에 나타냈다. 내열, 내마모성이 중시되는 bite, hob 등은 비교적 높은 퀜칭온도를 사용하고 한편 인성도 요구되는 tap, pinion cutter 등은 낮은 온도가 이용된다.

퀜칭 유지시간($t$)은 탄화물이 기지 오스테나이트에 고용하여 균일하게 확산되기 위한 시간이다. 통상 하이스는 염욕에서 퀜칭되는 일이 많으며 염욕 중에서의 침지시간과 관련된다. 퀜칭온도가 융점직하의 고온영역이므로 침지시간의 탄화물 고용에 대한 영향이 크며, 실제는 초단위의 관리가 행해지고 있다. 예를 들면 직경이 8 mm 이하에서는 $12\times d$ 초, 8~20 mm 에서는 $10\times d$ 초, 20~50 mm 에서는 $8\times d$ 초인데 실제는 칼의 형상이나 용도에 맞추어 독자적인 방식이 각 공구 제조사에서 행해지고 있다.

하이스는 다량의 합금원소를 포함하므로 특히 800℃까지의 열전도율이 작고, 퀜칭

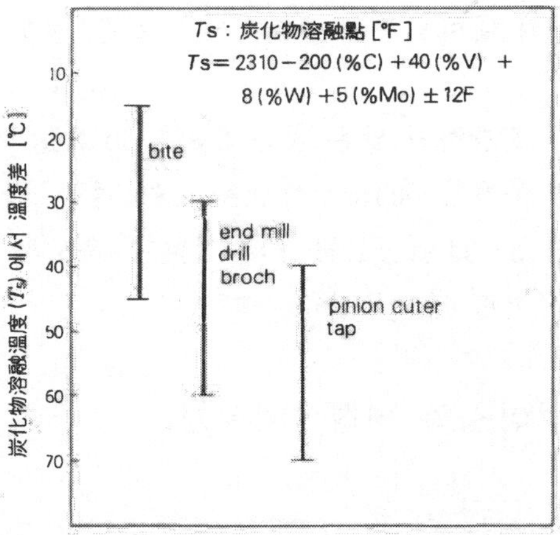


그림 8 - 33 절삭공구의 적정 퀜칭온도 범위

가열할 때 충분한 예열이 필요하다. 이것을 생략하면 퀜칭균열이나 변형이 수반되는 경우가 있다. 일반적으도 550~650℃의 제 1 단 예열, 850~900℃의 제 2 단 예열이 행해진다. 그러나 작은 물품에서는 제 1 단 예열을 생략하나 형상이 복잡한 상품이나 큰 물품 공구에서는 제 3 예열로서 1000~1050℃를 추가하는 경우가 있다.

### 2. 퀜칭은 유냉이나 열욕

보통, 유냉 또는 열욕퀜칭이 행해진다. 유냉인 경우 유조에서 재료온도 300~ 250℃ 정도에서 행하며, 그 후는 공랭한다. 열욕 퀜칭의 적용기준은 다른 공구강과 같으며 욕온으로서는 550~450℃가 이용되며, 피처리품의 내외 온도가 욕온과 같은 시점에서 인상하여 공랭한다. 공랭시, 부품온도가 100~50℃로 저하되면 신속히 퀜칭균열방지를 위해 템퍼링하는 것이 필요하다.

### 3. 퀜칭은 540~570℃

퀜칭된 하이스는 약 60~70%의 마르텐사이트와 20~30%의 잔류 오스테나이트, 5~15%의 미고용탄화물로 구성되어 있다. 이 상태에서는 취약하고 잔류응력도 높으므로 템퍼링에 의해 충분한 경도와 강도, 인성, 내열성을 얻으며 절삭내구성을 구비하게 된다.

구체적인 템퍼링 조건은 공구 종류나 절삭조건에 따라 변화하기 때문에 일률적으로 규정할 수는 없지만 기본적인 사고방식은 명확히 해두는 것이 좋다. 퀜칭온도는 2차경화 최고점 온도 직상의 540~570℃이며, 공구 경도는 $H$RC 64~67이 되도록 한다. 피삭재가 단단하고 칼끝의 내마모성을 증대시키고 싶은 경우에는 $H$RC 65~66이 무난하다.

한편 템퍼링 횟수는 Co를 포함하지 않은 것은 2회, Co 5% 이상 함유한 것은 3회 이상을 표준으로 한다. 단지 두께가 60 mm 이상을 넘는 굵은 공구에서는 템퍼링을 더 추가하는 경우가 있다. 그림 8-34에 SKH 9의 템퍼링 온도와 항절시험 결과를, 그림 8-35에는 SKH 57의 템퍼링 경도곡선을 나타냈다.

## 8-6 냉간단조용 하이스의 퀜칭·템퍼링

냉간단조용과 절삭공구용에서는 하이스의 열처리를 바꿔야 한다. 그것은 절삭공구 열처리가 공구 칼끝 중점의 내마모성, 적열경도 및 인성을 부여하는 것이 주요점인데 반해 냉간단조용 공구강인 경우는 사용조건부터가 공구 전체에 작용응력을 받으므로

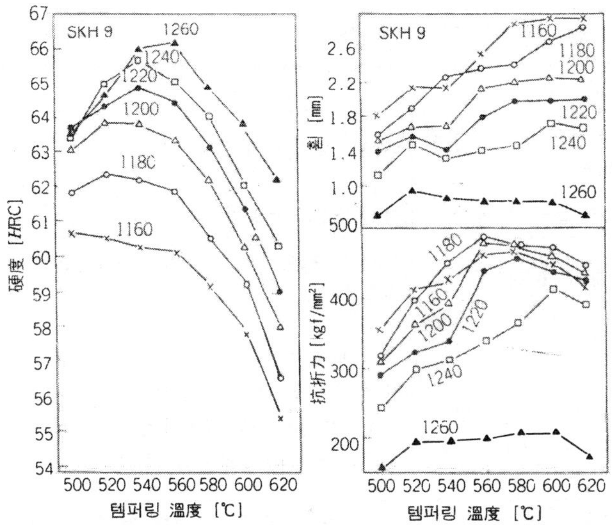


그림 8-34 **SKH 9**의 템퍼링 온도와 경도 항절력

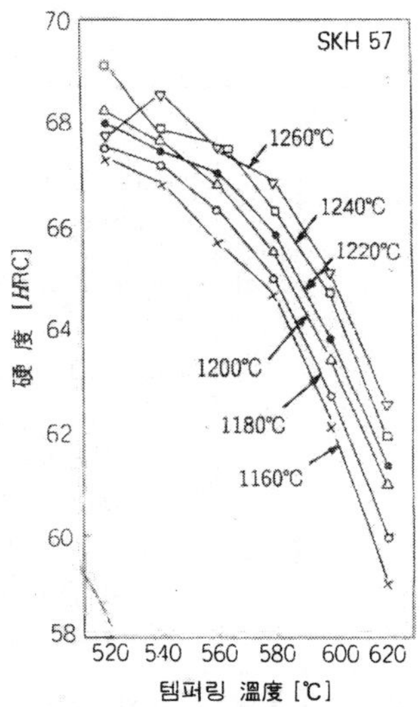


그림 8-35 **SKH 57**의 템퍼링 온도와 경도

공구 표면은 물론 중심부까지 각종 성질이 균일한 것이 요구되기 때문이다.

냉간단조용 공구강으로서 하이스 열처리의 요점은 다음과 같다.

① 인성이 중요시되므로 퀜칭온도는 절삭공구보다 낮은 듯하게 할 것. Mo계 하이스에서는 1130~1180℃가 좋다.

② 중심부까지 충분한 경도를 주기 위해 퀜칭가열의 유지시간은 길게 한다. 절삭공구의 1.5~3배 정도가 좋다.

③ martemper가 좋다. 단지 퀜칭균열, 열처리 변형, 잔류응력에 주의할 것.

④ 용도, 사용조건 및 수명실적 등에 의해서 목표경도를 설정하고 템퍼링 온도는 570~590℃로 관리할 것. 따라서 경도의 조정은 템퍼링 온도의 고저로서 할 것. 600℃ 이상의 템퍼링은 인성을 저하시킨다.

## 8-7 공구강의 열처리 결함

공구강의 열처리에 수반되는 사고는 2가지로 대별할 수 있다. 하나는 열처리 후 즉시 발견되는 퀜칭균열, 경도불량, 변형 등의 사고이며, 다른 하나는 공구로서 사용 중에 조기에 파손이나 마모 등의 사고가 발생하고 원인이 퀜칭시의 과열이나 템퍼링 부족 등 열처리에 기인하는 것이다. 실제 사고로서는 후자쪽이 압도적으로 많다. 이하

표 8 - 6 퀜칭균열의 원인과 대책

| 원 인 | 작 업 인 자 | 대 책 |
|---|---|---|
| 형 상 부 적 합 | corner R 과소, 각인 부적합, 구멍위치 부적합, 편육, 박육 | 면취, 균일두께 |
| 과 열 | 열전대 열화, 재료장입법의 부적절 | 정기점검, 균열화 |
| 탈 탄 | 과열, 대기가열, 소재의 탈탄잔존 | 분위기 또는 솔트 가열, 최소 절삭여유엄수 |
| 냉 각 불 충 분 | 1. 냉각조건의 선정 미스<br>2. 과냉<br>① 교반에서 중지온도 너무 낮다.<br>② 액 중에서 인상온도 너무 낮다.<br>③ 템퍼링에서 입재온도 너무 낮다. | 냉각제의 특성 파악<br>임계구역을 지나면 중지<br>*M*s+ 약 50 ℃ 에 끌어올림<br>혹은, 30～80 ℃ 템퍼링 시행 |
| 소재의 조직불량 | 구상화 불충분, 탄화물 편석 | 노말라이징 혹은 구상화 어닐링 시행 |

실제의 각종 금형에 일어난 사고 예를 들어 그 대책에 대해 서술하겠다.

### 1. 퀜칭균열

퀜칭균열은 공구 형상이나 퀜칭가열 및 냉각조건 등에 의해 큰 영향을 받는다. 퀜칭균열의 원인과 대책에 대해 표 8 - 6 에 나타냈다. 퀜칭균열이 발생한 경우 균열 기점과 파면을 상세히 관찰하고 아울러 작업내용을 다시 검토하여 동일사고가 재차 발생하지 않도록 명확한 대책을 확립하고 다음의 작업에 들어가는 것이 중요하다.

<사례 1> 과열에 의한 퀜칭균열

STD 11 제 드로잉형을 그림 8 - 36 에 나타낸 조건으로 열처리 한 바 그림 8 - 37 의 (a)와 같이 균열이 발생하였다. 균열면에는 temper color 부착이 확인되며, 또 열처리 표면에는 (b)에 나타나듯 0.25 mm 의 탈탄층이 존재하고 있다. 더욱이 (c)의 현미

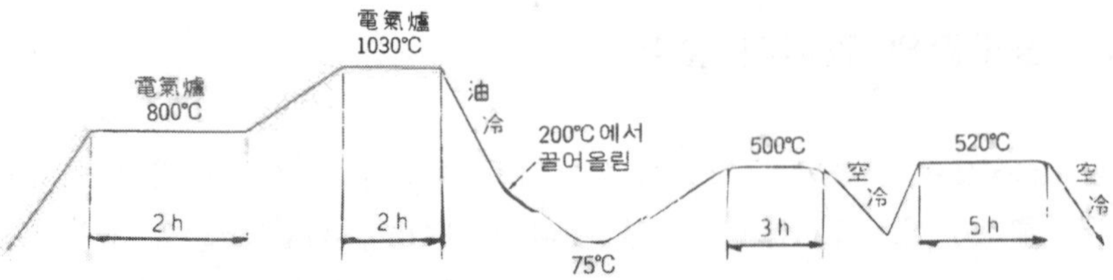


그림 8 - 36 **STD 11** 사고품의 열처리 조건

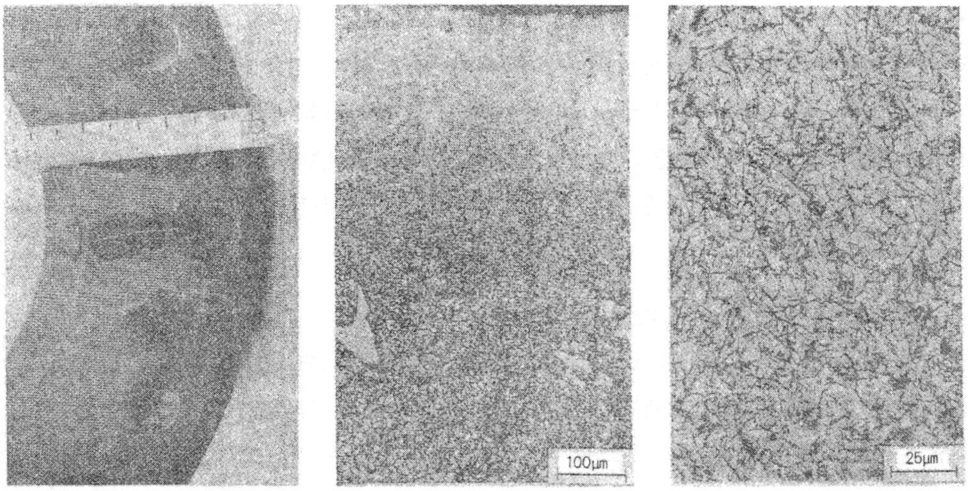


(a) 퀜칭균열의 外觀 (b) 脫炭 micro 組織 (c) 內部의 顯微鏡組織

그림 8-37 **STD 11 제 드로잉형의 퀜칭균열**

경조직으로부터 추정하면 실질 퀜칭온도는 약 1080℃로 과열된 것이다. 사고 원인으로서는

① 노내분위기 조정불량에 따른 표면탈탄

② 노내온도 관리 미비 및 가열유지시간이 너무 긴데 따른 과열

이 생각되며, 유냉 중에 큰 인장응력이 발생하여 퀜칭균열을 만든 것이다. 따라서 대책으로서는 노내 분위기나 온도관리를 충분히 함과 동시에 STD 11과 같이 경화능이 큰 강종의 퀜칭은 가능한 한 피하고 열욕 퀜칭이나 공랭을 해야 한다.

<사례 2> 시효균열에 의한 퀜칭균열

SKH 9제 펀치를 5개 열처리한 바 그림 8-38과 같이 모두가 동일한 곳에서 동일 형상으로 균열이 생겼다. 퀜칭은 1180℃, 템퍼링은 퀜칭한 다음 날에 600℃에서 2회

그림 8-38 **SKH 9 펀치 템퍼링균열 상황**

실시하여 경도는 *H*RC 61이었다. 현미경 조직으로는 과열이나 탈탄 등의 이상이 확인되지 않으며, 균열파면에 temper color가 부착해 있는 점에서 템퍼링까지의 과냉에 의해 날카로운 각인부를 기점으로 하여 생긴 시효균열이라 생각된다. 특히 공구강인 경우에는 퀜칭 후 곧 템퍼링을 실시할 필요가 있다. 템퍼링을 즉각 할 수 없는 경우에는 300~400℃에서 가템퍼링을 할 것. 또 각인에는 우각부에 R을 붙인 것을 사용해야 한다.

**<사례 3> 불균등 형상에 따른 퀜칭균열**

두께가 다른 큰 물체(STF 4)를 기름퀜칭하고 제 1 회 템퍼링시 종료시점에서 그림 8-39와 같이 바깥둘레의 두께가 얇은 부분에 균열이 발견되었다. 퀜칭은 850×2 h 유냉, 템퍼링은 250℃×14 h 이였다.

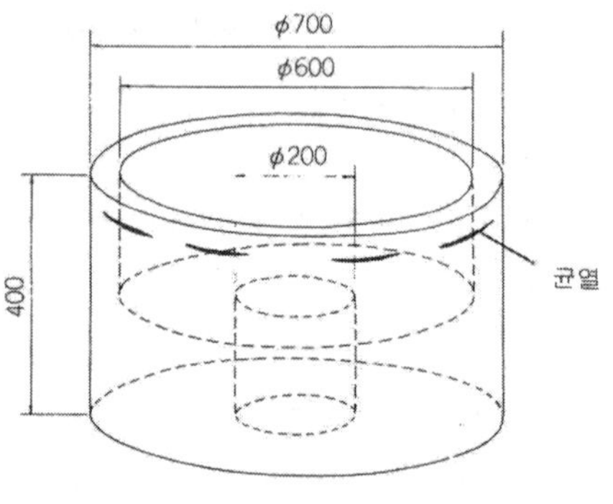


그림 8-39 **STF 4** 재의 퀜칭균열

퀜칭의 유조로부터 인상은 250℃ 정도에서 하고 있는데, 두께가 얇은 부분은 더욱 과냉되어 있어서 *M*s 점(약 250℃)보다 상당히 저하해 있었다고 생각된다. 이렇게 두께가 불균일한 형상인 것은 유냉에 의한 퀜칭이 어려우며 250℃ 정도의 열욕 퀜칭을 해야한다.

퀜칭균열의 원인으로서는 퀜칭온도, 퀜칭냉각제, 탈탄 등이며, 그 이외에 공구 형상의 영향도 크다. 퀜칭균열방지를 위한 형상효과를 그림 8-40에 나타내었다.

## 2. 경도불량

경도불량의 원인과 그것에 관한 작업인자 및 대책을 표 8-7에 정리하였다. 요컨데, 퀜칭온도의 부적당, 냉각 불충분, 퀜칭 부적당 등이 그 원인이다.

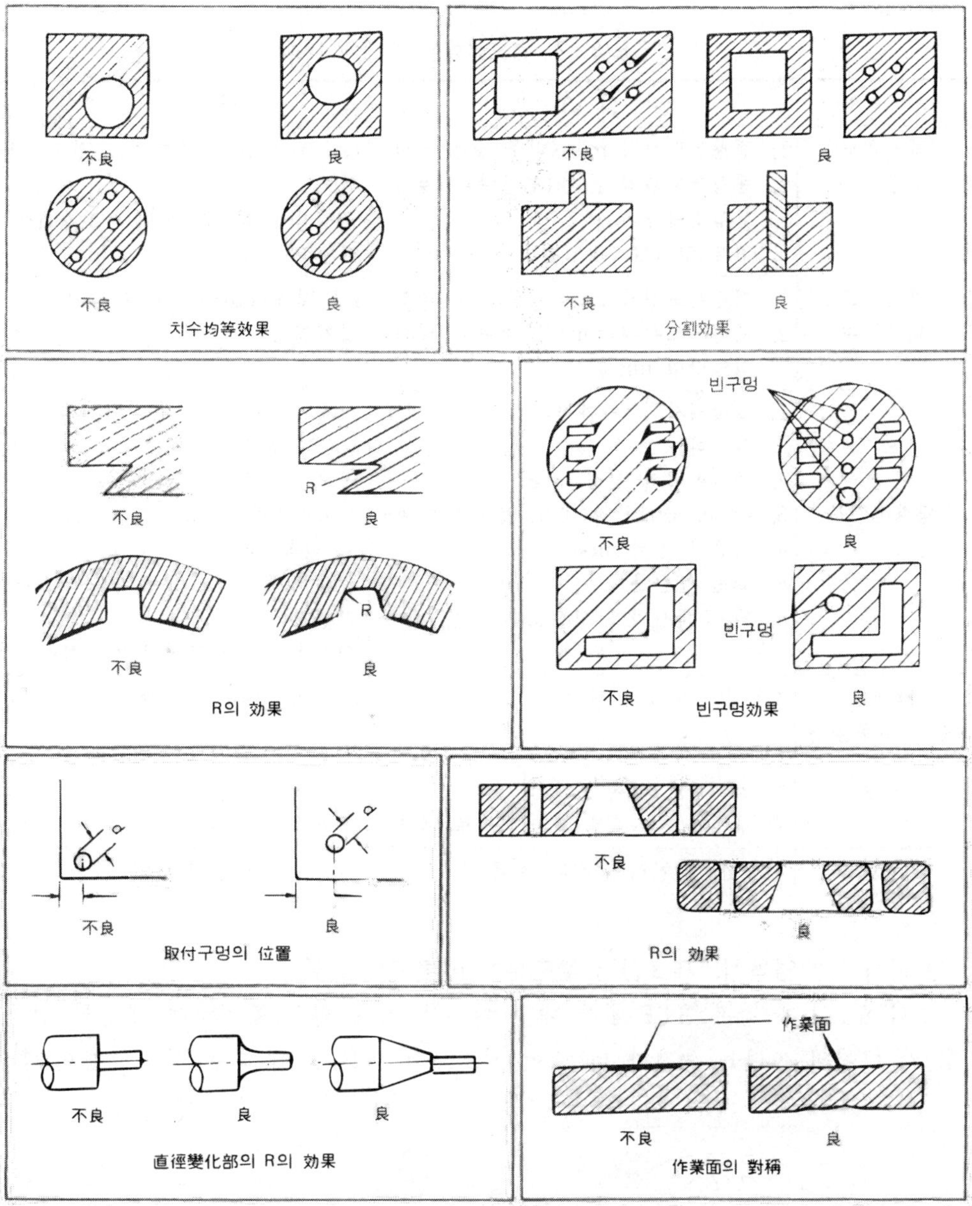


그림 8-40 퀜칭균열방지를 위한 형상 효과

표 8-7 경도불량의 원인과 대책

| 원 인 | 작 업 인 자 | 대 책 |
|---|---|---|
| 퀜칭온도 너무낮다 | 1. 퀜칭온도선정 miss(너무 낮은 지시)<br>2. 퀜칭온도관리 miss(열전대의 열화, 삽입방법 miss)<br>3. 얼룩(입재량, 장입방법 불충분) | KS 및 maker 추천온도 참조, 정기점검<br>균일가열 할 수 있게 적정간격에서 투입재량 조정 |
| 퀜칭온도 너무높다 | 1. 퀜칭온도선정 miss(너무 높은 지시)<br>2. 퀜칭온도관리 miss(전열대의 열화, 삽입방법 miss) | KS 및 maker 추천온도 참조, 정기점검 |
| 냉각불충분 | 1. 노출해서 퀜칭까지의 시간이 너무 걸린다.<br>2. 냉각방법의 선정 miss<br>3. scale, 솔트부착(대기, 솔트가열 때)<br>4. 액온의 관리 miss<br>5. 교반 불충분<br>6. 액 중에서의 인상온도 너무 높다. | 출재방법의 합리화, 열처리설비 lay-out 의 검토<br>냉각제의 특성 파악<br>산화방지제 도포, 분위기로 사용, 솔트 신속제거<br>유온 60～80℃, 수온 30℃ 이하<br>교반기의 설치<br>*Ms* 점＋약 50℃에서 인상처리 |
| 템퍼링 온도 너무높다 | *Ms* 점 근처에서 템퍼링 | 30～80℃에서 템퍼링 |
| 탈탄 | 1. 소재탈탄 잔존<br>2. 퀜칭가열에 의한 탈탄(대기로, 과열) | 최소 절삭여유의 엄수<br>분위기 또는 솔트 가열 |
| 異材 | 전공정, 열처리 공정의 혼입 | 작업기록표 등의 관리 |

<사례 1> 열욕시, 재료간격 불충분에 따른 경도불량

그림 8-41과 같은 STF 4의 대형 다이를 거듭 열욕 퀜칭하여 제 1회 템퍼링 한 후 각 다이의 윗면을 측정한 바 쇼어 경도로서 *HS* 10이 되는 등 큰 경도 불균일이

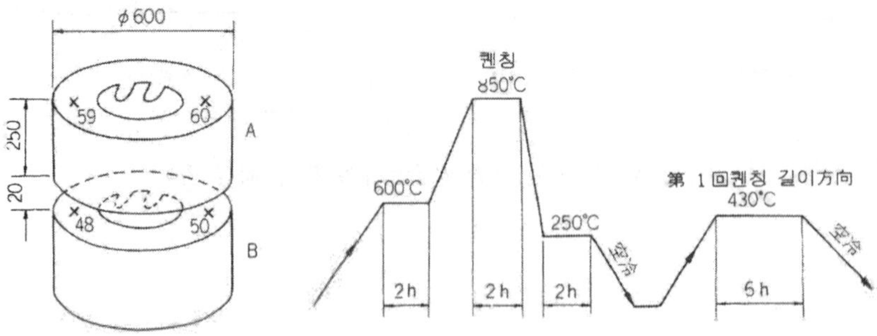


그림 8-41 경도불량을 일으킨 STF 4 재의 쌓는 법과 열처리 공정

생겼다. 조사결과 템퍼링 작업에는 문제가 없으며, 퀜칭 냉각과정에 부적합함이 있음을 알았다. 낮은 경도를 나타낸 곳이 냉각효과가 적은 곳이며, 열욕 침지시에 교반을 하지 않았기 때문에 퀜칭이 되지 않았던 것이다. 따라서 재료간격을 충분히 잡는 것 이외에 열욕 침지시 교반을 충분히 하는 것이 필요하다.

**<사례 2> 금형 치수 증대에 의한 경도불량**

냉간 프레스형에 STS 3을 사용해 1개 찍는 금형을 제작하고 있던 것을 능률 제고 때문에 4개 찍는 금형으로 변경하였다. 그 때문에 금형의 크기가 60 mm 각에서 120 mm 각으로 커졌다. 그 금형을 퀜칭하여 사용한 바 국부적인 마모가 발생하였다. 표면 경도를 측정하면 $H$RC 45~58 사이에서 불균일이 있음을 알 수 있다. STS 3과 같이 경화능이 나쁜 강종에서는 금형이 커지면 퀜칭이 불충분해져 경도가 나오지 않게 된다. 표 8-8에 각종 공구강의 경화능을 나타내었다. 금형의 크기와 경화능을 고려해서 적합한 재료를 사용하는 것이 중요하다.

**<사례 3> 템퍼링부족에 따른 조기균열**

STD 11의 드로잉형이 조기균열을 일으켰으므로 경도를 조사한 바 $H$RC 61~64로 불균일했으며, 균열부근의 경도는 $H$RC 63.5~64.0으로 높은 듯 하였다. 열처리 조건은 퀜칭 1020℃ 공랭, 템퍼링 200℃ 공랭인 것이었다. 그러나 이 형을 다시 200℃에서 템퍼링하였던 바, 경도는 $H$RC 60.8~61.4로 불균일이 적게 되었다. 따라서 조기균열의 원인은 템퍼링 부족에 따른 인성부족이라 추정된다.

특히 공구강인 경우 템퍼링은 저온에서 행해지는 일이 많으며 때문에 템퍼링 부족이 되는 경향이 있다. 템퍼링로의 온도분포 확인은 물론이고 형재(型材)가 설정온도가 되고 나서의 시간, 즉 균일한 가열시간에 주의할 필요가 있다. 또 일반적으로 템퍼링 유지시간은 형재 두께 25 mm당 1시간으로 되어 있는데, 250℃ 이하의 템퍼링에서는

**8-8 각종 공구강에서 내부까지 소정의 경도를 얻을 수 있는 최대 환봉지름**

| | 냉간가공용 공구강 | | | |
|---|---|---|---|---|
| | STS 3 | SKH 9 | STD 1 | STD 11 |
| 유퀜칭에서 $H$RC 60이상 얻어지는 최대 직경 [mm] | 70 | 170 | 180 | 550 |

| | 열간가공용 공구강 | | | | |
|---|---|---|---|---|---|
| | STD 5 | AISI H 10 | AISI H 19 | STD 61 | STF 4 |
| 유퀜칭에서 $H$RC 50이상 얻어지는 최대 직경 [mm] | 20 | 160 | 320 | 650 | 700 |

[주] AISI H 10 0.40 C-3.0 Cr-2.5 Mo-0.4 V
AISI H 19 0.40 C-4.3 Cr-4.3 W-2.0 V-4.3 Co

기준의 배가 되는 시간인 25 mm 당 2 시간을 이용하는 편이 바람직하다.

### 3. 치수변화와 변형

열처리 변형(치수변화와 변형)의 대책은 매우 어려우며 경험에 의하지 않을 수 없는 점이 많다. 그것은 강종이나 공구형상 뿐 아니라 열처리 제조건의 하나를 바꿔도 변형의 정도가 크게 변화하기 때문이다. 현상태로서는 시행착오적이긴 하나 소재, 공구 형상, 열처리 조건 등과 열처리 변형과의 상관관계를 정확히 파악하고, 실적 데이터를 거듭쌓아 그 경향을 파악하여 정량적인 데이터를 만들어가는 것이 중요하다. 각 강종의 기본적인 치수변화율은 그림 8 - 42, 변형방지의 요점은 표 8 - 9 에 나타냈다.

**<사례 1> 과열에 의한 잔류 오스테나이트 증가 때문에 수축한다.**

20 T × 100 W × 500 L(mm)의 STD 11 평면 다이를 퀜칭 1030℃, 템퍼링 200℃에서 열처리한 바 길이가 1 mm(−0.2 %) 수축하였다.

STD 11 의 열처리 치수 변화율은 그림 8 - 42 에 나타내고 있는데 이 데이터에 비해 수축이 이상하게 크다. 또 자석을 붙여보아도 달라붙은 상태가 약하다. 그래서 현미경

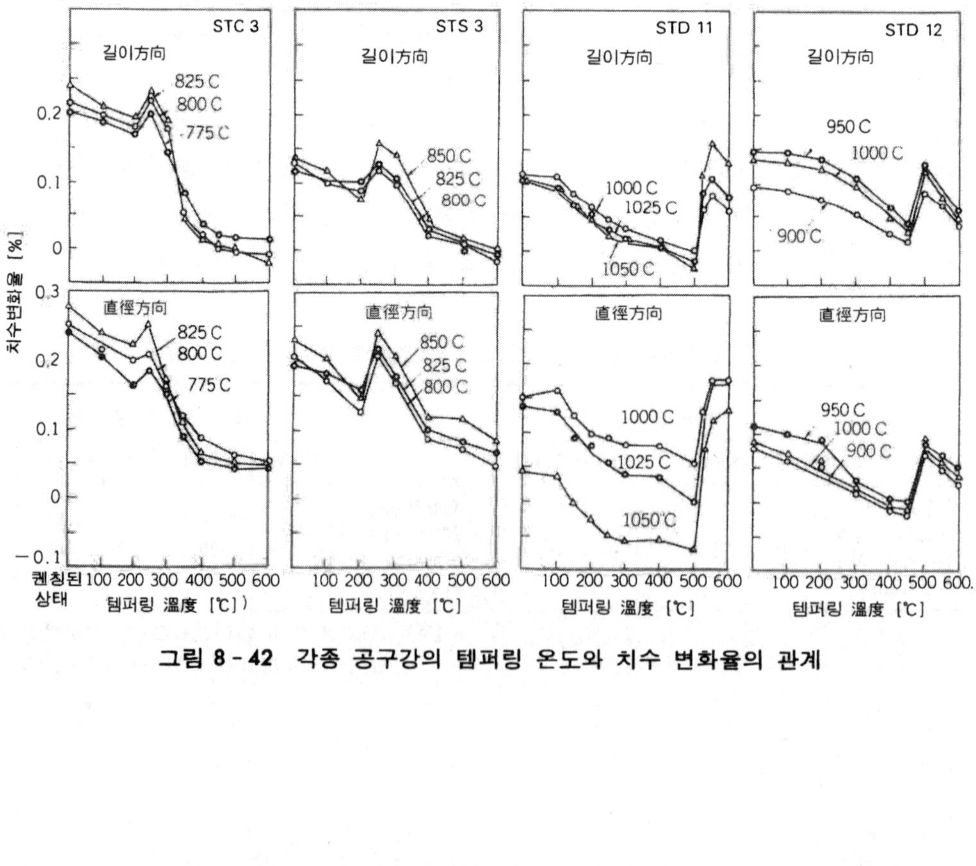


**그림 8 - 42 각종 공구강의 템퍼링 온도와 치수 변화율의 관계**

표 8-9 열처리 변형방지의 요령

| 대 책 법 | 考　　方 | 구 체 적 인 방 법 |
|---|---|---|
| 재질의 개선 | 1. 경화능이 좋은 재료를 이용한다. 냉각속도의 완화에 의해 열응력의 저감<br>2. 재취방법의 검토<br>3. 예비경화강의 이용 | 1. 경화능이 좋은 재료로 변경 (예) STC → STS, STS → STD<br>2. 재료의 방향성을 알고, 목적에 맞는 재료취급을 한다.<br>3. 마르에이징강, 플라스틱형 용강 등의 석출경화강의 이용 |
| 전처리의 개선 | 1. 소재의 내부응력 제거<br>2. 가공응력의 제거 | 1. 소재조질의 실시($H$S 40 정도, 예 : 다이캐스트형)<br>2. 거친 가공 후, 변형제거 어닐링의 이용 |
| 형상의 개선 | 1. 균일가열이 될 수 있게 두께변화를 적게<br>2. 긴 재료와 같이 휘기 쉬운 것은 짧게 | 1. 예를 들면 대칭 형상으로 해서 열처리 후 가공<br>2. 열처리 전의 길이를 짧게 해서 1개당 변형을 적게 하고, 후 공정조립한다. |
| 열처리조건의 개선 | 변형을 적게하는 열처리조건으로 변경 | 1. 가능한 한 퀜칭온도를 낮게 한다.<br>2. 부분적으로 경화되도록 좋은 것은 솔트에 의해 부분가열 등을 이용한다. |
| 가열냉각 방법의 개선 | 1. 균일가열과 휨의 방지<br>2. 서서히 가열 이용<br>3. press 퀜칭의 이용<br>4. 균일냉각법의 실행<br>5. 마르템퍼링의 이용 | 1. ⓐ부품간격, 대열원위치 및 지지방법에 주의 ⓑ온도분포 확인하고, 유효 구역 내에서 가열한다.<br>2. 적정한 예열을 행합다. 될 수 있는대로 서서히 가열한다.<br>3. 형상에 맞는 치구를 이용, $M$s점 근처를 이용한다.<br>4. ⓐ냉각제의 흐름을 균일하게 한다. ⓑ임계냉각속도 내에서 천천히 냉각한다. ⓒ얇은부분은 asbest 등으로 보온하고, 두꺼운 부분은 충풍냉각을 실시한다.<br>5. 적정한 열욕온도와 시간의 검토가 사전에 필요 |

조직을 보면 약 1100℃가열에 해당하는 과열조직을 갖고 있으며, 잔류 오스테나이트($\gamma_R$)가 많이 존재하고 있다. STD 11의 퀜칭온도와 잔류 오스테나이트의 관계는 앞에 나온 그림 8-23에 나타낸 바 있지만, 퀜칭온도의 상승에 따라 잔류 오스테나이트는 이상하게 증가함을 알 수 있다. 이상에서 수축의 원인은 과열 때문에 잔류 오스테

나이트가 증가했기 때문이라고 생각된다. 과열 원인을 추적해본 결과 약 1년간이나 계속해 사용했던 열전대의 노화에 의해 실제 노내온도가 설정온도보다도 50℃ 이상 높아져 있던 점과, 퀜칭유지시간은 약 1시간으로 기준의 배나 되고 있던 것이 판명되었다. 실물건은 그림 8-23을 참고로 고온 템퍼링(510~550℃)을 하여 잔류 오스테나이트의 분해에 의한 팽창을 줌으로써 거의 목표치수로 할 수가 있었다.

<사례 2> 잔류 오스테나이트의 경년변화에 의한 팽창

고정밀도가 요구되는 정밀 플라스틱 성형용 금형에 STD 11을 사용하여, 1020℃에서 진공퀜칭, 280℃에서 템퍼링을 2회해서 이 금형으로 작업했던 바 약 3개월째에 성형품의 치수에 이상이 나왔다. 즉 금형이 경년변화를 일으킨 것이다. 이 경년변화는 퀜칭시에 생기는 잔류 오스테나이트가 시간의 경과와 함께 마르텐사이트로 변태하여 팽창하기 때문에 발생하는 변형이다. 따라서 경년변화를 방지하기 위해서는 열처리할 때에 잔류 오스테나이트를 완전히 변태시켜 두면 좋다. 그 방법으로서 일반적으로 하는 것이 서브제로 처리이다. 또 상당한 효과가 있는 방법으로서는 전술한 고온 템퍼링의 실시가 있다. 그림 8-23에서도 알 수 있듯이 500℃ 이상의 템퍼링 온도에서는 잔류 오스테나이트가 거의 분해한다.

고속도강 SKH 9의 템퍼링 횟수와 잔류 오스테나이트양의 관계를 표 8-10에 나타냈다. 고속도 공구강인 경우 템퍼링은 최저 2회 이상, 큰 부품이나 코발트가 많은 것은 3회 이상의 템퍼링이 필요하다.

표 8-10 SKH 9 템퍼링반복 횟수와 오스테나이트양의 관계(%)

| 템퍼링 온도 | 템퍼링 되풀이한 수 [회] | | | | | |
|---|---|---|---|---|---|---|
| [℃] | 1 | 2 | 3 | 4 | 5 | 6 |
| 520 | 18 | 18 | 12 | 11 | 10 | 5 |
| 540 | 17 | 6 | 0 | 0 | — | — |
| 560 | 3 | 0 | 0 | — | — | — |
| 580 | 0 | 0 | — | — | — | — |

[주] 퀜칭온도 : 1220℃, 템퍼링 시간 : 1h

## 4. 탈 탄

탈탄은 경도불량이나 퀜칭균열, 변형 등 열처리 사고에 직접 관계될 뿐만 아니라 피로강도나 내마모성 등 공구 성능에도 크게 영향을 미치므로 가열분위기를 충분히 유의해야 한다.

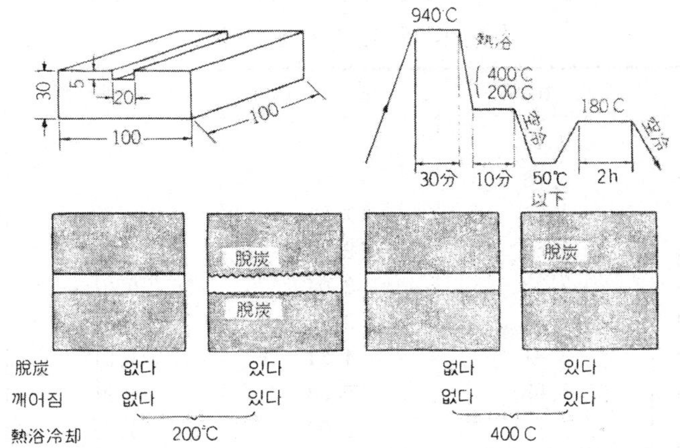

그림 8 - 43 STD 12의 탈탄 및 냉각조건이 퀜칭균열에 미치는 영향

<사례 1> 탈탄에 의한 퀜칭균열

그림 8 - 43 은 STD 12 의 퀜칭균열에 미치는 탈탄의 영향과 퀜칭냉각조건의 관계를 나타내었다. 탈탄이 존재하는 경우에 퀜칭균열이 발생하며 그 정도는 냉각조건이 엄격하지 않으면 균열이 심하게 일어난다.

<사례 2> 절삭여유값의 과소에 의한 탈탄 때문에 퀜칭균열 발생

STD 11 의 $\phi$ 80 압연 봉강에서 ratchet 톱니 단조용 펀치를 제작하여 1020℃ 퀜칭, 180℃ 2 회 템퍼링의 열처리를 실시한 바 균열이 발생하였다. 조사결과 열처리 작업에는 이상이 확인되지 않았으나 소재로부터 절삭값이 0.8 mm 이었던 까닭에 소재의 표면탈탄층이 잔존하며 퀜칭시에 거대한 인장응력이 발생하여 균열이 발생하였다. 참고로 표 8 - 11 에 AISI 가 제정한 최소 절삭치를 나타낸다. 본 조사품과 같이 $\phi$ 80 의 압연 봉강에서 최소 절삭치는 한쪽 두께 2.23 mm 인데 반해 0.8 mm 로 적었기 때문에 일어난 사고이다. 각종 공구의 제작에 있어서 최소 절삭치에 주의하는 것이 중요하다.

<사례 3> 탈탄에 의한 열균열(heat check)의 조기발생

알루미늄 다이캐스트 금형을 STD 61 의 100 T × 300 W × 400 L[mm]로 제작하여 사용했던 바, 약 1000 회 정도에서 열균열이 발생하였다. 금형의 현미경 조직 및 경도를 조사했던 바 형표면에 0.15∼0.2 mm 사이에 경도저하 즉 탈탄이 확인되었다.

이 조기 열균열은 금형의 퀜칭가열시에 생긴 탈탄 때문에 표층부의 피로강도가 저하하고 더욱이 금형의 가열냉각에 의한 열피로에 의해 발생한 것이어서 전에 기술한 탈탄방지를 충분히 행할 필요가 있다.

### 표 8-11 AISI 제정 공구강의 최소 절삭치

(a) 원, 육각, 팔각인 경우 (한쪽 두께 mm)

| 치 수 | 압 연 재 | 단 조 재 | 거친 절삭재 | 냉간인발재 |
|---|---|---|---|---|
| 12.70 이하 | 0.40 | — | — | 0.40 |
| 12.70~ 25.40 | 0.78 | — | — | 0.78 |
| 25.40~ 50.80 | 1.21 | 1.82 | — | 1.21 |
| 50.80~ 76.20 | 1.60 | 2.38 | 0.50 | 1.60 |
| 76.20~101.60 | 2.23 | 3.04 | 0.61 | 2.23 |
| 101.60~127.00 | 2.84 | 3.68 | 0.81 | — |
| 127.00~152.40 | 3.81 | 4.31 | 1.01 | — |
| 152.40~203.20 | 5.08 | 5.08 | 1.21 | — |
| 203.20 이상 | — | 5.08 | 1.82 | — |

[주] 탈탄 허용량은 한쪽 두께에서 윗표의 숫자의 80% 이하

(b) 平, 角材의 경우(熱間壓延材)

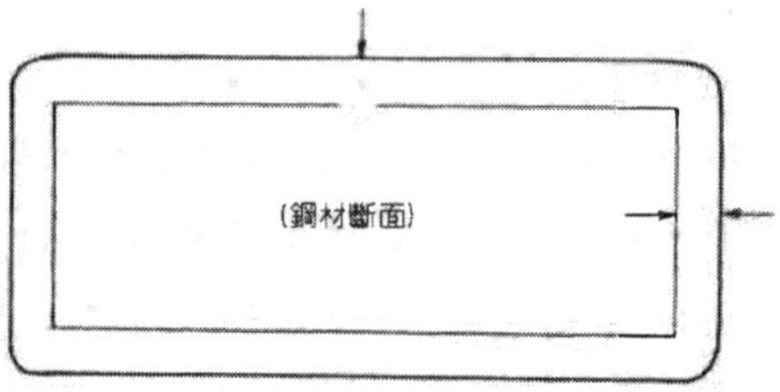


(한쪽 두께 mm)

| A : 두께 \ B : 폭 | | 12.70 이하 | 12.70 ~ 25.40 | 25.40 ~ 50.80 | 50.80 ~ 76.20 | 76.20 ~ 101.60 | 101.60 ~ 127.00 | 127.00 ~ 152.40 | 152.40 ~ 177.80 | 177.80 ~ 203.20 | 203.20 ~ 228.60 | 228.60 ~ 이상 |
|---|---|---|---|---|---|---|---|---|---|---|---|---|
| 12.70 이하 | A | 0.63 | 0.63 | 0.76 | 0.89 | 1.01 | 1.14 | 1.27 | 1.39 | 1.52 | 1.52 | 1.52 |
| | B | 0.63 | 0.91 | 1.11 | 1.42 | 1.72 | 2.33 | 2.64 | 3.04 | 3.45 | 3.66 | 3.86 |
| 12.70~25.40 | A | — | 1.14 | 1.14 | 1.27 | 1.39 | 1.52 | 1.78 | 1.78 | 1.90 | 1.90 | 1.90 |
| | B | — | 1.14 | 1.32 | 1.62 | 2.03 | 2.24 | 3.04 | 3.45 | 4.06 | 4.06 | 4.06 |
| 25.40~50.80 | A | — | — | 1.65 | 1.65 | 1.78 | 1.78 | 1.90 | 1.90 | 2.28 | 2.41 | 2.54 |
| | B | — | — | 1.65 | 1.90 | 2.13 | 2.84 | 3.14 | 3.66 | 4.26 | 4.57 | 4.57 |
| 50.80~76.20 | A | — | — | — | 2.16 | 2.16 | 2.16 | 2.16 | 2.28 | 2.54 | 2.54 | 2.54 |
| | B | — | — | — | 2.16 | 2.29 | 3.04 | 3.45 | 4.06 | 4.57 | 4.82 | 4.82 |
| 76.20~101.60 | A | — | — | — | — | 2.92 | 2.92 | 2.92 | 2.92 | 3.18 | 3.18 | 3.18 |
| | B | — | — | — | — | 2.92 | 3.22 | 3.55 | 4.57 | 4.82 | 4.82 | 4.82 |
| 101.60~127.00 | A | — | — | — | — | — | 3.81 | 3.81 | 3.81 | 3.81 | 3.81 | 3.81 |
| | B | — | — | — | — | — | 3.81 | 4.19 | 4.57 | 4.82 | 4.82 | 4.82 |
| 127.00~152.40 | A | — | — | — | — | — | — | 4.82 | 4.82 | 4.82 | 4.82 | 4.82 |
| | B | — | — | — | — | — | — | 4.82 | 4.82 | 4.82 | 4.82 | 4.82 |
| 152.40 이하 | A | — | — | — | — | — | — | — | 6.35 | 6.35 | 6.35 | 6.35 |
| | B | — | — | — | — | — | — | — | 6.35 | 6.35 | 6.35 | 6.35 |

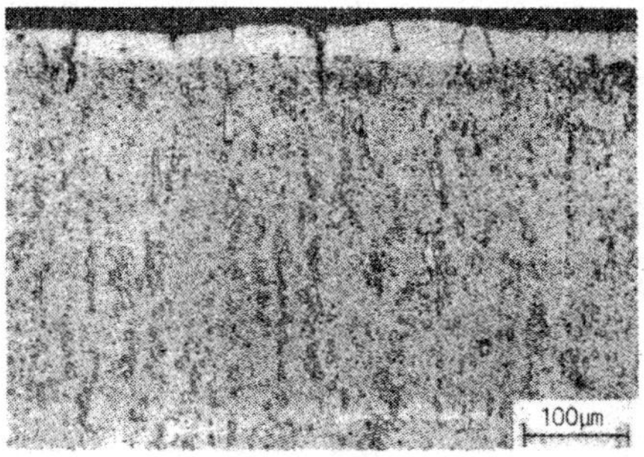


그림 8 - 44 STD 11의 방전가공 변질층

### 5. wire 방전가공에 의한 균열

금형제작분야에서 방전가공기(EDM)나 wire 방전가공기(WEDM) 사용은 일반적이며 또한 없어서는 안될 공작방법이 되어왔다. 동시에 EDM이나 WEDM에 기인하는 금형의 사고가 많이 발생해 왔다. 방전가공은 방전에 의한 고열에 의해 금형 표면을 용융시켜 가공하는 것이다. 그러므로 가공표면에 그림 8 - 44에 나타나듯이 흰 층을 이루는 방전가공 변질층이 생성되며, 또 약 80 kgf/mm$^2$의 인장응력이 발생하며 이것 때문에 금형 가공시나 사용시에 금형에 변형이나 균열의 결함이 많이 나타난다. 따라서 EDM이나 WEDM으로 금형을 가공할 경우에는 방전가공이 금형재에 미치는 영향을 충분히 파악하여 대책을 세워두어야 한다.

**<사례 1> STS 3의 방전가공에 의한 균열**

프레스 타발(blanking)형을 재질 STS 3, 금형 크기 45 T × 250 W × 240 L[mm]로서 830℃ 유퀜칭, 200℃ 템퍼링한 후 WEDM으로 가공했던 바 가공면을 기점으로 하여 균열이 발생하였다. 조사했던 바, 균열 기점부의 가공표면은 다른 부분에 비해 거칠며, 또한 용융재 응고층도 두터워져 있었다. 더욱이 경도가 $H$RC 63으로 매우 높은 듯하며, 실제의 템퍼링 온도는 150℃ 이하로 낮았다고 생각된다. 따라서 WEDM 가공면의 용융층이 열응력을 받아 경도가 너무 높으므로 인성부족과 함께 균열에 이르는 것이다.

EDM이나 WEDM에서의 변형이나 균열대책으로서는

① 열처리에서의 과열이나 탈탄을 막고, 충분한 템퍼링을 하여 경도를 낮춘다.
② 퀜칭에서의 응력을 충분히 제거하기 위해 고온 템퍼링을 한다. 따라서 재질적으로 고온 템퍼링이 가능한 강종(예를 들면 STD 11)을 사용한다.
③ 열처리에서의 응력발생을 적게 하기 위해 열처리 전에 제거할 빈 구멍을 만든다.
④ 안정된 방전조건으로서 가공한다.

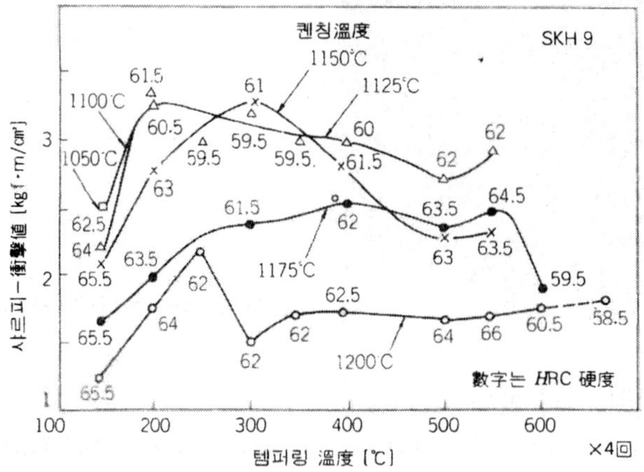


그림 8-45 SKH 9의 켄칭·템퍼링 온도와 샤르피 충격치

⑤ 방전가공 후 재차 템퍼링을 하여 방전가공으로 발생한 응력을 제거한다.

⑥ 방전가공 후 재응고층을 연삭 제거하여 건전한 상태에서 사용한다.

### 6. 열처리 조건과 인성

공구에 인성이 요구되는 경우는 일반적으로 경도를 낮게 조정해 사용되는 일이 많다. 그러나 동일 강종이라도 열처리 조건에 따라 인성은 크게 변화한다. SKH 9인 경우 켄칭온도마다 템퍼링 온도와 샤르피 충격치 관계를 그림 8-45에 나타냈으며, 켄칭온도가 낮은 쪽이 인성 향상에 유효함을 알 수 있다. 이것은 결정입도의 영향이라고 생각된다. 고속도공구강과 같은 고합금강인 경우 인성에 미치는 켄칭온도의 영향은 특히 현저하게 확인되었지만 극단적으로 켄칭온도를 내리면 내마모성이나 경화능의 저하를 초래하므로 주의가 필요하다.

그림 8-46에 STD 61의 켄칭가열조건과 충격치의 관계를 나타낸다. 통상의 켄칭온도에서는 현저한 영향이 확인되지 않지만 과열하든지 필요이상으로 장시간 가열하면 결정입자가 조대화하여 인성이 저하함을 알 수 있다.

### 7. 열처리 조건의 사고방식

이상에서 서술한 것처럼 공구강인 경우는 특성이 열처리 조건에 크게 좌우된다. 따라서 지금 열처리하려고 하는 공구에 어떠한 특성이 요구되고 있는가를 충분히 생각하여 가장 적합한 열처리 조건으로 처리하는 것이 중요하다. 그럼으로써 공구수명이 몇

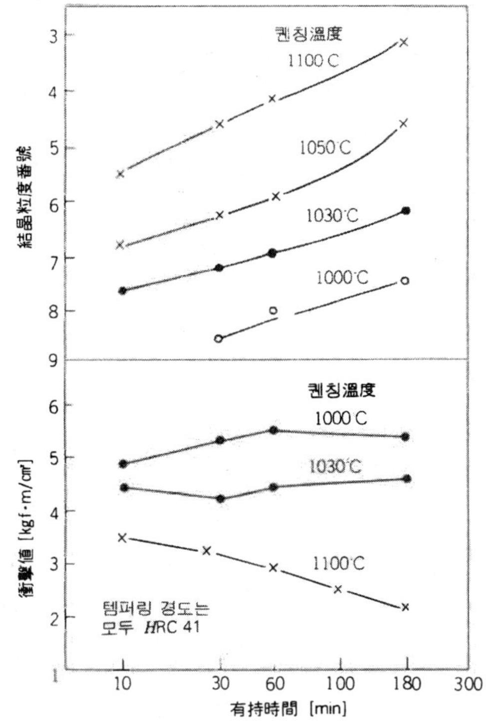


그림 8-46 STD 61의 켄칭 유지시간과 충격치, 결정입도

배 차이가 난다. 켄칭과 템퍼링의 경우에 대해 요구특성을 실현시키기 위한 방법으로서 정리한 표 8-1은 좋은 참고가 될 것이라 생각한다.

# 제 9 장
# 강재의 기계적 시험

## 9-1 경도시험

### 1. 경도시험은 실용적인 품질관리법

재료시험은 열처리 부품의 품질을 평가하는 기본적 수단의 하나이다. 재료시험법에는 많은 종류가 있으나 그 중에서도 경도시험은 열처리 공장에 있어서 가장 관계깊은 재료시험이라 할 수 있다. 그것은 다음과 같은 이유에 의한다.

① 부품이나 제품을 거의 파괴하지 않는다. 즉 시료를 준비파괴적으로 시험할 수 있다.

② 특정 형상의 시험편을 필요로 하지 않고, 실물 혹은 실물에 가까운 형상으로 시험할 수 있다.

③ 다른 시험으로는 불가능한 미소부분 또는 특정장소만을 시험할 수 있다.

④ 자료가 단시간으로 얻어지며 생산공정에 적용하여 효과적인 품질관리 수단으로서 사용할 수 있다.

⑤ 시험기는 소형이어서 특정한 시험장소가 필요치 않다.

⑥ 시험방법이 간단하므로 특정된 측정자가 필요없다.

⑦ 시험기는 비교적 값이 싸며 시험의 전체 비용도 적다.

⑧ 그 외의 기계시험의 대용시험으로서 이용할 수 있다.

이와 같은 편리한 시험이지만 경도시험은 종류가 많고 어느 경도시험을 적용하면 좋은지 알기 어려운 면이 있다. 열처리 부품의 품질평가・관리・보증을 목적으로 하는

표 9 - 1 각종 열처리 부품과 적용 경도시험

| 열 처 리 부 품 | 경 도 시 험 |
|---|---|
| 노말라이징, 어닐링, 고용화 열처리 등을 행한 강봉, 강판 등의 소재<br>퀜칭, 템퍼링을 행한 구조용강 | Brinell |
| 퀜칭, 템퍼링을 행한 공구강 | rockwell, rockwell superficial |
| 대형 부품 | shore |
| 표면경화부품 | Vickers, 미소 |

것이라면 KS 규격에 있는 브리넬, 비커스, 미소, 로크웰 및 쇼어 경도시험 등 사용에 유리한 것 중에서 택하면 좋다. 표 9 - 1 에 각각의 열처리 부품에 널리 적용되고 있는 경도시험의 종류를 나타내었다.

경도시험 방법의 KS 는 브리넬, 비커스, 로크웰, 쇼어 등에 대해 모두 1981 년에 대폭적으로 개정되었으므로 본장은 이것에 의해 해설하고 있다. 특히 경도의 기호에 대해서는 종래는 각각 $H_B$, $H_V$, $H_R$, $H_S$ 따위로 쓰고 있었으나 이번에는 HB, HV, HR, HS 와 같이 개정되었다.

## 2. 브리넬 경도시험은 조형재에 적합

### (1) 브리넬 경도의 의미와 특징

브리넬 경도란 그림 9 - 1 과 같이 강재 또는 초경합금으로 만든 구형의 압자로 시험면에 압흔을 만들었을 때 시험하중을 압흔 직경에서 구한 압흔 표면적으로 나눈 수치이다.

$$HBS(\text{또는 } HBW) = \frac{2F}{\pi D(D - D_2 - d^2)} \qquad (9-1)$$

여기서, $HBS$ : 강구압자에 의한 브리넬 경도(단위는 붙이지 않음)

$HBW$ : 초경합금구압자에 의한 브리넬 경도(단위는 붙이지 않음)

$F$ : 시험하중[kgf]

$D$ : 압자의 직경[mm]

$d$ : 압흔직경[mm]

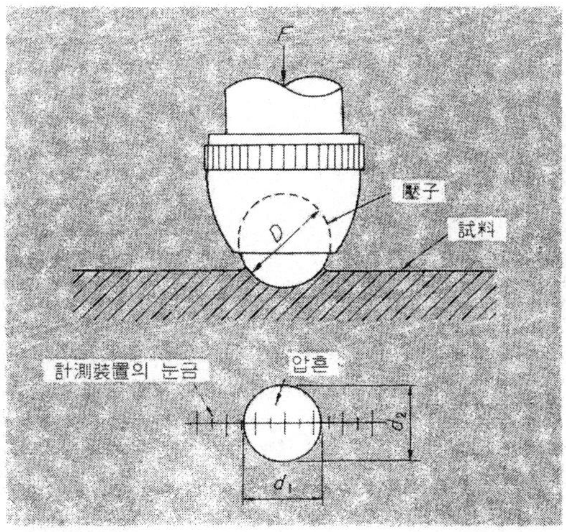


그림 9-1 브리넬 경도시험의 압자와 압흔

브리넬 경도시험에는 다음과 같은 특징이 있다.

① 다른 경도시험에 비해 압흔이 크다. 따라서 경도가 불균일한 재료(주물, 분말야금), 소재, 압연재, 단조품 등의 평균경도를 구하는데 적합하다.

② 압자에 강 또는 초경합금의 구를 이용하므로 퀜칭경화재에 대해서는 압자가 변형되어 정확한 경도가 얻어지지 않는다.

③ 작은 시료와 얇은 시료에는 적합하지 않다. 압흔이 크게 나타나기 쉬우므로 제품에는 적합하지 않다.

### (2) 브리넬 경도시험기

브리넬 경도시험기는 시험기 본체와 압흔측정장치로 구성된다. 본체는 그림 9-2와 같은 유압식이 많이 쓰이고 있다. 압흔측정장치는 그림 9-3과 같은 통형 브리넬 계측장치가 일반적이다. 계측장치는 이같이 전용인 것이 아니어도 좋으며 고정밀도의 치수측정에는 그림 9-4와 같은 현미경이 필요하게 된다.

압자의 직경과 시험하중은 표 9-2의 조합을 이용하는데 압자의 직경과 시험하중 사이에는 다음과 같은 관계가 있다.

$$F = KD^2 \tag{9-2}$$

여기서, $F$ : 시험하중[kgf]

$K$ : 재료에 의해 결정되는 상수(철강 30, 동합금 10, 연금속 5)

$D$ : 압자의 직경[mm]

그림 9-2 유압식 브리넬 경도시험기

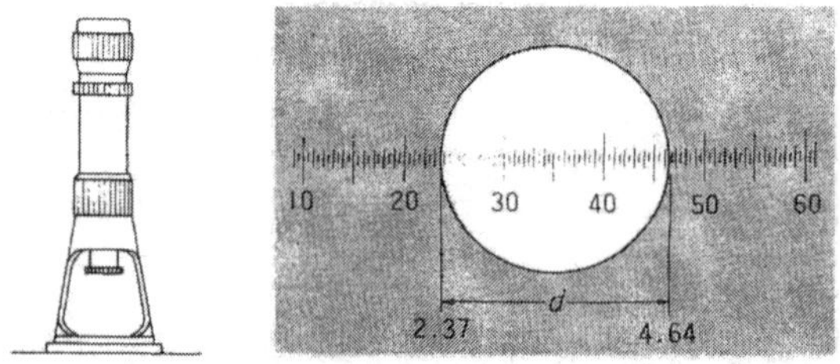


그림 9-3 통형 브리넬 계측장치와 압흔의 치수 측정방법

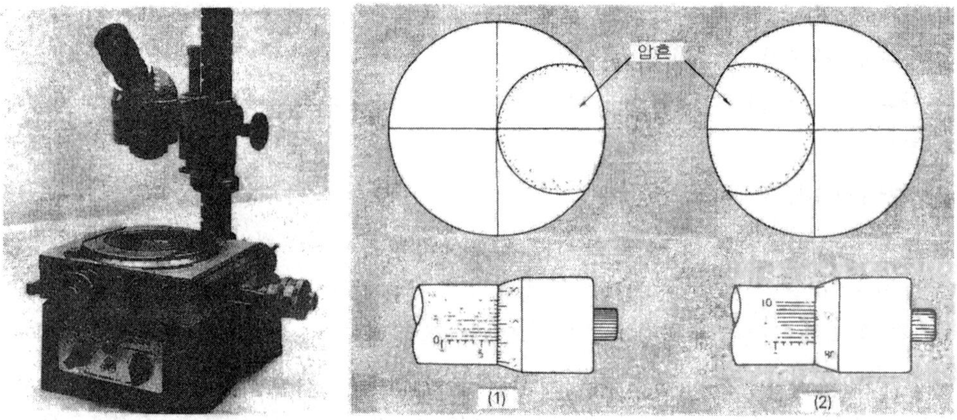


그림 9-4 공장 현미경과 압흔치수 측정방법

예를 들면 $K$ 가 30 이고, 직경 10 mm 구를 사용한 경우

$$F = 30 \times 10^2 = 3000[\text{kgf}] \qquad (9-3)$$

예를 들면 압자에는 통상 직경 10 mm 가 많이 쓰여진다. $K$ 값을 바꾸지 않고 시험하중을 결정한다면 압흔 형상의 닮은 꼴이 성립하여 동일경도가 얻어진다. 단지 이 관계

표 9-2 브리넬 압자의 직경과 시험하중의 편성

| 압자의 직경 $D$[mm] | 시험하중 $F$[kgf] | 경 도 기 호 | 주 된 적 용 재 료 (브리넬 경도) |
|---|---|---|---|
| 10 | 3000 | $H$BS(또는 $H$BW) (10/3000) | 강, 주철(140 이상), 동 및 동합금(200 을 초과하는 것) |
| 5 | 750 | $H$BS(또는 $H$BW) (5/750) | |
| 10 | 1500 | $H$BS(또는 $H$BW) (10/1500) | — |
| 10 | 1000 | $H$BS(또는 $H$BW(10/1000) | 주철(140 미만), 동 및 동합금(35~200), 경금속 및 그것의 합금 |
| 10 | 500 | $H$BS(또는 $H$BW) (10/500) | 동 및 동합금(35 미만), 경금속 및 그것의 합금 |

는 압흔 직경이 압자 직경의 0.20~0.60 배 범위에서 성립한다. 예를 들면 10 mm 구 압자에서 시험하중 3000 kgf 조건에서의 경도와 비교할 수 있는 경도를 5 mm 구 압자로 구하려고 하면

$$F = 30 \times 5^2 = 750 \tag{9-4}$$

가 되며, 750 kgf 의 시험하중을 이용하면 좋게 된다.

계측장치의 사용법은 그림 9-3 에서는 시야 내의 측정자로서 압흔 직경을 읽는다. 압흔 좌우 가장자리의 수치를 읽어 양자의 차를 취해 직경으로 한다. 단 눈금은 0.05 mm 이므로 목측(눈대중)으로서 한 눈금을 5 등분 하지 않으면 0.01 mm 까지 읽을 수 없다. 그림 9-4 에서는 재물대 위 시료의 이 동량을 micro-meter 로 읽은 것으로서 0.01 mm 까지 정확히 읽을 수 있다. (1)상태에서 시야내에 고정된 +자선 교점에 압흔의 한쪽 가장자리를 합쳐 micro-meter 의 눈금을 읽고, (2)상태에서 다른 쪽 가의 눈금을 읽어 양자의 차를 취해 직경으로 한다.

(3) 브리넬 시료를 만드는 법

시편면의 형상 : 시편면은 원칙적으로 평면으로 한다. 그 거칠음은 압흔 직경의 1 %까지 측정할 수 있을 정도로 매끈하게 해야 한다.

시편면의 넓이 : 시편면은 반드시 넓은 것이 바람직하며, 최소 넓이는 그림 9-5 에 나타낸 압흔 간격으로 계산한다.

시편의 두께 : 압흔의 깊이 $h$ 의 8 배 이상의 두께를 필요로 한다. 최소 두께 $T$ 는 다음 식에 의해 예측한다.

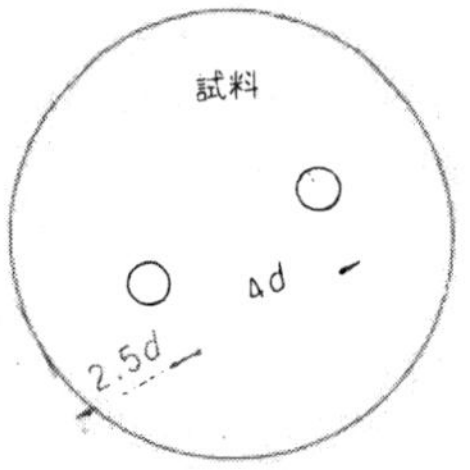


그림 9-5 브리넬 압흔의 간격

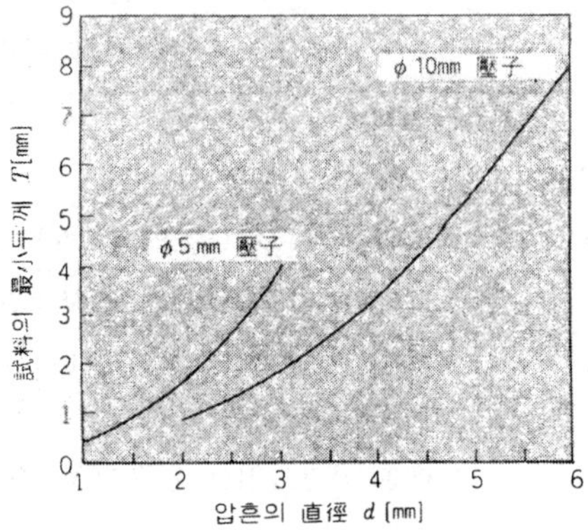


그림 9-6 브리넬 시편의 최소 두께

$$T = 4(D - \sqrt{D^2 - d^2}) \tag{9-5}$$

그림 9-6에 식 (9-5)의 계산 결과를 나타냈다.

(4) 브리넬 경도시험의 순서(유압식 시험기의 경우)

압흔을 만드는 법

① 압자 설치축에 φ 10 mm 또는 φ 5 mm 구의 압자를 설치한다.

② 시험하중은 추를 좌우 균형을 유지하면서 쌓아 설정한다.

③ 시료대 위의 시료를 handle을 돌려 상승시키고, 시험면을 압자선단에 접근시킨다. 간격은 조금 있어도 좋지만 압자를 닿게해서는 안 된다.

④ 유압의 릴리즈 밸브를 가볍게 잠근다.

⑤ 시험하중의 부하는 펌프레버를 상하로 작동시켜 2~8초에서 규정하중이 되도록 가한다. 하중계의 지침이 규정하중 눈금에 가까우면 추가 뜨기 시작하므로 레버를 눌러내릴 때 주의깊게 조용히 행한다. 부주의하게 조작하면 충격하중이 생겨 과부하가 된다. 추가 충분히 뜬 상태에서 규정하중에 달한다.

⑥ 시험하중은 10~15초 유지한다.

⑦ 릴리즈 밸브를 천천히 열어 하중을 개방한다.

압흔의 직경 측정과 경도의 산출 및 표시

① 통형 브리넬 계측장치의 배율을 조정한다. 부속의 표준자 위에 계측장치를 세워 표준자 눈금과 계측장치 내의 눈금을 일치시켜 배율조정 ring을 꽉 잠근다.

② 압흔의 직경을 원칙으로 0.01 mm까지 측정한다. 서로 직각인 2 방향의 치수 $d_1$

표 9 - 3 브리넬 경도의 표시 예

| 압자 | | 시험하중 [kgf] | 표시 | [주] |
|---|---|---|---|---|
| 직경[mm] | 재질 | | | |
| 5 | 강 | 750 | *H*BS(5/750) 341 | |
| 10 | 초경합금 | 3000 | *H*BW 601 | (10/3000)은 생략해도 된다. |
| 5 | 강 또는 초경합금 | 750 | *H*B(5/750) 319 | 경도 320 이하의 장소 또는 생략해도 된다. |
| 10 | 동 또는 초경합금 | 3000 | *H*B 319 | |

과 $d_2$의 평균치를 $d$로 한다.

③ 브리넬 경도 산출표를 이용해 $d$에 대응하는 경도치를 읽고 표 9 - 3과 같이 표시한다.

### 3. 로크웰 경도시험에는 30가지의 scale이 있다.

#### (1) 로크웰 경도의 의미와 특징

로크웰 경도는 표 9 - 4에 나타나듯이 diamond 압자 또는 구압자를 이용하여 먼저 기준하중을 가하고 다음에 시험하중을 가하고 다시 기준하중으로 되돌아 왔을 때 전후 2회의 기준하중에 있어 압자의 침입깊이의 차 $h$에 의해 표 속에 나타나는 경도를 정의하는 식에서 구한다. 단지 시험기의 지시장치에는 계산 결과의 경도값이 직접 지시되도록 되어있다. 기준하중이 10 kgf에서 scale 경도를 **로크웰 경도**라 하며, 기준경도가 3 kgf일 때는 **로크웰 수퍼피셜 경도**라고 한다.

로크웰 경도시험에는 다음과 같은 특징이 있다.

① 브리넬이나 비커스 경도시험에 비해 단시간으로 경도값이 얻어진다. 현장에서의 중간검사 등에 적합하다.

② 경도의 scale(척도)은 압자 5종류와 시험하중 6종류를 곱한 30종류가 있다. 하나의 scale로 시험할 수 있는 경도범위는 한정되어 있으며 예를들면 HQ한 강과 황동은 다른 scale 시험이 된다. KS에서는 표 9 - 4에 나타낸 13 scale을 규정하고 있다.

#### (2) 로크웰 경도시험기의 준비

로크웰 경도 시험기 및 로크웰 수퍼피셜(superficial) 경도시험기에는 많은 형식이 있다. 시험기의 하중 조작기구로는 하중의 부하와 제거를 수동으로 행하는 것, 제거만

표 9-4 로크웰 경도 및 로크웰 Super-Ficial 경도의 주된 Scale

<table>
<tr><th></th><th>scale</th><th>압 자</th><th>기준하중<br>[kgf]</th><th>시험하중<br>[kgf]</th><th>경도의 정의식<br>($h$는 $\mu$m 단위)</th><th>주된 적용재료</th></tr>
<tr><td rowspan="7">로크웰경도</td><td>A</td><td rowspan="2">선단의 곡률반경 0.2 mm, 원추각 120°의 다이아몬드</td><td rowspan="7">10</td><td>60</td><td rowspan="2">$HR=100\frac{h}{2}$</td><td>초경합금, 박강판, 침탄표면</td></tr>
<tr><td>C</td><td>150</td><td>B 100 이상의 경한 재료 70 이하</td></tr>
<tr><td>F</td><td rowspan="3">강구 또는 초경합금 구 직경 3.175 mm</td><td>60</td><td rowspan="5">$HR=130\frac{122}{2}$</td><td>—</td></tr>
<tr><td>B</td><td>100</td><td>어닐링강 등</td></tr>
<tr><td>G</td><td>150</td><td>B scale 보다 강한 재료</td></tr>
<tr><td>H</td><td rowspan="2">강구 또는 초경합금 구 직경 3.175 mm</td><td>60</td><td rowspan="2">상당히 연한 재료</td></tr>
<tr><td>E</td><td>100</td></tr>
<tr><td rowspan="6">로크웰 수퍼피셜 경도</td><td>15 N</td><td rowspan="3">선단의 곡률반경 0.2 mm, 원추각 120° 다이아몬드</td><td rowspan="6">3</td><td>15</td><td rowspan="6">$HR=100-122$</td><td rowspan="3">질화표면 또는 경한 재료의 박판</td></tr>
<tr><td>30 N</td><td>30</td></tr>
<tr><td>45 N</td><td>45</td></tr>
<tr><td>15 T</td><td rowspan="3">강구 또는 초경합금 구 직경 1.5875 mm</td><td>15</td><td rowspan="3">강, 황동, 청동 등의 박판</td></tr>
<tr><td>30 T</td><td>30</td></tr>
<tr><td>45 T</td><td>45</td></tr>
</table>

을 자동으로 행하는 것, 전자동인 것 등이 있다. 경도값의 지시방법으로는 아날로그식인 것, 디지탈식인 것, 광학식인 것 등이 있다. 시험기의 크기로는 시료받침대 위의 시료의 최대 두께로 나누어서 3형, 5형 등이 있다. 시험기의 외관을 그림 9-7에 예시하였다.

시험기의 지시치는 다이아몬드 압자가 다르면 변하므로 기준편을 측정하여 체크한다. 강구압자는 변형하므로 때때로 새로운 것으로 교환한다. 단단한 시료를 시험한 후나, diamond spot 받침대(그림 9-8의 2 참조)의 사용 후에는 기준편을 측정하여 체크한다.

시험하중의 부하속도 및 하중유지 시간은 경도기준편을 측정했을 때의 값이 기준경도치를 나타낼 수 있도록 조정한다. 구체적으로 말하면 $HRC$ 60인 기준편을 측정하는데 시험하중 부하시의 압자가 눌리는 소요시간이 2~3초가 되도록 했을 때 하중유지 시간은 2~6초로 하면 좋다.

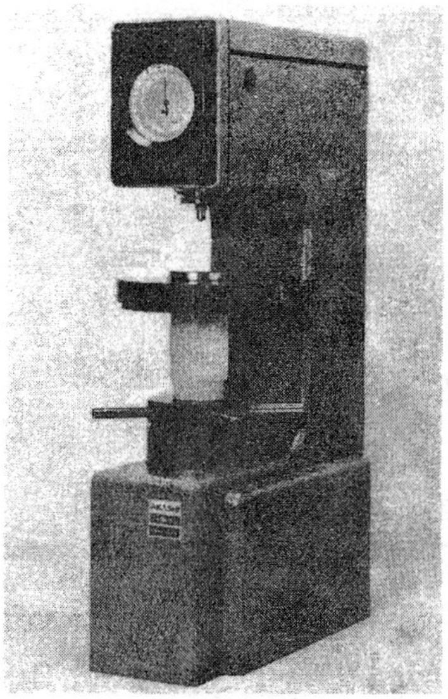

그림 9-7 로크웰 경도시험기

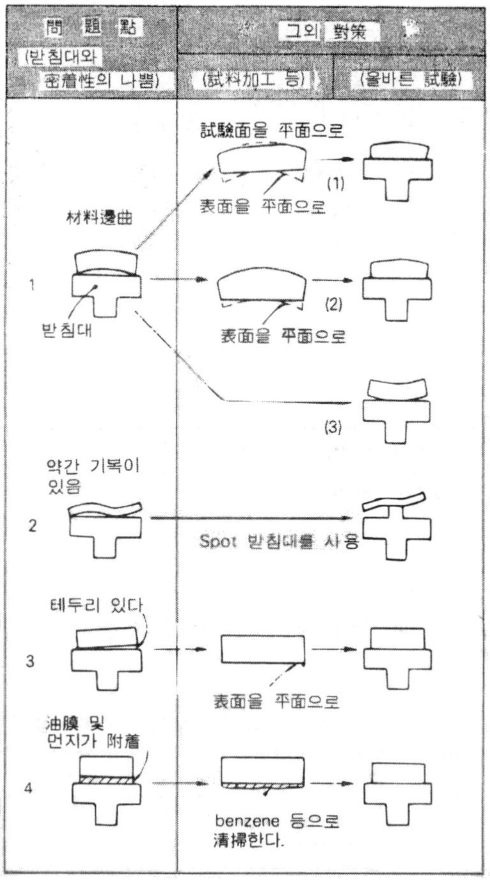


그림 9-8 로크웰 경도 시료의 문제점과 그 대책

(3) 로크웰 시료를 만드는 법

시료의 크기

시험면의 최소 넓이는 시료의 경도를 예측할 수 있으면 표 9-5 또는 표 9-6을 참고로 하여 표 9-7에 의해 산출할 수 있다. 시료의 최소 두께는 압흔깊이 $h$의 10배가 필요하다.

시험면과 반대면의 형상

시험면과 반대면은 평행이며 매끈한 평면으로 한다. 곡면시료는 그림 9-8과 같이 평면으로 가공한다. 표면과 내부에서 경도가 다른 경우는 곡면 그대로 시험하고 측정치를 보정한다. 예를 들면 원주면에서의 측정치는 원만한 값이 되므로 표 9-8 혹은 표 9-9와 같은 보정치를 가산한다. 또 넓은 반대면을 평면으로 가공하는 일은 큰일

표 9-5 로크웰 C 압흔 크기의 표준

| $HRC$ | 압흔의 직경 $d$ [mm] | 압흔의 깊이 $h$ [mm] |
|---|---|---|
| 65 | 0.44 | 0.07 |
| 60 | 0.50 | 0.08 |
| 40 | 0.70 | 0.12 |
| 20 | 0.89 | 0.16 |

표 9-6 로크웰 B 압흔 크기의 표준

| $HRB$ | 압흔의 직경 $d$ [mm] | 압흔의 깊이 $h$ [mm] |
|---|---|---|
| 100 | 0.70 | 0.06 |
| 80 | 0.88 | 0.10 |
| 60 | 1.01 | 0.14 |
| 40 | 1.11 | 0.18 |
| 20 | 1.18 | 0.22 |

표 9-7 로크웰 압흔 간격

| | |
|---|---|
| 압흔의 중심에서 시료의 모서리까지 | ≧2.5 $d$ |
| 압흔과 압흔의 간격 | ≧4 $d$ |

[주] $d$ : 압흔의 직경[mm]

이므로 그림과 같이 spot 받침대를 사용해 해결하는 방법도 있다.

표 9-8 圓柱面에서의 $HRC$ 측정치에 가산하는 보정치(ISO)

| $HRC$ | 원주의 직경 [mm] | | | | | | | | |
|---|---|---|---|---|---|---|---|---|---|
| | 6 | 10 | 13 | 16 | 19 | 22 | 25 | 32 | 38 |
| 20 | | | | 2.5 | 2.0 | 1.5 | 1.5 | 1.0 | 1.0 |
| 25 | | | 3.0 | 2.5 | 2.0 | 1.5 | 1.0 | 1.0 | 1.0 |
| 30 | | | 2.5 | 2.0 | 1.5 | 1.5 | 1.0 | 1.0 | 0.5 |
| 35 | | 3.0 | 2.0 | 1.5 | 1.5 | 1.0 | 1.0 | 0.5 | 0.5 |
| 40 | | 2.5 | 2.0 | 1.5 | 1.0 | 1.0 | 1.0 | 0.5 | 0.5 |
| 45 | 3.0 | 2.0 | 1.5 | 1.0 | 1.0 | 1.0 | 0.5 | 0.5 | 0.5 |
| 50 | 2.5 | 2.0 | 1.5 | 1.0 | 1.0 | 0.5 | 0.5 | 0.5 | 0.5 |
| 55 | 2.0 | 1.5 | 1.0 | 1.0 | 0.5 | 0.5 | 0.5 | 0.5 | 0 |
| 60 | 1.5 | 1.0 | 1.0 | 0.5 | 0.5 | 0.5 | 0.5 | 0 | 0 |
| 65 | 1.5 | 1.0 | 1.0 | 0.5 | 0.5 | 0.5 | 0.5 | 0 | 0 |
| 70 | 1.0 | 1.0 | 0.5 | 0.5 | 0.5 | 0.5 | 0.5 | 0 | 0 |
| 75 | 1.0 | 0.5 | 0.5 | 0.5 | 0.5 | 0.5 | 0 | 0 | 0 |

표 9-9 圓柱面에서의 $H$RB 측정치에 가산하는 보정치(ISO)

| $H$RB | 원 주 의 직 경 [mm] | | | | | | |
|---|---|---|---|---|---|---|---|
| | 6 | 10 | 13 | 16 | 19 | 22 | 25 |
| 0 | | | | | | 4.5 | 3.0 |
| 10 | | | | 5.0 | 4.0 | 3.5 | 3.0 |
| 20 | | | | 4.5 | 4.0 | 3.5 | 3.0 |
| 30 | | | 5.0 | 4.5 | 3.5 | 3.0 | 2.5 |
| 40 | | | 4.5 | 4.0 | 3.0 | 2.5 | 2.5 |
| 50 | | | 4.0 | 3.5 | 3.0 | 2.5 | 2.0 |
| 60 | | 5.0 | 3.5 | 3.0 | 2.5 | 2.0 | 2.0 |
| 70 | | 4.0 | 3.0 | 2.5 | 2.0 | 2.0 | 1.5 |
| 80 | 5.0 | 3.5 | 2.5 | 2.0 | 1.5 | 1.5 | 1.5 |
| 90 | 4.0 | 3.0 | 2.0 | 1.5 | 1.5 | 1.5 | 1.0 |
| 100 | 3.5 | 2.5 | 1.5 | 1.5 | 1.0 | 1.0 | 0.5 |

**(4) 로크웰 경도시험의 순서**(아날로그식 수동시험기인 경우)

우선 준비로서,

① 적용할 경도 scale을 결정한다.

② 압자와 시험하중용 추를 설치한다.

③ 부하속도 조절용 나사를 돌려서 시험하중 부하속도를 조정한다.

④ 압자나 시료받침대를 바꿔 단다든지 크게 상하로 움직였을 때 및 측정 시작시에는 경도측정과 같은 예비조작을 2회 이상 행한 뒤 시험에 들어간다.

압흔의 형성과 경도의 독해·표시법은,

① 시료뒷면을 받침대에 충분히 밀착시킨다.

② handle을 돌려 시료를 압자에 눌러 작은 바늘이 빨간점에 도달해 지침이 바로위 위치에서 ±5경도 단위에 달하려고 할 때 기준하중은 10 kgf가 된다. 이 이후 지침에 고정위치를 일치시킨다.

③ 하중 레버를 가볍게 쥐고 그대로 조용히 누르고 손을 뗀다. 지침은 회전을 시작해 곧 갑자기 느려지고 시험하중에 달한다. 소정의 하중유지시간이 지난다면 하중 레버를 조용히 자기 앞으로 되돌린다.

④ 정지한 지침이 가리키는 눈금을 0.2경도 단위 이하까지 읽는다. 다이아몬드 압자일 때는 C눈금(원추 = Cone 머릿자의 C를 나타낸다), 구형 압자일 때는 직경

표 9-10 로크웰 및 로크웰 수퍼피셜 경도의 표시 예

| scale | 경 도 | 표 시 | (주) |
|---|---|---|---|
| C | 50.5 | *H*RC 50.5 | A, C, 15 N, 30 N<br>45 N Scale에서 50 이상의 경우<br>0.5 단위, 기타는 1 단위 |
| B | 90 | *H*RB 90 | |
| 30 N | 69.5 | *H*R 30 N 69.5 | |
| 15 T | 85 | *H*R 15 T 85 | |

에 관계없이 모두 B눈금(구 = Ball의 머릿자 B를 나타낸다)을 읽는다.

⑤ handle을 역전(반대로 돌림)하여 기준하중을 제거한다.

⑥ 측정치의 평균값은 1경도 단위로 뭉친다. 단, A, C 또는 N경도가 50 이상인 경우는 0.5단위로 뭉친다. 그리고 표 9-10에 예시한 것과 같이 표시한다.

## 4. 쇼어 경도시험은 대형 부품에 적합

### (1) 쇼어 경도시험의 특징

경도시험에서는 시료를 시험기 받침대 위에 놓고 변형을 주게 되어 있으므로 시료의 최대 치수는 기계틀의 크기로서 결정해 버린다. 브리넬, 비커스, 로크웰 등의 경도시험기인 경우 시료의 최대 두께는 170~220 mm 정도, 시료받침대 중심에서 안쪽으로 향한 것은 110~160 mm 정도이다. 치수가 큰 시료는 대개 질량도 크므로 받침대에서

그림 9-9 큰 받침대에서 HB 시험을 받고 있는 대형 용접시험편

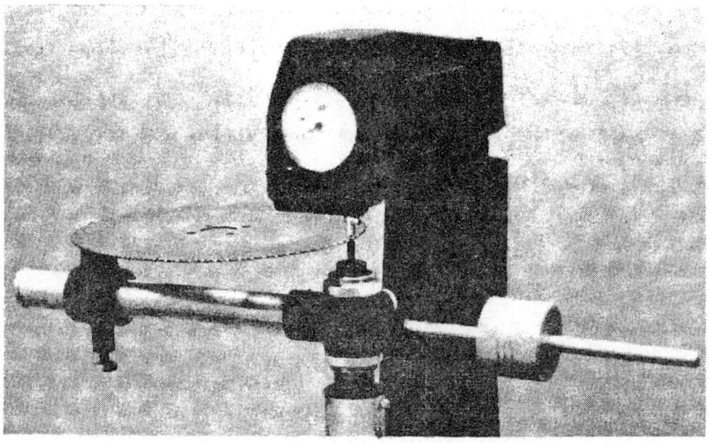

그림 9 - 10 보조 받침대를 사용해 톱니부분의 **HR** 시험을 받고 있는 $\phi$ 300 mm 둥근 톱

의 낙하방지 등의 안전대책도 생각할 필요가 있다. 긴 시료의 가장자리 가까운 곳을 시험할 때는 그림 9 - 9 와 같이 대형 받침대를 사용한다든지, 그림 9 - 10 과 같은 보조 받침대를 이용한다.

시료받침대 위에 보전할 수 없을만큼의 대형 시료인 경우는 쇼어 경도시험을 행한다. 쇼어 경도시험도 통상은 받침대 위에 보전한 시료를 시험하지만 이 시험기는 계측통과 기계틀을 분리할 수 있는 구조로 되어 있으므로 계측통을 그림 9 - 11 과 같이 지지대로 받치든가 단지 손으로 받치면 대형 부품의 경도를 쉽게 측정할 수 있다.

쇼어 경도시험은 다음과 같은 특징을 갖고 있다.

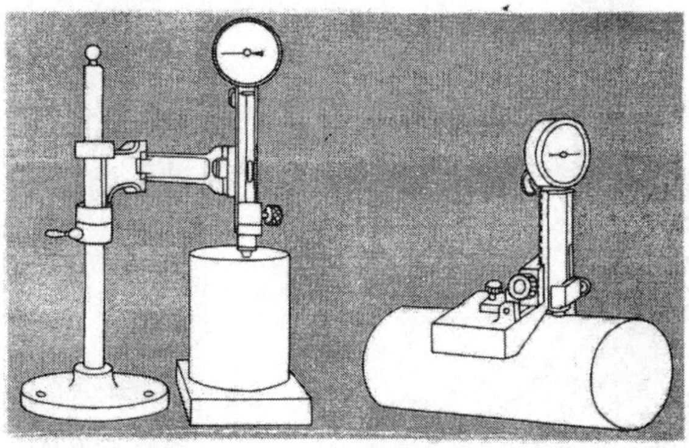

(a) swing arm (b) roll stand

그림 9 - 11 지지대를 이용해 대형 부품의 쇼어 경도시험을 한다.

① 시험기는 조작이 매우 간단하며 단시간에 데이터가 얻어진다.

② 그 외의 경도시험이 불가능한 대형 시료라도 시험할 수 있다.

③ 압흔이 얕아 눈에 띄지 않으므로 제품에 적합하다.

④ 경도 척도는 한 종류이며, 연약한 금속부터 경화제품까지의 경도 비교를 하기 쉽다.

⑤ 시험기는 소형 경량으로 집어 옮길 수 있다.

**(2) Shore 경도의 의미**

쇼어 경도란 시료의 시험면 위에 일정높이 $h_0$ 에서 낙하시킨 hammer 가 튀어오른 높이 $h$ 에 비례하는 값으로서 다음 식으로 표시한다.

$$HS = k\frac{h}{h_0} \tag{9-6}$$

여기서, $HS$ : 쇼어 경도

$k$ : 쇼어 경도로 하기 위한 계수

**(3) 쇼어 경도시험기의 준비**

쇼어 경도시험기는 그림 9-12 와 같은 목측형(C 형)과 지시형(D 형)이 많이 쓰여지고 있다. 쇼어 경도시험기의 적용범위는 $HS$ 105 ~ $HS$ 5 이다. 이 범위 내에서도 시

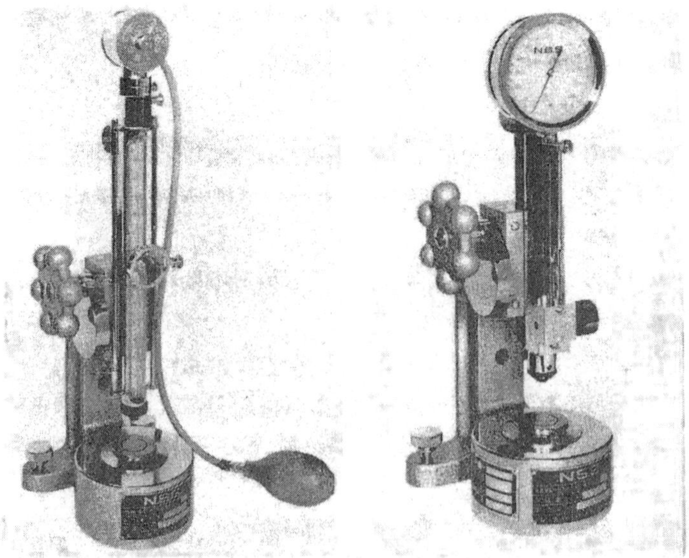

그림 9-12 쇼어 경도시험기, 왼쪽이 목측형(C 형), 오른쪽이 지시형(D 형)

표 9 - 11 쇼어 압흔의 간격

| | |
|---|---|
| 압흔의 중심에서 시료의 모서리까지 | ≥4 mm |
| 압흔과 압흔의 간격 | ≥1 mm |

표 9 - 12 쇼어 압흔크기 표준

| *HS* | 압흔의 직경 *d*[mm] |
|---|---|
| 100 | 0.31 |
| 80 | 0.35 |
| 60 | 0.40 |
| 40 | 0.45 |
| 20 | 0.51 |

험기의 정밀도가 유지되고 있는지 어떤지 때때로 경도기준편을 측정하여 조사한다.

시료는 반드시 큰 것이 좋으며 질량 0.1 kg 이상으로 한다. 시험면의 넓이는 표 9 - 11 의 모든 치수를 만족하는 것으로서 반드시 넓은 쪽이 좋다. 압흔 직경의 표준을 표 9 - 12 에 나타냈다.

### (4) 쇼어 경도시험의 순서

① 시험기의 계측통을 수직으로 한다.

② 시료는 원칙적으로 시험기의 받침대 위에 놓는다.

③ 시료의 이면을 받침대에 밀착시키기 위해 계측통 선단이 20 kfg 힘으로 시료를 누르도록 handle 을 꽉 죄인 상태로 한다.

④ C 형에서는 hammer 조작용 고무공을 순간적으로 잡아 handle 을 낙하시켜 hammer 가 최고로 튀어오를 때에 hammer 상단부가 나타내는 경도값을 0.5 경도 단위로서 읽는다. D 형에서는 조작고리를 약 1 초로 회전시켜 hammer 가 낙하한 뒤 조작고리를 수동으로 천천히 원래 위치로 되돌려 지침이 나타내는 경도치를 0.5 경도 단위로 읽는다.

⑤ 표시는 경도기호 *HS*, 경도값 순서로 쓴다(예를 들면 *HS* 93), C 형인가 D 형인가 구별을 요할 때는 *HS* 뒤에 C 와 D 를 붙인다(예를 들면 *H*SD 93).

## 5. 비커스 경도시험은 경화층에 적합

### (1) 비커스 경도의 의미와 특징

고주파 퀜칭, 침탄, 질화, 전기도금, PVD, 용사 등에 의한 경화층은 비교적 얇으므로 경화면의 역학적 기능을 평가하는 방법으로는 비커스 경도시험이 적격이다.

비커스 경도는 그림 9 - 13 에 나타나듯이 대면각 136°인 다이아몬드 사각추 압자로서 시험면에 압흔을 내었을 때의 시험하중과 압흔의 대각선 길이에 의한 압흔의 표면

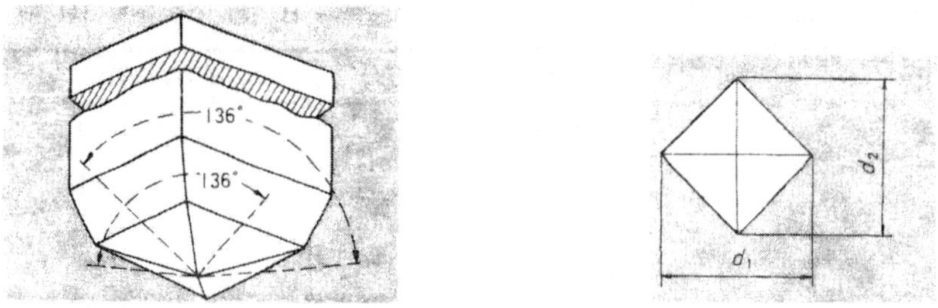


(a) 다이아몬드 四角錐　　(b) 압흔

그림 9 - 13 비커스 경도시험의 압자와 패임자국

적 등에서 다음 식으로 산출한다.

$$HV = \frac{F}{S} = \frac{2F \sin\frac{\theta}{2}}{d^2} = 1.8544 \frac{F}{d^2} \tag{9 - 7}$$

여기서, $HV$ : 비커스 경도(단위는 붙이지 않음)

$F$ : 시험하중[kgf]

$S$ : 패임의 표면적[mm]

$d$ : 패임의 대각선 길이의 평균[mm]

$\theta$ : 다이아몬드 압자의 대면각[도]

비커스 경도시험의 방법은 시험하중 1~50 kgf 인 경우는 KS B(비커스 경도시험방법)에 따르고, 50~1000 gf 인 경우는 KS B(미소경도 시험방법)에 따른다.

비커스 경도시험은 다음과 같은 특징을 갖고 있다.

① 비커스 압자형은 정사각 추인 까닭에 경도가 균일한 시료에서는 시험하중의 크기에 관계없이 같은 경도값이 얻어진다. 작은 시료, 얇은 시료, 표면층, 미소부분 등에 위력을 발휘한다.

② 압자에 다이아몬드를 사용하고 있으므로 어떤 단단한 시료라도 시험할 수 있다.

### (2) 비커스 경도시험기의 준비사항

시험하중 1~50 kgf 에서 사용할 수 있는 시험기는 비커스 경도시험기(그림 9 - 14),

그림 9-14 전동비커스 경도시험기

그림 9-15 미소경도시험기

50~1000 gf 에서 사용할 수 있는 것은 미소경도시험기(그림 9-15)라 불린다.

시험하중의 선택방법

시험하중은 다음의 조건을 동시에 만족하는 하중 중의 최대 하중을 선택한다.

표 9-13 비커스 계측 현미경의 유효사용 범위

| 배 율 | 전 시 야[mm] | 유효사용범위 |
|---|---|---|
| 120 | 1.0 | 0~700 |
| 200 | 0.6 | 0~420 |
| 400 | 0.3 | 0~210 |
| 600 | 0.2 | 0~140 |

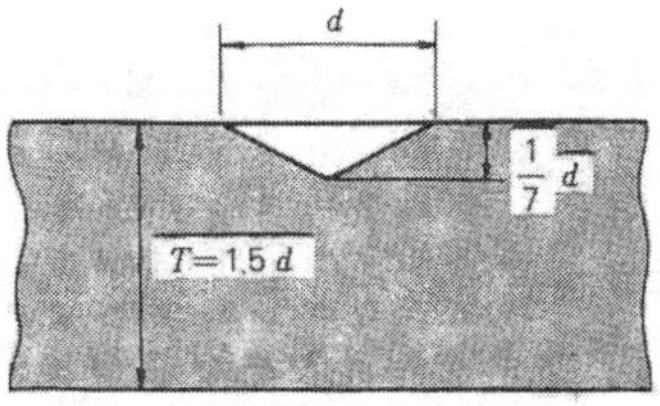


그림 9-16 압흔의 대각선 길이 $d$ 와 시료의 최소 두께 $T$ 의 관계

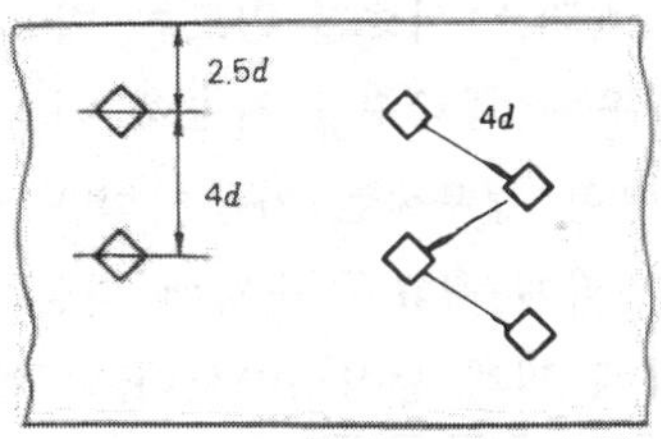


그림 9-17 비커스 패임의 간격

① 압흔의 크기가 표 9-13에 나타낸 계측 현미경의 유효사용범위에 들어가는 하중
② 압흔의 대각선 길이가 그림 9-16과 같이 시료 두께의 1/1.5 이하가 되는 하중
③ 압흔의 간격이 그림 9-17과 같이 취할 수 있는 하중

### 시험하중의 부하속도와 유지시간

부하속도는 비커스 경도시험기에서는 $HV$ 700인 시료에 시험하중 30 kgf를 가할 때 소요시간이 5~10초가 되도록 조정한다. 미소경도시험기에서는 그 시험기에 지정되어 있는 부하조건으로 한다. 유지시간은 비커스 경도시험기에서는 10~15초, 미소경도시험기에서는 15초를 표준으로 하고 있다.

### 압흔의 측정방식

그림 9-18은 압흔의 대각선 길이의 측정방식을 나타낸다. (a)는 2개의 측정 edge로 압흔이 끼이게 함으로써 대각선 길이를 micro-meter나 counter에 의해 읽는다. (b)는 일정 간격으로 평행이동하는 수 개의 측정선을 간격치수만을 이동가능하게 한 것이며, 대각선 길이는 일정 간격의 측정선에서 벗어난 양만을 부(副)척으로 읽어 구한다. (c)는 고정눈금과 1개의 이동선에 의해 대각선 길이를 측정하는 것이며, 이동선의 이동량을 부척으로서 읽어 구한다.

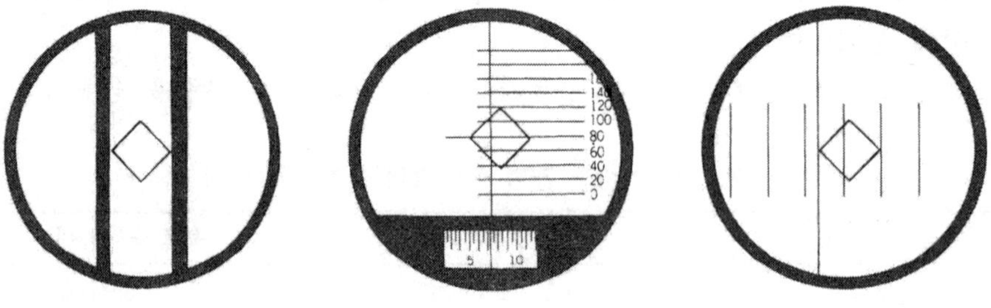

(a) (b) (c)

그림 9-18 비커스 패임의 측정방식

### (3) 비커스 시료를 만드는 법

절삭유나 냉각수를 사용해 가공열에 의한 변질층을 만들지 않도록 절단한다. 혹 작은 시료인 경우에는 가공시험을 쉽게하기 위해, 시료의 가장자리에 가까운 곳의 연마가 적게되게 시료를 수지에 파묻으면 좋다. 시험면은 호칭입도 100번~1500번의 내수연마지에 의해 습식연마한다. 더욱 깨끗하게 하기 위해서는 산화 Al 따위로 buff 마무리를 행한다. 시험면의 형상은 일반적으로 평면으로 한다. 원주면에서 경도를 측정할 때는 그림 9-19에 나타난 수정계수를 측정경도에 곱해서 바른 값을 구한다.

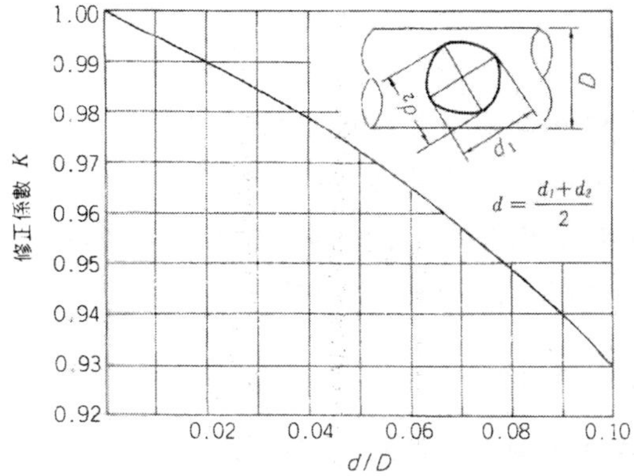


그림 9 - 19 원주면에서 측정한 비커스 패임자국의 대각선 길이에 걸리기 위한 수정계수

(**4**) 비커스 경도시험의 순서(미소경도시험기인 경우)

우선 준비로서,

① 시험하중을 설정한다.

② 하중유지시간을 15초로 설정한다.

③ 시료를 받침대 위에 유지한다. 시험편이 경사져 있을 때는 그림 9 - 20과 같이 유지한다.

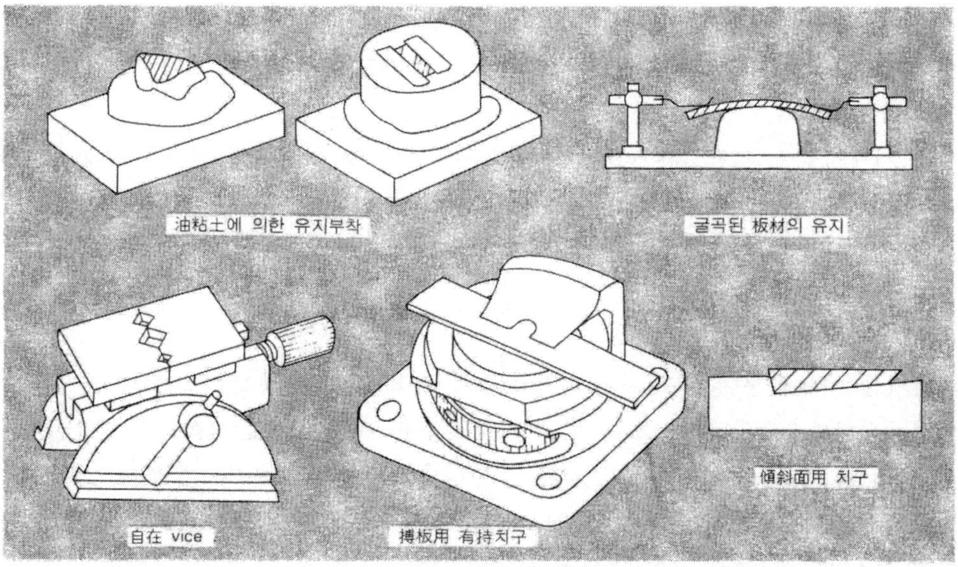


그림 9 - 20 미소경도시료를 확보할 유지 도구의 여러 가지

압흔을 만드는 법

① 계측 현미경을 들여다보는 시험면에 초점을 맞춘다.
② 시험장소의 바로 위에 압자를 놓게 한다.
③ 시험하중을 가하여 소정하중에 달한 뒤 15초 유지한다.
④ 압흔의 바로 위에 계측 현미경을 위치하도록 한다.

압흔의 대각선 길이의 측정은

① 계측 현미경을 들여다 볼 때 압흔의 선단이 잘보이도록 초점을 맞춘다.
② 2개의 대각선 길이를 측정하여 그 평균치를 구한다.
③ 경도산출표에서 비커스 경도를 읽고 유효숫자 3자리수로 맺는다.
④ 경도표시는 $H$V 250, $H$V(0.3)250, $H$V(0.3/30) 250과 같이 한다. 괄호 안에는 시험하중 kgf만 혹은 더욱이 15초 이외의 하중유지시간을 이용한 경우는 시간 s를 나타낸다.

## 9-2 기계시험

인장시험, 굽힘시험, 비틀림시험 등은 **정적 기계시험**으로 분류되며, 시험편에 외력을 서서히 증가하면서 가했을 때의 변형, 파손, 파괴 등을 조사하는 방법이다. 충격시험은 **동적 기계시험**으로 분류되며, 시험편에 외력을 충격적으로 가했을 때의 거동을 조사하는 방법이다.

이들 기계시험에 의한 데이터의 약 80%는 소재 및 가공재의 제조부문에서 행해지고 있으며, 열처리 공장에서의 기계시험은 거의 하지 않는다.

### 1. 인장시험

#### (1) 인장시험이란

시험기를 이용해 시험편을 서서히 잡아당겨 항복점, 항복강도, 인장강도, 항복연신, 파단연신, 단면수축의 전부 또는 일부를 측정하는 시험을 **인장시험**이라 한다. 조질처리한 구조용강에서는 항복점, 인장강도, 단면수축, 늘이기(伸)를 구한다. 특수강이나 비철금속 등에서 항복점이 확실히 나타나지 않는 경우에는 항복강도를 구한다.

주된 특성치는 다음과 같이 정의되고 있다.

항복점 $\sigma_S$(상항복점 $\sigma_{SU}$)[kgf/mm²]

$$= \frac{\text{평행부가 항복하기 시작 이전의 최대 하중[kgf]}}{\text{평행부의 원단면적[mm}^2\text{]}} \tag{9-8}$$

$$\text{인장강도 } \sigma_B[\text{kgf/mm}^2] = \frac{\text{시험편이 견딜 수 있는 최대 하중[kgf]}}{\text{평행부의 원단면적[mm}^2\text{]}} \tag{9-9}$$

$$\text{연신율(파단연신) } \delta[\%] = \frac{\text{파단 후의 표점간 거리}-\text{표점거리}}{\text{표점거리}} \times 100 \tag{9-10}$$

$$\text{단면수축률 } \varphi = \frac{\text{원단면적}-\text{파단 후의 최소 단면적}}{\text{원단면적}} \times 100 \tag{9-11}$$

(2) 시험기의 시험편

시험기는 KS B(인장시험기)에 규정된 것을 사용하지만 인장시험 전용인 시험기는 그다지 없으며 보통은 압축이나 굴곡시험도 가능하게 되어 있으므로 그림 9-21과 같이 만능시험기라 일컫는다.

시험편은 KS B 0801(금속재료 인장시험편)에 규정되어 있으며, 표 9-14에 나타낸 1호~14호로 구분되어 있다. 그 형상을 대별하면 그림 9-22와 같게 된다. 사용할 형상은 재료에 따라 표 9-15와 같이 결정되고 있다.

그림 9-21 만능시험기의 예

표 9 - 14 이장시험편의 종류(JIS Z 2201 - 1980)

| 시험편의 형상 | 판상시험편 | 봉상 시험편 | 관상 시험편 | 원호상 시험편 | 선상 시험편 |
|---|---|---|---|---|---|
| 비례 시험편 | 6호, 7호, 14B호 | 2호, 3호, 14A호 | 14C호 | 14B호 | — |
| 정형 시험편 | 1A호, 1B호, 5호, 13A호, 13B호 | 4호, 10호, 8A호, 8B호, 8C호, 8D호 | 11호 | 12A호, 12B호, 12C호 | 9A호, 9B호 |

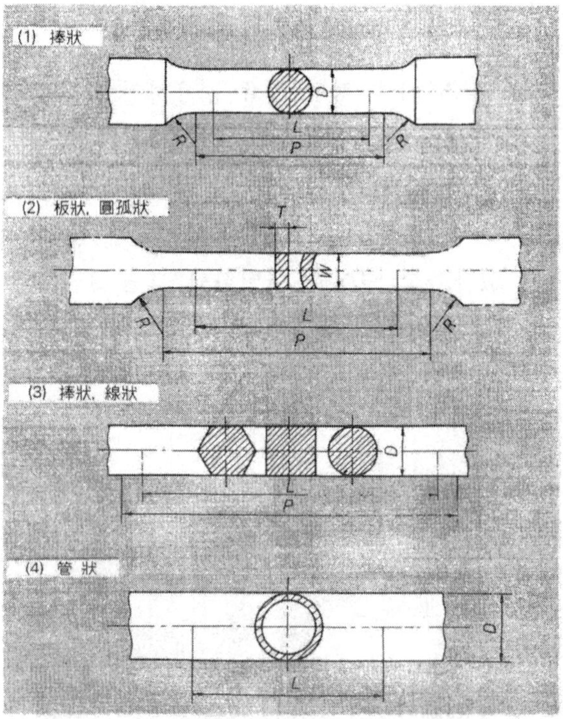


그림 9 - 22 인장시험편의 형상

(3) 인장시험의 순서(봉상시험편인 경우)

우선 준비로서,

① 시험편의 직경을 0.5% 정밀도로서 측정한다(원단면적을 구하기 위한 직경).

② 표점거리를 펀치나 침을 사용해 0.4% 정밀도로 설정한다.

표 9 - 15 재료에 따른 인장시험편의 적용구분(KS B 0801)

| 재료 | | 시험편 | | 비고 |
|---|---|---|---|---|
| 구 분 | 치 수 | 비 례 | 정 형 | |
| 板·條·帶 | 판 두께 40 mm 를 넘는것 | 14 A 호 | 4 호, 10 호 | 봉상 시험편 채취의 경우 |
| | | 14 B 호 | — | 판상 시험편 채취의 경우 |
| | 판 두께 20 mm 를 넘고 40 mm 이하 | 14 A 호 | 4 호, 10 호 | 봉상 시험편 채취의 경우 |
| | | 14 B 호 | 1 A 호 | 판상 시험편 채취의 경우 |
| | 판 두께 6 mm 를 넘고 20 mm 이하 | 14 B 호 | 1 A 호, 5 호 | |
| | 판 두께 3 mm 를 넘고 6 mm 이하 | | 5 호, 13 A 호, 13 B 호 | |
| | 판 두께 3 mm 이하 | — | | |
| 棒 | — | 2 호, 14 A 호 | 4 호, 10 호 | — |
| 線 | — | — | 9 A 호, 9 B 호 | — |
| 管 | 관의 외경이 작은 것 | 14 C 호 | 11 호 | 관상 시험편 채취의 경우 |
| | 외경 50 mm 이하 | 14 B 호 | 12 A 호 | 원호상 시험편 채취의 경우 |
| | 외경 50 mm 를 넘고 170 mm 이하 | | 12 B 호 | |
| | 외경 170 mm 를 넘는 것 | | 12 C 호 | |
| | 관경 200 mm 이상의 것 | 14 B 호 | 5 호 | 판상 시험편 채취의 경우 |
| | 두꺼운 것 | 14 A 호 | 4 호 | 봉상 시험편 채취의 경우 |
| 鑄造品 | — | 14 A 호 | 4 호, 10 호 | — |
| | — | — | 8 A 호, 8 B 호, 8 C 호, 8 D 호 | 신율치 필요없는 경우 사용 시험편용으로 주조한 공시재에서 채취한다. |
| 鍛造品 | | 14 A 호 | 4 호, 10 호 | — |

비고 1. 다른 재료, 다른 치수의 시험편 간에서 인장시험치의 비교를 필요로 하는 경우에는 비례정수와 다름없는 비례시험편을 이용하는 것이 바람직하다.

2. IB. 3. 6 및 7 호의 각 시험편은 본표에 나타난 시험편을 이용하는 것이 적당하지 않은 경우에 이용한다.

③ 시험기의 평량을 확인한다.

④ 시험편을 잡는 장치로서 바르게 붙잡아 처음 하중을 가한다.

그리고 시험의 요령은,

① 탄성한계까지는 평균응력 증가율 1~3 kgf/$mm^2$·s 속도로 인장하중을 가한다. 하중증가가 일시정지 또는 감소했을 때의 최대 하중을 그 크기의 0.5%까지 읽는다(평행부가 항복하기 시작 이전의 최대 하중).

② 그 후는 시험편 평행부의 변형증가율 20~80%/mm 속도로 잡아당긴다. 최대를 나타내는 하중을 그 크기의 0.5%까지 읽는다(시험편이 견딜 수 있는 최대 하중).

③ 더욱 잡아당기면 이윽고 파단한다. 빼낸 시험편의 파단면을 맞대고 표점간 거리를 표점거리의 0.4% 까지 읽는다(파단 후의 표점간 거리).

④ 파단부의 직경을 원직경의 0.5% 까지 읽는다(파단 후의 최소 단면적을 구하기 위한 직경).

⑤ 항복점, 항장력, 연신율, 단면수축을 계산하여 수치를 1 정도로 뭉친다.

### 2. 충격시험

#### (1) 충격시험이란

충격시험 중에서 충격굴곡시험으로 분류되는 것으로서 KS B 0842-1980(금속재료 충격시험방법)에서 샤르피 충격시험과 아이조트 충격시험 방법을 규정하고 있다. 일반적으로 샤르피가 많이 행해진다.

샤르피 충격시험은 샤르피 충격시험기(KS)를 사용해 시험편(KS B 0809)을 40 mm 간격으로 있는 2개의 받침대 위에 노치를 받침대 사이의 중앙에 놓이게 하고, 노치의 뒷쪽을 해머로 1회만 충격을 주어 시험편을 파단하고 샤르피 흡수에너지, 샤르피 충격치, 파면율, 천이온도를 측정하는 것이다.

#### (2) 충격시험기와 시험편

그림 9-23에 샤르피 충격시험기를 예시한다. 해머를 들어올린 각 140~150°, 능력 30 또는 50 kgf·m인 것이 많다. 그림 9-24에 샤르피 충격시험편의 3호, 4호를 나타낸다.

#### (3) 샤르피 충격시험의 순서

우선 준비작업으로서,

① 시험편의 폭(노치에 따른 면)과 두께를 0.01 mm까지, 노치폭과 깊이를 0.01 mm까지 측정한다.

그림 9-23 샤르피 충격시험기

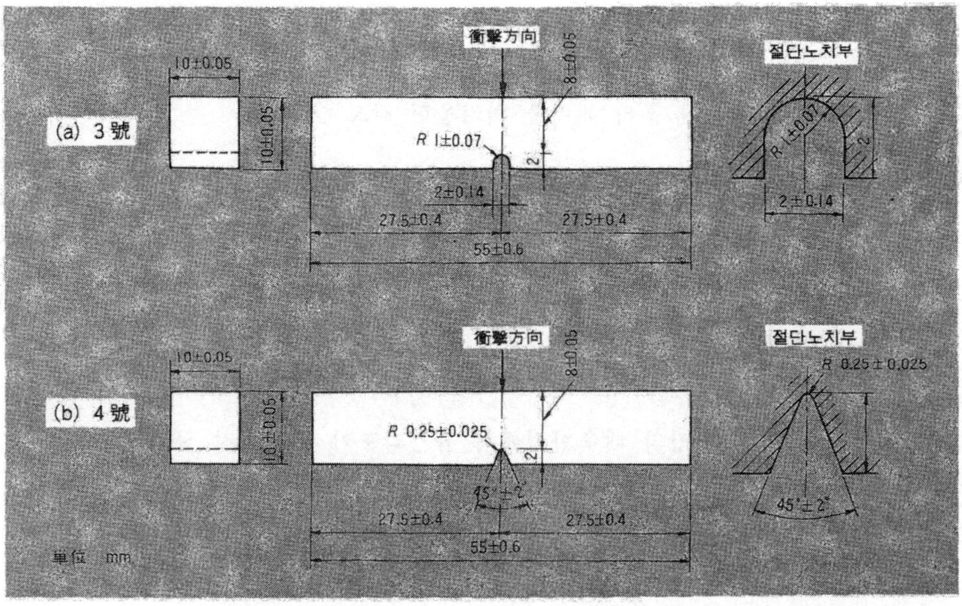


그림 9-24 3호 및 4호 샤르피 충격시험편(KS B 0809)

② 해머지침 및 정지침(定指針)의 양 O점을 확인한 뒤 해머를 소정의 들어올림 각도까지 쳐올린다. 들어올림 핸들의 클러치를 떼고, 정지침을 소정 위치에 고정한다.

③ 시험편 위치 게이지를 사용해 시험편 받침대에 시험편을 정확히 유지한다.

그리고 시험의 요령은,

① 해머의 회전면 내의 안정성을 확인한 뒤, 해머의 탈착 레버를 가볍게 누르고 해머를 내린다.

② 시험편이 파단했다면 브레이크 핸들을 사용하여 흔들리고 있는 해머를 멈추게 한다.

③ 두는 바늘이 나타내는 검은 눈금의 수치를 읽는다(시험편 파단 후의 해머가 치켜올라간 각도 $\beta$).

④ 흡수 에너지 $E$를 계산하여 소숫점 이하 1정도까지 계산한다.

$$E\,[\mathrm{kgf \cdot m}] = WR(\cos\beta - \cos\alpha) \tag{9-12}$$

여기서, $W$ : 해머의 중량[kgf]

$R$ : 해머의 회전축 중심에서 중심까지의 거리[m]

$\alpha$ : 해머를 들어올린 각도

$\beta$ : 시험편 파단 후의 해머를 치켜올린 각도

⑤ 샤르피 충격치 $\rho$를 계산한다.

$$\rho\,[\mathrm{kgf \cdot m/cm^2}] = E/A \tag{9-13}$$

여기서, $A$ : 시험편 노치부의 원단면적[cm²]

### 3. 굽힘시험

굽힘시험이란 시험편을 규정의 내측반경에서 규정각도가 되기까지 굽힘, 만곡부 외측의 균열 흠, 그외의 결점의 유무를 조사하는 시험이며, 재료의 소성능력을 판정하는 간단한 방법이다. KS B 0804(금속재료 굽힙시험방법)에 3종류의 방법이 규정되어 있다.

굽힘법은 만능시험기 또는 압축시험기에 그림 9-25와 같이 적당한 받침과 누름쇠 도구를 이용해 행한다. 휘감기법은 그림 9-26과 같은 시험기를 이용하여 행한다.

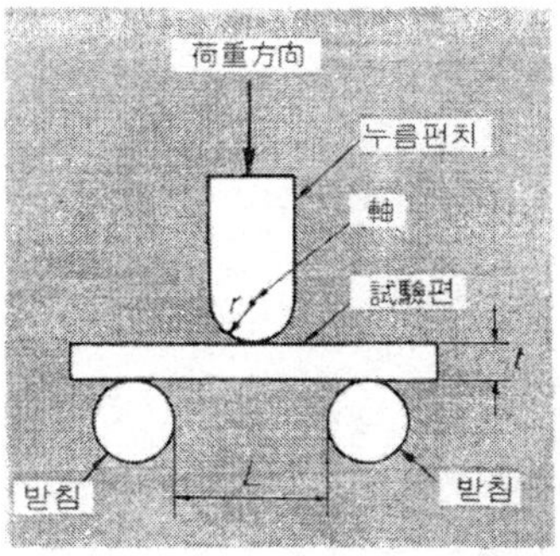


그림 9-25 굽힘에 의한 굽힘시험

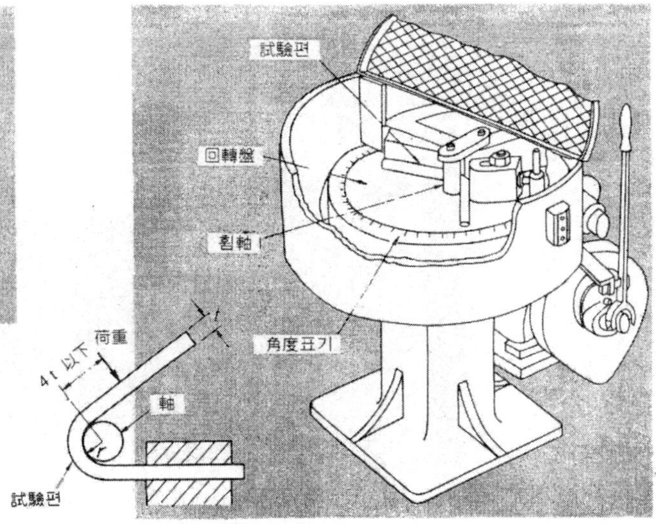


그림 9-26 휘감기법에 의한 굽힘시험

굽힘시험을 행하는 시험편의 형상·치수는 KS B 0804(금속재료 굽힘시험편)에서 1호~5호를 규정하고 있으며, 어느 시험편을 사용할지는 재료규격으로 정해지고 있다.

#### 4. 비틀림시험

비틀림시험은 환봉이나 원통상의 시험편에 비틀림 모멘트를 가해 전단탄성계수가 비틀림에 대한 저항력 등을 구하는 것인데 KS에는 규격이 없다. 이 시험에서는 인장시험보다 큰 균일변형 등을 줄 수 있으므로 큰 변형응력을 구할 수 있다. 전단시험에 의하기 보다도 정확한 전단응력을 구할 수 있다. 또 선재의 인성판정도 할 수 있다.

그림 9-27에 예시한 바와같은 시험기를 이용해 시험편에 비틀림을 주고 비틀림각 $\theta$를 정밀히 측정하면 전단탄성계수(횡탄성계수) $G$는 다음 식으로 구해진다.

$$G = \frac{32}{\pi} \cdot \frac{l}{d^4} \cdot \frac{T}{\theta} \qquad (9-14)$$

여기서, $d$ : 환봉 시험편 직경

$l$ : 표점거리

$T$ : 비틀림 모멘트

$\theta$ : 비틀림각

그림 9-27 비틀림시험기의 예

## 5. 기타 시험

열처리 공장에서 행해진 기계시험은 고작 전술한 인장시험, 충격시험, 굽힘시험, 비틀림시험까지이나 이것들은 주로 품질관리를 목적으로 행해지고 있다.

실제의 강도설계에 필요한 허용응력을 구하기 위한 기계시험으로는 실제사용 환경에 가까운 조건에서의 기계시험이 필요하며, 인성시험, 피로시험, 크리프 시험 등이 특히 중요하다.

### (1) 압축시험

압축시험은 재료가 압축력을 받는 경우의 강도, 변형, 저항 등을 조사하는 시험이고 주로 비금속의 약한 구조재료를 대상으로 하며, 조질강 등에서는 거의 행해지지 않는다. 다만 회주철과 같은 압축하중에 대한 강성을 요구받는 구조용 재료에서는 압축시험을 행하여 파괴하기까지 압축변형을 주어, 내력, 압축강도 등을 구한다. 보통 주철에서의 압축강도는 인장력의 수배의 값이 된다.

### (2) 파괴인성시험

고강도의 금속재료는 인장시험에서는 양호한 연성이나 비틀림(絞)을 나타냄에도 불구하고 사용조건 자체에서는 소성변형을 거의 나타내지 않고 항복점 이하 응력에서도 대단히 취약한 파괴를 일으키는 일이 있다. 파괴인성은 취성파괴가 쉽게 일어남을 뜻하며, 만능형 인장시험기를 이용해 구하는 파괴인성치 $K_{IC}$와 고속시험기를 이용한 동적 파괴인성치 $K_{ID}$ 등에 의해 평가된다.

### (3) 크리프 시험

재료에 어느 일정한 응력을 가한 상태로 유지해 두면 부하했을 때 생기는 순간적 변형에 이어 시간증가에 비례하여 변형이 증가하는 현상을 **크리프**라 한다. 크리프는 일반적으로 응력이 클수록, 또 온도가 높을수록 현저하다.

크리프 변형을 구하는 시험이 크리프 시험이며, 가장 일반적인 것은 대기 중의 인장크리프 시험이다. 이외에 크리프 변형이 진행하여 파단하기까지의 시간을 구하는 크리프 파단시험이 있다.

# 찾아보기

## ㅇ

ㅈ

일본열처리기술협회 편
**열처리가이드북 · 기초편**

2009년 3월 1일 재판 발행
2009년 3월 5일 재판 발행

지은이 | 한국열처리공학회
발행인 | 김병계
발행처 | 도서출판 보문당
등록 | 1990년 6월 15일(제1-1066호)
주소 | 서울시 마포구 신수동 448-6 우)121-110
전화 | 704-7025/704-0635
팩스 | 704-2324
홈페이지 | www.bomoondang.co.kr
전자우편 | bmdpub@naver.com

**값 15,000원**